SHANGHAI DIFANG
GUANLI BIAOZHUNHUA

上海堤防管理标准化

汪晓蕾◎编著

河海大学出版社
·南京·

内 容 提 要

本书简述了堤防管理标准化理论基础、体系构成，并在总结上海市黄浦江上游堤防工程标准化管理实践经验的基础上，依据水利部《水利工程标准化管理评价办法》及其评价标准要求，对照上海市堤防标准化管理评价标准逐项逐条解读，提出上海堤防标准化管理工作手册编写指南，并阐述了堤防日常巡查、工程观测、设施养护、绿化养护、应急抢险、标志标牌设置、档案资料、安全生产等管理标准化要求，同时对上海绿色堤防样板段建设与管理进行了积极探索。

本书可作为上海市堤防标准化管理的指导用书，也可作为其他堤防、海塘及河道标准化管理的参考用书。

图书在版编目（ＣＩＰ）数据

上海堤防管理标准化 / 汪晓蕾编著. -- 南京 : 河海大学出版社，2024.5. -- ISBN 978-7-5630-9052-5

Ⅰ. TV6-65

中国国家版本馆 CIP 数据核字第 2024BS8689 号

书　　名	上海堤防管理标准化	
	SHANGHAI DIFANG GUANLI BIAOZHUNHUA	
书　　号	ISBN 978-7-5630-9052-5	
责任编辑	陈丽茹	
特约校对	吴秀华	
装帧设计	徐娟娟	
出版发行	河海大学出版社	
地　　址	南京市西康路 1 号(邮编:210098)	
网　　址	http://www.hhup.com	
电　　话	(025)83737852(总编室)　(025)83722833(营销部)	
经　　销	江苏省新华发行集团有限公司	
排　　版	南京布克文化发展有限公司	
印　　刷	苏州市古得堡数码印刷有限公司	
开　　本	787 毫米×1092 毫米　1/16	
印　　张	21.5	
字　　数	519 千字	
版　　次	2024 年 5 月第 1 版	
印　　次	2024 年 5 月第 1 次印刷	
定　　价	168.00 元	

序

标准是经济活动和社会发展的技术支撑,是国家基础性制度的重要方面。习近平同志指出,要"以高标准助力高技术创新,促进高水平开放,引领高质量发展"。堤防是城市防洪挡潮的重要基础设施,是实现高水平安全的重要载体,是城市高质量发展的重要保障。习近平同志在上海担任市委书记期间,十分重视水利工作。他在2007年6月28日调研防汛防台工作时指出,"以防为主是防汛防台的基本方针",强调要根据城市未来发展的需要,构建科学规范的上海水安全的长效工作体系。10多年来,上海堤防建设管理能力实现整体性跃升,苏州河两岸堤防全面达标,西部流域泄洪通道建成并在防御台风"烟花"期间发挥重要作用,吴淞江工程上海段启动实施,黄浦江苏州河堤防成为"一江一河"世界级滨水区重要特征。这些发展成绩的取得,离不开标准化工作的有力支撑。

在此背景下,汪晓蕾同志系统地梳理总结上海堤防标准化管理经验,并积极研究和探索绿色堤防建设管理标准化,编写完成了《上海堤防管理标准化》一书。该书理念先进、科学严谨、条理清晰、内容全面,具有较强的指导性和操作性,对加强堤防建设管理标准化工作具有较高的参考价值。

2024年4月

前言

管理标准化是在长期生产实践活动中逐渐摸索和创立起来的一门学科，是现代管理系统中一个基础的子系统，是基本的管理职能、管理手段和管理方法。堤防管理标准化工作是一项系统工程，具有集合性、相关性、目的性、环境适应性和整体性。以系统工程的思想，建立堤防管理标准化体系，并按照管理标准化体系逐步实施标准化管理，是堤防工程长效化管理的必由之路。

2022年3月，水利部印发了《关于推进水利工程标准化管理的指导意见》，明确要求加快推行水利工程标准化建设。推进堤防工程标准化管理，就是要针对堤防工程特点，厘清管理事项，确定管理标准，规范管理程序，科学定岗定员，建立激励机制，严格考核评价。为全面提升上海堤防管理水平，保障堤防工程安全、经济、高效运行并持续发挥效益，更好地服务于上海市国际大都市战略和经济社会高质量发展，编者在近年来深入开展调研的基础上，结合上海市黄浦江上游堤防工程开展水利部标准化管理评价工作的实际工作成果和经验，收集了大量资料，编写完成了《上海堤防管理标准化》一书。

本书简述了堤防管理标准化理论基础和体系构成，依据水利部《水利工程标准化管理评价办法》要求，对照上海市堤防标准化管理评价标准逐项逐条解读，提出上海堤防标准化管理工作手册编写指南，并阐述了堤防日常巡查、工程观测、设施养护、绿化养护、应急抢险、标志标牌设置、档案资料、工程项目管理、安全生产等管理标准化要求，同时对上海绿色堤防样板段建设与管理进行了积极探索。相信本书能对进一步提高上海堤防标准化管理水平起到积极作用。

本书编写过程中，张郁琢、陆志翔、王家奇、孙春艳、母冬青、王晓岚、倪革荣、奚欣、胡修生、夏钰、张嘉蔚等同行提供了技术资料，参考和引用了一些学者的著作、论文，并得到了王肖军、沙治银、苏耀军、方晨阳、兰士刚、姜浩、田爱平、华明、朱鹏程、程徽丰、李万春、邓武、李帆、施圣、王葆青、张月运等领导或专家的指导，在此对他们表示感谢！限于编者的水平，本书可能存在不妥之处，诚望读者批评指正，以便在再版时予以修订，使本书渐臻成熟。

汪晓蔷

2024年3月

目录

第1章 堤防管理标准化概述 ……………………………………………… 1
  1.1 上海堤防概述 ………………………………………………………… 1
  1.2 堤防管理标准化理论基础 …………………………………………… 8
  1.3 堤防管理标准化的推进 ……………………………………………… 12

第2章 堤防工程标准化管理评价标准解读 …………………………… 16
  2.1 工程状况 ……………………………………………………………… 16
  2.2 安全管理 ……………………………………………………………… 23
  2.3 运行管护 ……………………………………………………………… 38
  2.4 管理保障 ……………………………………………………………… 46
  2.5 信息化建设 …………………………………………………………… 53

第3章 堤防标准化管理工作手册编写指南 …………………………… 59
  3.1 标准化管理工作手册编写一般要求 ………………………………… 59
  3.2 管理手册编写指南 …………………………………………………… 64
  3.3 制度手册编写指南 …………………………………………………… 80
  3.4 操作手册编写指南 …………………………………………………… 101

第4章 堤防工程日常巡查标准化 ………………………………………… 127
  4.1 范围 …………………………………………………………………… 127
  4.2 规范性引用文件 ……………………………………………………… 127
  4.3 组织管理、资源配置和岗位职责 …………………………………… 127
  4.4 巡查范围、内容、判定标准及巡查频次 …………………………… 128
  4.5 涉河项目巡查与监管 ………………………………………………… 136
  4.6 巡查问题处理及上报 ………………………………………………… 138
  4.7 日常巡查危险源辨识与风险控制措施 ……………………………… 140
  4.8 日常巡查表单(部分) ………………………………………………… 141

第5章 堤防工程观测标准化 … 144

5.1 范围 … 144
5.2 规范性引用文件 … 144
5.3 观测任务书和观测一般要求 … 144
5.4 观测控制网建设 … 147
5.5 垂直位移和水平位移观测 … 151
5.6 河道地形观测 … 157
5.7 渗流观测 … 161
5.8 裂缝观测 … 165
5.9 水位观测 … 166
5.10 防汛墙墙前泥面观测 … 166
5.11 堤防表面观测 … 169
5.12 堤防观测资料整理 … 170
5.13 堤防工程观测危险源辨识与风险控制措施 … 171
5.14 观测表单(部分) … 172

第6章 堤防设施维修养护标准化 … 175

6.1 范围 … 175
6.2 规范性引用文件 … 175
6.3 维修养护设备工具配置 … 175
6.4 维修养护周期及一般标准 … 176
6.5 堤防(防汛墙)建筑物维修养护 … 178
6.6 防汛道路、水务桥梁、排水沟维修养护 … 185
6.7 防汛闸门、潮闸门井、潮拍门、排水管道维修养护 … 187
6.8 配套设施维修养护 … 189
6.9 堤防设施维修养护安全管理 … 191
6.10 维修养护表单(部分) … 191

第7章 堤防绿化养护标准化 … 192

7.1 范围 … 192
7.2 规范性引用文件 … 192
7.3 资源配置和绿化养护一般要求 … 192
7.4 绿化日常养护频次及养护月历 … 194
7.5 绿化养护技术方案 … 196
7.6 绿化养护质量控制流程 … 207
7.7 绿化养护安全管理 … 208
7.8 绿化养护表单(部分) … 211

第 8 章 堤防工程维修养护项目管理标准化 ………………………… 213
8.1 范围 ……………………………………………………………… 213
8.2 规范性引用文件 ………………………………………………… 213
8.3 维修与养护范围界定、分工与责任制 ………………………… 214
8.4 维修养护计划和实施方案 ……………………………………… 216
8.5 维修养护实施和质量管理 ……………………………………… 218
8.6 维修养护项目管理资料及表单 ………………………………… 223

第 9 章 堤防工程应急抢险标准化 …………………………………… 231
9.1 范围 ……………………………………………………………… 231
9.2 规范性引用文件 ………………………………………………… 231
9.3 堤防险情类别及认定 …………………………………………… 231
9.4 防汛抢险准备 …………………………………………………… 233
9.5 防汛墙管涌流土险情的判别与抢护 …………………………… 233
9.6 岸坡淘刷险情的判别与抢护 …………………………………… 243
9.7 墙身损坏险情的判别与抢护 …………………………………… 246
9.8 局部漫溢险情的判别与抢护 …………………………………… 250
9.9 堤防失稳险情的判别与抢护 …………………………………… 253
9.10 防汛闸门等险情的判别与抢护 ………………………………… 255
9.11 防汛潮门、潮闸门井险情的判别与抢护 ……………………… 258

第 10 章 堤防标志标牌设置标准化 …………………………………… 259
10.1 范围 ……………………………………………………………… 259
10.2 规范性引用文件 ………………………………………………… 259
10.3 标志标牌分类和功能配置 ……………………………………… 259
10.4 部分堤防标志标牌配置参考标准 ……………………………… 262
10.5 标志标牌制作安装及维护 ……………………………………… 268

第 11 章 堤防工程技术档案管理标准化 ……………………………… 277
11.1 范围 ……………………………………………………………… 277
11.2 规范性引用文件 ………………………………………………… 277
11.3 资源配置 ………………………………………………………… 277
11.4 档案收集与归档 ………………………………………………… 278
11.5 档案保管 ………………………………………………………… 280
11.6 电子文件归档与管理 …………………………………………… 281
11.7 堤防工程标准化管理技术档案整编目录 ……………………… 281

第12章　堤防工程安全管理标准化 ········ 288
　12.1　范围 ········ 288
　12.2　规范性引用文件 ········ 288
　12.3　目标职责 ········ 288
　12.4　制度化管理 ········ 292
　12.5　教育培训 ········ 294
　12.6　现场管理 ········ 294
　12.7　安全风险管控与隐患排查治理 ········ 298
　12.8　应急管理和事故管理 ········ 302
　12.9　绩效评定及持续改进 ········ 303

第13章　绿色堤防样板段建设标准化 ········ 304
　13.1　范围 ········ 304
　13.2　规范性引用文件 ········ 304
　13.3　绿色堤防样板段概念和分类 ········ 305
　13.4　绿色堤防样板段建设总体思路 ········ 305
　13.5　绿色堤防样板段建设中的设施安全 ········ 307
　13.6　绿色堤防样板段建设中的生态文明 ········ 309
　13.7　绿色堤防样板段建设中的景观布设 ········ 313
　13.8　绿色堤防样板段建设中的文化传承 ········ 318
　13.9　绿色堤防样板段建设中的智慧管理 ········ 322
　13.10　深化绿色堤防样板段建设的探索 ········ 327
　13.11　绿色堤防样板段运行维护 ········ 330
　13.12　开展绿色堤防样板段建设与管理考核评价 ········ 331

参考文献 ········ 333

第1章

堤防管理标准化概述

1.1 上海堤防概述

1.1.1 上海堤防概况

上海地区滨江临海,地势低平,经常受到风暴潮、暴雨和洪涝等灾害袭击,堤防工程是上海防洪挡潮的主要工程设施。上海堤防通常分市区和郊区两部分,市区段堤防习惯称防汛墙,郊区段堤防习惯称江堤或泖堤。

黄浦江堤防工程包括黄浦江干(支)流及上游拦路港、红旗塘、太浦河、大泖港等堤防工程,堤防总长约 483 km,具体范围包括:

(1) 黄浦江干(支)流是指左岸吴淞口至牛脚港,右岸吴淞口至黄桥港和各支流河口至第一座水闸或者已确定的支流河口延伸段。

(2) 拦路港是指拦路港干流左岸牛脚港至淀山湖,右岸三角渡至淀山湖和支流各河口至第一座水闸或者已确定的支流河口延伸段。

(3) 红旗塘是指红旗塘干流左岸三角渡至沪浙边界,右岸黄桥港至沪浙边界和支流各河口至第一座水闸或者已确定的支流河口延伸段。

(4) 太浦河是指太浦河干流西泖河至沪浙、沪苏边界两岸和支流各河口至第一座水闸。

(5) 大泖港是指大泖港干流左岸竖潦泾至向阳河、右岸竖潦泾至北朱泥泾和支流各河口至第一座水闸或者已确定的支流河口延伸段。

苏州河堤防工程是指苏州河干流自黄浦江苏州河口至沪苏边界和支流各河口至第一座水闸或者已确定的支流河口延伸段,堤防总长约 117 km。

黄浦江和苏州河各支流河口水闸(泵站)兼有挡潮、排涝、调水、通航等多项功能。

图 1.1.1 所示为上海市黄浦江和苏州河堤防工程范围示意图。

1.1.2 上海堤防工程类型

1. 市区防汛墙

上海市区防汛墙工程按功能划分,高出地面部分为防汛墙,墙身地面高程以下为护(驳)岸,习惯上,兼有上述两部分结构的城市防洪工程统称为防汛墙工程。

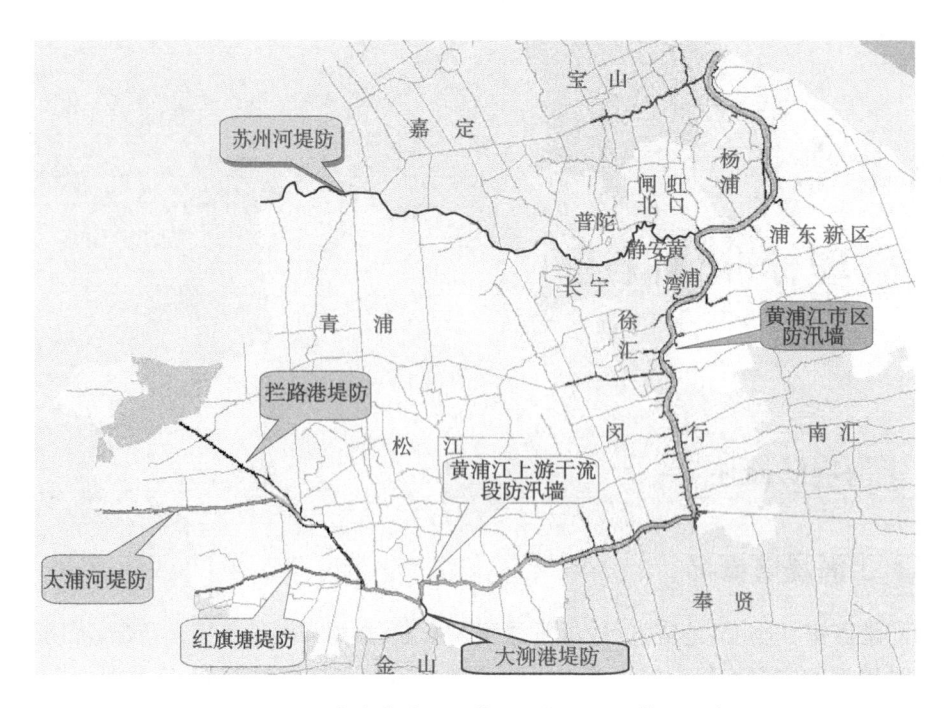

图 1.1.1　上海市黄浦江和苏州河堤防工程范围示意图

防汛墙常见结构形式有直墙式、斜坡式及复合式，按基础形式可进一步分为高桩承台式防汛墙、低桩承台式防汛墙、复合式结构防汛墙、天然地基结构防汛墙，分别如图 1.1.2、图 1.1.3、图 1.1.4 和图 1.1.5 所示。

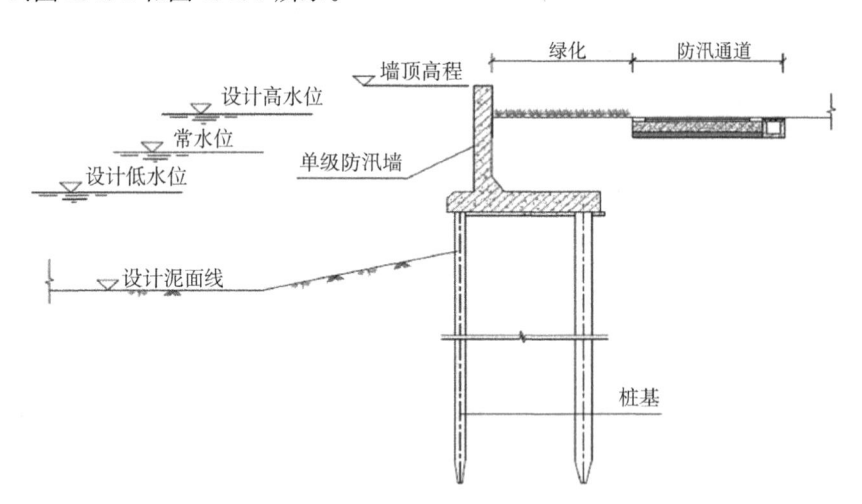

图 1.1.2　高桩承台式防汛墙

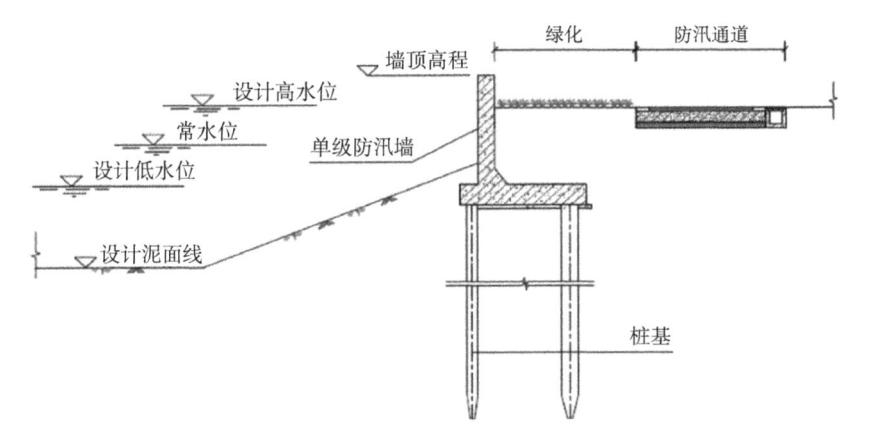

图 1.1.3　低桩承台式防汛墙

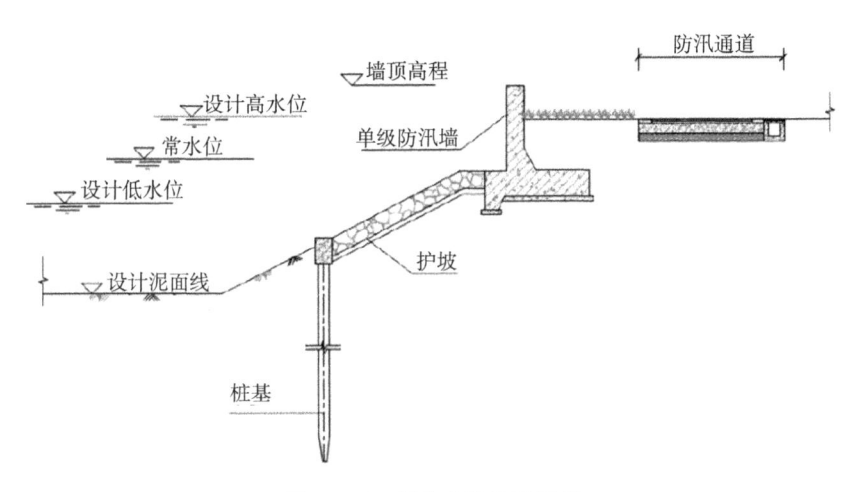

图 1.1.4　复合式结构防汛墙

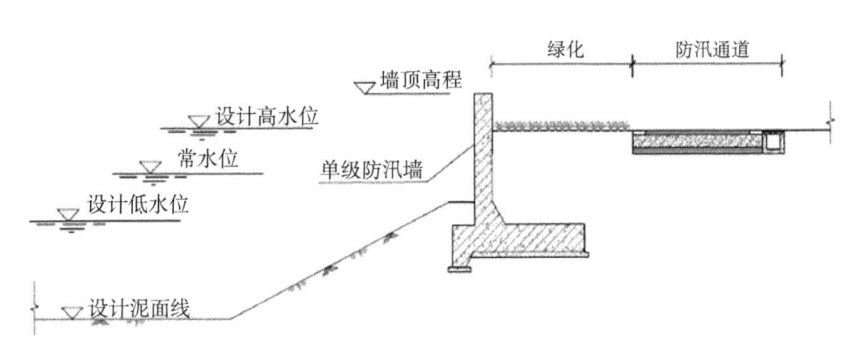

图 1.1.5　天然地基结构防汛墙

近些年，防汛墙墙后腹地用地条件若有允许时，又采用二级或多级防汛墙，打造多层次的视觉空间，提升滨水空间的可达性，如图 1.1.6 所示。

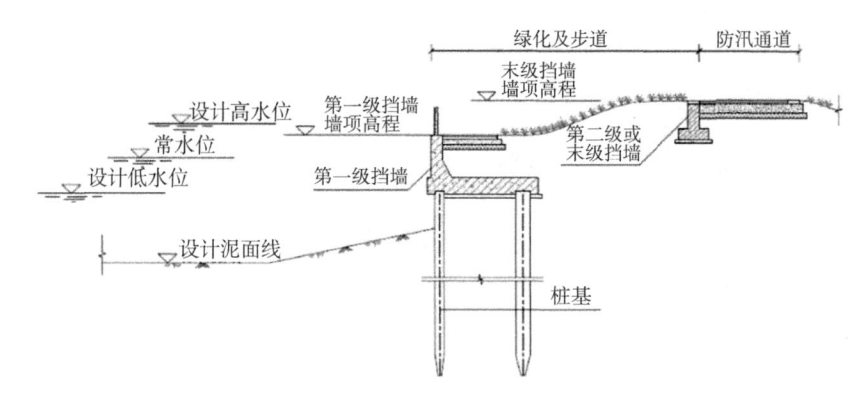

图 1.1.6 二级防汛墙典型结构

2. 黄浦江上游堤防

黄浦江上游堤防原来大部分为梯形断面的土堤,迎水坡有块石或混凝土护坡,堤内、堤外有青坎。现在,黄浦江上游堤防迎水面绝大部分改为护岸工程,护(驳)岸工程结构与市区防汛墙相类似,大致可以分为有桩基和无桩基两类,图1.1.7所示是有桩基的黄浦江上游堤防工程剖面图,图1.1.8和图1.1.9所示是太浦河堤防(局部)剖面图。

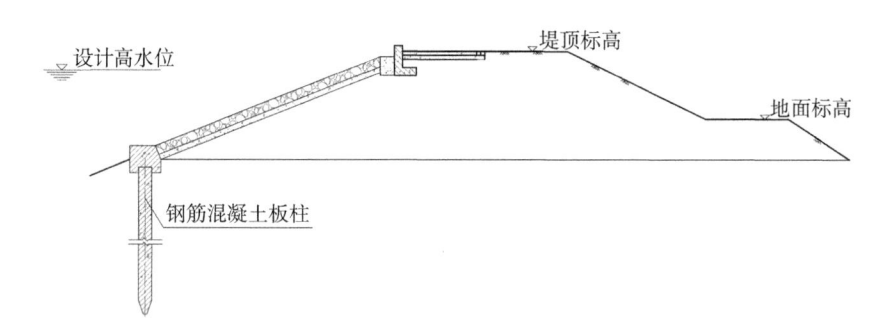

图 1.1.7 有桩基的黄浦江上游堤防工程剖面图

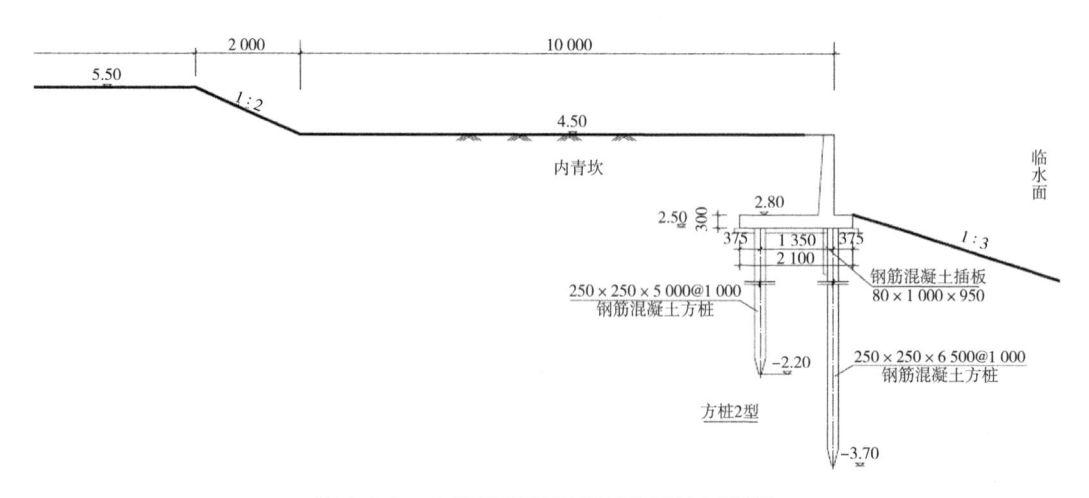

图 1.1.8 太浦河堤防(局部)剖面图(有桩基)

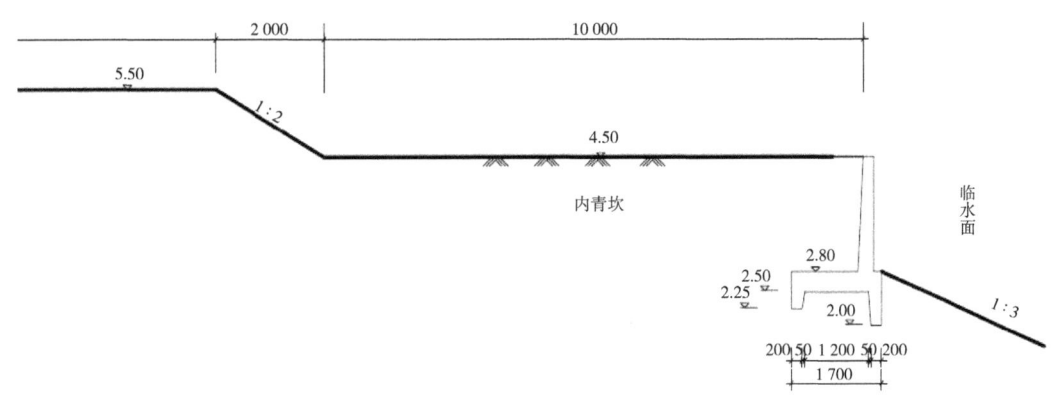

图 1.1.9　太浦河堤防(局部)剖面图(π型)

3. 新型防汛墙(堤防)

(1)防撞式防汛墙。防撞式防汛墙在原有直立式防汛墙的基础上,每隔 15 m 左右在迎水侧增加一道扶壁结构,以提高墙体的刚度,达到提升防撞能力的目的。该结构主要用于上游来往船只较频繁岸段,如图 1.1.10 所示。

(2)组合式金属防洪挡板。新组合式金属防洪挡板由两侧的主体立柱(含定位片)、分段轨道、抗压背挡斜撑、防洪挡板、混凝土底座和压迫锁座配件共同组成,如图 1.1.11 所示。此种类型防洪挡板可用于应急抢险,配件及装置平时可收纳于邻近仓库。组合式金属防洪挡板分为单段型和多段型闸门两种,可以短时间完成拼装。

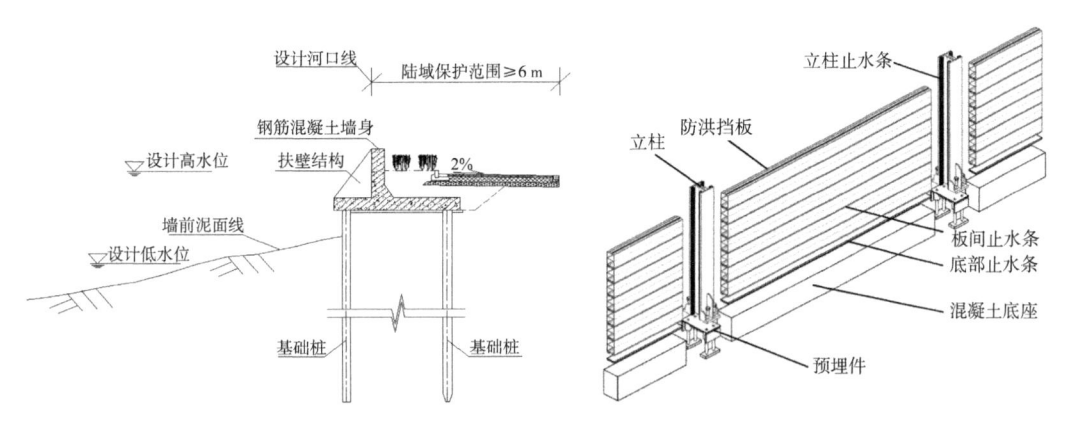

图 1.1.10　防撞式防汛墙结构图　　图 1.1.11　组合式金属防洪挡板结构图

(3)组合装配式挡墙。组合式装配式挡墙采取整体预制,挡墙端头设置凹凸榫连接,挡墙墙身设置螺栓连接,底板通过自身重力压紧,形成一节 15 m 长的标准段二级防汛墙,两节防汛墙之间设 20 mm 伸缩缝,缝中部预留凹槽,凹槽内设置止水材料,表面采用双组分聚氨酯密封胶嵌缝,如图 1.1.12 所示。该防汛墙结构具备施工速度快、可重复利用等优势。

(4)生态花槽堤防。生态花槽堤防是在原有直立式堤防的结构上,利用原有导梁设置生态花槽,在花槽内种植水生植物,如图 1.1.13 所示,使单一枯燥的直立式墙体与规划景观要求相匹配,从而提升堤防安全、丰富生态景观效果。

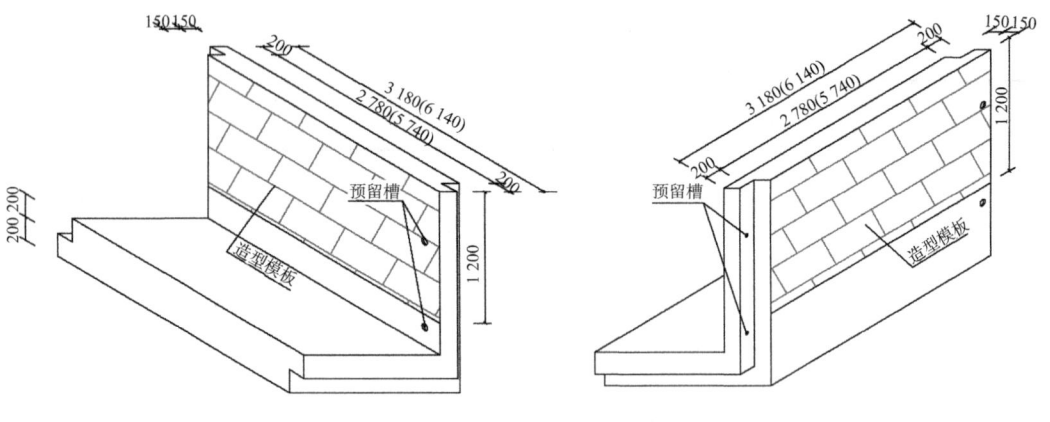

图1.1.12 组合装配式挡墙结构图

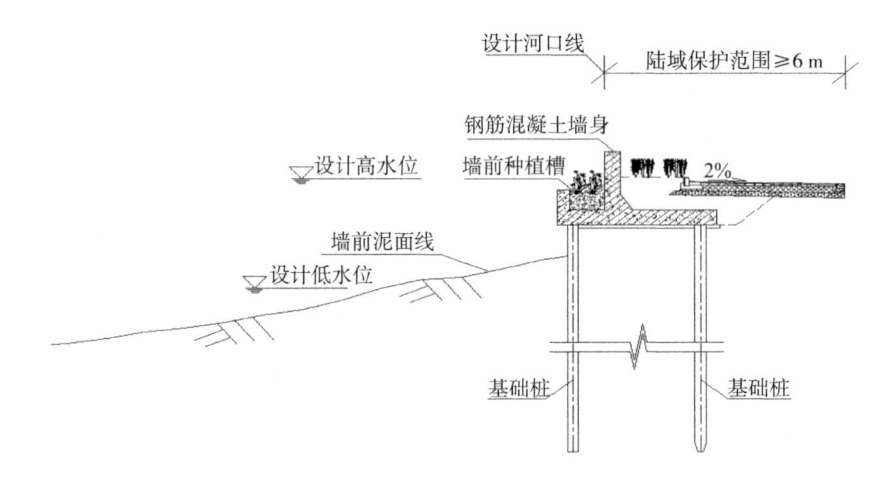

图1.1.13 生态花槽堤防结构图

1.1.3 上海堤防工程特点

上海市堤防工程经过了较长的建设周期,标准依次提高,功能逐步扩大,工程效益显著。

(1) 滨水岸线实现基本贯通。现阶段黄浦江沿岸已实现从杨浦大桥到徐浦大桥 45 km 滨江公共空间贯通开放,苏州河中心城段 42 km 滨水岸线已实现贯通开放。城市"项链"越串越长,为打造世界级城市会客厅夯实了基础。

(2) 公共开放空间持续优化。现阶段黄浦江滨江累计建成超 1 200 hm² 公共空间,苏州河沿岸同步推进滨水岸线贯通和提升改造,城市形象和市民满意度大幅提升。黄浦江和苏州河公共空间品质得到有效提升,服务功能更加丰富多元,逐步形成开放共享的公共休闲空间体系。

(3) 产业能级得到逐步提升。黄浦江和苏州河滨水地区逐渐实现由生产型空间向生活型和服务型空间转变。黄浦江沿岸金融、贸易、航运、文化、科创等核心功能集聚效应初步显现,苏州河沿岸持续加快文化、创新、生活服务功能建设。

(4) 历史文化遗产有效传承。黄浦江沿岸历史建筑和工业遗存得以保留、修复、改造和利用。苏州河沿岸红色遗存和工业遗存保护和利用已形成特色。

(5) 河道堤防和滨水空间管理更加高效。有序推进黄浦江和苏州河公共空间系统性规划设计和建设，陆续制定出台相关标准，明确贯通开放、慢行系统、标志系统、配套设施、景观照明等建设要求。市、区两级建立相对完善的建设协同推进机制，研究出台滨江公共空间养护管理标准，有效提升了公共空间服务能级。

市、区两级水务部门积极推进水管体制改革，实现"管养分离"。完善监管体制和工作机制，通过招投标方式，择优选取巡查养护队伍，加强监管和考核，积极推行制度化、规范化、精细化、标准化、法治化和信息化管理，服务能力逐年增强，管理效能逐年提升。但是，由于堤防工程状况比较复杂，标准化和长效化管理水平还不平衡。上海堤防工程目前主要有以下不足：

(1) 管理资料不够完整。部分堤防工程建造年份跨越时间较久，先后经过几次加高加固，由于各分部、分项工程不是在同一时期建造，建筑材料老化程度差别较大，资料也分散在历次工程建设档案中，完整性较差。

(2) 结构形式多样。由于隶属关系不同、建设年代不同、设计单位不同等原因，相邻岸段之间的工程结构可能有较大差异。随着上海市地下空间开发力度的逐年加大，堤防工程与地下空间结构的相互结合的结构形式正在增加。

(3) 存在工程缺陷或隐患。大部分防汛墙工程的加高加固是在原有工程基础上开展设计和施工的，随着水情、工情变化，堤防（防汛墙）结构可能存在一定缺陷或隐患。

①黄浦江市区防汛墙部分岸段由于建设时间较长、自然沉降等原因存在老化破损、欠高、局部岸段结构欠稳定或由于渗流造成稳定不足等问题；部分岸段还存在违规堆载、违规疏浚等行为，容易引发防汛墙失稳险情。

②黄浦江上游干流及拦路港部分岸段存在河势变化较大问题。堤防普遍无护坡护脚结构，受通航船行波、螺旋桨转动冲刷影响，墙前泥面均有不同程度的冲刷，造成底板埋置深度不足，影响结构安全稳定。

③黄浦江沿线专用岸段部分防汛闸门的门型可靠性差、门顶高程不达标、构件有损坏现象；潮闸门（拍门）存在构件有损坏、养护不及时等问题。

④部分防汛墙在高水位运行时还存在渗漏问题，目前各区正在开展的滨江贯通工程发现，防汛墙受周边工程施工影响，一旦土体受到扰动，会产生渗漏隐患；部分堤身与建筑物接合部位存在渗漏等现象。

⑤堤身断面、护堤地未能保持设计或竣工验收的尺度；堤顶路面尚未全线贯通，上堤路口较多、较杂，部分路口已丧失上堤道路功能；黄浦江上游堤防因当初建设原因，未系统考虑岸后排水问题，土体沉降后出现积水等现象。

(4) 近年来，上海市堤防建设在保证工程安全的前提下，虽然增加了生态功能、文化功能和景观功能，但对标世界级滨水区的更高标准和长三角一体化对区域发展提出的更高要求，在统筹协调、错位发展、动能释放、景观建设、生态环保、文化彰显、多水共治等方面仍有待提升。

(5) 对照水利部提出的堤防工程管理标准化评价要求，在工程保护管理、智慧平台应用、堤防安全监测体系建设等方面还有差距,必须加快推进标准化管理和信息化建设。

1.2 堤防管理标准化理论基础

1.2.1 标准与标准化

上海堤防管理既是水利行业的一项管理活动,又具有一般行业管理的特点。其管理标准化必须运用管理学的基本原理和手段。同时,管理标准化是在长期生产实践活动中逐渐摸索和创立起来的一门学科,是现代管理系统中一个基础的子系统,是基本的管理职能、管理手段和管理方法。堤防标准化管理也必须遵循标准化管理的基本理论和方法。

堤防管理标准化工作是一项系统工程,具有集合性、相关性、目的性、环境适应性和整体性。所以,以系统工程的思想,建立堤防管理标准化体系,并按照管理标准化体系逐步实施标准化管理十分必要。而堤防管理标准化体系的建立标志是有一套完善的标准并能认真、全面地实施,既要有一个科学、简便、实用的标准体系,还要有具备实施标准的能力。

1. 标准与标准化

标准和标准化从一开始就来源于人们改造自然的社会实践,且一直服务于这种实践。概括地说标准是对一定范围内的重复性事务和概念所作的统一规定,并最终变现为一种文件,而标准化是指为了在一定范围内获得最佳秩序,对现实问题或潜在问题制定共同使用和重复使用条款的活动。标准化是将标准大而化之、广而化之的行动,是使标准在社会一定范围内得以推广,使非标准状态转变成标准状态的一项科学活动。

(1) 标准的定义。我国在《标准化工作指南 第1部分:标准化和相关活动的通用术语》(GB/T 20000.1—2014)中对"标准"的定义是:通过标准化活动,按照规定的程序经协商一致制定,为各种活动或其结果提供规则、指南或特性,供共同使用和重复使用的文件。

(2) 标准化的定义。标准化是为了在限定范围内获得最佳秩序,促进共同效益,对现实问题或潜在问题确立共同使用或重复使用的条款以及编制、发布和应用文件的活动。

①标准化是一项有组织的活动过程。其主要内容是制定标准、实施标准,以及修订标准、再实施标准。往复循环、螺旋式上升,每完成一次循环,标准化对象就发展、完善一次,标准化水平也就提高一步。

②标准是标准化活动的成果。标准化的效能和目的往往通过制定和实施标准来体现。因此,制定各类标准、组织实施标准和对标准的实施进行监督或检查应是标准化的基本任务和主要活动内容。我们应该把质量活动文件(质量手册、程序文件等)编制成标准以便将标准化与全面质量管理更紧密地结合在一起,相互促进,共同提高,获得阶梯式发展。

③如要体现标准化的效果,必须将标准在实施中付诸应用且重复使用。只制定标准不实施标准或者标准实施过程中不增值,都不能取得标准化效益。再高水平的标准,不认

真实施,在实施过程中不增值也是无用的。

④随着时间的推移,标准化的对象和领域正在不断地完善、扩展和深化。过去往往只制定产品标准和技术标准,现在一般还要制定工作标准、管理标准,有时还要对潜在的问题实现标准化。即使是同一项标准,随着标准化对象的发展、人们认识的深化,其标准内容和水平也在发展完善或改变深化。

⑤改进活动过程和适用性,提高活动过程质量是标准化的目的和意义,同时还要便于交流和协作。

2. 标准化的基本原理

(1) 简化原理。简化式标准化是最一般的原理,标准化的本质就是简化。但是简化不是随心所欲地抛弃,而是通过标准化活动把多余的、可替换的、低功能的环节简化掉。通过简化,确定合理性界限和必要范围界限,从而达到"总体功能最佳"。

(2) 统一原理。指在一定时期和条件下,对标准化对象的形式、功能或其他技术特点所确立的一致性,应与被取代的事物功能等效。标准化活动往往是从统一化开始,统一的范围越大、程度越高,标准化活动的效果就越好。

(3) 协调原理。一致性靠协调取得,标准本身就是协调的产物。在标准制定和实施标准化过程中,协调主要是指做好相应的干预、说明、解释和配合工作。一项标准往往涉及许多利益相关方,简化、统一性不是轻而易举的事情,如果没有协调,标准化工作就很难开展。

(4) 优化原理。标准化的最终目的是取得最佳效益,因此在标准制定和实施过程中,一定要贯彻最优化原则,没有最优,就没有标准化。

3. 标准化的作用

(1) 标准化是组织现代生产的必要条件和手段。现代化生产以先进的科学技术为特征,生产的高度社会化表现为社会分工越来越细,各部门、各单位之间的联系更加密切;先进的科学技术表现为生产过程的速度的加快、质量的提高、生产的边缘性和节奏性等要求增强。现在,人类生产实践和科学技术迅速发展,生产规模越来越大,生产的社会化程度越来越高,质量要求越来越高,劳动分工越来越细,技术协作也越来越广泛,许多工作任务和服务过程往往需要数十个协作单位来完成。这就要求在技术上和管理上保持高度的统一和协调,制定并严格执行各种标准就成了必不可少的条件和手段,只有这样,各单位和各部门有关的各个活动环节,才能有机地联系起来,并且有条不紊地进行。

(2) 标准化是单位实行科学管理和现代化管理的基石。科学管理创始人泰勒最先把标准化引进到管理科学中,他提出"使所有的工具和工作条件实现标准化和完美化",并把标准化列为科学管理四大原理的首要原理。后来,他在论述科学管理机制时强调:"使所有专业工具、设备以及工人做各种工作时每一个操作都达到标准化"。管理科学发展到今天,尽管其理论、方法和手段随着管理对象的变化都发生了重大的变化,但是,管理科学发展和标准化的关系却始终密不可分,标准化更是现代企业管理必不可少的基石。

(3) 标准化是提高工作质量的基本要求。项目质量是指项目适合一定用途并能满足国家建设和人民生活需要所具备的质量特性,其特性包括使用性能、寿命、可靠性、安全性和经济性等。而标准是衡量这些质量特性的主要技术依据，如果没有标准，或者有了标准后不认真加以实施，其项目质量就很难得到保证。其中的技术标准是衡量产品或服务质量好坏的主要依据，其对产品性能或服务要求、规格、检验方法及包装、储运条件，或者对服务项目的运行、维护等相应地做出明确规定。严格地按标准进行生产或服务，产品或服务质量才能得到保证。标准的水平标志着产品或服务的质量水平，没有高水平的标准，就没有高质量的产品或服务。

对设备管理来说，通过推行设备管理标准化，让很多专业的操作性技能可复制、可追溯、可传承；可以目视化管理，提高效率，降低重复无意义的劳动或付出；可以提高设备间的互换性，降低生产制造成本及材料采购周期。

（4）标准化是产品或服务安全的技术保障。对安全管理来说，推行安全生产标准化，通过落实安全生产责任制，完善安全管理制度和安全操作规程，排查治理事故隐患和监控重大危险源，建立预防机制，规范生产行为，使各生产环节符合有关安全生产法律法规和标准规范的要求，使人、机、物、环处于良好的生产状态，并持续改进，这是单位开展安全生产工作的基本要求和衡量尺度，也是加强安全管理的重要方法和手段。实施安全生产标准化，有利于单位规范安全生产工作，有利于维护从业人员的合法权益，有利于促进安全生产法律法规的具体化和系统化，并通过运行使之成为行为规范。

（5）标准化是引领可持续发展，构建循环经济、和谐社会的重要途径。21世纪是质量的世纪。实行可持续发展，必须推行标准化发展战略。标准化管理是推广新工艺、新技术、新科研成果的桥梁，在经济全球化、技术高新化的今天，标准化对社会科技与经济起着引领作用。

1.2.2 管理标准化

管理标准化是标准化的一个重要领域，其目的是促进单位生产经营管理的程序化、规范化，确保技术标准、管理标准以及工作标准的实施，实行长效化、现代化管理。

1. 管理标准

管理标准是对标准化领域中需要协调统一的管理事项所制定的标准。这里所说的"管理事项"主要指各项管理活动，涉及各个管理方面。对堤防工程管理来说，主要包括目标管理、委托管理、组织管理、安全管理、运行管理、质量管理、进度管理、财务管理、设施设备管理、物资管理、作业管理、职业健康管理、环境管理以及标准化管理等重复性事物和概念。

管理标准属于标准的一个分支，适用的范围也较窄，其最显著的特点是侧重于管理单位或部门的管理活动，涉及管理单位业务活动的各个方面，旨在通过提高工作效率来为单位创造效益。

2. 管理标准化

管理标准化是以管理领域中的重复性事物为对象而开展的有组织地制定、发布和实施标准的活动，是对在企业生产、技术和经营管理活动中与实施技术标准相关联的、重复性管理技术事项和概念方面的标准化，包含许多不同的类别，如：运行管理标准化、巡查管理标准化、设备设施管理标准化、维修养护标准化、安全管理标准化、文件/记录格式标准化以及信息管理标准化等。

实施管理标准化必须以适用的法律法规和规章为依据,以适用的国际管理标准、国家管理标准、行业管理标准和地方管理标准为参考而开展。

1.2.3 管理标准化体系

管理标准化体系是指单位标准体系中的管理标准按其内在联系形成的科学有机整体。

1．管理标准化体系的基本要求

（1）贯彻国家行业及地方方针政策、法律法规、规章和本单位的管理规定。

（2）与企业实施的其他标准体系相结合或整合为一体。

（3）与技术标准体系协调一致。

2．管理标准化体系结构形式

企业内实施的管理标准按其内在联系形成的科学有机整体称之为管理标准体系,这个体系可用企业标准体系表来表述。《企业标准体系表编制指南》(GB/T 13017—2018)中的标准结构如图1.2.1所示。

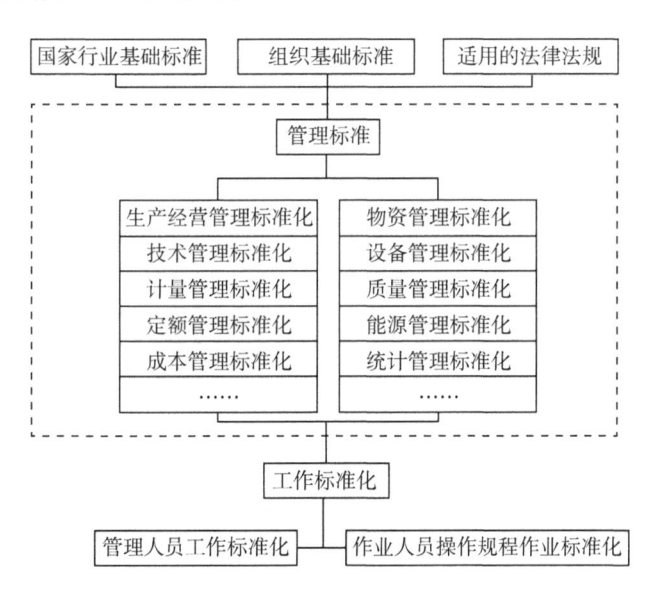

图1.2.1 管理标准化体系结构示意图

1.2.4 上海堤防管理标准化体系

堤防管理的主要任务是充分发挥其防洪、排涝、引调水、通航、改善生态环境等综合功能作用。围绕这些功能任务,堤防管理的内容可以细分为：管理机构的设置、管理职责的制定、管理机制的建立、堤防巡查管理、工程观测管理、穿堤建筑物运行管理、穿堤建筑物突发故障处置、堤防设施维修养护管理、绿化养护管理、堤防保洁管理、堤防安全管理、堤防信息化管理、档案资料管理、财务物资管理等。

上海堤防管理标准化体系内容包括涉及的法律法规、国家行业标准和企业（单位）标准,相关标准包括技术标准、管理标准和工作标准,其体系结构如图1.2.2所示。

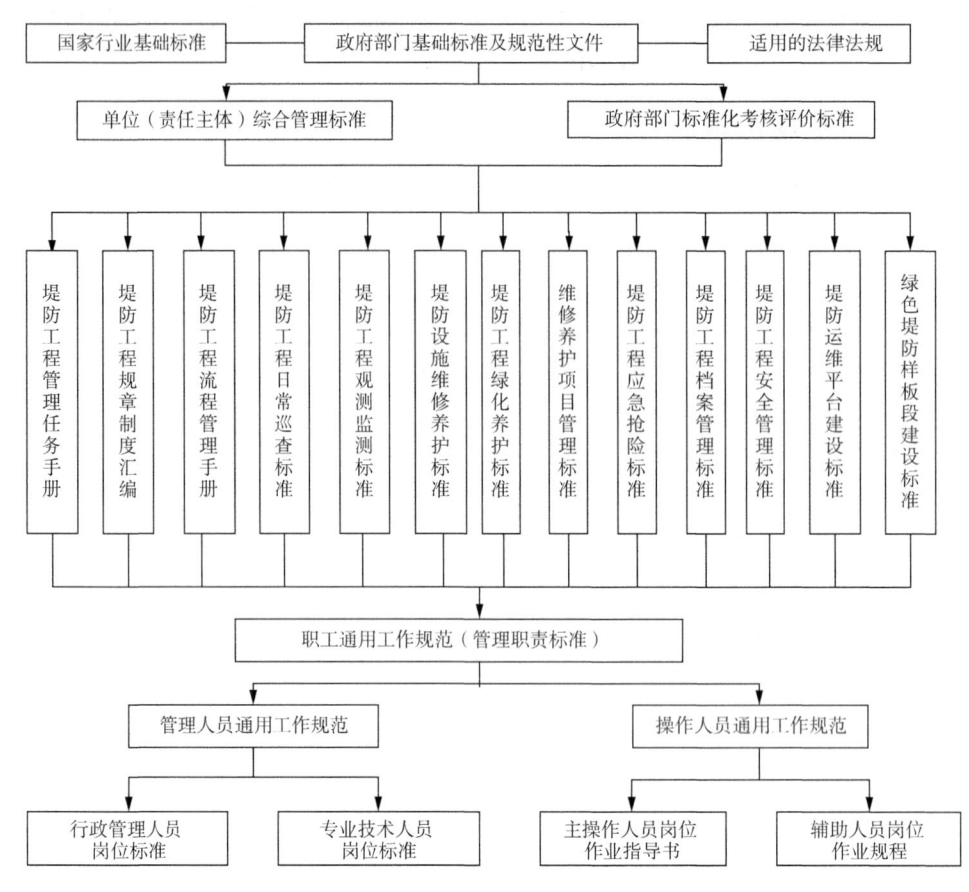

图1.2.2 堤防管理标准化体系结构示意图

1.3 堤防管理标准化的推进

1.3.1 推进上海堤防管理标准化的指导思想和总体目标

1. 指导思想

以习近平新时代中国特色社会主义思想为指导,深入贯彻落实"节水优先、空间均衡、系统治理、两手发力"治水思路和"人民城市"重要理念,在总结水利工程精细化管理实践经验基础上,以工程安全、运行可靠、管理高效为目标,进一步深化水利体制机制改革,构建完善的上海堤防工程标准化管理体系,落实水利工程管理责任和各项措施,不断提升上海堤防工程管理的规范化、精细化、智慧化水平,在更高起点、更高标准上实施堤防工程标准化管理,保障堤防工程安全和滨水空间的利用,保证堤防工程效益充分发挥。

2. 总体目标和工作要求

上海市《关于加快推进水利工程标准化管理的实施方案》强调,要强化工程安全管理,落实管理责任,完善管理制度,提升管理能力,消除重大安全隐患,建立健全运行管理长效机制,全面推进水利工程标准化管理。2025年12月,上海市"一江一河"堤防和其他具有防洪功能的堤防工程基本实现标准化管理;2030年12月,水利工程运行管理标准化格局全面形成。

各堤防工程管理单位要落实管理主体责任,严格执行堤防工程运行管理制度、标准和流程,充分利用信息平台和管理工具,规范管理行为,提高管理能力,从工程状况、安全管理、运行管护、管理保障和信息化建设等方面,实现堤防工程全过程标准化管理。

(1) 工程状况。工程现状达到设计标准,无安全隐患;主要建筑物和配套设施运行状态正常,运行参数满足现行规范要求;金属结构与机电设备运行正常、安全可靠;监测监控设施设置合理、完好有效,满足掌握工程安全状况需要;工程外观完好,管理范围环境整洁,标志标牌规范醒目。

(2) 安全管理。工程按规定注册登记,信息完善准确、更新及时;按规定开展安全鉴定,及时落实处理措施;工程管理与保护范围划定并公告,重要边界界桩齐全明显,无违章建筑和危害工程安全活动;安全管理责任制落实,岗位职责分工明确;防汛组织体系健全,应急预案完善可行,防汛物料管理规范,工程安全度汛措施落实。

(3) 运行管护。工程巡视检查、监测监控、操作运用、维修养护和生物防治等管护工作制度齐全、行为规范、记录完整,关键制度、操作规程上墙明示;及时排查、治理工程隐患,实行台账闭环管理;调度运用规程和方案(计划)按程序报批并严格遵照实施。

(4) 管理保障。管理体制顺畅,工程产权明晰,管理主体责任落实;人员经费、维修养护经费落实到位,使用管理规范;岗位设置合理,人员职责明确且具备履职能力;规章制度满足管理需要并不断完善,内容完整、要求明确、执行严格;办公场所设施设备完善,档案资料管理有序;精神文明和水文化建设同步推进。

(5) 信息化建设。建立工程管理信息化平台,工程基础信息、监测监控信息、管理信息等数据完整、更新及时,与各级平台实现信息融合共享、互联互通;整合接入雨水情、安全监测监控等工程信息,实现在线监管和自动化控制,应用智能巡查设备,提升险情自动识别、评估、预警能力;网络安全与数据保护制度健全,防护措施完善。

1.3.2 堤防管理标准化推进的主要工作内容

1. 制定标准化管理工作实施方案

上海市、区水务部门应按照因地制宜、循序渐进的工作思路,制定或完善堤防工程标准化管理工作的实施方案,明确标准化管理的目标任务、实施计划和工作要求,落实保障措施,有计划、分步骤地组织实施。

2. 摸清水利工程底数

结合自然灾害综合风险普查等工作,进一步完善堤防设施基础资料,按照不同周期动态更新水利工程底数信息,同步完成注册登记,实现设施底数的清单化。

3. 建立堤防工程运行管理标准体系

上海市、区水务部门应依据国家和水利部颁布的相关管理制度和技术标准规范,结合堤防工程实际,按照工程类别分别编制、修订、完善相关管理制度和技术性文件、标准化工作手册示范文本和评价标准,并将管理制度和技术性文件汇编成册,实现管理制度的体系化。

4. 推进专业化管理

进一步深化堤防管养分离和市场化、物业化和专业化运维管理,强化对合同单位的指导、培训、监督、检查、考核,确保维修养护到位,保障设施安全运行。持续培育专业化养护市场,组织开展堤防管理市场化运行养护人员条件、设施设备、技术力量、专业能力等方面政策机制研究,确保运行养护工作规范。

5. 明晰管理范围

在完成上海市水利工程管理和保护范围划定基础上,积极与规划资源部门协商完成成果入库工作。

6. 提升环境品质

开展黄浦江和苏州河堤防样板段建设,创建生态堤防改造新亮点,提升堤防生态宜居的滨水休闲功能,指导"一江一河"滨江贯通工程、堤防专项维修工程,打造安全、景观、生态、文化绿色堤防,提升环境品质。

7. 加强信息化平台的建设

上海市、区水务部门应按照智慧水利建设总体布局,依托已有相关应用系统,统筹建设网络、平台等公用基础支撑,按要求汇交共享数据成果。加快辖区内水利工程智能化改造,依托"一网统管"平台,加强堤防设施感知端的建设,推进黄浦江和苏州河堤防安全监测系统建设,配合开展黄浦江和苏州河数字孪生流域建设,提升智慧监管能力。

8. 推进堤防工程标准化管理的实施

各堤防管理单位要认真编制所辖堤防工程标准化管理工作手册,针对堤防工程特点,厘清管理事项、完善管理制度、制定管理标准、规范管理程序、科学定岗定员、建立激励机制、严格考核评价。

9. 做好标准化管理评价

水利部制定了《水利工程标准化管理评价办法》,明确了堤防工程管理标准化基本要求和评价标准。上海市水务局结合实际,制定了《上海市水利工程标准化管理评价细则》及其评价标准。堤防管理单位应深入组织开展标准化评价工作,积极创造条件,争创上海市和水利部标准化管理典型工程。

1.3.3 落实推进堤防管理标准化的保障措施

1. 加强组织领导

上海市、区水务部门应根据水利部出台的推进水利工程标准化管理的指导意见,将标准化工作纳入河湖长制考核范围,建立政府主导、部门协作、自上而下的推进机制。选择管理水平较高、基础条件较好的工程或单位先行先试,积累经验、逐步推广。创新工程管护机制,大力推行专业化管护模式,不断提高工程管护能力和水平。

2. 强化资金保障

上海市、区水务部门应落实好《水利工程管理体制改革实施意见》(国办发〔2002〕45号)等要求,积极与相关部门沟通协调,多渠道筹措运行管护资金,推进堤防工程标准化管理建设。

3. 推行标杆管理

堤防管理单位应通过学习先进典型，以打造"一江一河"世界级滨水区为契机，着力推动绿色堤防品牌创建，坚持示范引领、以点带面、分步实施、整体推进的方式，确定水利工程标准化管理样板区和样板工程，发挥好市管工程标准化管理示范引领作用，打造一批符合现代水利发展要求，可复制、可借鉴的工程管理典型。要在外部和内部树立标杆，对照标杆和标准，推行堤防样板段建设，应用目标管理、网格化管理、项目管理、树状分类、要素建模、剪刀思维、流水作业、月清月结、闭环管理、PDCA循环法等先进方法，推进标准化管理创建工作取得明显成效。

4. 加强人员培训

定期组织开展培训工作，重点加强水利工程管理的法律法规、规程规范以及标准化管理相关要求的宣教，实现管理围绕标准、成果符合标准、标准成为习惯，让标准化成为每个管理人员的自觉行为。

5. 强化激励措施

上海市、区水务部门应建立标准化管理的有效工作机制，将标准化评价工作纳入河湖长制考核范围。对通过标准化评价的水管单位，研究制定运行管理经费补助、人员奖励或技术职称评定倾斜等激励政策。

6. 加强监督检查

上海市、区水务部门要把标准化管理工作纳入水利工程监督范围，加强监督检查，按年度发布标准化管理建设进展信息，对工作推进缓慢、问题整改不力、成果弄虚作假的严肃追责问责。加强对标准化评价工作的监督检查，规范操作程序，保障公开、公正、透明，杜绝各种违规违法行为。

第 2 章
堤防工程标准化管理评价标准解读

本章依据水利部《水利工程标准化管理评价办法》要求,对照水利部"堤防工程标准化管理评价标准"(总分 1 000 分),分别从工程状况、安全管理、运行管护、管理保障、信息化建设等方面解读堤防工程标准化管理评价标准要点。

2.1 工程状况

堤防工程状况标准化评价标准共 8 条 240 分,包括堤身、堤防道路、堤岸防护工程、穿堤建筑物、生物防护工程、工程排水系统、办公设施和环境、标志标牌等。

2.1.1 堤身

1. 考核评价内容

堤身断面、护堤地宽度保持设计或竣工验收的尺度;堤肩线直、弧圆,堤坡平顺;堤身无裂缝、冲沟、无洞穴、杂物垃圾堆放;护堤地边界明确。

2. 赋分原则(40 分)

(1) 堤身断面(高程、顶宽、堤坡)、护堤地(面积)未保持设计或竣工验收尺度,每项(处)扣 5 分,最高扣 20 分。

(2) 堤顶、堤肩线不顺畅,扣 5 分。

(3) 堤坡不平顺,有明显凹陷、起伏等,扣 5 分。

(4) 发现堤身裂缝、冲沟、洞穴、堆放杂物垃圾等情况,每处扣 5 分,最高扣 10 分。

3. 管理和技术标准及相关规范性要求

《堤防工程设计规范》(GB 50286—2013);

《堤防工程养护修理规程》(SL/T 595—2023);

《土石坝养护修理规程》(SL 210—2015);

《上海市黄浦江和苏州河堤防工程维修养护技术规程》(SSH/Z 10007—2017);

《上海市河道维修养护技术规程》(DB31 SW/Z 027—2022);

《关于进一步加强上海市黄浦江和苏州河堤防工程管理的意见》(沪水务〔2014〕849 号);

《上海市黄浦江和苏州河堤防工程日常养护管理办法》(沪堤防〔2020〕1 号)。

4. 条文解读

(1) 管理单位和现场管理项目部要有堤身设计图、现状图。

(2) 按规范要求定期现场巡视检查堤顶、堤坡、护坡、防汛墙、防渗及排水措施。

(3) 要有堤身的检查记录，对检查中发现的问题及时处理或上报处理意见。

(4) 护堤地的长度、宽度、面积以及边界应满足相关规范性文件要求。

5. 考核评价备查材料

(1) 堤身情况说明。

(2) 堤身设计图、现状图。

(3) 近三年堤身检查记录、堤身养护维修资料。

2.1.2 堤防道路

1. 考核评价内容

堤防道路畅通，满足防汛抢险通车要求；堤顶（后戗、防汛路）路面完整、平坦，无坑、明显凹陷和波状起伏，雨后无积水；上堤辅道与堤坡交线顺直、规整，未侵蚀堤身。

2. 赋分原则（30分）

(1) 堤防道路路面不平，明显凹陷，雨后有积水，扣10分。

(2) 堤顶路面或上堤辅道路面有裂缝、坑洼等情况，扣10分。

(3) 上堤辅道与堤坡交线不规整，每处扣5分，最高扣10分。

3. 管理和技术标准及相关规范性要求

参见本书第2章第2.1.1节"堤身"相关内容。

4. 条文解读

(1) 管理单位要有堤顶道路管理制度，制度内容包括工程基本情况、堤顶道路检查管理人员和要求、堤顶道路检查、堤顶道路管理等。堤顶道路作为交通道路的应有经水务部门批准的文件、交通标志，标牌规范、齐全。

(2) 兼作公路的堤段，管护主体应明确，管护职责应落实。

(3) 道路的管理和维护记录齐全。

(4) 道路两侧应有完善的排水设施；里程碑、百米桩齐全，现场查看时上堤铺道和堤防道路应符合要求。

(5) 不是交通道路的堤段应在上堤路口设置限高限载关卡，禁止载重车辆上堤。

5. 考核评价备查材料

(1) 堤顶道路管理制度。

(2) 堤顶道路标志标牌统计表。

(3) 近三年堤顶道路巡查、维修养护资料。

2.1.3 堤岸防护工程

1. 考核评价内容

堤岸防护工程（护坡、护岸、丁坝、护脚等）无缺损、坍塌、松动；堤面平整；护坡平顺；工程整洁美观。

2. 赋分原则(40 分)

(1) 工程有缺损、坍塌、松动,每处扣 5 分,最高扣 15 分。

(2) 堤面不平整,扣 10 分;护坡不平顺,扣 10 分。

(3) 工程上杂草丛生,脏、乱、差,扣 5 分。

3. 管理和技术标准及相关规范性要求

参见本书第 2 章第 2.1.1 节"堤身"相关内容。

4. 条文解读

(1) 管理单位和现场管理项目部要有堤岸防护工程的设计图、现状图。

(2) 现场管理项目部要有堤岸防护工程的检查、维修养护记录,特别是缺损、坍塌的维护记录。

(3) 重点堤段的备料品种、数量应满足防汛抢险需要,管理制度齐全,现场有管理标牌,明确备料品种、数量和责任人。

(4) 现场管理项目部按规定要求定期检查堤防防护工程现场,检查护坡、护岸、丁坝、护脚等应达到要求。

5. 考核评价备查材料

(1) 堤岸防护工程的设计图、现状图。

(2) 备料堆放位置图及统计表。

(3) 近三年堤防防护工程检查、维修养护资料。

2.1.4 穿堤建筑物

1. 考核评价内容

穿堤建筑物堤段无重大隐患;穿堤建筑物(桥梁、涵闸、各类管线等)符合安全运行要求;金属结构及启闭设备养护良好、运转灵活;混凝土无老化、破损现象;堤身与建筑物联结可靠,接合部无隐患、不均匀沉降裂缝、空隙、渗漏现象;非直管穿堤建筑物情况清楚、责任明确、安全监管到位。

2. 赋分原则(40 分)

(1) 穿堤建筑物不符合安全运行要求,扣 10 分。

(2) 启闭机运转不灵活、金属构件严重锈蚀,扣 5 分。

(3) 混凝土老化、破损、裂缝,每处扣 5 分,最高扣 10 分。

(4) 发现明显沉降、渗漏等现象,扣 10 分。

(5) 非直管穿堤建筑物情况不清楚、责任不明确、安全监管不到位,扣 5 分。

3. 管理和技术标准及相关规范性要求

《水闸技术管理规程》(SL 75—2014);

《水闸安全评价导则》(SL 214—2015);

《水闸与水利泵站维修养护技术标准》(DG/TJ 08—2428—2024);

《上海市黄浦江和苏州河堤防工程维修养护技术规程》(SSH/Z 10007—2017);

《上海市跨、穿、沿河构筑物河道管理技术规定(试行)》(沪水务〔2007〕365 号);

《上海市水利控制片水资源调度方案》(沪水务〔2020〕74 号)。

4. 条文解读

(1) 每座穿(跨、临)堤建筑物均有名称或编号,应明确管理主体和管护责任。

(2) 每座穿(跨、临)堤建筑物要有穿(跨、临)堤建筑物的管理制度、操作规程等并加以明示。明确防汛水闸控制管理一般规定、控制运用流程、突发故障应急处理流程、设备操作规程、穿堤涵闸(涵闸)值班制度和交接班制度、运行巡查制度、养护维修要求等,并结合实际情况及时进行修订。

(3) 加强对穿堤建筑物的防汛值班和巡查。值班人员名单、巡查路线、巡查内容、巡查范围、巡查重点部位、设备状态标志(运行、停机、检修等状态)应予明示。

(4) 按相关规程、细则、作业指导书要求,定期开展穿堤涵闸工程试运行。

(5) 根据上级调度指令,结合穿堤涵闸实际,及时准确地调度运行。调度指令记录、运行记录、值班及交接班记录、巡查等记录及统计规范、完整,上报及时。

(6) 运行养护人员应加强穿(跨、临)堤建筑物、堤防与建筑物联结处、防汛闸门等机电设备的日常巡视检查、潮期巡查、经常性检查、定期检查及维修养护,确保防汛闸门正常启闭,表面整洁,门体无变形、锈蚀、卡阻等缺陷;行走支承无缺陷,埋件、承载吊耳无裂纹或锈损。

(7) 穿堤桥梁、涵闸应按规定时间和要求进行安全鉴定。

(8) 非直管穿(跨、临)堤建筑物基础资料较为齐全,管理责任明确,并加强对非直管穿(跨、临)堤建筑物运行维护的安全监督管理。

5. 考核评价备查材料

(1) 所管岸段穿(跨、临)堤建筑物统计表。

(2) 穿(跨、临)堤建筑物管理制度、操作规程及组织学习资料。

(3) 近三年穿堤涵闸运行资料(含运行统计表)。

(4) 近三年穿(跨、临)堤建筑物检查及维修养护资料。

(5) 穿堤桥梁、涵闸建筑物安全鉴定资料。

(6) 近三年非直管穿(跨、临)堤建筑物情况督查、责任落实及安全监管资料。

2.1.5 生物防护工程

1. 考核评价内容

工程管理范围内树、草种植合理,宜植防护林的地段形成生物防护体系;堤(坝)坡草皮整齐,无高秆杂草;堤肩草皮(有堤肩边埂的除外)每侧宽0.5 m以上;林木缺损率小于5%,无病虫害;有计划对林木进行间伐更新。

2. 赋分原则(30分)

(1) 堤(坝)坡草皮不整齐、有高秆杂草等,扣5分。

(2) 宜植地段未形成生物防护体系,扣2分。

(3) 宜绿化区域绿化率达不到80%,扣3分。

(4) 堤肩草皮不满足要求,扣2分。

(5) 林木缺损率高于5%,每缺损5%扣5分,最高扣10分。

(6) 发现病虫害未及时处理或处理效果不好,扣5分。

(7) 林木间伐更新无计划,扣3分。

3. 管理和技术标准及相关规范性要求

《园林绿化草坪建植和养护技术规程》(DG/TJ 08—67—2015)(2019年复审);

《园林绿化养护技术等级标准》(DG/TJ 08—702—2011)(2019年复审);

《园林绿化养护技术规程》(DG/TJ 08—19—2011)(2019年复审);

《上海市绿化条例》(2018年修正);

《上海市河道绿化建设导则》(沪水务〔2008〕1023号);

《上海市黄浦江和苏州河堤防绿化管理办法》(沪堤防〔2020〕3号)。

4. 条文解读

(1) 管理单位应有生物防护工程规划设计文件或更新改造计划。

(2) 提高绿化覆盖率,有绿化面积与宜绿化面积的比值计算资料。

(3) 制定生物防护工程管理制度、责任网络和防护方法,主要内容应明示。

(4) 生物防护工程的检查、维护、病虫害防治记录齐全,有年度工作总结。

(5) 定期现场查看管理范围内树木、草皮等种植情况,均应达到考核评价标准。

(6) 林木采伐与更新应符合相关规范性文件要求。

5. 参考示例

黄浦江上游堤防绿化病虫害防治作业指导书简介。

(1) 黄浦江上游堤防绿化病虫害及外来有害物种分类。包括虫害43科99种,病害59种,另外还有外来有害物种一枝黄花等。

(2) 虫害防治技术管理。包括名称、发布与寄主、鉴别特征、生活习性、预测、防治方法、治理次数等。

(3) 病害防治技术管理。包括分布与危害、病源、症状、发病规律、预测、防治方法、治理次数等。

(4) 一枝黄花专项治理。包括人工除草、深翻耕种、经审批后的药物治理、剪去花枝、利用天敌昆虫遏制等。

(5) 绿化病虫害防治中的安全和环境保护措施。包括防治药物管理办法、防治设备管理方案、农药安全使用技术、突发事件应急处置方案等。

6. 考核评价备查材料

(1) 生物防护工程规划、设计或更新改造计划相关资料。

(2) 生物防护工程管理制度及日常养护作业指导书。

(3) 堤防绿化养护合同及考核管理办法。

(4) 绿化养护责任网络分区资料。

(5) 绿化区域面积率相关资料。

(6) 近三年生物防护工程检查记录、养护记录。

(7) 近三年管理单位对绿化养护公司的考核资料。

(8) 近三年林木间伐更新资料(如未进行林木间伐应提供文字说明)。

2.1.6　工程排水系统

1. 考核评价内容

工程排水畅通；按规定各类工程排水沟、减压井、排渗沟齐全、畅通，沟内杂草、杂物清理及时，无堵塞、破损现象。

2. 赋分原则（20分）

(1) 工程排水系统不完善，扣15分。

(2) 排水沟、减压井、排渗沟堵塞、破损，扣5分。

3. 管理和技术标准及相关规范性要求

参见本书第2章第2.1.1节"堤身"相关内容。

4. 条文解读

(1) 排水沟、减压井、排渗沟设计合理。

(2) 建立排水系统检查制度，排水系统检查、维护记录齐全。

(3) 定期现场检查排水沟、减压井、排渗沟，应无缺损、淤积、堵塞等，日常管护应达到考核评价标准。

5. 考核评价备查材料

(1) 堤防排水系统检查制度。

(2) 排水系统设计图相关资料。

(3) 近三年排水系统检查、维护记录及相关照片。

2.1.7　办公设施和环境

1. 考核评价内容

管理用房及配套设施完善，管理有序；管理单位庭院整洁，环境优美，绿化程度高；按《堤防工程管理设计规范》（SL/T 171—2020）配备相应的管理设施设备。

2. 赋分原则（20分）

(1) 管理用房及文体等配套设施不完善或管理混乱，扣5分。

(2) 管理单位（包括基层站、所、段等）办公、生产、生活等环境较差，扣5分。

(3) 环境绿化不足或存在乱放垃圾杂物现象，扣5分。

(4) 未按规范配置相应的管理设施设备，扣5分。

3. 管理和技术标准及相关规范性要求

《堤防工程管理设计规范》（SL/T 171—2020）；

《关于进一步加强上海市黄浦江和苏州河堤防工程管理的意见》（沪水务〔2014〕849号）；

《上海市黄浦江和苏州河堤防工程日常养护管理办法》（沪堤防〔2020〕1号）；

堤防工程长效管理规划或管理现代化规划；

堤防工程技术管理细则。

4.条文解读

(1)管理用房及配套设施完善,满足办公和管理需要,内部整洁,布局合理,管理有序,无安全隐患,无脏、乱、差现象。设有办公楼、会议室、职工食堂、阅览室、健身器材、职工之家等,设置停车场、自行车存放点。

(2)环境优美,庭院整洁,无卫生死角;规划布局合理,功能分区科学,因地制宜建设。包括工程管理区、办公服务区、后勤生活区、文体活动区等管理规范。

(3)水土保持设施完好,绿化程度高。管理范围无荒地,宜林地绿化覆盖率高。水生态建设有规划、方案和具体实施计划。绿化有委托管理合同或有专人管理。

(4)加强后勤和物业管理,重要部位有安防系统。落实后勤管理人员,明确职责和管理标准,加强考核监督。

(5)配备文体设施(如乒乓球室、篮球场、健身器材、会议室、阅览室等)、生产生活设施(如仓库、食堂、检修场所等);丰富职工业余文化生活;巡查和养护项目部管理设施良好,管理井然有序。

(6)管理区及防汛道路畅通,路面状况良好。

(7)各种通信系统安全可靠,电力供应稳定。

5.考核评价备查材料

(1)管理用房及配套设施基础资料。

(2)管理区规划布局相关资料。

(3)近三年生产生活设施、文体设施、工程环境、水土保持、绿化、后勤等日常巡查、定期检查、维修养护资料(含基础资料)。

(4)近三年工程或管理获得的相关荣誉证书、环境建设的成果资料。

2.1.8 标志标牌

1.考核评价内容

标志标牌设置合理;按照《堤防工程管理设计规范》(SL/T 171—2020)要求设置各类工程管理标志标牌,标志标牌规范统一、布局合理、埋设牢固、齐全醒目。

2.赋分原则(20分)

(1)标志标牌[里程桩、禁行杆、限速(重)牌、分界牌、险工险段及工程标牌、工程简介牌等]不规范、统一,扣10分。

(2)标志标牌布局不醒目、美观,扣5分。

(3)标志标牌布局不合理、埋设不牢固,扣5分。

3.管理和技术标准及相关规范性要求

《安全标志及其使用导则》(GB 2894—2008);

《公共信息导向系统 设置原则与要求 第1部分:总则》(GB/T 15566.1—2020);

《标志用图形符号表示规则 公共信息图形符号的设计原则与要求》(GB/T 16903—2021);

《消防安全标志设置要求》(GB 15630—1995)。

4. 条文解读

(1) 根据相关规范规程制定堤防工程标志标牌设置和管护标准。

(2) 结合工程情况，详细制定堤防工程标志标牌实施方案。

(3) 堤防工程现场标志标牌应合理配置、齐全规范，有堤防标志标牌统计表。

(4) 做好堤防标志标牌维护工作。

5. 考核评价备查材料

(1) 堤防标志标牌管理标准或完善方案。

(2) 标志标牌统计表。

(3) 近三年堤防标志标牌日常维护资料(含相关图片)。

2.2 安全管理

堤防工程安全管理标准化评价标准共12条340分，包括信息登记、工程标准、隐患排查治理及险工险段管理、工程划界、涉河建设项目和活动管理、河道清障、保护管理、防汛组织、防汛准备、防汛物料、工程抢险、安全生产等。

2.2.1 信息登记

1. 考核评价内容

开展堤防信息登记；登记信息完整准确，更新及时。

2. 赋分原则(30分)

(1) 未开展信息登记，此项不得分。

(2) 登记信息不完整、准确，扣10分。

(3) 登记信息更新不及时，扣10分。

(4) 险工险段信息未及时上报更新，扣10分。

3. 管理和技术标准及相关规范性要求

《水闸注册登记管理办法》(水运管〔2019〕260号)；

《堤防运行管理办法》(水运管〔2023〕135号)；

《水利部办公厅关于做好堤防水闸基础信息填报暨水闸注册登记等工作的通知》(办运管函〔2019〕950号)；

堤防工程相关设计、建设批复文件，工程技术管理细则。

4. 条文解读

(1) 按照《水利部办公厅关于做好堤防水闸基础信息填报暨水闸注册登记等工作的通知》要求，完成堤防工程基础信息填报及注册登记工作。堤防注册登记需履行申报、审核、登记、发证等程序。

(2) 堤防工程信息登记内容应包括工程基本信息、工程特性、管理情况、安全鉴定、除险加固等。信息登记应做到真实、准确、完整，不得有遗漏、错报、误报等现象。

(3) 堤防工程信息通过全国堤防水闸管理信息系统进行登记。管理单位应安排专人进行信息填报；经上级主管部门审核后报相关流域管理机构核查。

（4）对于新建或改建的堤防工程,自工程竣工验收之日起1个月内完成信息登记工作;对于已建堤防工程,按规定的时间节点完成信息复核填报工作;每年定期组织堤防工程信息的审核、核查和更新工作,确保信息真实、准确、完整。

5．考核评价备查材料

（1）堤防注册登记表。

（2）堤防注册登记证(或网上截图)。

（3）堤防注册登记变更事项登记表。

2.2.2　工程标准

1．考核评价内容

堤防工程已完工或已达标加固,堤身断面、堤顶(后戗、防汛道路)满足设计要求。

2．赋分原则(20分)

达不到设计防洪(或竣工验收)标准,按长度计,每10%扣5分,最高扣20分。

3．管理和技术标准及相关规范性要求

《防洪标准》(GB 50201—2014);

《堤防工程设计规范》(GB 50286—2013);

《堤防工程管理设计规范》(SL/T 171—2020);

《水利水电工程等级划分及洪水标准》(SL 252—2017);

《防汛墙工程设计标准》(DG/TJ 08—2305—2019);

《堤防运行管理办法》(水运管〔2023〕135号);

《上海市黄浦江防汛墙安全鉴定暂行办法》(沪水务〔2003〕829号);

《上海市堤防海塘管理标准(试行)》(沪水务〔2018〕914号)。

4．条文解读

（1）规划、设计、除险加固及竣工验收资料齐全。

（2）河道堤防工程设计等级防护标准应符合《水利水电工程等级划分及洪水标准》(SL 252—2017)和上海市河道堤防防洪标准,并应达到《堤防工程设计规范》(GB 50286—2013)以及上海堤防工程基本要求。上海河道堤防防洪标准包括:

①黄浦江上游段。黄浦江上游段承泄太湖流域来水,其防洪标准以防御洪水重现期表示。根据《太湖流域综合治理总体规划方案》,太湖流域防洪选用1954年5—7月梅雨型为骨干工程设计标准,相当于50年一遇重现期。

②市区黄浦江防汛墙。1984年9月,水电部函复同意近期上海市区防洪墙加固可按千年一遇标准(相应黄浦公园水位5.86 m,吴淞口水位6.27 m)进行。

③苏州河。苏州河河口已新建双向挡水闸,可以对苏州河水位实行有效控制,苏州河河口水闸按防御千年一遇高潮位设防,闸内岸段近期达到50年一遇,远期过渡达到100年一遇的标准。

堤防工程应满足下列基本要求:

①应达到一定的建筑物等级。黄浦江上游干流段防汛墙及支河口控制建筑物为3级水工建筑物;市区黄浦江防汛墙及支流河口水闸为1级水工建筑物;苏州河河口水闸为

1级水工建筑物,苏州河防汛墙和支河口门控制性建筑物为2级水工建筑物。

②应考虑各种设计工况及荷载组合。市区黄浦江防汛墙荷载分为基本荷载和特殊荷载两种,基本荷载包括防汛墙自重、土重、水压力、水重、地下水压力、土压力、波浪压力、扬压力、墙后荷载。特殊荷载包括漂流物撞击力及地震荷载。仅考虑基本荷载为基本组合,考虑基本荷载和附加荷载共同作用为特殊组合。运行情况分为设计高水位和设计低水位两种。地震烈度按七度设防,地震荷载包括地震惯性力、动水压力、动土压力等。

③应达到设计的防汛墙墙顶高程。

④应满足抗倾、抗滑和地基整体稳定性要求。地基应力应满足地基允许承载力的要求,若不满足应加固地基。

⑤应满足抗渗和渗透稳定性要求。随着潮水涨落,地基的渗流流向也相应改变,在设计低水位时出现反向渗流的情况下,其溢出点的渗透比降应满足地基渗透稳定要求。

⑥应满足强度要求。结构强度计算应按照《水工混凝土结构设计规范》(NB/T 11011—2022)、《防汛墙工程设计标准》(DG/TJ 08—2305—2019)等有关标准执行。

⑦应满足结构正常使用状态下的变形和耐久性要求。包括结构整体沉降和不均匀沉降不超过规范规定的限值、结构的裂缝开展宽度符合规范要求、结构的挠度等变形指标不超过规范规定的限值,且均不影响结构的正常使用。

(3) 提供近三年堤防工程观测资料和成果分析报告。

(4) 在堤防工程现场工程概况导示牌中,应有工程标准介绍。

(5) 应有堤防标准断面图、断面桩设置图、河道淤积冲刷位置图、堤防险工险段位置图及河床河势图。

5. 考核评价备查材料

(1) 相关规划、设计、除险加固及竣工验收资料。

(2) 近三年堤防工程观测资料和成果分析报告。

(3) 标准断面图、断面桩设置图、河道淤积冲刷位置图、堤防险工险段位置图及河床河势图资料,堤防工程概况导示牌图片。

2.2.3 隐患排查治理及险工险段管理

1. 考核评价内容

按规定开展隐患排查和险工险段判别,工程险点隐患和险工险段情况清楚;险点隐患及时处理,险工险段落实度汛措施和应急处置方案;根据需要及时开展安全评价。

2. 赋分原则(50分)

(1) 工程险点隐患和险工险段情况不清楚,扣15分。

(2) 险点隐患未及时处理,险工险段未落实度汛措施和应急处置预案,扣20分。

(3) 重点堤段或险工险段未按《堤防工程安全评价导则》(SL/Z 679—2015)要求开展堤防安全评价,扣15分。

3. 管理和技术标准及相关规范性要求

《生产经营单位生产安全事故应急预案编制导则》(GB/T 29639—2020);

《堤防工程安全监测技术规程》(SL/T 794—2020);

《堤防工程安全评价导则》(SL/Z 679—2015)；

《堤防隐患探测规程》(SL/T 436—2023)；

《水利水电工程(水库、水闸)运行危险源辨识与风险评价导则(试行)》(办监督函〔2019〕1486 号)；

《水利水电工程(堤防、淤地坝)运行危险源辨识与风险评价导则(试行)》(办监督函〔2021〕1126 号)；

《水利工程生产安全重大事故隐患判定标准(试行)》(水安监〔2017〕344 号)；

《堤防工程险工险段判别条件》(办运管函〔2019〕657 号)；

水利部《堤防工程险工险段安全运行监督检查规范化指导手册》(2022 年版)；

《上海市防汛(防台)安全检查办法》(沪汛部〔2012〕2 号)。

4. 条文解读

（1）管理单位应制订堤防隐患探查计划，并委托具有相应资质的检测单位依据《堤防工程安全监测技术规程》(SL/T 794—2020)、《堤防隐患探测规程》(SL/T 436—2023)编制堤防隐患探查探测方案，按审批后的方案进行堤防隐患探查探测；根据隐患排查结果和险工险段判别条件，编制探查探测成果分析报告并上报。管理单位对堤防工程险工隐患段情况清楚，并登记造册。

（2）管理单位应根据水利部《堤防工程险工险段安全运行监督检查规范化指导手册》(2022 年版)中的堤防险工险段排查要求，组织开展险工险段安全运行专项检查，检查应有记录。

（3）堤防工程险工隐患段有分布位置图，对每个险工隐患有分析报告、加固方案或应急措施。

（4）堤防工程的险工隐患在防汛专项预案中要有体现。

（5）重点堤段和隐患段应按《堤防工程安全评价导则》(SL/Z 679—2015)要求开展堤防安全评价。

5. 参考示例

黄浦江上游堤防堤身隐患探查探测报告编制要点。

黄浦江上游堤防概况(工程概况、堤身隐患探查目的和要求、工作依据、勘察工作量)、地质概况(自然地理、地形地貌、区域地质)、堤身状况(堤身状况、堤防现状、堤身结构)、地基工程地质特征、场地与地基的地震效应、堤身隐患探查探测工作及堤身评价(钻孔注水试验、标准贯入试验、静力初探试验、天然干密度与控制干密度等)、结论与建议。

6. 考核评价备查材料

（1）堤防工程隐患探查探测计划。

（2）近三年工程隐患探查探测记录。

（3）近三年堤防工程险工险段判别和安全运行专项检查资料。

（4）工程险工隐患情况统计表、险工隐患分布位置图。

（5）近三年隐患探查探测成果分析报告及上报文件。

（6）工程除险加固规划或工程度汛方案。

（7）堤防工程安全评价资料。

2.2.4　工程划界

1. 考核评价内容

按照规定划定工程管理范围和保护范围,管理范围设有界桩(实地桩或电子桩)和公告牌,保护范围和保护要求明确;管理范围内土地使用权属明确。

2. 赋分原则(35分)

(1) 未完成工程管理范围划定,此项不得分。

(2) 工程管理范围界桩和公告牌设置不合理、不齐全,扣10分。

(3) 工程保护范围划定率不足50%扣10分,未划定扣15分。

(4) 土地使用证领取率低于60%,每低10%扣2分,最高扣10分。

3. 管理和技术标准及相关规范性要求

《上海市河道管理条例》(上海市人民代表大会常务委员会公告第43号,2022年修正);

《河道管理范围内建设项目管理的有关规定》(2017年水利部令第49号修订);

《关于加快推进水利工程管理与保护范围划定工作的通知》(水运管〔2018〕339号);

《关于上海市市管河道及其管理范围的规定》(沪府办规〔2023〕5号);

《上海市堤防海塘管理标准(试行)》(沪水务〔2018〕914号)。

4. 条文解读

(1) 根据《关于上海市市管河道及其管理范围的规定》等要求,明确堤防工程的管理范围和保护范围。

根据上海市水利分片综合治理规划,将主要的流域性行洪通道、省市边界河道及行洪、排涝、水资源调度等具有全市控制性作用的河道定为市管河道,并将中心城区内具有防洪排涝主要作用的河道列入市管河道。

市管河道的管理范围,包括水域和陆域两部分。水域是指河道两岸河口线之间的全部区域;陆域是指沿河口线两侧各外沿不小于6 m的区域,包括堤防、防汛墙、防汛通道、护堤地(青坎)等,市管河道的具体范围,由市水务局会同市规划资源局划定。

(2) 编制和实施堤防工程管理范围与保护范围划定方案。

①编制依据。划定方案根据《上海市水务局转发〈水利部关于切实做好水利工程管理与保护范围划定工作的通知〉的通知》(沪水务〔2021〕455号)等规定而编制。

②资料收集。收集堤防工程设计、施工、运行维护、土地权属等资料,以及历史汛情、灾害记录等相关信息。

③划定方案编写。划定方案应明确范围划定的依据、方法、结果以及责任划分等内容,确保方案内容清晰、完整、合理。

④内部审查。组织内部专家进行方案审查,对方案中存在的问题进行修改完善。

⑤方案实施。完成成果收集、管理范围初绘、外业复核调查等任务。

⑥划定成果确定。召开会议,邀请相关单位和专家参会,共同审核划定成果。

⑦管理线桩(牌)设置。设置虚拟桩(牌)和实体桩(牌)。界桩编号应与图纸一致,界桩埋设规范。做好选址、材质与尺寸确定、定期检查、维护、信息更新工作。

⑧管理范围公告。划定后的堤防管理保护范围应及时向社会进行公告。

(3) 堤防工程规划、征地、划界图纸应齐全,图纸上准确标示管理和保护范围。

(4) 工程管理范围内取得土地使用证的面积应达到规定要求。

5. 考核评价备查材料

(1) 堤防工程规划、设计、征地、划界文件和图纸。

(2) 堤防工程保护和管理范围认定、划界资料。

(3) 堤防工程管理范围内土地使用证或不动产权证原件。

(4) 土地使用证及土地使用证领取率统计表。

(5) 堤防工程管理范围和保护范围内宣传牌、告示牌、安全网、围墙、禁停杆、禁行标志等统计表及图片;管理界限图、界桩(牌)相关图纸、统计表及图片;管理范围内测量控制点图例等。

2.2.5 涉河建设项目和活动管理

1. 考核评价内容

依法对涉河项目和活动开展巡查;河道滩地、岸线开发利用符合流域综合规划和有关规定;掌握河道管理范围内建设项目和活动情况;建设项目审查、审批及竣工验收资料齐全;发现违法违规建设项目和活动,及时制止、上报、配合查处工作。

2. 赋分原则(25分)

(1) 违法违规利用岸线和滩地,扣10分。

(2) 对河道内建设项目和活动情况不掌握,扣5分。

(3) 日常巡查工作不力,扣5分。

(4) 建设项目资料不全,扣5分。

3. 管理和技术标准及相关规范性要求

《上海市防汛条例》(上海市人民代表大会常务委员会公告第17号,2021年11月修正);

《上海市河道管理条例》(上海市人民代表大会常务委员会公告第43号,2022年10月修正);

《河道管理范围内建设项目管理的有关规定》(水利部令第49号);

《太湖流域堤防管理范围内建设项目审查权限》(水利部公告〔2017〕32号);

《关于上海市市管河道及其管理范围的规定》(2023年2月1日起施行);

《在一线河道堤防破堤施工或者开缺、凿洞行政许可事项批后监管文件》(沪堤防〔2015〕99号);

《〈核发河道临时使用许可证〉行政许可事项批后监管文件》(沪堤防〔2015〕98号);

《堤防管理范围及堤防安全保护区内从事有关活动行政许可事项批后监管文件》(沪堤防〔2015〕92号)。

4. 条文解读

(1) 管理单位对管理范围内的建设项目和活动清楚,并登记造册。

(2) 管理单位对堤防工程管理和保护范围内涉河项目和活动巡查范围如下。

①河道、堤防等水利工程建设和维修项目。
②河道岸线开发、临河建设项目。
③生态保护、景观建设等项目。
④其他可能影响河道堤防安全、生态环境的活动。
(3) 管理单位对涉河项目和活动巡查内容如下。
①检查涉河建设项目和活动是否按照审批文件要求进行。
②检查涉河建设项目施工现场安全设施、环保设施是否符合相关规定。
③检查涉河建设项目的运行有无污染和破坏河道内及保护范围内的生态环境状况。
④检查河道、堤防等水利工程设施的运行和维护情况,涉水项目所占用水利工程及设施有无损坏、老化,行洪期间建设单位占用范围有无人员看守巡查,有无备足相应的防汛物料。
⑤一旦发现违法违规行为,应立即督促整改并向上级主管部门报告。
(4) 河道滩地、岸线开发利用符合流域综合规划和有关规定,其规划应经过上海市水务局审批,建设项目严格按照《河道管理范围内建设项目管理的有关规定》(水利部令第49号)等规定执行。
(5) 参与建设项目的审查、审批、监管和竣工验收。
①建设单位应根据河道审批权限向太湖流域管理局、上海市和区水务局提出有关涉河项目行政许可审批申请。管理单位应协助开展涉河项目审批,提出意见和建议。
②审批通过的项目,建设单位应按照审批决定的要求,开展项目施工;涉水项目实施前由管理单位委派现场项目部相关人员到现场监督项目放样和定界。
③涉水项目实施期间,管理单位应按照上级水务部门行政许可意见和有关法规要求实施监督,加强巡视检查,发现问题及时纠正和制止。
④涉及涉水项目方案变更事项,管理单位应先责令项目停止实施,并督促建设单位向原许可单位申请变更,经原许可单位同意后方能允许其继续实施。
⑤建设项目完工后,建设单位应组织项目审批单位、堤防管理单位等部门进行项目验收,并根据行政许可批复要求及时将竣工资料归档。
⑥管理单位审核归档资料后应及时将归档资料移交至上级档案管理部门。
(6) 堤防管理范围内建设项目立项和活动开始之日,也是管理单位监管之时,每个建设项目和活动应明确监管责任人和监管内容,并在适当位置明示。所有建设项目的开工报告、施工图纸、施工方案、度汛应急措施等均应报堤防管理单位备案。

5. 考核评价备查材料
(1) 近三年涉河建设项目和活动登记表。
(2) 近三年涉河建设项目和活动的审查、审批、监管和竣工验收资料。
(3) 近三年涉河建设项目和活动的开工报告、施工图纸、施工方案、度汛应急措施等备案资料。
(4) 涉河建设项目和活动的监管责任人和管理制度明示资料。
(5) 近三年管理单位对涉河项目和活动的日常巡查、监管资料。

2.2.6 河道清障

1. 考核评价内容

对河道内阻水林木和高秆作物、阻水建筑物构筑物的种类、规模、位置、设障单位等情况清楚；及时提出清障方案并督促完成清障任务；无违规设障现象。

2. 赋分原则(20分)

(1) 对河道内阻水林木和高秆作物、阻水建筑物构筑物情况不清楚，扣10分。

(2) 无清障计划或方案，扣5分。

(3) 对违规设障制止不力，扣5分。

3. 管理和技术标准及相关规范性要求

《上海市防汛条例》(上海市人民代表大会常务委员会公告第17号,2021年11月修正)；

《上海市河道管理条例》(上海市人民代表大会常务委员会公告第43号,2022年10月修正)；

《水利工程运行管理监督检查办法(试行)》(办监督〔2020〕124号)；

《上海市堤防海塘管理标准(试行)》(沪水务〔2018〕914号)。

4. 条文解读

(1) 在河道管理范围内，对危害河道工程安全和影响防洪抢险的生产、生活设施及其他各类建筑物，在险工险段或严重影响防洪安全的地段，应限期拆除；其他地段应结合城镇规划、河道整治和土地开发利用规划，分期、分批予以拆除。行洪、排涝、送水河道中阻碍行水的障碍物，应按照"谁设障、谁清除"的原则，由防汛部门责令设障者限期予以清除。逾期不清除的，由防汛部门组织强行清除，并由设障者承担全部费用。堤防工程管理单位应积极做好督促检查工作。

(2) 管理单位对河道内阻水生物种类、规模清楚，对河道管理和保护范围内设障情况清楚，并登记在册；管理范围内设障情况登记齐全。有设障情况的要制定切实可行的清障方案计划，明确清障时间和责任人，设障情况严重的要及时向主管部门汇报，并会同防汛部门按有关规定做好强行清障工作。

(3) 河道清障计划或方案内容包括：指导思想、基本情况、组织机构及职责、清障目标范围、清障步骤及时间安排。其中基本情况包括河道内阻水林木和高秆作物种类、规模、位置、设障单位、设障时间等；河道内阻水建筑物构造物种类、规模、位置、设障单位、设障时间等。

5. 考核评价备查材料

(1) 近三年河道内阻水林木和高秆作物资料。

(2) 近三年阻水建筑物构筑物资料。

(3) 近三年清障计划或方案。

(4) 近三年清障执法记录。

2.2.7 保护管理

1. 考核评价内容

依法开展工程管理范围和保护范围巡查，发现水事违法行为予以制止并做好调查取证、及时上报、配合查处工作,工程管理范围内无违规建设行为;工程管理与保护范围内无危害工程运行安全的活动。

2. 赋分原则(30 分)

(1) 未有效开展水事巡查工作,巡查不到位、记录不规范,扣 5 分。

(2) 发现问题未及时有效制止,扣 5 分;调查取证、报告投诉、配合查处不力,扣 5 分。

(3) 未开展必要的水法规宣传培训,扣 5 分。

(4) 工程管理范围内有违规建设行为,扣 5 分。

(5) 工程管理与保护范围内有危害工程运行安全的活动,扣 5 分。

3. 管理和技术标准及相关规范性要求

《上海市防汛条例》(上海市人民代表大会常务委员会公告第 17 号,2021 年修正);

《上海市河道管理条例》(上海市人民代表大会常务委员会公告第 43 号,2022 年 10 月修正);

《堤防工程管理设计规范》(SL/T 171—2020);

《上海市黄浦江防汛墙保护办法》(上海市人民政府令第 52 号,2010 年修正);

《水利工程运行管理监督检查办法(试行)》(办监督〔2020〕124 号);

《上海市堤防海塘管理标准(试行)》(沪水务〔2018〕914 号)。

4. 条文解读

(1) 依法管理河道堤防工程,法律法规、管理条例等资料齐全;制定堤防保护管理制度和考核办法,落实责任,并上墙明示。

(2) 对水法规的学习培训,应做到有制度、有计划、有考核、有图片。

(3) 按规定的内容和频次要求开展水事巡查,做好记录。

(4) 水法规等宣传标语、标牌数量适当,设置合理、醒目、美观、牢固。

(5) 及时发现和查处堤防管理和保护范围各类违法违章行为。查处按规定程序进行,巡查人员在巡查和配合查处过程中无违规违纪行为;案卷规范,归档及时。

(6) 保护管理工作年初有计划,年终有总结。保护管理台账应齐全。

5. 考核评价备查材料

(1) 相关巡查制度、考核办法、巡查人员的落实(合同、责任、分工)等资料。

(2) 管理保护巡查装备和工具资料。

(3) 近三年管理保护巡查记录和巡查月报。

(4) 近三年水法规宣传教育资料、水法规宣传标语和警示标志统计表及检查记录。

(5) 近三年巡查人员学习培训资料。

(6) 近三年保护管理计划和总结。

(7) 近三年配合行政执法相关资料,制止违章行为并向上级报告的资料。

2.2.8 防汛组织

1. 考核评价内容

防汛责任制落实,组织体系健全;防汛抢险队伍落实,职责清晰,任务明确,定期培训。

2. 赋分原则(20 分)

(1) 防汛责任制不落实,组织体系不健全,扣 10 分。

(2) 防汛抢险队伍不落实,职责不清晰,任务不明确,扣 5 分。

(3) 防汛抢险队伍未开展培训,扣 5 分。

3. 管理和技术标准及相关规范性要求

《城市防洪应急预案编制导则》(SL 754—2017);

《上海市防汛条例》(上海市人民代表大会常务委员会公告第 17 号,2021 年 11 月修正);

《上海市市管水利设施应急抢险修复工程管理办法》(沪水务〔2016〕1473 号);

《上海市非汛期防汛工作暂行规定》(沪汛办〔2016〕20 号);

《上海市防汛信息报送和突发险情灾情报告管理办法》(沪汛办〔2015〕4 号);

《上海市台风、暴雨和暴雪、道路结冰红色预警信号发布与解除规则》(沪汛办〔2014〕2 号);

《上海市防汛(防台)安全检查办法》(沪汛部〔2012〕2 号);

《上海市防汛防台应急响应规范》(沪汛部〔2022〕5 号)。

4. 条文解读

(1) 防汛组织机构健全。管理单位、巡查和养护公司应建立防汛工作领导小组,并及时上报、明示。防汛工作领导小组一般下设防汛信息、工情巡查、控制运用、应急抢险和后勤保障等工作组。防汛组织网络应延伸至各巡查和养护项目部。汛期,各级领导应深入现场,检查落实防汛工作,运行值班人员应自觉履行岗位职责。

(2) 层层落实防汛责任制,并签订防汛责任书。明确 3 个责任人(防汛行政责任人、技术责任人和巡查责任人)。及时修订完善各项防汛制度(包括防汛工作制度、防汛值班制度、汛期巡查制度、信息报送制度、防汛抢险制度等),并向上级报备和公布。加大防汛制度执行力度,确保防汛指令及时上传下达。

管理单位应参照《上海市黄浦江和苏州河堤防管理(保护)范围内施工防汛安全责任书》(沪堤防〔2015〕103 号)要求,与堤防管理(保护)范围内施工单位签订防汛安全责任书,加强监督检查。

(3) 抢险队伍落实到位。根据抢险需求和堤防工程实际情况,确定堤防工程抢险队伍的组成、人员数量和联系方式,明确抢险任务,提出抢险设备要求;防汛专项预案的各项抢险措施应落实到堤防的每一个责任岸段、每一个责任人。

(4) 穿堤涵闸有调度运用方案,调度指令和执行情况记录应完整、准确。

(5) 制定防汛和抢险教育培训计划,培训计划要明确每次培训的时间、内容、地点、培训对象和主讲人;加强堤防沿线防汛负责人和抢险人员的教育培训和演练,确保工程发生险情或其他保障需要时第一时间赶赴现场抢险。

(6) 管理单位应做好相邻岸段、左右岸段防汛抢险协调工作。

(7) 管理单位每年应进行防汛工作总结。

5. 考核评价备查材料

(1) 管理单位、巡查和养护公司防汛组织网络、防汛工作领导小组及工作小组职责。

(2) 年度工程管理责任状、防汛责任制、防汛相关制度、近三年防汛3个责任人公告、明示图片。

(3) 近三年防汛值班人员名单表、防汛值班记录及相关图片。

(4) 近三年抢险队伍相关资料。

(5) 近三年穿堤涵闸调度运行资料。

(6) 近三年防汛抢险培训资料。

(7) 近三年防汛会议、防汛检查资料,防汛工作总结。

2.2.9 防汛准备

1. 考核评价内容

按规定做好汛前防汛检查;根据防洪预案,落实各项度汛措施,开展防汛演练;基础资料齐全,图表(包括防汛指挥图、调度运用计划图表及险工险段等图表)准确规范;及时检修维护通信线路、设备,保障通信畅通。

2. 赋分原则(20分)

(1) 未开展汛前检查,扣5分。

(2) 防洪预案、度汛措施不落实,未开展防汛演练,扣5分。

(3) 基础资料不全、图表不规范,扣5分。

(4) 通信线路、设备检修不及时,通信系统运行不可靠,扣5分。

3. 管理和技术标准及相关规范性要求

参见本书第2章第2.2.8节"防汛组织"相关内容。

4. 条文解读

(1) 按规定做好汛前防汛检查,提供近三年管理单位汛前检查通知和汛前检查报告。报告内容包括工程概况,汛前检查行政和技术负责人,自查、互查、复查时间,检查记录表,检查发现的主要问题和处理意见。穿堤建筑物也是堤防的一部分,在汛前检查报告中应有反映。

(2) 编制或修订防汛专项预案,防汛预案应有针对性和可操作性,不切实际和不可能短时间内实施的方案及措施不要叙述。防汛预案应报上级主管部门批准或备案。

(3) 对于重要的险工险段要编制专门的防汛抢险预案,涉及人员撤退和转移的应有预报预警信号、转移路线图和安置具体地点,防汛抢险物资品种、数量、堆放地点要明确,防汛基础资料应齐全,相关图表(包括防汛指挥图、调度运用计划图表及险工险段等图表)应准确规范。

(4) 按规定要求进行防汛演练。

(5) 落实各项度汛措施,加强设施设备维护,包括做好通信线路和设备的检查维护工作,确保通信畅通。

5. 考核评价备查材料

(1) 近三年汛前检查记录、汛前检查报告。

(2) 近三年防汛专项预案、堤防工程突发事件应急处置预案及其批复或备案材料。

(3) 近三年预案演练资料。

(4) 工程基础资料、防汛指挥图、调度运行计划图表、险工险段图表等。

(5) 近三年通信线路、设备的运行及检修记录。

2.2.10 防汛物料

1. 考核评价内容

防汛物料储备制度健全,落实专人管理;物料储备满足要求,仓储规范,齐备完好,存放有序,建档立卡;抢险设备、器具完好;有防汛物资储备分布图或防汛物资抢险调运图,调运及时、方便。

2. 赋分原则(20分)

(1) 防汛物料储备制度不健全,调用规则不明确,未落实专人管理,扣5分。

(2) 防汛物料储备不满足要求,存放不当,台账混乱,扣5分。

(3) 抢险设备、器具保障率低,扣5分。

(4) 无防汛物资储备分布图或防汛物资抢险调运图,扣5分。

3. 管理和技术标准及相关规范性要求

《防汛物资储备定额编制规程》(SL 298—2004);

《上海市防汛物资储备定额(2014版)》(2014年8月发布);

《上海市市管水利设施应急抢险修复工程管理办法》(沪水务〔2016〕1473号);

《上海市防汛(防台)安全检查办法》(沪汛部〔2012〕2号);

《上海市防汛防台应急响应规范》(沪汛部〔2022〕5号)。

4. 条文解读

(1) 根据堤防级别,按照水利部《防汛物资储备定额编制规程》(SL 298—2004)、《上海市防汛物资储备定额(2014版)》计算防汛物资和抢险设备数量,配备的防汛器材、物料的品种、数量、入库时间、保质期登记翔实。协议储备的防汛物资要提供双方签订的协议书和调运方案(分布图、调运线路图)。管理单位在工程现场应储备一定数量的抢险物资、工器具,现场有管理卡。

(2) 提供防汛仓库分布位置图和防汛物资抢险调运图,仓库布局合理、标志明显,车辆进出仓库道路通畅,仓库具有通风、防潮、防霉、防蛀等功能,按规定配备消防器材、防盗设施、防雷设施和应急照明。配备仓库专职管理人员,管理制度齐全并明示。

(3) 防汛物资储备管理规范。物资完好率符合规定,且账物相符,无霉变、丢失,对霉变、损坏和超过保质期的防汛物资有更新计划,并按规定及时更新;有防汛料物储量分布图。防汛物资堆放整齐,名称、数量、责任人及编号标志醒目;物资账目清楚,入库、领用手续齐全。

(4) 防汛物资保养维护到位、更新及时;对储备的机电设备和防汛车辆定期检测,对备用电源定期试车,对蓄电池和应急照明灯定期充放电。

5. 考核评价备查材料

(1) 储备防汛抢险物资测算表。

(2) 近三年签订的防汛物资代储协议。

(3) 自储防汛物资清单、防汛仓库及防汛物料储量分布图。

(4) 防汛物资和仓库管理制度、仓库管理人员岗位职责。

(5) 近三年防汛物资检查记录。

(6) 近三年备用电源试车、维修保养记录。

(7) 防汛物资调配方案及调运线路图。

(8) 近三年防汛物资采购、验收、保管、检测、调用、报废及更新资料。

2.2.11 工程抢险

1. 考核评价内容

制定防汛抢险应急预案；险情发现及时，报告准确；抢险方（预）案落实；险情抢护及时，措施得当。

2. 赋分原则（20分）

(1) 无防汛抢险应急预案，或预案操作性不强，抢险方（预）案不落实，扣10分。

(2) 险情抢护不及时，措施得不当，扣10分。

3. 管理和技术标准及相关规范性要求

《堤防工程险工险段判别条件》（办运管函〔2019〕657号）；

《上海市市管水利设施应急抢险修复工程管理办法》（沪水务〔2016〕1473号）；

《上海市防汛信息报送和突发险情灾情报告管理办法》（沪汛办〔2015〕4号）；

《上海市台风、暴雨和暴雪、道路结冰红色预警信号发布与解除规则》（沪汛办〔2014〕2号）；

《上海市防汛（防台）安全检查办法》（沪汛部〔2012〕2号）；

水利部《堤防工程险工险段安全运行监督检查规范化指导手册》（2022年版）；

《上海市防汛防台应急响应规范》（沪汛部〔2022〕5号）。

4. 条文解读

(1) 建立工程巡查、险情报告制度，并上墙明示。

(2) 通信设施配备合理，具备配置图、配置清单。

(3) 做好险情登记和报告记录。

(4) 制定防汛抢险应急预案，进行预案演练，并落实抢险措施。

(5) 根据水利部《堤防工程险工险段安全运行监督检查规范化指导手册》（2022年版），开展险工险段安全运行专项检查，有检查记录。

(6) 一旦发生险情，应立即启动防汛抢险应急预案，措施得当。

5. 考核评价备查材料

(1) 制定的工程巡视检查制度和险情报告制度，编制的堤防工程防汛抢险手册。

(2) 近三年防汛值班人员名单表、防汛值班记录及相关图片；汛期落实巡视人员、内容、频次、记录、信息上报等资料；险工险段安全运行专项检查资料。

(3) 近三年抢险队伍资料（含抢险队伍组成、人员数量和联系方式、抢险任务、抢险设备、工程基础资料和通信设备清单）。

(4) 近三年与地方政府、相关部门联防联动资料。

(5) 近三年堤防险工薄弱岸段一段一预案及预案演练材料。

(6) 工程抢险应急响应资料。

(7) 近三年堤防工程××险情抢险总结,或未发生工程险情的证明材料。

2.2.12 安全生产

1. 考核评价内容

安全生产责任制落实;定期开展安全隐患排查治理,排查治理记录规范;开展安全生产宣传和培训,安全设施及器具配备齐全并定期检验,安全警示标识、危险源辨识牌等设置规范;编制安全生产应急预案并完成报备,开展演练;1年内无较大及以上生产安全事故。

2. 赋分原则(50分)

(1) 1年内发生较大及以上生产安全事故,此项不得分。

(2) 安全生产责任落实不到位,制度不健全,扣10分。

(3) 安全生产隐患排查不及时,隐患整改治理不彻底,台账记录不规范,扣10分。

(4) 安全设施及器具不齐全,未定期检验或不能正常使用,安全警示标识、危险源辨识牌设置不规范,扣5分。

(5) 安全生产应急预案未编制、未报备,扣5分。

(6) 未按要求开展安全生产宣传、培训和演练,扣5分。

(7) 3年内发生一般及以上生产安全事故,扣15分。

3. 标准及相关规范性要求

《中华人民共和国安全生产法》;

《企业安全生产标准化基本规范》(GB/T 33000—2016);

《生产经营单位生产安全事故应急预案编制导则》(GB/T 29639—2020);

《安全标志及其使用导则》(GB 2894—2008);

《水利安全生产标准化通用规范》(SL/T 789—2019);

《堤防工程安全评价导则》(SL/Z 679—2015);

《城市防洪应急预案编制导则》(SL 754—2017);

《生产安全事故应急演练基本规范》(AQ/T 9007—2019);

《水利工程管理单位安全生产标准化评审标准(试行)》(办安监〔2018〕52号);

《水利水电工程施工危险源辨识与风险评价导则(试行)》(办监督函〔2018〕1693号);

《水利水电工程(水库、水闸)运行危险源辨识与风险评价导则(试行)》(办监督函〔2019〕1486号);

《水利水电工程(堤防、淤地坝)运行危险源辨识与风险评价导则(试行)》(办监督函〔2021〕1126号);

《水利工程生产安全重大事故隐患判定标准(试行)》(水安监〔2017〕344号);

《上海市安全生产条例》(2015年8月21日施行);

《上海市安全生产事故隐患排查治理办法》(上海市人民政府令第91号)。

4. 条文解读

(1) 健全安全生产组织体系。管理单位应成立由主要负责人、分管领导、巡查和养护公司领导及项目部成员等组成的堤防工程安全生产领导小组,人员变动时及时调整;明确安全监督管理部门和职责。巡查和养护公司应加强对现场项目部安全生产的领导,配备安全员,安全生产组织网络应延伸到每个工程、每个作业班组。

(2) 管理单位及现场各项目部应落实安全生产责任制,逐级签订安全生产责任书。

(3) 明确安全生产目标。管理单位、巡查和养护公司应建立安全生产目标管理制度,明确目标的制定、分解、实施、检查、考核等内容。

(4) 制订安全生产年度计划和月度计划,做好安全生产月度小结和年度总结。

(5) 加大安全生产投入,完善安全设施。管理单位、巡查和养护公司应根据堤防运行维护需要编制安全生产费用使用计划,并严格审批程序,保证专款专用。应按规定配置消防、高空作业、水上作业、电气作业、防盗、防雷、禁航、拦河等安全设施。

(6) 每月召开1次安全生产会议,每季召开1次安全生产领导小组工作例会,研究解决安全工作中的问题,落实工作任务。

(7) 加强制度化管理。建立安全生产法律法规、标准规范管理制度,明确其识别、获取、评审、更新等内容,每年发布1次适用的清单;结合本单位实际情况,建立健全安全生产规章制度,安全生产组织网络及关键部位的安全生产规章制度应予明示;编制堤防运行维护安全操作规程,要求堤防从业人员严格执行安全操作规程。

(8) 完善各类应急预案。编制或修订本单位生产安全事故应急预案,内容包括综合应急预案、专项应急预案和应急处置方案,每年进行预案演练。

(9) 加强安全教育培训,编制和执行年度安全培训计划。管理单位及各项目部应通过对职工进行教育培训,确保其具备履行安全生产岗位职责的知识与能力;新职工上岗前应接受三级安全教育培训;在新工艺、新技术、新材料、新设备投入使用前,对有关管理、操作人员应进行培训;特种作业人员应接受安全作业培训,并在取得相应操作资格证书后上岗作业;项目部对在岗作业人员应进行安全教育培训和安全技术交底。

(10) 组织开展"安全生产月"活动,加大宣传力度,创造良好的安全生产氛围。

(11) 安全标志设置齐全。包括堤防危险区及险工险段警示标志、防汛及巡查道路相关标志、危险源警示标志、消防标志等,安全标志设置应醒目规范,满足管理要求。

(12) 定期进行堤防工程安全检查,开展堤防工程危险源辨识和评级,及时排查和处理堤防设施及运行维护中的安全隐患,检查、巡查及隐患处理记录资料规范。督促巡查和养护项目部做好堤防日常巡查、经常检查、针对台风等灾情开展的特别检查工作;做好汛期、节假日、消防等安全生产专项检查工作;及时处理检查中发现的各类隐患;重大事故隐患的判定按照《水利工程生产安全重大事故隐患判定标准(试行)》(水安监〔2017〕344号)开展,其隐患治理应做到"五落实"。

(13) 管理单位和各项目部的安全生产活动记录齐全,活动记录包括安全生产会议、安全检查、安全培训、各类预案演练等,要写明活动时间、地点、参加人员和记录人。

(14) 完善安全管理台账,做好安全生产报表报送工作。

(15) 制定本单位安全生产考核和奖惩管理办法,加强安全生产考核和奖惩。

(16) 加强堤防工程现场作业安全管理,确保不发生安全生产责任事故。

(17) 积极推行安全生产标准化,制定计划,落实措施,持续改进。

5. 考核评价备查材料

(1) 管理单位、巡查和养护公司及其现场管理项目部安全组织网络图、安全员名单及培训证书。

（2）安全生产法律法规清单、安全生产规章制度和安全操作规程汇编；安全职责和关键岗位安全生产规章制度上墙图片；安全生产目标管理内容、安全生产责任书资料。

（3）近三年安全生产年度计划和月度计划、月度小结和年度总结。

（4）近三年安全生产投入资料（制度、计划、台账等），其中安全设施投入资料包括消防、高空作业、水上安全、电气作业、防盗、防雷、禁航、拦河等设施资料。

（5）近三年管理单位、巡查和养护项目部安全生产会议资料。

（6）近三年生产安全事故应急预案及演练资料。

（7）近三年安全生产培训计划及培训资料（培训时间、内容、地点、培训对象、主讲人、培训资料、图片、考试卷、考试成绩、培训总结）。

（8）安全相关标志标牌及图片。

（9）近三年危险源辨识、评级和风险控制资料，安全检查及隐患处理材料。

（10）近三年安全生产台账及安全生产报表。

（11）近三年安全生产考核奖惩证明材料。

（12）上级主管部门开具的三年内未发生较大及以上生产安全事故的证明材料。

（13）近三年开展安全生产标准化活动的资料。

2.3 运行管护

堤防运行管护标准化评价标准共 5 条 190 分，包括工程巡查、工程观测与监测、维修养护、害堤动物防治、河道供排水等。

2.3.1 工程巡查

1. 考核评价内容

按照相关规程规定开展经常检查、定期检查和特别检查工作，检查内容全面，记录详细规范；发现处理及时到位。

2. 赋分原则（50 分）

（1）未开展工程巡查，此项不得分。

（2）巡查不规范，巡查路线、频次和内容不符合规定，扣 15 分。

（3）巡查记录不规范、不准确，扣 15 分。

（4）巡查发现问题处理不及时到位，扣 20 分。

3. 管理和技术标准及相关规范性要求

《上海市防汛条例》（上海市人民代表大会常务委员会公告第 17 号，2021 年 11 月修正）；

《堤防工程安全监测技术规程》（SL/T 794—2020）；

《堤防工程养护修理规程》（SL/T 595—2023）；

《上海市河道维修养护技术规程》（DB31 SW/Z 027—2022）；

《上海市黄浦江和苏州河堤防工程维修养护技术规程》(SSH/Z 10007—2017);

《水利工程运行管理监督检查办法(试行)》(办监督〔2020〕124号);

《关于进一步加强上海市黄浦江和苏州河堤防工程管理的意见》(沪水务〔2014〕849号);

《上海市黄浦江和苏州河堤防工程巡查管理办法》(沪堤防〔2020〕2号);

《上海市黄浦江和苏州河堤防工程日常检查和专项检查规定》(沪堤防〔2015〕94号);

《上海市黄浦江和苏州河堤防巡查养护标准化站点建设和管理办法》(沪堤防〔2020〕4号);

《黄浦江、苏州河堤防巡查等级工评定办法(试行)》(沪堤防〔2009〕46号)。

4. 条文解读

(1)上海堤防工程巡查分类。

①堤防工程日常巡视,是指为了保障堤防工程安全运行,及时掌握工程养护和运行情况,由巡查公司对堤防工程所采取的陆上和水上巡视检查。巡查项目包括堤防护岸、防汛闸门和潮闸门井、防汛通道、堤防工程管理(保护)范围内绿化、附属设施的巡查,危害工程安全的活动巡查,堤防环境巡查等。

②堤防工程日常检查(经常性检查),是指每月开展1次的堤防常规检查,重点检查专用岸段、涉堤在建工程、堤防险工薄弱岸段等。

③堤防工程潮期巡查,是指潮期对堤防护岸、防汛闸门等工程迎水侧进行的重点巡查和观测。应着重加强对墙前覆土桩基、墙身迎水侧裂缝和涂鸦的观测,有条件的应开展水下地形测量;防汛闸门中应增加对潮拍门的观测;其他防汛设施中应着重对护舷、系缆桩的观测。

④堤防工程定期检查,是指汛前、汛期、汛后开展的定期检查。汛前检查应全面检查堤防工程完好情况、度汛准备情况、存在的问题及处理措施、防汛组织和防汛责任制、维修养护项目进度及度汛措施、抢险预案的落实情况、防汛物料准备情况、通信和交通设施运行情况等。汛后检查应重点检查工程变化及工程设施损坏情况,核查汛情记录和险情记录,做好维修养护工作。

⑤堤防工程专项检查(特别检查),是指对防汛防台,发生地震、台风、风暴潮或其他自然灾害、工程出现超标准洪水、流量变幅较大等工程非常运用情况和发生重大事故时开展的专项检查(特别检查)。应着重检查工程损坏情况以及采取的各项措施,发生地震、台风、风暴潮或其他自然灾害时采取的措施,工程出现超标准洪水、流量变幅较大时采取的措施,包括非工程措施、工程措施、信息网络、灾情处置、信息报送、安全生产等。

⑥堤防工程不定期检查包括对险工薄弱、涉堤在建工程等重要堤段的检查和对堤防工程的"飞行"检查。检查项目包括各项规章制度执行情况、巡查和养护公司资源配置及各类人员现场到位情况、堤防工程完好情况、对日常管理中出现的问题处理情况、堤防巡查养护人员应知应会现场考核测评、计划任务完成情况。

堤防工程"飞行"检查(飞检)是指管理单位事先不通知巡查或养护公司而实施的现场检查测评。检查人员应在堤防工程现场检查过程中及时填写检查记录。

(2)检查频次。

①堤防工程日常巡查每日巡查2次,遇特别情况时增加频次。

②堤防工程日常检查（经常性检查）每月不少于1次。

③潮期巡查频次：每月两个高潮期和两个低潮期发生期间，应当增加巡查时段（包括夜间）。

④堤防工程定期检查中的汛前检查和汛后检查：分别于每年汛前4—5月和汛后10月各进行1次。

⑤堤防工程专项检查（特别检查）：根据在建堤防工程、堤防险工薄弱等岸段的现状掌握情况及安全生产情况，防汛检查汛前不少于1次，汛期不少于1次，安全检查每年不少于4次（节前）。

⑥台风、暴雨、高潮、洪水等预警发布时，或者遇重大活动时应增加检查频次。

⑦堤防工程不定期检查根据工作需要适时进行；管理单位对各巡查、养护项目部的现场"飞行"检查每月不少于1次，可结合月度不定期考核测评进行。

（3）检查组织。

①日常巡查、潮期巡查、日常检查（经常性检查），由巡查项目部具体负责。

②定期检查，由管理单位、巡查项目部、养护项目部和施工项目部共同组织开展。

③专项检查（特别检查），由管理单位组织开展，巡查项目部、养护项目部和施工项目部应予配合。

④不定期检查，由管理单位堤防部门（组室）负责，对不定期检查发现的问题，可进行质询、约谈，并督促限期整改。各巡查和养护公司应配合和服从管理单位组织的不定期检查，并对检查出的问题按期整改。

（4）检查报告。

①管理单位应及时将堤防工程日常巡查、潮期巡查、日常检查（经常性检查）、定期检查、专项检查和不定期检查情况反馈各巡查和养护公司，并督促整改。

②管理单位应将汛前、汛后检查报告于每年5月下旬和10月中旬上报主管部门；对专项检查（特别检查）应编写检查报告并及时上报。

③堤防工程发生重大险情或者突发安全事件的，应立即向上级报告。

（5）资料管理。堤防工程日常巡查、潮期巡查、日常检查（经常性检查）、定期检查、专项检查和不定期检查的资料，均应据实完整记录，应按堤防工程管理资料整编标准整理和保管，并按年度汇编归档。

（6）法律责任。各相关责任单位发现堤防工程存在安全隐患拖延上报、隐瞒不报或者拒不处置的，或者未按照规定要求实施堤防巡视检查，造成堤防工程安全影响的，依照有关法律规定追究相关责任单位和责任人的法律责任。

5. 考核评价备查材料

（1）堤防工程日常巡查路线图。

（2）堤防巡查基础数据汇总表（含堤防岸段基本情况表；公用段、经营性、非经营性岸段年度责任书统计表；在建工程统计表；年度通道防汛闸门、潮拍门、涵闸统计表；防汛通道统计表；防汛光缆统计表；年度"三违一堵"情况统计及总结说明等）。

（3）堤防工程近三年日常巡查、潮期巡查和日常检查（经常性检查）记录（含非经营和经营性专用岸段跟踪记录）。

(4) 近三年堤防工程检查月报(含堤防结构受损薄弱岸段统计表)。

(5) 近三年管理单位职能部门(组室)每月检查记录。

(6) 近三年堤防工程汛前检查通知、汛前检查报告、防汛专项预案报告、汛后检查报告、专项检查(特别检查)报告。

(7) 堤防工程近三年定期检查和专项检查(特别检查)查出的问题处理资料。

2.3.2 工程观测与监测

1. 考核评价内容

按要求对工程及河势水位进行观测;观测资料及时分析,整编成册;观测设施完好率达90%以上;按规定有计划地进行堤防隐患探查和河道防护工程根石探测;对重要堤段、重点部位按规定开展安全监测、沉降位移等监测项目,频次符合要求,数据可靠,记录完整,资料整编分析及时,定期开展设备校验和比测。

2. 赋分原则(40分)

(1) 未开展观测或监测,此项不得分。

(2) 观测频次不满足要求,扣5分。

(3) 观测资料未分析,或整编不规范,扣5分。

(4) 观测设施完好率低于90%,每低5%扣1分,最高扣5分。

(5) 未对堤防进行隐患探测和根石探测,扣5分。

(6) 监测设施资料缺失或不可靠,扣5分。

(7) 监测项目、记录等不符合要求,缺测严重或可靠性差,扣5分;整编分析质量差,扣5分。

(8) 未定期开展设备校准和比测,扣5分。

3. 管理和技术标准及相关规范性要求

《工程测量通用规范》(GB 55018—2021);

《国家一、二等水准测量规范》(GB/T 12897—2006);

《测绘成果质量检查与验收》(GB/T 24356—2023);

《卫星定位城市测量技术标准》(CJJ/T 73—2019);

《堤防工程安全监测技术规程》(SL/T 794—2020);

《堤防隐患探测规程》(SL/T 436—2023);

《水利水电工程安全监测设计规范》(SL 725—2016)。

4. 条文解读

(1) 按照相关规范要求,认真编制《堤防工程观测任务书》,必要时编制堤防工程观测作业指导书,用以指导堤防工程观测工作。

(2) 上海堤防工程观测一般分为常规观测、跟踪观测、专项观测等。常规观测定期进行,跟踪观测、专项观测根据需要进行。常规观测项目包括表面观测、水位观测、垂直位移和水平位移观测、河道断面观测、渗水观测、裂缝观测、防汛墙墙前泥面观测等;观测人员应对照规范和作业指导书,严格按观测项目、测次、标准以及质量安全要求进行观测。

(3) 观测设施完好,观测仪器按规定定期校核,观测记录、成果表签字齐全。

(4) 观测资料应进行分析、整编,上级主管部门对观测成果应进行检查考核。观测资料应及时归档。

5. 参考示例

黄浦江上游堤防全断面监测。

(1) 监测目的和内容。通过黄浦江上游堤防全断面监测系统建设,监测防汛墙及河道水下地形数据信息,为堤防安全鉴定、应急抢险、防汛抢险、突发事件处置、信息管理、达标考评、堤防设施养护等日常管理和重要决策提供数据。

全断面监测每年 2 次,依据布设完成的监测网进行监测,同时监测陆域平面、高程数据以及水下地形变化情况等,采集数据后分析入库。通过每次观测数据与已测数据对比,分析防汛墙的平面及高程位置、墙前覆土及河底泥面线是否发生变化,变化值是否影响堤岸安全,从而提前采取措施,避免安全事故发生。

同时,巡查人员依托手持 RTK(实时动态)测量仪针对已经发生位移岸段进行日常测量监测。为了保证全断面监测和手持 RTK 测量仪测量精度,在黄浦江上游河道沿线设置 2 个 CORS 基站,提高了测量的定位精度,且定位精度分布均匀、实时性好、可靠性高。

(2) 监测方式。

①平面控制测量。点位布设坚持由高级到低级、从整体到局部逐级控制、逐级加密的原则,点位必须有足够的精度和合适的密度。点位选在地基稳定、具有地面代表性并且利于标志长期保存和连测,便于卫星定位技术测定坐标的地点,同时达到点位均匀、包围测区范围等要求。平面控制测量优先采用 GPS 静态测量,测量等级为城市一级,测量精度可达到 GPS E 级。

②高程控制测量。高程控制网与平面控制网采用同点利用的方法。高程控制测量执行二等水准测量标准,布设成附合或闭合路线,起算高程点为上海测绘院提供的二等及二等以上水准点。

③断面线布设。根据河道沿线堤防风险等级划分,确定河道全断面监测断面线的布置方式,可按薄弱岸段不大于 50 m(部分高风险薄弱岸段 20~30 m)、非薄弱岸段 100 m、断面线方向大体垂直于河道中心线、弧线部分以长边为准的原则布设。断面线水域部分贯穿整个河道,陆域部分测量至两侧防汛通道外排水沟内边线。

④CORS 基站建设。CORS 系统功能包括通过拨号服务器以无线数据通信方式向用户提供实时精密定位服务,通过因特网网络向用户提供精密事后处理的数据服务。

6. 考核评价备查材料

(1) 编制的《堤防工程观测任务书》和《堤防工程观测作业指导书》。

(2) 堤防工程观测设施布置图和情况说明。

(3) 近三年堤防工程观测报告(含观测成果分析整理资料)。

(4) 近三年观测设备仪器清单及检定证书。

(5) 近三年观测点比对资料。

(6) 堤防隐患探测资料、其他专项监测资料和相关成果。

(7) 近三年观测设施检查和维护记录。

2.3.3 维修养护

1. 考核评价内容

按照有关规定开展维修养护,制定养护计划,实施过程规范,维修养护到位,工作记录完整;大修项目有设计和审批,按计划完成;加强项目实施过程管理和验收,项目资料齐全。

2. 赋分原则(50分)

(1) 未开展维修养护,此项不得分。
(2) 维修养护不及时、到位,扣15分。
(3) 未制定维修养护计划,实施过程不规范,未按计划完成,扣10分。
(4) 维修养护工作验收标准不明确,过程管理不规范,扣10分。
(5) 大修项目无设计、审批,验收不及时,扣10分。
(6) 维修养护记录缺失或混乱,扣5分。

3. 管理和技术标准及相关规范性要求

《建设工程项目管理规范》(GB/T 50326—2017);
《混凝土结构通用规范》(GB 55008—2021);
《建设工程监理规范》(GB/T 50319—2013);
《沥青路面施工及验收规范》(GB 50092—1996,2008年修订);
《水泥混凝土路面施工及验收规范》(GBJ 97—1987,2008年修订);
《混凝土强度检验评定标准》(GB/T 50107—2010);
《堤防工程养护修理规程》(SL/T 595—2023);
《水利水电工程施工质量检验与评定规程》(SL 176—2007);
《水利工程施工质量验收标准》(DG/TJ 08—90—2021);
《园林绿化工程施工质量验收标准》(DG/TJ 08—701—2020);
《上海市黄浦江和苏州河堤防工程维修养护技术规程》(SSH/Z 10007—2017);
《上海市河道维修养护技术规程》(DB31 SW/Z 027—2022);
《上海市水闸维修养护定额(试行)》(DB31 SW/Z 003—2020);
《上海市绿化市容工程养护维修预算定额》[SHA2—41(03)—2018];
《上海市水利工程预算定额》(SHR1—31—2016);
《上海市黄浦江和苏州河堤防工程维修养护定额》(SSH/Z 10007—2016);
《上海市黄浦江防汛墙维修养护技术和管理暂行规定》(沪水务〔2003〕828号);
《关于进一步加强上海市黄浦江和苏州河堤防工程管理的意见》(沪水务〔2014〕849号);
《上海市黄浦江和苏州河堤防工程日常养护管理办法》(沪堤防〔2020〕1号);
《上海市黄浦江和苏州河堤防工程日常养护与专项维修的工作界面划分标准》(沪堤防〔2017〕47号);
《上海市黄浦江和苏州河堤防巡查养护标准化站点建设和管理办法》(沪堤防〔2020〕4号);

《上海市黄浦江和苏州河堤防工程维护管理经费使用管理暂行规定》（沪堤防〔2015〕95号）；

堤防工程技术管理细则。

4. 条文解读

（1）管理单位应组织编制"堤防工程维修养护项目管理办法"。参照《上海市黄浦江和苏州河堤防工程日常养护与专项维修的工作界面划分标准》（沪堤防〔2017〕47号），对堤防工程维修养护界面合理划分；工程养护一般结合日常检查、汛前检查、汛后检查定期进行；工程维修分为小修、大修和抢修；抢修工程应做到及时、快速、有效，防止险情发展；工程出现险情应按预案组织抢修；在抢修的同时报上级主管部门，必要时应组织专家会商论证抢修方案。

（2）管理单位应编报堤防工程年度维修养护计划（方案），其经费编报应严格执行相关维修养护定额及其取费标准。在上级审批下达维修养护项目经费后认真制定年度堤防工程维修养护实施方案。维修养护实施方案应以恢复原设计标准或局部改善堤防工程原有结构为原则，根据堤防工程检查和观测成果，结合本工程特点、运行条件、技术水平、设备材料和经费承受能力等因素制定；实施方案应包括维修养护项目、进度、技术和安全措施、质量标准等。

（3）加强项目实施过程管理。养护项目和小修项目由养护公司组织实施；大修、抢修、专项维修项目通过招投标或合同谈判方式择优选择维修单位。管理单位应与相关单位落实养护责任；管理单位及维修养护公司应明确维修养护项目负责人和技术负责人，全面负责项目的质量、安全、经费、工期、档案资料管理。养护项目部应按合同要求，加强维修养护人员、技术、设备等资源配置，按审批后的维修养护实施方案组织实施；管理单位职能部门应加强维修养护项目中的计划、指导、协调、监督和考核。

（4）抓好维修养护质量检查和验收工作。质量检验应坚持维修养护人员自检和验收人员验收相结合的原则。维修养护人员在每项工作完成并按照质量标准自行检查合格后，由验收人员对维修养护项目进行验收，验收报告应由作业人员和验收人员签名。

（5）加强项目安全管理。维修养护人员应履行工作职责，执行维修养护规章制度和安全操作规程，确保维修养护实施过程中的安全。

（6）加强项目进度控制。维修养护项目实施时间应不影响堤防工程安全应用。项目管理人员应督促作业人员抓紧时间，完成进度计划。

（7）加强项目资料管理。专项维修工程开工前提交开工报告，经主管部门批准后方可开工。所有项目管理资料应齐全、规范。实施过程中按要求做好相关记录，留下文字和影像资料。同时，督促各项目部对工程养护项目进展和经费完成情况及时上报。

5. 考核评价备查材料

（1）编制的《堤防工程技术管理细则》或《堤防设施维修养护作业指导书》。

（2）专项维修工程招投标及合同资料。

（3）近三年维修养护经费、方案的申报和批复，批复后养护公司制定的实施计划。

（4）近三年日常维修养护资料。

（5）近三年堤防养护合同管理月度、季度、年度考核证明材料。

(6) 近三年管理单位职能部门对堤防工程维修养护现场监管资料。
(7) 近三年典型维修养护项目验收证明资料。

2.3.4 害堤动物防治

1. 考核评价内容

在害堤动物活动区有防治措施,防治效果好;无獾狐、白蚁等洞穴。

2. 赋分原则(30分)

(1) 害堤动物防治措施不落实,或防治效果不好,扣15分。
(2) 发现獾狐、白蚁等洞穴未及时处理,每处扣5分,最高扣15分。

3. 管理和技术标准及相关规范性要求

《堤防工程安全监测技术规程》(SL/T 794—2020);
《堤防工程养护修理规程》(SL/T 595—2023);
《上海市黄浦江和苏州河堤防工程维修养护技术规程》(SSH/Z 10007—2017);
《上海市河道维修养护技术规程》(DB31 SW/Z 027—2022)。

4. 条文解读

(1) 害堤动物普查记录和防治制度齐全。
(2) 检查、防治责任人明确,防治方法、措施应明确。
(3) 检查、防治要有记录。
(4) 每年有害堤动物防治总结和下一年度防治计划。
(5) 现场查看应达到考核评价标准;白蚁防治应有达控验收报告。

5. 考核评价备查材料

(1) 害堤动物检查、防治制度。
(2) 近三年害堤动物检查、防治记录。
(3) 近三年害堤动物防治计划和总结。

2.3.5 河道供排水

1. 考核评价内容

制定河道(网、闸、站)供水计划,调度合理;供、排水能力达到设计要求;防洪、排涝实现联网调度。

2. 赋分原则(20分)

(1) 河道供水计划不落实、调度不合理,扣10分。
(2) 供、排水能力未达到设计要求,扣5分。
(3) 防洪、排涝调度不合理,未实现联网调度,扣5分。

3. 管理和技术标准及相关规范性要求

《堤防工程设计规范》(GB 50286—2013);
《堤防工程管理设计规范》(SL/T 171—2020);
《水闸运行管理办法》(水运管〔2023〕135号);
《堤防运行管理办法》(水运管〔2023〕135号);

《上海市水利工程标准化管理评价细则》(沪水务〔2022〕450号)。

4．条文解读

(1) 对有供、排水任务要求的河道堤防工程,应制定河道供、排水指标。

(2) 供、排水记录内容完整,数据准确。

(3) 有年度供、排水调度分析与评价报告。

5．考核评价备查材料

(1) 近三年工程设施和河道供水、排水技术指标。

(2) 近三年河道供水方案或计划。

(3) 近三年工程调度运用记录。

(4) 近三年年度供水、排水调度分析与评价及相关证明。

2.4 管理保障

堤防管理保障标准化评价标准共6条180分,包括管理体制、标准化管理工作手册、规章制度、经费保障、精神文明、档案管理等。

2.4.1 管理体制

1．考核评价内容

管理体制顺畅,权责明晰,责任落实;管养机制健全,岗位设置合理,人员满足工程管理需要;单位有职工培训计划并按计划落实。

2．赋分原则(35分)

(1) 管理体制不顺,扣10分。

(2) 机构不健全,岗位设置与职责不清晰,扣10分。

(3) 管养机制不健全,未实现管养分离,扣10分。

(4) 未开展业务培训,人员专业技能不足,扣5分。

3．管理和技术标准及相关规范性要求

国务院和上海市关于水利工程管理(简称"水管")体制改革的相关规定;

《堤防工程管理设计规范》(SL/T 171—2020);

《水利工程管理单位定岗标准(试点)》(水办〔2004〕307号);

《堤防运行管理办法》(水运管〔2023〕135号);

《上海市水利工程标准化管理评价细则》(沪水务〔2022〕450号);

委托管理招投标文件;

堤防工程长效管理规划或管理现代化规划。

4．条文解读

(1) 上级主管部门应明确堤防工程管理单位职责,落实堤防工程监管人员,并以文件形式批复。按照水管体制改革要求,管理单位应确保管理体制顺畅,管理职责明确,分类定性清晰,人员定岗定编,经费测算合理。

(2) 推行堤防工程"管养分离",向社会公开招标,选择有资质、有经验的巡查、养护队伍实行社会化管理。

(3) 管理单位组织机构健全,岗位设置合理,按管理要求配备相应的管理和技术人员,人员不得超编。同时,督查巡查、养护公司按招投标和合同要求配备人员和设备工具,人员配备应满足堤防工程管理需要;明确各类岗位人员证书要求和岗位职责,特殊工种、财务人员、档案管理人员等岗位应持证上岗。

(4) 完善管理机制,使单位充满活力。一是要推行项目经理负责制,巡查、养护公司应明确项目负责人全权负责堤防工程运行安全、日常巡查养护工作;二是巡查、养护公司要加强后方技术支撑,做好物料、经费、车辆、应急管理保障;三是推进管理单位内部改革,建立岗位竞争机制,公开竞聘,择优录用;四是建立合理、有效的考核机制,管理单位应分别对巡查、养护公司进行季度和年度考核,巡查、养护公司对现场项目部及职工应进行考核奖惩;五是推行招投标制、合同管理制、项目验收制。

(5) 注重培训教育。管理单位、巡查和养护公司要重视职工培训工作,做到有培训计划,有培训总结。培训计划要具体,有针对性,要明确培训内容、人员、时间、奖惩措施、组织考试(考核)等。

5. 考核评价备查材料

(1) 堤防工程管理单位成立批复文件、工程管理体制改革实施方案及批复文件;工程"管养分离"实施方案及批复文件。

(2) 推行"管养分离",招投标择优选择委托管理单位的证明材料;堤防工程典型"管养分离"合同(委托巡查合同、委托养护合同等)。

(3) 管理单位、巡查和养护项目部组织结构图、岗位设置证明材料。

(4) 管理单位监管人员基本情况表,巡查和养护项目部经理、技术和管理人员、工勤人员基本情况表,关键岗位和特种作业人员持证上岗情况表。

(5) 管理单位目标管理考核办法;巡查和养护合同管理考核办法及考核材料。

(6) 关于专项维修项目的上报请示和批复,上报文本。

(7) 近三年管理单位年度培训计划、培训结果、汇总表和总结等,包括堤防业务、法律法规、防汛防台、安全生产等培训资料、组织参加职业技能竞赛资料。

2.4.2 标准化管理工作手册

1. 考核评价内容

按照有关标准及文件要求,编制标准化管理工作手册,细化到管理事项、管理程序和管理岗位,针对性和执行性强。

2. 赋分原则(20分)

(1) 未编制标准化管理工作手册,此项不得分。

(2) 标准化管理工作手册编制质量差,不能满足相关标准及文件要求,扣10分。

(3) 标准化管理工作手册未细化,针对性和可操作性不强,扣5分。

(4) 未按标准化管理工作手册执行,扣5分。

3. 管理和技术标准及相关规范性要求

《标准化工作导则 第1部分:标准化文件的结构和起草规则》(GB/T 1.1—2020);

《标准体系构建原则和要求》(GB/T 13016—2018)；
《水利工程标准化管理评价办法》(水运管〔2022〕130号)；
《上海市水利工程标准化管理评价细则》(沪水务〔2022〕450号)；
堤防工程运行维护涉及的法律法规、技术和管理标准、其他规范性文件。

4. 条文解读

(1) 管理单位要依据有关涉堤法律法规、规章和规程规范、水利主管部门制定的标准化管理工作手册示范文本，编制所辖工程的标准化管理工作手册。工作手册要针对工程特点，完善管理制度，厘清管理事项，确定管理标准，规范管理程序，科学定岗定员，建立激励机制，严格考核评价，将管理标准细化到每项管理事项、每个管理程序，落实到每个岗位，做到事项、岗位、人员、制度相匹配。

(2) 管理单位、堤防巡查和养护公司应成立堤防工程标准化管理工作小组，制定实施计划或方案；各阶段性目标明确，措施切实可行，可操作性强。要按标准化管理工作手册编制和实施计划细化任务、落实责任、扎实推进，努力取得实效。

(3) 堤防工程标准化管理工作手册分为管理手册、制度手册、操作手册以及其他工作手册(如作业指导书、作业图册)。管理手册主要包括工程概况、单位概况、管理事项及"人员、岗位、事项"对照表；制度手册主要包括安全管理、运行管护、综合管理等管理制度；操作手册主要包括管理事项的工作范围、工作流程、工作要求及相关记录等。运行管护类的操作手册及相应制度可分岗位形成"口袋本"，人手一册随时查看。

5. 参考示例

黄浦江上游堤防管理标准化作业指导书和图册一览表如表2.4.1所示。

表2.4.1 黄浦江上游堤防管理标准化作业指导书和图册一览表

序号	标 准 化 名 称 图 册 名 称	备 注
1	黄浦江上游堤防设施巡查养护作业安全风险防控手册	
2	黄浦江上游堤防设施养护作业危险源应急预案	
3	黄浦江上游堤防巡查日常工作图册	
4	黄浦江上游堤防巡查简易工作手册	
5	黄浦江上游堤防设施日常养护标准化图册	
6	黄浦江上游绿化日常养护标准化图册	
7	黄浦江上游绿化分级养护图册	
8	黄浦江上游树木病虫害防治图册	
9	黄浦江上游标准化项目部及站点建设规范	
10	黄浦江上游堤防泵闸长效管理资料整编标准	
11	黄浦江上游堤防泵闸设施地图	
12	黄浦江上游河道标志标牌规范	
13	黄浦江上游堤防样板段导视标志展示图册	
14	黄浦江上游堤防(泵闸)安全管理实施细则	

6. 考核评价备查材料

(1) 堤防工程标准化管理工作手册——管理分册。

(2) 堤防工程标准化管理工作手册——制度分册。

(3) 堤防工程标准化管理工作手册——操作分册。

(4) 堤防工程标准化管理工作手册——作业指导书或作业图册。

2.4.3 规章制度

1. 考核评价内容

建立健全并不断完善各项管理制度,内容完整,要求明确。

2. 赋分原则(30 分)

(1) 管理制度不健全,扣 20 分。

(2) 管理制度针对性和操作性不强,落实或执行效果差,扣 10 分。

3. 管理和技术标准及相关规范性要求

《水利水电工程施工作业人员安全操作规程》(SL 401—2007);

《水闸运行管理办法》(水运管〔2023〕135 号);

《堤防运行管理办法》(水运管〔2023〕135 号);

《上海市水利工程标准化管理评价细则》(沪水务〔2022〕450 号);

堤防工程运行维护涉及的法律法规、技术和管理标准、其他规范性文件、管理单位及上级主管部门制定的规章制度。

4. 条文解读

(1) 堤防工程制度管理事项包括建立制度体系、识别并公布涉堤法律法规和规范性文件清单、技术管理细则编制或修订、规章制度编制或修订、操作规程引用(编制)或修订、规章制度执行及评估等内容。

(2) 堤防工程规章制度应合理分类,汇编成册,做到职工人手一册。管理单位应以正式文件批复已制定的规章制度。堤防工程规章制度包括岗位职责、检查观测制度、维修养护制度、安全管理制度、防汛管理制度、教育培训制度、档案管理制度、穿(跨、临)堤建筑物管理制度、综合管理制度、网络安全管理制度、安全操作规程、相关生产安全事故应急预案及专项预案等。

(3) 管理单位应收集、整理涉堤法律法规和规范性文件清单,每年公布 1 次。

(4) 提高制度执行力。管理单位应编制年度管理事项清单,制订堤防工程运行养护年度工作计划。对管理事项按周、月、季、年等时间段进行细分,各时间段的工作任务应明确,内容应具体详细,针对性强。每个管理事项应明确责任对象,逐条逐项落实到岗位,落实到人员。现场项目部应建立管理制度落实情况台账资料。

(5) 关键岗位管理制度、操作规程及技术图表应上墙明示。

(6) 构建基于流程的绩效考核体系,是执行规章制度的重要举措。绩效考核体系包括确立绩效考核目标、考核办法和考核标准。要制定合理的分配和奖惩制度,培养职工对企业的忠诚度,调动其工作积极性;奖惩要有依据,要严格、公平、公正;明确行为导向和职业规范;建立良好的检查监督与沟通协调机制。

5. 考核评价备查材料

(1) 本单位规章制度汇编及相关批复文件、安全操作规程汇编、生产安全事故应急预案汇编。

(2) 涉堤法律法规和规范性文件清单。

(3) 近三年本单位规章制度执行效果支撑资料(可提供相关绩效考核资料)。

(4) 关键岗位规章制度、操作规程明示资料。

2.4.4 经费保障

1. 考核评价内容

管理单位运行管理经费和工程维修养护经费及时足额保障,满足工程管护需要,来源渠道畅通稳定,财务管理规范;人员工资按时足额兑现,福利待遇不低于当地平均水平,按规定落实职工养老、医疗等社会保险。

2. 赋分原则(45 分)

(1) 运行管理、维修养护等费用不能及时足额到位,扣 20 分。

(2) 运行管理、维修养护等经费使用不规范,扣 10 分。

(3) 人员工资不能按时发放,福利待遇低于当地平均水平,扣 10 分。

(4) 未按规定落实职工养老、医疗等社会保险,扣 5 分。

3. 管理和技术标准及相关规范性要求

《中华人民共和国会计法》;

《企业会计准则——基本准则》(中华人民共和国财政部令第 33 号);

《事业单位财务规则》(中华人民共和国财政部令第 108 号);

《关于贯彻实施政府会计准则制度的通知》(财会〔2018〕21 号);

《上海市水利工程预算定额》(SHR 1—31—2016);

《上海市黄浦江和苏州河堤防工程维修养护定额》(SSH/Z 10007—2016);

《上海市黄浦江和苏州河堤防工程维护管理经费使用管理暂行规定》(沪堤防〔2015〕95 号)。

4. 条文解读

(1) 管理单位运行管理经费和工程维修养护经费应及时足额到位,运行管理经费包括人员及公用经费,应按同级财政部门核定的运行管理人员及公用经费标准核定;工程维修养护经费,是指财政部门或主管部门下达或安排的维修养护经费,以保证工程安全运行。管理单位每年应编制部门预算报上级审批,按上级下达审批单使用。

(2) 维修养护经费作为专项资金,必须专款专用、不截留、不挤占、不挪作他用,不得弄虚作假、虚列支出。维修养护项目实行专账核算,按照下达的明细项目设置明细账,独立反映资金的收、支、余情况。实行财政报账制的项目,报账和核算时应提供支出明细原始凭证。维修养护经费应实行项目管理,报账和核算时应通过银行转账进行,不得以大额现金预付及结算维修养护工程款、材料设备和劳务价款。

(3) 堤防工程巡查、养护公司应按有关规定建立健全资金支付流程和手续,加强合同管理,按工程进度申请支付资金。管理单位和项目实施单位严格按照规定用途使用专项资金；未经批准不得调整或改变项目内容；执行中确需调整的应按相关流程报批。

（4）堤防工程巡查、养护公司应按照《中华人民共和国会计法》的规定，合理设置财务机构，内部岗位责任制明确，财务管理制度健全；会计信息真实可靠、内容完整，基础工作规范；独立编制预算，独立核算；银行印鉴、密钥等实行分置，主办会计对银行存款按月逐笔核对，定期核对库存现金，有核对记录、国库集中支付制度和流程；所有费用支出必须提供合法票据，不得以白条抵库；建立材料验收、领用、登记制度；加强经济合同管理；加强采购管理，对已经达到公开招标规模的项目应实行公开招标采购。要杜绝各类违规违纪现象发生，税务、财务审计报告中无挤占专项款、虚列支出、"小金库"等各种违规违纪行为。

（5）完善资产管理制度。对购置的资产及时验收登记，录入资产信息管理系统，并进行账务处理。对固定资产应做好登记造册入账工作；定期对资产进行清查盘点，做到账、卡、实相符。

（6）人员工资、福利应按时发放，按照规定落实职工养老、医疗等社会保险。

5. 考核评价备查材料

（1）财务管理、物资管理、资产管理制度及其相关流程。

（2）近三年财务制度执行情况证明资料、相关审计报告。

（3）近三年管理单位和巡查、养护公司在所管工程中的物资采购、保管资料。

（4）近三年资产管理相关资料。

（5）近三年职工工资不低于当地平均水平的证明材料；职工工资、福利发放资料，职工参加社会保险资料。

2.4.5 精神文明

1. 考核评价内容

重视党建工作，注重精神文明和水文化建设，管理单位内部秩序良好，领导班子团结，职工爱岗敬业，文体活动丰富。

2. 赋分原则（20分）

（1）领导班子成员受到党纪政纪处分，且在影响期内，此项不得分。

（2）上级主管部门对单位领导班子的年度考核结果不合格，扣10分。

（3）单位秩序一般，精神文明和水文化建设不健全，扣10分。

3. 管理和技术标准及相关规范性要求

《关于深化群众性精神文明创建活动的指导意见》（中央精神文明建设指导委员会2017年4月发布）；

《全国文明单位测评体系》（中央精神文明建设指导委员会2020年6月发布）；

《水利行业岗位规范 水利工程管理岗位》（SL 301.5—1993）；

《上海市精神文明创建工作标准（2021年版）》（上海市精神文明建设委员会办公室）。

4. 条文解读

（1）领导班子应团结，分工明确，各司其职。班子成员定期参加各种学习和教育活动，成员无违规违纪行为，未受到党纪政纪处分。

（2）重视党建工作和党风廉政建设。管理单位党支部应扎实开展党建工作，充分发挥党支部战斗堡垒作用和党员先锋模范作用,严格落实党风廉政建设责任制,引导党员筑牢拒腐防变的思想道德防线,增强勇于担当的责任意识,凝聚创新发展的智慧和力量。上级党组织应定期对基层党支部开展考核,党建和党风廉政建设台账资料应齐全。

(3) 开展精神文明建设和水文化建设。组建精神文明创建工作领导小组,制定相关制度,落实措施。开展系列精神文明和水文化建设活动,把精神文明创建融入日常管理工作中,发挥道德讲堂作用,倡导社会公德、职业道德、家庭美德、个人品德,引导职工积极参与志愿服务活动。

(4) 健全基层工会组织,发挥工会作用。管理单位应配备会议室、阅览室、党员活动室等设施和体育器材,职工在业余时间能积极开展各类健康有益的文体活动。

(5) 狠抓队伍建设,提高职工素质。坚持学习日制度,组织职工进行政治和业务学习,提高全员素质;单位秩序良好,领导班子年度考核合格,职工爱岗敬业,遵纪守法,无违反《中华人民共和国治安管理处罚法》情况,无违法刑拘人员。

(6) 近三年获得上级行政主管部门颁发综合先进单位称号或考核成绩名列前茅。

5. 考核评价备查材料

(1) 近三年党建活动、组织生活会、党支部目标考核、责任制等党建和党风廉政建设台账资料。

(2) 近三年精神文明创建活动和水文化建设资料。

(3) 近三年工会台账、基层群众各类文体活动台账资料。

(4) 管理单位领导班子近三年各类政治理论、业务学习资料及年度考核资料。

(5) 单位秩序良好证明材料;近三年获得的各类荣誉、证书。

(6) 无犯罪记录证明材料。

2.4.6 档案管理

1. 考核评价内容

档案管理制度健全,配备档案管理人员;档案设施完好,各类档案分类清楚,存放有序,管理规范;档案管理信息化程度高。

2. 赋分原则(30分)

(1) 档案管理制度不健全,管理不规范,设施不足,扣10分。

(2) 档案管理人员不明确,扣5分。

(3) 档案内容不完整、资料缺失,扣10分。

(4) 工程档案信息化程度低,扣5分。

3. 管理和技术标准及相关规范性要求

《建设工程文件归档规范》[GB/T 50328—2014(2019年局部修订)];

《电子文件归档与电子档案管理规范》(GB/T 18894—2016);

《归档文件整理规则》(DA/T 22—2015);

《水利档案工作规定》(水办〔2020〕195号)。

4. 条文解读

(1) 管理单位应结合堤防工程管理实际,制定档案归档、保管、保密、查阅、鉴定、销毁等档案管理制度,配备专(兼)职档案管理人员,明确岗位职责且持证上岗。

(2) 管理单位档案室应做到库房、办公、阅览"三分开",库房配备档案柜、空调、抽湿机、碎纸机、温湿度仪、消防器材、干燥剂、防盗门、电脑、打印机等。档案室管理应做到"防盗、防火、防水、防潮、防尘、防虫、防鼠、防高温、防强光"。

(3) 管理单位应按照档案管理规定及时收集、整理档案资料,对档案进行合理分类(包括文书、科技、专业档案,声像、电子、实物档案),现场管理项目部应加强管理资料的收集、整理,力求做到管理资料规范、完整、真实、闭合。

(4) 按《电子文件归档与电子档案管理规范》(GB/T 18894—2016)要求,加强堤防工程电子文件的归档与管理。

(5) 积极推行档案数字化管理,注重档案资料的利用。依托智慧运维平台,将档案资料进行扫描上传。建立数据库,可进行库存档案目录电子检索,重要科技档案、图纸等资料应实施电子化。

5. 考核评价备查材料

(1) 档案管理制度、档案管理组织网络、档案管理人员证书及近三年培训情况。
(2) 近三年堤防工程档案分布图等档案室管理资料。
(3) 近三年堤防工程档案管理分类方案及收集整理归档资料。
(4) 堤防工程档案目录清单。
(5) 近三年堤防工程档案日常管理资料。
(6) 近三年堤防工程档案利用效果登记表。
(7) 堤防工程档案管理信息化资料。

2.5 信息化建设

堤防工程信息化建设标准化评价标准共3条50分,包括信息化平台建设、自动化监测预警、网络安全管理等。

2.5.1 信息化平台建设

1. 考核评价内容

建立工程管理信息化平台,实现工程在线监管;工程信息及时动态更新,与水利部相关平台实现信息融合共享、上下贯通。

2. 赋分原则(20分)

(1) 未应用工程信息化平台,此项不得分。
(2) 未建立工程管理信息化平台,扣5分。
(3) 未实现在线监管,扣5分。
(4) 工程信息不全面、准确,或未及时更新,扣5分。
(5) 工程信息未与水利部相关平台信息融合共享,扣5分。

3. 管理和技术标准及相关规范性要求

《中华人民共和国网络安全法》;

《中华人民共和国计算机信息系统安全保护条例》(国务院令第147号,2011年1月修订);

《计算机软件保护条例》(国务院令第339号,2013年1月第2次修订);

《信息安全技术　信息系统安全管理要求》(GB/T 20269—2006);

《信息安全技术　网络安全等级保护基本要求》(GB/T 22239—2019);

《水利信息系统运行维护规范》(SL 715—2015);

《计算机病毒防治管理办法》(公安部令第51号);

《软件产品管理办法》(工业和信息化部令第9号);

《互联网信息服务管理办法》(国务院令第292号,2011年1月修订)。

4. 条文解读

(1) 堤防工程应建有信息化监控系统。监控系统内各子系统和各功能化模块由不同配置的计算机设备和主控设备组成,通过网络、总线将微机保护、传感器设备、主控设备(如PLC、人机界面HMI)及配电设备等各子系统连接起来,构成一个分级分布式的系统。监控系统应由监测系统、控制系统、保护系统、通信系统、管理系统组成。

(2) 建设堤防工程智慧运维平台。该平台应包括综合事务、工程检查观测、设施日常养护、绿化日常养护、安全管理、防汛管理、穿堤建筑物管理、专项维修项目管理、移动客户端等功能,平台投入运用后,能实现工程在线监管和自动化控制;工程信息及时动态更新,与上级相关平台实现信息融合共享,上下贯通。

(3) 加强信息化系统维护,包括:

①计算机监控信息处理、系统维护与调试。

②视频监控信息管理、系统维护与调试。

③网络通信系统维护。

④档案、物资、安防等信息管理系统维护。

⑤智慧管理平台的维护。

5. 参考示例

拦路港数字孪生子系统。

拦路港数字孪生系统按照"需求牵引、应用至上、数字赋能、提升能力"的要求,以数字化、网络化、智能化为主线,以数字化场景、智慧化模拟、精准化决策为路径,以算据、算法、算力建设为支撑,实现数字拦路港与物理拦路港同步仿真运行,构建拦路港业务管理与应用的"四预"智慧管理体系。平台架构在水利部相关指导性文件基础上,根据拦路港的实际业务需求进行相应扩展。拦路港数字孪生子系统各架构层次如图2.5.1所示。

根据项目要求,构建拦路港数字孪生"1+1+2+3"总体建设框架,即1套信息化基础设施、1个数字孪生平台和"2+3"智能业务应用场景。其中,物理实体涵盖拦路港流域。

(1) 基础设施。主要涵盖一体化监测感知、通信网络及云服务。

①一体化监测感知。在整合已有监测体系基础上,融合每年开展的专项工程,形成空天地一体化感知网,夯实算据获取,提高监测能力。

②通信网络。整合已有网络体系,提供数据传输基础环境。

③云服务。充分利用已有的上海市电子政务云及信创环境,按需申请计算、存储等资

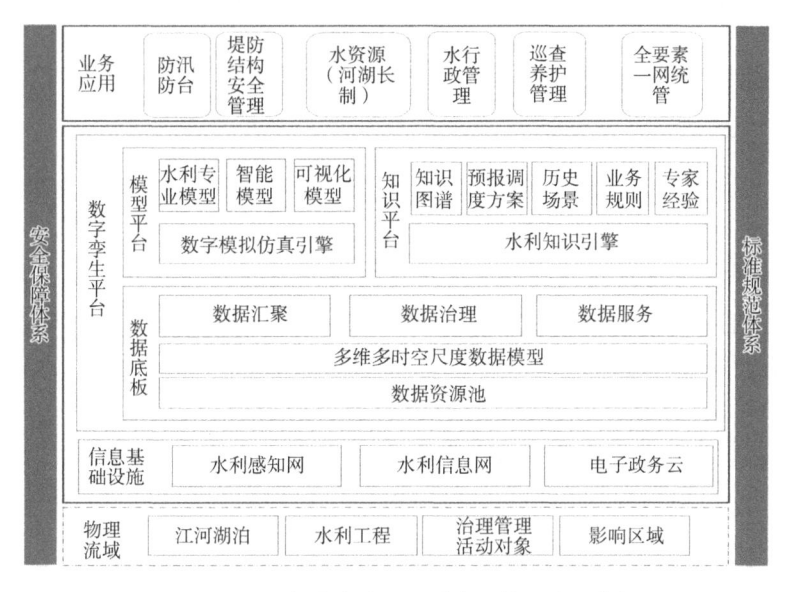

图 2.5.1 拦路港数字孪生子系统各架构层次总体框架图

源,形成本孪生平台云资源环境,即算力平台。

(2)数字孪生平台。由数据底板、模型平台、知识平台等组成。

①数据底板。整合拦路港相关空间地理、基础、监测、业务、行业共享等数据,形成资源池,构建数据汇集、治理、共享、服务相关功能,并与物理实体建立交互映射、协同联动关系。

②模型平台。建设水利专业模型、智能模型、可视化模型三类模型体系,通过具备大容量、高实时、高性能等特点的数据、模型、知识、仿真等孪生引擎,实现各类数字孪生应用的模拟和可视化展现。

③知识平台。汇集水利知识图谱、业务知识库、专家经验库、应急处置方案库等知识内容,充分转化为平台可识别的数字化知识体系,针对各项业务场景,生成处置预案,支撑各项业务管理工作。

(3)"2+3"业务智慧应用。以拦路港业务管理与应用需求为导向,围绕防台防汛、堤防结构安全管理等 2 项核心业务场景,实现"四预"应用;同时在水资源管理、巡查养护、水行政管理等方面实现智慧管理,全面构建本孪生平台智慧应用体系。

(4)标准规范保障体系。在现有标准规范基础上,逐步形成针对拦路港数字孪生的标准规范,保障各类新技术的充分应用以及孪生平台各元素的无缝衔接。

(5)信息安全保障体系。按照安全等级保护相关制度,结合本平台对于安全防护的实际要求,建设安全防护体系,提升平台应对网络安全风险的能力。

6. 考核评价备查材料

(1)堤防工程信息化监控系统证明材料。

(2)堤防工程智慧运维平台建设方案。

(3)堤防工程信息化系统和智慧运维平台运行资料。

(4)堤防工程信息融合共享、上下贯通资料。

(5) 堤防工程信息化系统维护资料。

2.5.2 自动化监测预警

1. 考核评价内容

雨水情、安全监测、视频监控等关键信息接入信息化平台,实现动态管理;监测监控数据异常时,能够自动识别险情,及时预报预警。

2. 赋分原则(15分)

(1) 雨水情、安全监测、视频监控等关键信息未接入信息化平台,扣5分。

(2) 数据异常时,无法自动识别险情,扣5分。

(3) 出现险情时,无法及时预警预报,扣5分。

3. 管理和技术标准及相关规范性要求(略)

4. 条文解读

(1) 堤防工程应将雨水情、安全监测、视频监控等关键信息接入信息化平台,实现动态管理。

(2) 信息管理应做到信息采集及时、准确;建立实时与历史数据库,完成系统相关数据记录存储;信息处理应定期进行;信息应用于堤防工程使其安全、经济运行,提高堤防工程管理效率;信息储存环境应避开电磁场、电力噪声、腐蚀性气体或易燃物、湿气、灰尘等其他有害环境。

(3) 堤防工程数据异常自动识别,及时预报预警。堤防工程数据包括:

①计算机监控数据。

②堤防工程设施设备基础信息数据。

③堤防工程(含穿堤建筑物)安全监测数据(水位、垂直位移、水平位移、渗漏、裂缝、河道变形、防汛墙墙前泥面观测等)。

④堤防工程重点部位、险工险段的视频监控信息。

⑤堤防工程(含穿堤涵闸)调度运行数据。

⑥水雨情监测数据。

5. 参考示例

黄浦江上游堤防安全监测体系。

该项目借助物联网、云计算、大数据、人工智能等新兴信息技术,组建黄浦江上游堤防安全监测体系,推进堤防风险管理智慧化。体系分为监控系统和监测系统。监控系统包括堤防视频监控系统;监测系统包括河道全断面监测、沉降位移系统、传感器(限高架启闭状态)监测系统、水位流速计等。体系主要包括黄浦江、拦路港、太浦河、红旗塘、大泖港5条河道视频监控系统及监测系统。太浦河两岸、拦路港右岸、仓杰站点周边、红旗塘站点周边范围内信号传输利用光缆有线传输至各汇聚点,其余岸段利用4G+VPN传输至青浦分部分中心。全线设置4个信号汇聚点,分别位于南大港站点、石湖荡管理站点、仓杰管理站点、红旗塘管理站点,各信号汇聚点通过专线与青浦分中心形成局域网。青浦分中心设置黄浦江上游堤防安全监测管理软件,处理分析传输数据,做出判断,给出相对应的决策。系统总体结构图见图2.5.2,网络拓扑图见图2.5.3。

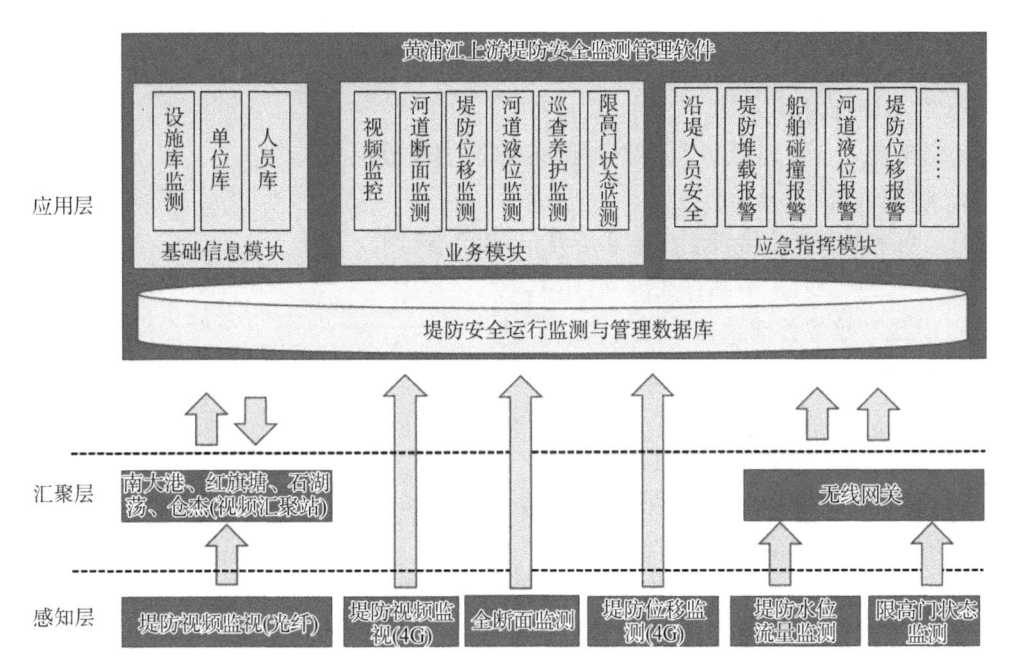

图 2.5.2 黄浦江上游堤防安全监测体系的总体结构图

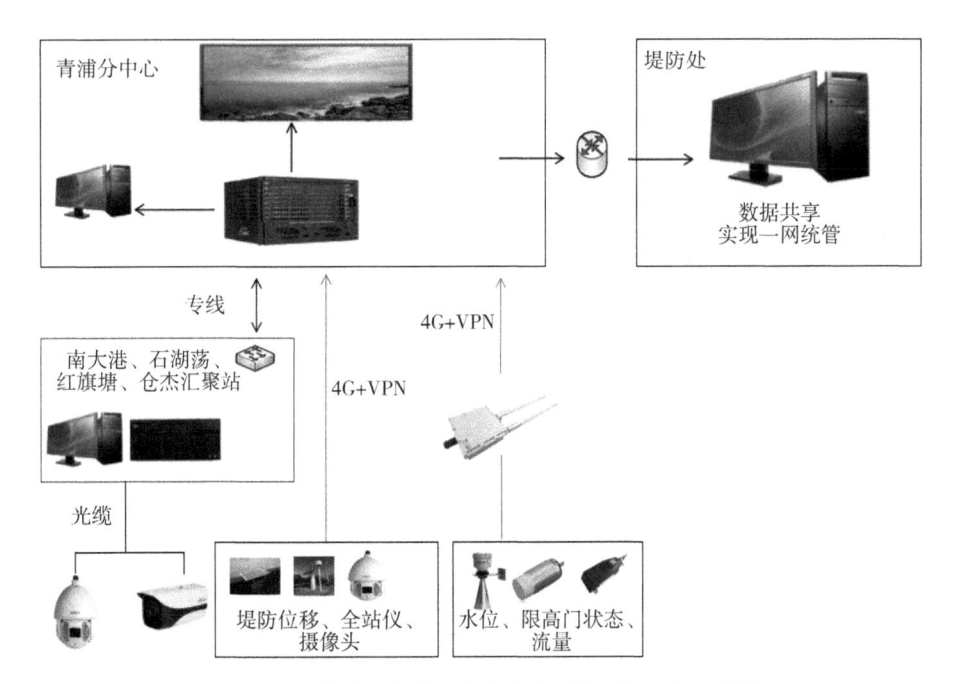

图 2.5.3 黄浦江上游堤防安全监测体系的网络拓扑图

6. 考核评价备查材料

(1) 雨水情、安全监测、视频监控等关键信息接入信息化平台资料。

(2) 信息管理证明材料。

(3) 自动监测和预警证明材料。

2.5.3 网络安全管理

1. 考核评价内容

网络平台安全管理制度体系健全;网络安全防护措施完善。

2. 赋分原则(15分)

(1) 网络平台安全管理制度体系不健全,扣5分。

(2) 网络安全防护措施存在漏洞,扣10分。

3. 管理和技术标准及相关规范性要求(略)

4. 条文解读

(1) 建立本工程网络安全管理组织,落实网络安全管理人员,明确职责。

(2) 制定网络安全管理实施方案。

(3) 完善网络安全管理制度和应急处置预案。

(4) 定期开展网络等级保护测评。

(5) 网络安全管理投入、检查、维护等措施到位,无漏洞。

5. 考核评价备查材料

(1) 网络安全管理组织。

(2) 网络安全管理实施方案。

(3) 网络安全管理制度和应急处置预案。

(4) 网络等级保护测评资料。

(5) 网络安全管理投入、检查、维护等措施资料。

第3章

堤防标准化管理工作手册编写指南

3.1 标准化管理工作手册编写一般要求

根据《上海市水务局关于印发〈关于加快推进水利工程标准化管理的实施方案〉〈上海市水利工程标准化管理评价细则〉及其评价标准的通知》以及《上海市堤防工程标准化管理工作手册示范文本》要求，为提升堤防工程标准化管理水平，保障工程运行安全和效益充分发挥，管理单位应编制堤防标准化管理工作手册。

3.1.1 编制原则

（1）全面性原则。手册内容应覆盖所有相关的管理事项，明确各项任务和职责。
（2）规范性原则。手册内容应符合相关规章制度、规程规范和相关规定。
（3）可操作性原则。手册内容应明确、清晰，易于理解和执行。

3.1.2 编制内容和要求

1. 管理手册

（1）管理手册内容包括堤防工程和管理设施情况、单位概况和管理事项等。
（2）管理单位应根据堤防工程类型和特点，按照水利部《关于推进水利工程标准化管理的指导意见》和《水利工程管理标准化评价标准》，从堤防工程状况、安全管理、运行管护、管理保障和信息化建设等方面，实现全过程标准化管理。
（3）管理单位应制定、分解年度管理事项，编制年度管理事项清单，明确各阶段的重点工作任务；清单包含堤防各项常规性工作及重点专项工作，分类应全面、清晰。
（4）管理事项清单应详细说明每个管理事项的名称、具体内容、实施时间或频率、工作要求及形成的成果、责任人等。
（5）对堤防巡查和养护等任务按周、月、年等时间段进行细分，明确工作项目、时间节点、主要内容，内容具体详细，针对性强。
（6）每个管理事项应明确责任对象，逐条逐项落实到岗位、人员，及时进行跟踪检查，发现问题偏差及时纠正、处理，确保各项任务按计划落实到位。
（7）岗位设置应符合相关要求，人员数量及技术素质应满足堤防工程管理要求。
（8）管理单位及巡查、养护项目部应建立管理事项落实情况台账资料，定期进行检查和考核。

（9）当管理要求及工程状况发生变化时，管理单位应对管理事项清单及时进行修订完善。

2. 制度手册

（1）制度手册包括技术管理细则、规章制度、法律法规、规范标准以及规范性文件清单、安全操作规程。

（2）规章制度涵盖安全管理类、运行管护类和综合管理类的全部工作事项。上海市堤防工程规章制度清单如表3.1.1所示。

表3.1.1 堤防工程规章制度清单（参考）

序号	制 度 名 称	序号	制 度 名 称
一	综合管理制度	5	防汛值班和交接班制度
1	部门及岗位职责、岗位工作标准	6	防汛物资储备管理制度
2	计划和总结管理制度	7	冬季工作制度
3	请示报告制度	8	堤防日常巡视检查制度
4	会议管理制度	9	堤防潮期巡查制度
5	职工教育与培训制度	10	堤防日常检查（经常性检查）制度
6	特种作业人员持证上岗制度	11	堤防定期检查制度
7	精神文明建设工作制度	12	堤防专项检查制度
8	物资采购与管理制度	13	堤防工程（防汛）抢险制度
9	财务管理基本工作制度	14	堤防不定期检查制度
10	请假制度、考勤管理制度	15	工程观测与监测管理制度
11	预算、结算管理制度	16	堤防工程维修与养护范围界定
12	财务报账工作程序	17	维修项目申报及方案编制规定
13	资产管理制度	18	维修养护项目管理制度
14	堤防工程维护管理经费使用规定	19	堤防工程维修养护现场管理制度
15	办公区管理规定	20	堤防绿化保护制度
16	信息报送制度	21	林木采伐制度
17	工作大事记制度	22	堤防保洁制度
18	档案管理制度汇编	23	堤防排水系统检查制度
二	工程运行养护管理制度	24	信息化系统（含管理平台）维护制度
1	工程信息登记制度	25	害堤动物及白蚁防治制度
2	穿（跨、临）堤建筑物运行管理制度	三	安全管理制度
3	河道清障制度	1	工程管理范围和保护范围划定方案
4	防汛工作制度	2	涉河建设项目和活动巡查制度

续表

序号	制 度 名 称	序号	制 度 名 称
3	涉堤建设项目批后监管制度	24	变更管理制度
4	堤防工程保护管理制度	25	职业健康管理制度
5	安全目标管理制度	26	劳动防护用品(具)管理制度
6	安全生产责任制	27	安全生产报告制度
7	安全生产会议管理制度	28	生产安全事故应急预案及修编、演练规定
8	安全生产投入管理制度	29	防汛防台等专项预案及修编、演练规定
9	安全教育培训管理制度	30	安全操作规程汇编
10	法律法规标准规范管理制度	31	应急管理制度
11	安全设施、安全用具管理制度	32	工程防汛抢险制度
12	安全标志管理制度	33	事故报告和处理管理制度
13	险工险段管理制度	34	相关方管理制度
14	重大危险源辨识与管理制度	35	安全生产台账管理制度
15	生产安全事故隐患排查治理制度	36	安全生产标准化绩效评定管理制度
16	特种作业人员管理制度	37	网络安全管理制度汇编
17	作业活动安全管理制度	四	考核管理制度
18	危险物品管理制度	1	项目合同考核管理办法
19	消防管理制度	2	年度考核评价管理制度
20	用电安全管理制度	3	部门、项目部、班组及职工考核管理办法
21	安全保卫制度	4	安全生产目标管理考核办法
22	劳动防护用品管理制度	5	安全生产标准化达标考核自评管理办法
23	仓库管理制度	6	堤防工程标准化管理评价自评管理办法

3. 操作手册

(1) 编制的操作手册应提出各项管理事项的操作方法、程序、步骤、标准和要求、记录和台账以及注意事项等,以告知运行管理及一线作业人员规范作业行为,实现安全、高效运维目标。

(2) 操作手册包括安全管理、运行管护、管理保障和信息化建设等类别。上海市堤防工程标准化管理操作手册项目清单如表3.1.2所示。

表3.1.2 堤防工程标准化管理操作手册项目清单(参考)

序号	项 目 名 称	序号	项 目 名 称
一	安全管理类操作手册	3	险工险段应急处置方案
1	堤防信息登记	4	堤防安全评价
2	隐患排查和险工险段判别	5	工程管理和保护范围划定

续表

序号	项 目 名 称	序号	项 目 名 称
6	设置界桩及公告牌	7	渗水观测
7	涉河建设项目和活动管理	8	裂缝观测
8	制定和落实清障方案	9	位移观测
9	水事巡查	10	河道变形观测
10	标志标牌设置	11	防汛墙墙前泥面观测
11	汛前检查	12	观测设施维护
12	防汛预案编制、上报与演练	13	观测资料整编
13	防汛物料管理	14	堤身维修养护
14	工程抢险预案制定、演练与实施	15	堤岸防护工程维修养护
15	制定安全生产工作计划	16	穿堤建筑物维修养护
16	落实安全责任制	17	生物防护工程维护
17	安全生产例会及其会议精神落实	18	绿化病虫害防治
18	安全投入和经费使用计划编制与实施	19	工程排水系统维护
19	安全培训计划编制与实施	20	管护设施配备及办公设施维修养护
20	相关方及外来人员管理	21	专项工程维修
21	安全生产月活动	22	维修养护计划编报
22	安全风险辨识与评估	23	维修养护项目实施
23	重大危险源监控	24	维修养护项目验收
24	隐患排查治理	25	工程保洁
25	事故报告与处理	26	生物隐患防治
26	作业安全管理	27	穿堤涵闸调度运行
27	消防管理	三	管理保障类操作手册
28	堤防管理区交通管理	1	委托管理招投标及合同签订
29	安全保卫	2	职工培训
30	安全生产标准化活动推进	3	堤防管理标准化管理工作手册编制
二	运行管护类操作手册	4	规章制度修订
1	堤防日常巡视检查	5	维修养护经费编报与实施
2	堤防潮期巡查	6	财务审计自检
3	堤防日常检查(经常性检查)	7	职工考勤与考核
4	汛前检查、汛后检查	8	职工工资发放
5	专项检查	9	党建工作
6	不定期检查	10	精神文明创建和水文化建设

续表

序号	项 目 名 称	序号	项 目 名 称
11	年度、月度计划与总结	2	信息化系统维护
12	标准化管理评价年度自评	3	堤防工程在线监管
13	档案资料归档	4	信息采集与更新
14	档案资料借阅	5	异常数据识别及预报预警
15	档案保管及信息化	6	关键信息接入平台
四	信息化建设类操作手册	7	网络安全管理实施方案
1	信息化平台建设和完善	8	网络等级保护测评

4. 作业指导书或作业图册

编制的作业指导书应提出堤防工程运行、检查观测、设施养护、绿化养护、保洁、标志标牌设置、专项维修、应急抢险、档案管理、安全管理、项目管理等具体的工作或作业要求。常见的堤防工程作业指导书清单如表 3.1.3 所示。

表 3.1.3 堤防工程作业指导书清单(参考)

序号	项 目 名 称	序号	项 目 名 称
1	堤防陆域日常巡查作业指导书	9	堤防维修养护项目管理作业指导书
2	堤防水上巡查作业指导书	10	堤防维修养护安全管理作业指导书
3	堤防定期巡查作业指导书	11	堤防标志标牌设置作业指导书
4	堤防特别巡查作业指导书	12	堤防保洁作业指导书
5	堤防工程观测作业指导书	13	堤防信息化系统维护作业指导书
6	堤防设施维修养护作业指导书	14	堤防穿堤建筑物运行作业指导书
7	堤防绿化维护作业指导书	15	堤防防汛抢险作业指导书
8	堤防绿化病虫害防治作业指导书	16	绿色堤防样板段建设作业指导书

3.1.3 编制步骤

(1) 组织专门的编制团队负责编制工作。
(2) 收集和分析所有必要的信息,包括工程情况、管理事项等。
(3) 制定并完善所有必要的工作制度。
(4) 制定详细的操作手册,确保各项工作能按照规定的方式进行。
(5) 对手册进行内部审查和修改。
(6) 按照《上海市水利工程标准化管理评价细则》进行自评。
(7) 根据自评结果调整和完善手册。

3.1.4 质量控制和进度管理

所有编制成果应进行内部评审,确保其内容准确、完整且符合相关法规要求;在完成每个阶段的编制工作后,对工作进行评估,并对下一阶段编制工作进行计划和调整。

3.1.5 达到预期成果

形成一套完整的《堤防工程标准化管理工作手册》,以便提高管理效率,规范管理行为,确保堤防工程安全稳定运行,提升单位在水利工程标准化管理方面的能力和水平。

3.2 管理手册编写指南

堤防工程管理手册主要包括工程和管理设施情况、单位概况、岗位设置和岗位职责、管理事项的划定与执行,以及相关附件等内容。

3.2.1 工程和管理设施情况

1. 工程概况

(1) 基本情况。如工程名称、位置桩号、所在水系(河湖)、长度、级别、保护对象及主要经济指标、防洪标准建设(开工、竣工)时间,主要保护对象及社会、经济指标等。

(2) 建设概况。如堤防历史沿革、历次加固(开工、竣工)时间、加固项目、信息登记或变更情况、险工险段治理、历次安全评价情况等。

(3) 工程管理范围和保护范围。

①划界确权情况。根据水利部《关于加快推进河湖管理范围划定工作的通知》(水河湖〔2018〕314号)和上海市水务局《关于开展上海市河湖管理范围划定工作的通知》(沪水务〔2018〕849号)等要求,堤防工程应完成管理范围划界。内容包括划定依据,实际划定情况(工程划定标准不一样的应分段描述),工程权属确定情况,工程管理范围和保护范围内禁止行为。

②主要成果。堤防工程管理范围内土地应获得土地使用证,土地使用权属应清晰。工程管理范围内应设置实地界桩、电子桩。

附件1:土地证和不动产权证。

附件2:工程范围界桩统计表和分布图。

2. 管理设施基本情况

(1) 管理用房。如防汛仓库、办公等管理用房位置、面积使用情况等。

(2) 防汛仓库。如防汛仓库位置、面积,列表显示防汛物资定额和储备情况,包括名称、数量和规格型号等。

(3) 交通设施。如防汛道路、上堤辅道和对外交通道路通行条件等。

(4) 穿(跨、临)堤建筑物。如水闸、涵管、闸口、泵站以及桥梁、隧道、管线等穿(跨)堤建筑物的名称、桩号位置、基本情况、特性指标和管理权属等。

(5) 视频监控系统。如视频监控设施布置情况、编号顺序、运行情况等;无人机数量、型号、运行状况等。

(6) 安全监测设施。如安全监测设施类型、设备名称、型号、主要性能指数、生产厂家等,说明安全监测设施布置情况、编号顺序、目前运行状况等。

3. 标志标牌

标志标牌内容包括工程简介牌、责任人公示牌、管理范围和保护范围公告牌、水法规告示牌、安全警示牌、工程指引牌等标牌设置情况及日常检查维护情况等。

4. 附图

附图1:工程平面位置图。

附图2:典型断(剖)面图。

附图3:工程管理和保护范围界线平面图。

附图4:管理用房布置图。

附图5:视频监控设施布置图。

附图6:安全监测设施布置图等。

3.2.2 单位概况

1. 单位情况

单位情况包括管理单位的基本性质、隶属关系、人员配备、经费来源和组织架构。

2. 职能与任务

(1)负责所管堤防工程的日常管理工作,包括堤防巡查、专项检查、观测和监测、维修养护、运行管理、信息管理、安全鉴定等工作,充分发挥堤防工程作用和效益。

(2)负责所辖范围内堤防工程基础资料、工程档案的收集,协助开展档案资料整编入库和信息化系统的建设工作。

(3)负责对委托管理单位合同执行情况的监督、检查、指导和考核工作。

(4)负责所辖范围内堤防工程设施设备运行突发事件的处置。

(5)负责所辖范围内绿化管理工作。

(6)负责所辖范围内精神文明建设和水文化建设工作。

(7)协同开展涉堤行政许可、批后监管、行政执法等相关工作。

(8)协助编制堤防部门预算和水利专项项目储备、立项,负责项目组织实施和施工现场项目管理工作。

(9)组织开展所辖范围内防汛防台、反恐安保、突发事件应急处置预案的修编及实施。

(10)协助抓好所辖范围内土地、房屋等国有资产的管理工作。

(11)承办上级领导交办的其他工作。

3. 岗位与职责

(1)管理部门设置。管理单位可设置综合计划组、堤防管理组、安全管理组、专项工程建设管理组等组室。

(2)内部岗位设置。如管理岗、专业技术岗、工勤技术岗等设置。

(3)岗位职责。

①管理单位负责人岗位职责。

主要负责人:负责单位内部各项工作的全面领导,建立管理体制,对管理单位的工作进行规划和决策,确保各项任务顺利进行;组建防汛组织,建立防汛责任制;组织召开单位内部会议,听取各部门汇报,提供指导意见;负责与上级部门的沟通协调,为部门(组室)工作提供策略指导;负责单位内部工作的考核与评估;对单位安全生产进行督导和管理;负责单位组织建设和人才培养工作。

其他负责人：负责分管部门的工作领导和指导，对分管工作进行计划和组织，确保工作顺利进行；组织和召集相关部门会议，听取工作汇报，提供指导意见；负责所管项目的安全生产和防汛防台工作；协助主要负责人处理日常工作，参与单位重要决策；负责与相关部门及外部单位的沟通协调。

②综合计划组岗位职责。

组长：负责日常行政工作管理，确保行政流程的有序进行；负责办公设施设备统计、发放及单位内部环境管理；协助党群工作，保障党组织正常运作和发展；负责精神文明建设策划与实施，提高职工素质；负责宣传信息发布，加强与外部的公关沟通；组织和实施职工培训，提高职工工作能力和业务水平。

管理岗位：负责后勤管理，确保各类后勤服务运行正常；组织物资采购、入库、分配和盘点，确保物资合理配置和有效利用；负责档案管理，确保档案完整性和可追溯性；对单位内部资产和物资进行定期盘点，确保账物一致；协助其他部门处理与后勤、物资、档案相关问题。

③堤防管理组岗位职责。

组长：负责堤防巡查、设施维修养护及绿化养护工作的统筹和协调；负责堤身、堤防道路、堤岸防护工程、穿堤建筑物、工程排水系统、标志标牌等运行维护；组织召开堤防月度、季度、半年及年终工作会议，确保工作有序进行；召开堤防巡查和养护公司考核会议，对相关工作进行评估并提出改进建议；组织水法规宣传活动；负责为堤防巡查和养护人员的培训提供业务指导；与市、区水务执法部门合作，确保所有项目均符合相关法规和标准要求；负责处理和协调涉河建设项目和活动管理事项。

绿化管理岗位：负责堤防工程绿化的规划、实施和养护工作，确保绿化植被健康生长并达到预期效果；对绿化工作定期评估，提出改进建议；负责堤防绿化病虫害防治、害堤动物防治等工作；负责河道堤防清障工作。

设施管理岗位：负责堤防工程信息登记、隐患排查治理及险工险段管理、工程观测与监测、保护管理、工程抢险、工程划界、信息化平台建设等工作；查看和处理工程巡查信息，根据巡查发现的问题，及时派发养护任务或转交至执法部门；负责堤防信息化建设，协调与相关部门和单位的合作，确保信息化建设顺利进行；定期对堤防工程统计数据进行分析，判定堤防是否满足工程标准，为上级领导和相关部门提供决策支持。

资料管理岗位：负责堤防相关文字工作，包括编写标准化管理工作手册等；参与防汛准备工作，编制防汛预案和防汛防台应急演练脚本；抓好堤防文化建设，搜集、整理、挖掘堤防水文化；协助其他岗位完成工作任务。

④安全管理组岗位职责。

组长：负责本单位安全生产日常管理工作，拟定本单位安全生产年度目标管理计划，拟定或完善安全生产规章制度、应急预案、督促各现场项目部拟定并执行安全操作规程；贯彻落实上级机构关于安全生产的政策规定，检查督促安全生产领导小组决定事项的落实；定期召开安全生产工作会议，向安全生产领导小组汇报安全生产情况，研究部署安全生产工作；负责安全生产教育培训管理工作，组织开展安全文化和安全生产月活动；组织开展本单位安全生产专项检查、综合性检查；负责本单位突发事件应急处置，实施相应预案；按上级部署，做好本单位安全生产标准化的推进工作。

管理岗位：主要负责整理和归档安全生产的相关资料，协助组长完成其他工作。

⑤专项工程建设管理组岗位职责。

组长：主要负责管辖的堤防维修专项工程项目建设的计划、组织、协调和监督工作；做好堤防维修专项工程中的安全生产和防汛防台工作。

管理岗位：主要负责整理、归档堤防专项技术资料，包括"可研"报告、"工可"报告、设计图纸等，确保技术资料的完整性；负责专项工程相关文件的提交和跟进，包括工程审批、合同签订、验收等文档的盖章与备案流程；协助做好本单位安全管理工作。

3.2.3 管理事项

1. 管理事项分类

按照水利工程标准化要求，堤防管理事项可分为四大类：

（1）安全管理。

（2）运行管护。

（3）管理保障。

（4）信息化建设。

2. 管理事项排查方法

管理事项排查采用树状分类法，即在对管理事项排查过程中，按照层次，一层一层分类，先确定大的分类标准，将某些方面相似的工作任务或事项归为同一类，然后对同类工作任务或事项再分类。

3. 管理事项落实

（1）任务分解落实。对照管理事项清单，将各项工作任务分解落实到具体的工作岗位、工作人员，实行目标管理、闭环管理。所有管理工作都应做到"有计划、有布置、有落实、有检查、有反馈、有改进"的闭合环式管理。

①遵循逐级安排的原则，编制部门－人员－岗位－事项对应图表，将各工作事项分类、梳理，并落实到相应人员。

②一般工作电话通知，重要工作填写任务单。

③任务下达应是具体、可度量、可达成，注重效果，有时间要求。

④工作安排简明扼要，工作内容和要求应详尽，完成时间应明确。

⑤可根据"ABC分类法"，按照工作的重要性和紧迫性，将工作任务分为3级：关键工作（权重高），一般工作（权重一般），次要工作（权重低）。

（2）管理事项执行。

①管理单位及各巡查、养护项目部应树立强烈的责任心，抓好工作执行情况的跟进、协调、指导和反馈等基础工作，建立高效的组织执行力。

②管理单位及各巡查、养护项目部应将工作落实到人，并对责任人进行指导，督促其按要求完成任务，责任人应不折不扣地高质高效完成任务。

③工作执行中各方应及时沟通，有困难及时汇报，确保按要求完成；若困难无法解决的，应及时做好分析，并提请部门解决。

④管理单位及各巡查、养护项目部应对工作执行情况进行监督检查，并在每周工作例

会上通报重点工作执行情况。

（3）做好台账记录。管理单位及各巡查、养护项目部应建立工作任务落实情况台账资料，客观反映工作任务的责任对象、工作内容、完成时间、实际成效等，也为管理单位和上级部门对各巡查、养护项目部及岗位人员的考核提供基础支撑。

资料整编应做到检查、养护资料分开；检查资料中，应做到日常巡视、经常检查、定期检查、专项（特别）检查、安全检查资料分开整编。

（4）工作闭环。工作闭环程序按照由下至上、自前至后的方式，逐级闭环，做到"四闭合"：

①堤防工程检查资料与维修养护资料应闭合。

②堤防工程养护维修项目方案、组织、检查、整改、验收应闭合。

③上期管理单位或上级检查考核中要求整改的项目，在下期信息上报中应反馈整改落实情况，实行资料闭合。

④各巡查、养护项目部年度、季度、月度各项工作计划和年度、季度、月度工作总结应闭合。

（5）抓好考核工作。所有考核工作以各类考核办法和考核标准为依据，结合工作实际情况，做好各类考核的自检自评工作。同时，在各巡查、养护项目部内部加强对班组和职工绩效考核。

4. 安全管理事项分解

安全管理事项分解表如表 3.2.1 所示。

表 3.2.1　安全管理事项分解表

序号	分类	管理任务	实施时间或频次	工作要求及成果	岗位责任	
					岗位	责任人
1	信息登记	堤防信息登记	新建或改建项目自竣工验收之日起 1 个月内；已建项目按规定时间完成	（1）根据《水利部办公厅关于做好堤防水闸基础信息填报暨水闸注册登记等工作的通知》（办运管函〔2019〕950 号）等有关规定，开展堤防信息登记。（2）堤防工程信息登记应做到真实、准确、完整，不得有遗漏、错报、误报等现象。		
2		登记信息更新	每年 1 次	每年定期组织堤防工程信息的审核、核查和更新工作，确保信息真实、准确、完整。		
3		险工险段信息登记	及时（动态）	对堤防险工险段信息应按相应程序及时上报与更新。		
4	隐患排查治理及险工险段管理	隐患排查和险工险段判别	在汛前、汛后、汛中及重要节日或重大活动期间进行	（1）根据《堤防工程安全评价导则》（SL/Z 679—2015）、《上海市黄浦江和苏州河堤防薄弱岸段判定标准（试行）》要求，开展隐患排查和险工险段判别，掌握隐患和险工险段情况。（2）排查和判别内容包括堤及堤防附属设施、涉河活动、批后监管等设施类隐患及违规堆载、违规靠泊、违规搭建、堵塞防汛通道等违法类隐患。		
5		处理险点隐患	限期整改	对于排查出的一般隐患应制定检查、监测、探测、安全管理预案、加固等整改措施，具备整改条件的限期整改，不具备整改条件的应说明原因，并落实整改措施。		
6		险工险段度汛措施和应急处置方案	立即上报；及时处置	对于排查出的重大隐患及险工险段应根据有关要求立即上报，并做好应急处置工作；对堤防险工险段应落实度汛措施和应急处置方案，落实防汛责任单位、责任人、防汛抢险队伍、抢险物资、后续整改计划等。		

续表

序号	分类	管理任务	实施时间或频次	工作要求及成果	岗位责任 岗位	岗位责任 责任人
7	隐患排查治理及险工险段管理	隐患排查治理及险工险段管理台账	全年	落实专人负责隐患排查与治理资料整改,资料应包含隐患整改前、整改中、整改后全过程;所有资料应真实、准确、完整。		
8		开展堤防安全评价	根据堤防的级别、类型、历史等定期进行	(1)根据预算批复情况实施安全鉴定,开展基础资料收集、运行管理评价、工程质量评价。 (2)堤防工程安全综合评价。 (3)根据安全评价结论,开展除险加固或工程维修。		
9	工程划界	编制工程管理和保护范围划定方案	工程划界前	根据《堤防工程管理设计规范》(SL/T 171—2020)、《上海市水务局转发〈水利部关于切实做好水利工程管理与保护范围划定工作的通知〉的通知》(沪水务〔2021〕455号)等有关规定,制定堤防管理与保护范围划定方案。		
10		实施划定方案	工程划界时	搜集工程划界成果。		
11		划界成果确定和公示	工程划界后	划定后的堤防管理保护范围应及时向社会进行公告。		
12		设置界桩及公告牌	工程划界后	设置虚拟桩(牌)和实体桩(牌)。		
13	涉河建设项目和活动管理	对涉河建设项目和活动开展巡查	日常巡查每天不少于2次,专项检查根据需要随时组织	巡查范围主要包括: (1)河道、堤防等工程建设和维修项目。 (2)河道采砂、取水、排污等涉水活动。 (3)河道岸线开发、临河建设项目。 (4)生态保护、景观建设等项目。 (5)其他可能影响河道堤防安全、生态环境的活动。		
14		涉水项目批后监管	项目实施阶段	(1)建设单位应根据河道审批权限提出有关涉河项目行政许可审批申请。 (2)管理单位协助开展涉河项目审批,提出意见和建议。 (3)建设单位应按照审批决定的要求,开展项目施工。 (4)建设项目完工后,建设单位组织项目验收,并将竣工资料归档。 (5)管理单位审核归档资料后应及时将资料归档移交。		
15	河道清障	收集掌握阻水情况	全年	(1)巡查公司根据有关规定,进行行洪障碍物巡查,掌握河道内阻水林木和高秆作物、阻水建筑物构筑物的种类、规模、位置、设障单位等情况。 (2)管理单位负责辖区河道清障工作检查、监督和指导。		

69

续表

序号	分类	管理任务	实施时间或频次	工作要求及成果	岗位责任	
					岗位	责任人
16	河道清障	制定清障方案	及时	根据清障职能制定或指导有关单位编制清障方案,报批后督促完成清障工作。		
17		制止违规设障行为	及时	(1)发现阻水建筑物构筑物应向上级部门和执法部门报告,如正在施工的应立即制止;发现河道内阻水林木和高秆作物,立即上报。 (2)依法立案查处的案件,管理单位应配合开展查处工作。		
18	保护管理	水法规宣传培训	全年	开展水法规宣传教育,编制年度水法规宣传计划及工作总结。		
			每年3月	开展世界水日、中国水周宣传活动。		
19		水事巡查	全年	(1)制定水事巡查管理办法,明确责任分工、巡查范围、巡查事项、巡查考核、违规行为处置等内容。 (2)开展工程管理范围和保护范围巡查,摸清底数,清楚违章问题的种类、规模、位置、设障单位等情况,提出清障计划和实施方案,并督促问题整改。		
20		制止水事违法行为	必要时	(1)发现水事违法行为予以制止,在上级水政监察部门指导下,做好调查取证,及时上报,责令停止违法行为,限期改正。 (2)对于造成设施损坏或其他影响的行为,应及时移交执法部门。 (3)配合和协助执法部门查处发生在堤防工程管理范围内的水事治安和刑事案件。		
21		设置保护管理标牌	适时	上、下堤道口处和堤顶防汛道路设置限行标志,重要部位设置水法规宣传牌;对各类标牌及时维护。		
22	防汛管理	防汛组织	每年4月底前	(1)完善防汛组织,落实防汛责任制,签订防汛责任书。 (2)确定抢险队伍的组成、人员数量和联系方式,明确抢险任务,落实抢险设备要求,开展防汛抢险队伍培训等。 (3)完善基础资料,确保图表(包括防汛组织体系图表、运行调度图表及险工险段等图表)准确规范。 (4)建立防汛沟通联络机制。 (5)制定汛期工作计划。		
23		汛前检查	每年5月20日前	开展汛前堤防工程检查、观测、养护,并形成检查报告上报主管部门;及时检修维护通信线路、设备,保障通信畅通。		
24		防汛预案编制、上报	汛前	根据规定要求,修订防汛预案、工程抢险应急预案、堤防薄弱岸段一段一预案。预案应报批或报备;内容包括工程概况、险情类型、组织体系、职责、联系方式、险情预警、人员转移避险、工程抢险措施、抢险队伍、抢险物资等。		

续表

序号	分类	管理任务	实施时间或频次	工作要求及成果	岗位责任 岗位	岗位责任 责任人
25	防汛管理	防汛物资管理	汛前	(1)建立健全防汛物资储备制度,根据《上海市防汛物资储备定额(2014版)》储备一定数量的防汛物资和抢险工具,满足物资储备要求。 (2)加强防汛仓库和物资管理,落实专人管理,防汛物资存储规范,台账建立清晰,保障抢险设备、器具完好。 (3)编制防汛物资调配方案,绘制防汛物资储备分布图或抢险调运图等,确保调运及时、方便。		
			汛期、汛后	按规定程序,做好防汛物资调用、报废及更新工作。		
26	工程抢险	抢险应急预案演练	汛前	按要求进行抢险应急预案演练,包括应有演练方案、演练视频、图片和总结等。		
27		预案执行	及时	险情发现及时,报告准确;落实抢险预案,险情抢护措施得当。		
28	安全生产目标管理	制定安全生产工作计划,完善安全组织机构	每年年初	(1)制定和分解安全生产年度目标。 (2)完善管理单位安全生产领导小组和日常办事部门;安全生产组织网络应根据人员的变化情况及时进行调整、充实。 (3)做好年度和月度安全生产计划、总结和上报工作。		
29		落实安全责任制	每年年初	落实安全生产责任制,全员签订安全生产责任书;明确各类人员的安全生产职责、权限和考核奖惩等内容。		
30		安全生产例会	全年每月1次	跟踪落实每次安全生产会议要求,总结分析安全生产状况,评估存在的风险,研究解决安全生产重大问题,并形成会议记录。		
31		安全信息上报	全年每月25—30日	按水利部和上级相关规定执行。		
32	安全投入	编制计划	每年年初	编制堤防管理安全投入和经费使用计划。		
33		完善安全设施	适时	完善消防、高处作业、水上作业、电气和焊接作业、防盗、防雷、劳动保护等设施;安全设施及器具配备齐全并定期检验。		
34	安全宣传与培训	编制安全培训计划	每年年初	依据《生产经营单位安全培训规定》(国家安全生产监督管理总局令第80号)等编制安全教育培训计划并上报。		
35		管理人员安全教育	每年不少于1次	对管理单位及巡查、养护项目部负责人和专(兼)职安全管理人员进行教育培训,确保其具备履行岗位安全生产职责的知识与能力。		
36		职工培训	每年不少于1次	对管理单位和巡查、养护项目部严格按规定要求进行一般性安全教育培训。		
37		新职工教育	上岗前	新职工上岗前应接受三级安全教育培训。		
38		转岗离岗人员安全教育	适时	作业人员转岗、离岗1年以上重新上岗前,应进行安全教育培训,经考核合格后上岗。		

续表

序号	分类	管理任务	实施时间或频次	工作要求及成果	岗位责任 岗位	责任人
39	安全宣传与培训	在岗作业人员安全教育	每年不少于1次	对在岗作业人员每年进行不少于12学时的经常性安全生产教育和培训。		
40		特种作业人员安全教育	适时	特种作业人员应接受规定的安全作业培训。		
41		"四新"应用培训	适时	在新工艺、新技术、新材料、新装备投入使用前,应对从业人员进行安全培训。		
42		相关方及外来人员教育	不定期	督查相关方作业人员安全生产教育培训及持证上岗情况;对外来人员进行安全教育。		
43		安全生产月活动	每年6月	按计划开展安全生产月活动。		
44		安全文化	按年度计划	制订年度安全文化建设计划,组织开展安全文化活动。		
45	危险源辨识与风险控制	安全风险辨识	适时(动态)	对安全风险进行全面、系统的辨识,对辨识资料进行统计、分析、整理和归档。		
46		安全风险评估及防控	适时(动态)	开展安全风险评估,组织安全风险分析,通报安全生产状况,及时采取预防措施。		
47		安全警示牌及危险源告知牌等设置	适时、每月维护1次	在重点区域设置安全警示牌和危险源告知牌,设置应符合规范要求,危险源告知牌应明确主要安全风险、隐患类别、事故后果、管控措施、应急措施及报告方式等。		
48		重大危险源监控	每年年初	对确认的重大危险源进行安全评估,确定等级,制定管理措施和应急预案。		
49			全年	对重大危险源进行监控,包括采取技术措施(设计、建设、运行、维护、检查、检验等)和组织措施(职责明确、人员培训、防护器具配置、作业要求等),并对重大危险源登记建档。		
50		隐患排查治理	全年	见本节"隐患排查治理及险工险段管理"事项清单。		
51	作业安全管理	维修养护作业管理	维修养护时	制订并落实维修养护计划,落实"五定"原则(定方案、定人员、定安全措施、定质量要求、定进度计划),维修养护方案合理;安全措施到位;维修养护质量符合要求;各种维修养护记录规范。		
52		临时用电	作业前、作业时	按有关规定编制临时用电专项方案或安全技术措施,并经验收合格后投入使用;定期对施工用电设备设施进行检查。		
53		高处作业	作业时	严格执行高处作业安全操作规程。		
54		起重吊装	作业时	严格执行起重吊装作业安全操作规程。		
55		水上作业	作业时	严格执行水上作业安全操作规程。		
56		焊接作业	作业时	严格执行焊接作业安全操作规程。		

续表

序号	分类	管理任务	实施时间或频次	工作要求及成果	岗位责任 岗位	岗位责任 责任人
57	作业安全管理	有限空间作业	作业前、作业时	落实应急处置方案,严格执行安全操作规程。		
58	作业安全管理	防护设施和用品配置	及时	为职工配备职业病防护设施、防护用品。		
59	作业安全管理	防护设施和用品检测	按规程要求	做好防护设施、防护用品检测工作。		
60	预案及事故管理	预案修编和演练	适时,每年不少于1次	抓好生产安全事故应急预案编制及报备工作;每年至少开展1次预案演练。		
61	预案及事故管理	突发事件应急响应	及时	按相应预案,启动突发事件应急响应程序。		
62	预案及事故管理	事故处理、报告	及时	发生事故时,及时报告、处置。		
63	相关方管理	相关方管理	检修、施工期间	(1) 严格审查承包方的资质和安全生产许可证,并在发包合同中明确安全要求。 (2) 与进入堤防管理范围内的承包方签订安全生产协议,明确双方的责任和义务。 (3) 对堤防管理范围内的相关方工作过程实施监督。		
64	消防与交通安全	消防管理	每年年初	健全消防安全组织机构,落实消防安全责任制,防火重点部位和场所配备足够的消防设施、器材,并完好有效。		
65	消防与交通安全	消防管理	全年	建立消防设施、器材台账。		
66	消防与交通安全	消防管理	作业时	严格执行动火审批制度。		
67	消防与交通安全	消防管理	每年1次	开展消防培训和演练。		
68	消防与交通安全	交通安全	全年	加强堤防管理区域交通管理。		

5. 运行管护事项分解

运行管护事项分解表如表 3.2.2 所示。

表 3.2.2 运行管护事项分解表

序号	分类	管理任务	实施时间或频次	工作要求及成果	岗位责任 岗位	岗位责任 责任人
1	工程检查	编制工程检查制度和操作手册	按标准化手册编制要求	根据相关规范性文件要求,结合工程实际,编制工程检查制度和操作手册,内容包括常规巡查、定期检查、专项检查等,应明确各类检查的组织形式、内容、方法、时间、频次、记录、分析、处理和报告、工作标准、工作流程、台账等要求;编制的堤防工程检查制度和操作手册应认真加以执行。		
2	工程检查	日常巡查	陆上巡查每日不少于2次	(1) 按规定的范围、内容、频次等要求开展日常巡查,检查内容全面,记录详细规范,发现处理及时到位。 (2) 按规定设置管理项目部和现场站点,配备现场专职项目经理、管理人员和巡查人员,配置一定数量的办公、生产、观测、交通、通信等设备、仪器、工具。 (3) 巡查范围为堤防工程管理范围及已确权范围。对管理范围以外区域,可能影响堤防安全的行为也应加强巡查,发现问题及时上报。		

续表

序号	分类	管理任务	实施时间或频次	工作要求及成果	岗位责任 岗位	岗位责任 责任人
3	工程检查	潮期巡查	每月2个高潮期和2个低潮期	潮期加强对堤防护岸、防汛闸门等堤防工程迎水侧的重点巡查,记录详细规范,发现问题及时处理和上报。		
4		经常性检查	每月1次	由巡查公司负责对堤防工程、涉堤违规、信息报送和处置情况等进行检查。		
5		管理单位月度现场检查	每月1次	管理单位对巡查项目部上报的问题进行复核、督查,督促问题整改落实。		
6		定期检查	每年汛前、汛期、汛后各1次	按规定开展定期检查,做到检查内容全面,记录详细规范,发现问题处理及时到位;汛前、汛后检查报告及时上报。		
7		专项检查	汛期不少于1次,安全检查每年不少于4次;风暴潮洪等预警或遇重大活动时增加频次	(1)管理单位组织巡查养护公司对专用岸段、涉堤在建工程、堤防险工薄弱岸段进行专项检查,包括防汛专项检查和安全专项检查两类。(2)专项检查内容全面,记录规范,发现问题处理及时到位,堤防工程发生重大险情或者突发安全事件的,应立即向上级报告。		
8		不定期检查	适时	包括对险工薄弱、涉堤在建工程等重要堤段的检查和对堤防工程的"飞行"检查。管理单位负责对管辖的堤防工程不定期检查工作,各巡查和养护公司应配合和服从管理单位组织的不定期检查,并按期整改。		
9	工程观测与监测	渗水观测	汛期月最高潮位时;堤防达到设防水位时;超警戒水位后	(1)开展渗水观测,观测堤防各部位(包括防汛墙墙身、变形缝、基础、防汛闸门、板桩接缝等)渗水情况。(2)利用渗压计、测压管等设施设备观测的,按相关规定执行。		
10		裂缝观测	按观测任务书要求	巡查员日常巡查和观测中重点关注裂缝变化情况,发现异常及时上报。		
11		位移观测	按观测任务书要求	开展垂直位移和水平位移观测,发现异常及时上报。		
12		河势观测、全断面观测	按观测任务书要求	关注河道深泓变化、水流速度、河道近岸局部冲刷、凸岸淤积等情况;进行河道断面观测,绘制断面图,详细记录河势观测数据、观测时间、观测地点等信息。		
13		水位观测	每天1次	采用水文系统观测资料或通过水位计(水尺)观测。		
14		堤防隐患探查	按规程进行	按《堤防隐患探测规程》(SL/T 436—2023)有计划地开展堤防隐患探查。		
15		防汛墙墙前泥面观测	公用岸段及非经营专用岸段半年1次;经营性专用岸段每季度1次	按相关观测作业指导书要求进行,观测发现泥面线有淘刷或超挖,应进行复核、确认后上报、处置。		

续表

序号	分类	管理任务	实施时间或频次	工作要求及成果	岗位责任 岗位	岗位责任 责任人
16	工程观测与监测	观测数据记录、检核、整理	适时	(1)查证原始观测数据的正确性,计算观测物理量,填写观测数据记录表,分析观测物理量的变化,判断是否存在变化异常值。 (2)对各种观测数据进行检验和处理,并结合巡视检查资料进行复核分析。		
17		观测资料整编	每年年末	组织整编,形成分析报告,报主管部门审定。成果按年度汇编成册。		
18		观测异常情况处置	及时	堤防工程观测异常现象情况上报后,应立即组织核实,如情况属实,则进行专项分析及落实处置措施,必要时可会同相关单位做专题研究并上报。		
19		观测设备校验和比测	每年1次	定期对观测设备校验和比测,确保设备性能稳定可靠和监测数据质量。		
20		观测设施维护	全年、及时	做好观测设施修复、更新和校测工作。		
21	维修养护	编制维修养护制度和操作手册	全年、及时	根据相关规范性文件要求,结合工程实际,编制和执行与所辖工程相适应的维修养护制度和操作手册。		
22		堤身维修养护	全年、及时	做好堤身维修养护工作,确保堤身断面、护堤地宽度保持设计或竣工验收的尺度;堤肩线直、弧圆,堤坡平顺;堤身无裂缝、冲沟、无洞穴、杂物垃圾堆放;做好护堤地地面、边界、标志、排水沟维修养护工作。		
23		堤防防汛通道、堤顶道路等维修养护	全年、及时	(1)做好堤防防汛通道、堤顶道路维修养护工作,确保堤防道路畅通,满足防汛抢险通车要求;堤顶(后戗、防汛路)路面完整、平坦,无坑、明显凹陷和波状起伏,雨后无积水;上堤辅道与堤坡交线顺直、规整,未侵蚀堤身。 (2)做好限行设施的维护工作。 (3)做好亲水平台、护栏、栏杆、护舷等维修养护工作。		
24		堤岸防护工程维修养护	全年、及时	做好堤岸防护工程维修养护工作,确保堤岸防护工程无缺损、坍塌、松动;堤面平整;护坡平顺;工程整洁美观。		
25		穿堤建筑物维修养护	全年、及时	(1)加强隐患排查,确保穿堤建筑物堤段无重大隐患。 (2)加强运行管理,确保穿堤建筑物(支河桥梁、涵闸、各类管线等)安全运行。 (3)保证金属结构及启闭设备养护良好、运转灵活;混凝土无老化、破损现象;堤身与建筑物联结可靠,接合部无隐患,不均匀沉降裂缝、空隙、渗漏现象;非直管穿堤建筑物情况清楚、责任明确、安全监管到位。		

续表

序号	分类	管理任务	实施时间或频次	工作要求及成果	岗位责任 岗位	岗位责任 责任人
26		生物防护工程维护	全年、及时	(1) 加强乔木、灌木维护,确保工程管理范围内树、草种植合理,宜植防护林的地段形成生物防护体系。 (2) 加强草皮维护,堤坡草皮整齐,无高秆杂草;堤肩草皮(有堤肩边埂的除外)每侧宽0.5 m以上。 (3) 做好补种植工作,林木缺损率小于5%。 (4) 做好病虫害防治工作。 (5) 有计划地对林木进行间伐更新。		
27		工程排水系统维护	根据维修养护计划开展	做好工程排水系统维护工作,确保工程排水畅通;按规定各类工程排水沟、减压井、排渗沟齐全、畅通,沟内杂草、杂物清理及时,无堵塞、破损现象。		
28		管护设施配备及办公设施维修养护	全年	(1) 按《堤防工程管理设计规范》(SL/T 171—2020)配备管理设施设备并加强维护。 (2) 管理用房及配套设施完善,管理有序。		
29		堤防保洁	全年	(1) 做好堤防、护岸、防汛通道、亲水平台、绿化带及相关的附属设施等处的清洁工作,及时清理废弃物(垃圾)、吊挂物。 (2) 做好垃圾分类、处理工作。 (3) 会同相关部门,与码头及其附属设施、停靠船舶占用水域的经营、管理单位签订环境卫生责任书并加强监督检查。		
30	维修养护	标志标牌设置和维护	全年	(1) 标志标牌设置规范统一、布局合理、埋设牢固、齐全醒目。 (2) 做好标志标牌的维护工作。		
31		维修养护项目管理	根据年度养护计划开展,专项工程项目根据建设程序和合同工期要求开展	(1) 编报维修养护计划。 (2) 按照政府采购的相关规定,择优委托具有资质的养护公司承担日常维修养护工作;管理单位负责堤防公用岸段和非经营岸段堤防工程日常维修养护的监督和考核。 (3) 养护公司应加强项目部资源配置,按规定要求配置项目经理、现场技术、管理人员和一定数量的设备、仪器和工具,养护人员应持证上岗;落实养护责任。 (4) 经安全鉴定的堤防,安全评价结论为三类、四类的或者主体结构发生严重变形或者损坏的,应及时进行大修或者重建;对需大修或重建的项目,委托具有资质的单位设计;应依据相关定额、规范和程序编报设计方案和实施方案;重大项目设计、审批等手续应完备。 (5) 抓好维修养护项目实施,对其进度、质量、安全、经费、档案资料进行规范管理;经审批下达的专项工程的实施,严格执行项目监理制、招投标制、合同管理制和工程验收制。 (6) 管理单位应通过堤防网格化管理系统对上报的日常巡查情况进行分类派发,养护公司应根据派发的维修养护信息,开展修复工作,修复完毕后,上报养护完成情况,日常养护信息处理应闭合。 (7) 项目完工后及时组织完工验收和结算;验收质量标准参照上海市《水利工程施工质量检验评定标准》和其他相关质量检验评定标准执行;项目验收资料应齐全。		

续表

序号	分类	管理任务	实施时间或频次	工作要求及成果	岗位	责任人
32	生物隐患防治	动物隐患防治	每年冬天和汛前	制定獾、狐及鼠类危害防治计划,落实防治措施,保障防治效果。		
33		白蚁危害防治	每年4—6月和9—10月,每月检查1次	按"预防为主、防治结合、因地制宜、综合治理"的原则做好白蚁检查、预防工作。		
34			发现时	发现白蚁时做好灭杀工作。		

6. 管理保障事项分解

管理保障事项分解表如表3.2.3所示。

表3.2.3 管理保障事项分解表

序号	分类	管理任务	实施时间或频次	工作要求及成果	岗位	责任人
1	管理体制	建立顺畅管理体制和机制	按上级规定和工作需求	(1)建立顺畅管理体制、明晰权责、落实责任;建立市场化机制实现管养分离;管理单位及其下设部门(组室),负责各项管理工作的计划、组织、协调和监督,履行部门(组室)职能;堤防日常巡查、养护、专项维修可实行委托管理。(2)堤防工程日常巡查、日常养护需要委托有关专业单位实施的,按照政府采购的相关规定执行;堤防工程日常巡查、日常养护应签订委托合同。		
2		职工学习和培训	按计划执行	(1)制定职工学习培训计划并按计划落实,培训内容包括政治理论和业务知识学习,学习培训方式包括集中学习、自主学习、继续教育、学历教育、岗位培训、技能竞赛等。(2)对培训效果进行评估、总结,形成培训台账。		
3	标准化管理工作手册	编制标准化管理手册	按标准化评价要求	按照有关标准及文件要求,编制标准化管理工作手册管理分册,细化手册内容,强化针对性及可操作性;管理分册内容应包括工程概况、单位概况、管理事项及"人员—岗位—事项"对照表。		
4		编制标准化管理制度手册	按标准化评价要求	按照有关标准及文件要求,编制标准化管理工作手册制度分册,细化手册内容,强化针对性及可操作性。		
5		编制标准化操作手册	按标准化评价要求	按照有关标准及文件要求,编制标准化管理工作手册操作分册,细化手册内容,强化针对性及可操作性;操作分册内容应包括管理事项的工作流程、工作要求及记录台账等。		

续表

序号	分类	管理任务	实施时间或频次	工作要求及成果	岗位	责任人
6	规章制度	法律法规清单公布	每年1次	公布、更新与堤防工程管理相关的法律法规、各类规程标准、规范性文件清单。		
7		编制(修订)和执行规章制度	根据管理需要编制、修订	按照有关标准及文件要求编制堤防管理规章制度;根据制度执行评价情况和管理条件变化情况,对有关制度进行修订;关键岗位管理制度、操作规程及技术图表应明示;加强检查和考核,提高制度执行力。		
8		执行安全操作规程	全年、及时	引用或编制并严格执行安全操作规程;工程管理条件发生变化时及时组织修订完善。		
9	经费保障	经费落实	年初、及时	(1)落实运行管理经费和工程维修养护经费,经费及时足额保障,满足工程管护需要,来源渠道畅通稳定。 (2)堤防工程维护管理经费预算,参照《上海市黄浦江和苏州河堤防工程维修养护定额》及相关要求编制。		
10		财务管理规范	全 年	建立财务报账工作机制,规范财务报账工作秩序,执行有关财税法律法规的规定,财务管理规范;依据堤防工程维护管理经费使用管理规定,对经费使用实行动态管理。		
11		兑现职工工资	全 年	按时足额兑现职工工资。		
12		落实福利待遇	全 年	落实职工福利待遇,确保其不低于当地平均水平。		
13		落实社会保险	全 年	按规定落实职工养老、医疗等社会保险。		
14	精神文明	抓好党建工作	全 年	按党建工作责任制要求,抓好党建和党风廉政建设工作。		
15		加强精神文明建设	全 年	(1)加强精神文明建设,开展文明单位创建活动。 (2)职工行为规范,团结互助,积极参加上级组织的各项活动。 (3)单位和职工无违法违纪行为。		
16		加强水文化建设	全 年	开展必要的水文化研究,抓好水文化宣传展示项目的实施,做好水文化传承传播工作。		
17		维护单位内部秩序	全 年	管理、维护单位内部秩序,确保领导班子团结,职工爱岗敬业,文体活动丰富。		
18	档案管理	健全档案管理制度	全年、适时	建立健全并认真执行档案管理制度,包括档案保管、保密、借阅、销毁、移送等制度。		
19		人员配备	每年年初	按规定配备档案管理人员,明确工作职责。		
20		档案收集与整理	同期收集、整理	收集整理堤防检查观测、维修养护、穿堤建筑物控制运用、安全管理等文字图片资料;对相关音像资料同步收集、整理。		
21		档案归档	每月12月	对当年的工程技术档案进行收集、整理、分类、装订、编号、归档、保存。		

续表

序号	分类	管理任务	实施时间或频次	工作要求及成果	岗位责任 岗位	岗位责任 责任人
22	档案管理	档案设施维护	全年	档案库房配备防盗、防光、防潮等设施,配备温湿度计和空调等设施,维护档案设施完好,做好库房内温、湿度和借阅记录。		
23	档案管理	档案管理信息化	全年	推进档案管理信息化建设,做好档案录入和管理工作。		
24	年度评价	开展年度评价	每年12月	按评价标准开展自评,并将自评结果上报;对存在的问题及时落实整改措施。		

7. 信息化建设事项分解

信息化建设事项分解表如表3.2.4所示。

表3.2.4　信息化建设事项分解表

序号	分类	管理任务	实施时间或频次	工作要求及成果	岗位责任 岗位	岗位责任 责任人
1	信息化平台建设和维护	建立工程管理信息化平台	年初、适时	(1) 根据堤防工程标准化管理要求,制定相关工作制度和方案,如信息化平台建设方案、堤防工程在线监管方案、工程信息更新制度、信息共享制度、信息化平台运维方案、网络安全管理制度等。(2) 拓展管理平台功能,包括实现综合事务、检查观测、运行管理、维修养护、安全管理、专项工程管理、移动客户端等功能。		
2	信息化平台建设和维护	堤防工程在线监管	全年	加强堤防工程在线监管,及时动态更新堤防工程信息。		
3	信息化平台建设和维护	信息融合共享	全年	建立健全与上级管理部门等相关平台的信息融合共享机制。		
4	信息化平台建设和维护	信息化硬件设施维护、软件维护	全年每周	信息化系统回放检查、监控日志。		
4	信息化平台建设和维护	信息化硬件设施维护、软件维护	每日巡检、实时监控、每季1次保养、每年1次检测维修	信息化系统全面维护,包括计算机监控信息处理、系统维护与调试;视频监控信息管理、系统维护与调试;网络通信系统维护;档案、物资、安防等信息管理系统维护;智慧管理平台维护。		
4	信息化平台建设和维护	信息化硬件设施维护、软件维护	每年雨季前	加强通信设施防雷及接地保护系统维护。		
5	自动化监测预警	信息采集、更新	正常工作日	对堤防工程设施设备登记和状况、安全鉴定、标志标牌、工程大事记、巡视检查、雨水情、工程监测和观测、维修养护、穿堤建筑物调度运行、视频监控、安全生产、保护管理、应急管理等信息及时上传更新。		
6	自动化监测预警	关键信息接入平台	全年	(1) 雨水情、安全监测、视频监控等关键信息接入信息化平台,实现动态管理。(2) 信息管理做到信息采集及时、准确;建立实时与历史数据库,完成系统相关数据记录存储;信息处理应定期进行;信息应用于堤防工程管理;信息储存环境良好。		
7	自动化监测预警	异常数据识别及预报预警	全年、动态	加强监测监控数据异常时的识别及预报预警,包括计算机监控数据、建筑物安全监测数据、视频监控信息、水雨情监测等数据。		

续表

序号	分类	管理任务	实施时间或频次	工作要求及成果	岗位责任 岗位	岗位责任 责任人
8	网络安全管理	管理组织	年初	建立网络安全管理组织,落实网络安全管理人员,明确职责。		
9	网络安全管理	实施方案	年初	制定网络安全管理实施方案。		
10	网络安全管理	网络等保测评	定期	定期开展网络安全等级保护测评。		
11	网络安全管理	检查与维护	全年	网络安全管理投入、检查、维护等措施到位。		

3.3 制度手册编写指南

制度手册主要包括安全管理类、运行管护类、管理保障类、信息化建设类制度,以及安全操作规程、技术管理细则、法律法规和规范性文件清单等内容。

3.3.1 安全管理类规章制度(摘录)

1. 信息登记制度

(1)根据《水利部办公厅关于做好堤防水闸基础信息填报暨水闸注册登记等工作的通知》(办运管函〔2019〕950号)及全国堤防水闸管理信息系统使用手册等有关规定要求,制定信息登记制度。该制度适用于堤防工程信息的登记、审核、更新和监督管理等工作。

(2)堤防工程信息登记内容应包括工程基本信息、工程特性、管理情况、安全鉴定、除险加固等方面。

(3)堤防工程信息登记应做到真实、准确、完整,不得有遗漏、错报、误报等现象。

(4)登记程序与方式。详见本书第3章第3.4.1节"安全管理类操作手册编写指南"中的"信息登记"相关内容。

2. 河道清障制度

(1)根据《中华人民共和国河道管理条例》《上海市河道管理条例》等有关规定,制定河道清障制度。

(2)管理单位负责对辖区河道清障工作进行检查、监督和指导。

(3)行洪障碍物巡查应结合日常巡查工作开展,发现堤防管理范围内危害堤防工程安全和影响防洪抢险的生产、生活设施及其他各类阻水建筑物构筑物的,应向上级部门和执法部门报告,如正在施工的应立即制止;发现河道内阻水林木和高秆作物等各类障碍物,应立即上报。

(4)在堤防工程管理范围内,危害堤防工程安全和影响防洪抢险各类建筑物构筑物,在险工险段或严重影响防洪安全地段内的应限期拆除;阻碍行水的各类障碍物,应按照"谁设障、谁清除"的原则,责令设障者限期予以拆除。依法立案查处的案件,管理单位应配合开展查处工作。

(5)管理单位对河道内阻水生物种类、规模以及设障情况应清楚了解,并登记造册;

有设障情况的,要制定或指导有关单位编制清障方案,内容包括指导思想、基本情况、组织机构及职责(清障责任人)、清障目标范围、清障步骤及时间安排,方案报批后,督促完成清障工作。

(6) 做好清障记录和资料归档工作。清障记录应包括阻水建筑物(水生植物)种类、名称、规模、位置、设障单位、清障时间、清障情况、监督责任人、清障验收意见。

3. 堤防工程保护管理制度

(1) 根据《中华人民共和国河道管理条例》《上海市河道管理条例》等有关规定,制定堤防工程保护管理制度。

(2) 根据《上海市黄浦江和苏州河堤防工程巡查管理办法》(沪堤防〔2020〕2号),制定详细的巡查计划,明确责任分工、巡查范围、巡查事项、巡查频次、巡查路线、巡查考核、违规行为处置等内容。根据职责分工,组织开展堤防巡查,合理配置人员、车辆、设备等资源,提高巡查效率和质量;及时发现问题、上报问题,并制止问题。

(3) 管理单位及巡查公司应配合执法部门按照"有法必依、执法必严、违法必究"的原则,发现水事违法行为予以制止,做好调查取证、及时上报、配合查处工作;严格清理"乱占、乱采、乱堆、乱建"行为,确保堤防工程管理范围内无新建违章建筑,无破坏工程设施、水文设施、观测设施、通信设施等现象发生,无危害工程安全活动。

(4) 管理单位和巡查、养护公司应加大对堤防工程保护与管理工作的宣传力度,每年制定堤防保护宣传计划,明确宣传内容、要求和方法;结合"世界水日""中国水周"活动,面向社会各个层面宣传法律法规,宣传可持续发展的治水理念,提高公众的堤防工程和生态保护意识,为维护堤防健康生态,保障水资源营造良好的氛围。

(5) 设立保护标志,妥善保护工程设施、机电设备、水文设施、通信设施、观测设施,应按规范要求设置水法规宣传牌、里程桩、百米桩、限速带、限速限载等标志。

4. 防汛工作制度

(1) 汛前工作制度。汛前(每年6月1日前),应做好以下工作:

①开展汛前堤防工程检查、观测及养护工作。

②完善汛期工作制度,制定汛期工作计划,完善防汛组织机构,落实防汛责任制。

③修订防汛专项预案,对可能发生的险情拟定应急抢险方案。

④检查和补充防汛抢险器材和物资。

⑤检查通信、照明、运输设备等是否完好。

⑥按批准的维修、应急项目计划,完成度汛维修、应急项目。

(2) 汛期工作制度。汛期(每年6月1日—9月30日),应做好以下工作:

①执行上级调度指令,按时准确进行堤防工程调度运用,保证堤防工程效益发挥。

②加强汛期岗位责任制的执行,各项工作应定岗落实到人。

③加强24 h防汛值班,做好值班记录。密切注意水情,及时了解水文、气象预报,准确及时地执行上级指令;当上海市发布台风警报或紧急警报时,全体工作人员到岗到位,加强值班,密切注意台风动向,随时准备参与防汛抢险工作。

④确保通信畅通,管理单位及巡查、养护公司主要负责人出差在外时不得关闭手机,汛期手机应保持24 h处于开机状态。

⑤严格执行请示汇报制度。

⑥严格执行请假制度,单位负责人未经上级部门批准不得离开工作岗位。各巡查、养护公司,在建专项工程施工单位,在建专项工程监理单位现场项目负责人未经管理单位批准不得离开工作岗位;汛期期间,全体工作人员必须坚守岗位,履行职责,随时听从上级指挥和调遣。

⑦加强堤防工程巡视检查和观测,掌握堤防工程状况,发现问题及时处理。

⑧对影响度汛安全的险情,应及时组织抢修,如发现异常情况立即向上级报告。

⑨完善防汛抢险队伍,在紧急防汛期,服从上级统一调度;当发布防汛预警时,立即启动防汛预案;管理单位、巡查和养护公司、专项工程参建单位等相关单位应按照防汛预案规定及时组织抢险救灾。

⑩巡查、养护公司应在当年的9月30日前向管理单位提交防汛工作报告。

(3) 汛后工作制度

汛后(10月1日以后),应做好以下工作:

①开展汛后堤防工程检查观测。

②根据汛后检查发现的问题,编制下一年度堤防工程养护维修计划。

③按批准的维修项目和专项工程实施计划,按期完成任务。

④及时进行防汛工作总结,制定下一年度防汛工作计划。

⑤对在防汛工作中的突出贡献者给予表彰奖励;对擅离职守、严重失职者予以纪律处分。

5. 防汛值班和交接班制度

(1) 各级人员必须遵守防汛工作制度,坚守岗位,履行职责。值班人员如不能到岗值班,可根据值班表进行调整,确保管理单位及各项目部、各合同管理单位24 h专人值班。

(2) 值班人员应保持防汛值班电话24 h畅通,不得将值班电话长时间转移至本人手机或其他电话;不得迟到、早退、聊天、玩游戏和酒后上岗,不得擅离职守。

(3) 值班人员应熟悉本单位防汛防台应急处置预案,熟悉现场情况;随时关注水位、潮位情况;做好防汛工作的来电、来访记录等。

(4) 当发生突发性汛情及其他状况时,值班人员应在第一时间将情况报告单位负责人,根据负责人指示按应急响应工作方案执行。对于重大汛情及灾情要及时向上级汇报。对需要采取的防汛措施应及时请示批准执行。对授权传达的指挥调度命令及意见应及时准确传达,并做好记录。及时跟踪应急处置过程,做好信息采集和上报工作。

(5) 严格遵守防汛值班交接班规定,由交接班人员当面交接一切手续和各类事项,值班人员应在交接班记录本上写明值班情况和待办事宜,并在交接班时向接班人员说明清楚。交接班人员均应在记录本上签名。

(6) 接班人员必须按规定提前15 min进入现场,值班人员应提前做好交接班准备,将本班重要事项及有关情况记录齐全,交接班时向接班人员交代清楚。

(7) 如接班人员未及时到岗,交班人员应继续值班并报告有关领导,直至有人接替为止。

(8) 处理事故、进行重大操作时不应进行交接班,但接班人员可以在当班班长的统一指挥下协助工作,待处理事故或操作告一段落,经双方班长同意后方可进行交接班。

6. 工程(防汛)抢险制度

根据《中华人民共和国防洪法》《上海市防汛条例》《上海市应急抢险救灾工程建设管理办法》等有关规定要求,制定工程防汛抢险制度。

(1) 建立应急处置队伍。组建由专业人员和长效管理单位人员组成的防汛防台应急处置队伍,确保在应急处置工作任务中能迅速、有序地开展各项任务。

(2) 制定抢险预案。管理单位、各巡查和养护公司、专项工程建设单位及在建工程施工单位应制定防汛抢险预案或应急处置方案,明确各类灾害应急响应措施和程序,并按规定进行预案演练。

(3) 加强防汛宣传培训。加强宣传教育,增强各级人员防汛意识和自救能力;对防汛防台应急处置队伍进行定期培训,提高队伍的业务水平和应对突发事件的能力。

(4) 搭建防汛信息化平台。建立防汛抢险信息化管理平台,实现对防汛抢险工作的实时监控、调度和指挥,提高防汛工作效率和应对能力。

(5) 发现险情及时报告和处理。

(6) 做好记录和台账管理。填写工程(防汛)抢险统计表,上报工程(防汛)抢险工作总结等,做好资料归档工作。

7. 安全生产责任制

(1) 为切实加强安全生产管理,规范各级人员安全责任,减少和避免事故的发生,依据《中华人民共和国安全生产法》《上海市安全生产条例》等安全生产法律法规,结合管理单位实际情况,特制定安全生产责任制。安全生产责任制适用于堤防管理单位(含巡查项目部、养护项目部、在建工程项目部)各级人员的安全生产职责和责任追究工作。

(2) 堤防工程管理单位应建立安全生产领导小组,设置安全管理机构,配置专(兼)职安全员。安全生产组织网络根据人员变化情况,及时调整和充实。

(3) 管理单位(含巡查、养护项目部)各级人员的安全生产责任。参见本书第 12 章"堤防工程安全管理标准化"相关内容。

8. 生产安全事故隐患排查治理制度

(1) 为强化安全生产事故隐患排查治理工作,有效防止和减少事故发生,依据相关规定,结合堤防工程实际,制定生产安全事故隐患排查治理制度。生产安全事故隐患排查治理制度适用于管理单位所属范围内所有与工程管理相关的场所、环境、人员、设施设备和活动的隐患排查与治理。

(2) 生产安全事故隐患排查治理制度所称事故隐患,是指违反安全生产法律法规、规范规程和安全生产管理制度,或者因其他因素在生产经营活动中存在可能导致事故发生的物的危险状态、人的不安全行为和管理上的缺陷。事故隐患分为一般事故隐患和重大事故隐患。

(3) 职责分工。管理单位主要负责人负责组织管理单位的安全生产检查,对重大安全隐患组织落实整改,保证检查、整改项目的安全投入。安全管理员组织定期或不定期的安全检查,及时落实、整改安全隐患,使堤防工程设施设备处于良好状态。巡查、养护项目部或施工项目部经理负责本项目部安全生产检查,对重大安全隐患组织落实整改;班组长负责本班组管辖的生产设施、设备检查维护工作,使其经常保持完好和正常运行,发现事故隐患要及时上报。堤防工程巡查、养护项目部安全员对检查发现的事故隐患提出整改意见并及时报告安全生产负责人,督促落实整改;做好日常检查工作。

(4)隐患排查的组织方式。实行事故隐患排查与安全生产检查相结合,与环境因素识别、危险源识别相结合,与日常检查、定期检查、节假日检查、专项检查相结合。

(5)日常安全检查。

①检查目的。发现生产现场各种隐患,包括堤防工程建筑物、配套设施、堤防绿化、机械电气、消防设备,以及维修养护或施工现场人员有无违章指挥、违章作业和违反劳动纪律的情况,对于重大隐患现象责令立即停止作业,并采取相应的安全保护措施。

②检查内容。堤防工程建筑物、配套设施、堤防绿化等现状;维修养护和施工前安全措施落实情况;维修养护或施工中的安全情况,特别是用火管理情况;各种安全制度、安全操作规程和安全注意事项执行情况;工程项目施工执行情况;安全设备、消防器材及防护用具的配备和使用情况;施工现场、作业场所的设备、工具的管理维护及保养情况;检查安全教育和安全活动的工作情况;职工思想情绪和劳逸结合的情况;根据季节特点制定的防雷、防电、防火、防洪、防暑降温等措施落实情况;检修施工中防高空坠落,以及施工人员的安全护具穿戴情况。

③检查要求。检查人员发现"三违"现象,立即告知违章人员主管。对于重大隐患,立即告知巡查和养护项目部以及班组主管人员;现场检查发现的问题要有记录;对于重大隐患下达隐患整改指令书。

④检查周期。每班次检查1次。

(6)专业安全检查。

①检查目的。及时发现堤防水工建筑物、堤防绿化、电气设备、机械设备、消防设施事故隐患,防止重大事故发生。

②检查内容。水工建筑物等安全检查内容包括堤防工程、穿堤建筑物、堤防绿化有无明显异常;管理范围内有无违章活动;工程有无重大变化、险情及水毁情况;水工建筑物维修作业是否符合安全操作规程等。机电设备安全检查内容包括绝缘板、应急灯、绝缘手套、绝缘胶鞋、绝缘棒、工程现场电气设备接地线、电气开关等;机械设备转动部位润滑及安全防护罩情况,操作平台安全防护栏、安全阀、设备地脚螺丝、设备刹车、设备腐蚀、设备密封部件等。消防安全检查内容包括灭火器、消火栓、消防安全警示标志、应急灯等情况。

③检查要求。水工建筑物、穿堤建筑物、堤防绿化安全检查由技术负责人和水工作业班长配合;机电设备安全检查由机电值班长和设备操作人员配合;消防安全检查由安全员和操作人员配合。

④检查周期。每月1次。

(7)综合安全检查。

①检查目的。通过对管理人员、生产现场事故隐患、安全生产基础工作全面大检查,发现问题进行整改,落实岗位安全责任制,全面提升安全管理水平。

②检查内容。五查(查思想、查纪律、查制度、查领导、查隐患)。

③检查要求。管理单位主要负责人带头,相关部门(项目部)负责人参加,对安全生产

管理工作的各个方面进行综合性安全大检查。要有详细的检查记录,包括文字、图片资料。对检查发现的事故隐患,责成责任人进行整改落实,由安全管理员跟进,直至完成整改任务。对于重大隐患经管理单位研究决定,报政府安监等部门备案。

④检查周期。每年元旦、春节、"五一""十一"重大节假日前。

(8) 季节性安全检查。

①检查目的。及时发现由于夏季台风、暴雨、雷电、高温,冬季低温、寒风雨水等季节性天气因素对工程设施、穿堤建筑物、堤防绿化、生产设备、人员造成的危害,以便制定防范措施,以避免、减少事故损失。

②检查内容。每年夏季来临前,检查堤防工程建筑物、穿堤建筑物及堤防绿化的牢固程度,抗台风及暴雨能力;机械电气设备情况;消防和防汛设施情况;夏季劳动保护用品的准备工作。每年冬季来临前,检查堤防工程建筑物、构筑物及配套设施的牢固程度,抗击冬季寒风及雨水的能力;电气设备及电气线路;机械设备润滑情况;冬季劳动保护用品及防寒保暖的准备工作;冬季末春季前检查工程防雷设施安全可靠程度。

③检查要求。详细做好安全检查记录,包括文字和图片资料。对于检查发现的事故隐患,编制检查报告书,报单位主要负责人,制定整改方案,落实整改措施。

④检查周期。每年夏季及冬季来临前,各检查1次。

(9) 事故隐患的治理。

①对排查出的各类事故隐患要及时上报并登记。

②对一般事故隐患,由隐患所在项目部组织立即整改。对重大事故隐患、整改难度较大且必须一定数量的资金投入,由隐患部门(项目部)编制隐患整改方案,经管理单位主要负责人审核批准后组织实施,并由安全管理员对整改落实情况进行验收。

③在事故隐患、整改过程中,应当采取安全防范措施,防止事故发生。事故隐患排除前或者排除过程中无法保证安全的,应当从危险区域内撤出作业人员,并疏散可能危及的其他人员,设置警示标志,暂时停止使用或作业。

(10) 重大事故隐患的管理。

①对排查出的重大事故隐患,要立即向管理单位报告,管理单位应组织技术人员或安全评价机构进行评估,确定事故隐患类别和等级,并提出整改建议措施。

②对评估确定为重大事故隐患的,应及时上报主管部门及相关部门。

③及时组织编制重大事故隐患治理方案,并上报主管部门。方案应包括隐患概况、治理的目标和任务、采取的方法和措施、经费和物资的落实、负责治理的机构和人员、治理的时限和要求、安全措施和应急预案。

④严格按重大事故隐患治理方案组织实施,并在治理期限内完成。

⑤治理结束后,管理单位应组织技术人员或委托评价机构对重大事故隐患治理情况进行评估,出具评估报告。

(11) 事故隐患排查治理的上报及档案管理。

①每月28日前,安全管理员及巡查、养护项目部上报管理单位,管理单位经审核后将安全隐患排查治理情况上报"水利安全生产信息系统"。

②定期将本部门(项目部)事故隐患排查治理资料进行整理归档。

9. 安全教育培训管理制度

（1）为加强职工安全教育培训，依据《生产经营单位安全培训规定》（国家安全生产监督管理总局令第80号）制定安全教育培训管理制度。管理单位及巡查、养护项目部人员、特种作业人员、外来施工人员等的安全教育，适用安全教育培训管理制度。

（2）管理单位分管领导负责审批单位年度安全教育培训计划；安全管理员负责制定年度安全教育培训计划，落实上级及相关行业组织的各类培训，指导各部门（项目部）教育培训工作，建立安全教育培训台账；职能部门负责每年度的安全教育计划费用管理。

（3）培训人员范围及要求。

①管理单位及巡查、养护项目部负责人和专（兼）职安全管理人员，应参加所从事的生产经营活动相适应的安全生产知识、管理能力和资格培训，按规定进行复审培训，获取由培训机构颁发的相应培训合格证书。安全管理人员初次安全培训时间不得少于32学时，每年再培训时间不得少于20学时。教育培训情况记入职工安全生产教育培训档案。

②部门（项目部）负责人安全培训内容包括国家安全生产方针、政策和有关安全生产的法律法规、规章和标准，安全生产管理基本知识、安全生产技术、安全生产专业知识，重大危险源管理、重大事故防范、应急管理和救援组织以及事故调查处理的有关规定，职业危害及其预防措施，国内外先进的安全生产管理经验，典型事故和应急救援案例分析等。

③专（兼）职安全管理人员安全培训内容包括国家安全生产方针、政策和有关安全生产的法律法规、规章和标准，安全生产管理、安全生产技术、职业卫生等知识，伤亡事故统计、报告及职业危害的调查处理方法，应急管理、应急预案编制以及应急处置的内容和要求，国内外先进的安全生产管理经验，典型事故和应急救援案例分析等。

④管理单位和巡查、养护项目部职工一般性培训内容包括安全生产方针、政策、法律法规、标准及规章制度等，作业现场及工作岗位存在的危险因素、防范及事故应急措施，有关事故案例、通报等，在岗作业人员培训时间不得少于12学时。

⑤新进职工上岗前应接受三级安全教育培训，培训时间不得少于24学时，考试合格后方可上岗。教育培训情况记入职工安全生产教育培训档案。

⑥在新工艺、新技术、新材料、新装备、新流程投入使用之前，应当对有关从业人员重新进行针对性的安全培训。

⑦作业人员转岗、离岗1年以上，重新上岗前需进行部门（项目部）、班组安全教育培训，经考核合格后方可上岗。培训情况记入安全生产教育培训台账。

⑧特种作业人员必须按照国家有关法律法规的规定接受专门的安全培训，经考核合格，取得特种作业操作资格证书后，方可上岗作业。

⑨督促项目承包方按规定对其职工进行安全培训，经考核合格后方可进入施工现场；需持证上岗的岗位，不得安排无证人员持证上岗作业；承包单位应建立分包单位进场作业人员的验证资料档案，认真做好监督检查记录，定期做好安全培训考核工作。

⑩外来参观、学习人员到施工现场进行参观学习时，由接待部门对外来参观、学习人员可能接触到的危险和应急知识等内容进行安全教育和告知；接待部门应向外来参观、学习人员提供相应的劳保用品，安排专人带领并做好监护工作。接待部门应填写并保留对外来参观、学习人员的安全教育培训记录和提供相应的劳动保护用品记录。

(4) 组织与管理。

①培训需求的调查。各部门(项目部)每年1月20日前根据本部门(项目部)安全生产实际情况,组织进行安全教育培训需求识别并报送安全管理组。

②培训计划的编制。安全生产领导小组办公室将部门(项目部)上报的安全教育培训需求调查表进行汇总,编制本单位年度安全教育培训计划,报安全生产领导小组审批通过后,以正式文件发至各部门(项目部)。各部门(项目部)组织制定本部门(项目部)的年度安全教育培训实施方案。

③培训计划的实施。安全教育培训由本单位安全管理组负责组织实施,并建立"安全教育培训记录";外部培训由安全管理组组织实施,落实培训对象、经费、师资、教材以及场地等;培训结束后获取的相关证件由职能部门(组室)备案保存;列入部门(项目部)培训计划的自行培训,由相关部门(项目部)制定培训实施计划,组织实施教育培训。

④计划外的各项培训,实施前均应向职能部门提出培训申请,报分管领导批准后组织实施。培训结束后保存相关记录。

(5) 检查与考核。安全生产领导小组定期对本单位安全教育培训工作进行检查,对安全教育培训工作做出评估,并按照有关考核办法进行考核奖惩。

10. 危险物品及重大危险源监控管理制度

(1) 为了加强对危险物品及重大危险源的监督管理,预防事故发生,特制定危险品及重大危险源监控管理制度。该制度适用于管理单位所辖管理场所、设施设备、危化品等重大危险源的辨识和管理。

(2) 辨识与评估的职责。

①管理单位安全生产领导小组全面领导本单位危险物品及重大危险源的安全管理与监控工作。

②管理单位安全管理员及巡查、养护项目部安全员具体负责危险物品及重大危险源的安全管理与监控工作。组织对危险物品及重大危险源进行定期评估,对危险物品及重大危险源定期检查、监控及监督管理,发现问题督促相关部门及时解决,重大问题应及时向上级报告;负责制定危险物品及重大危险源应急救援预案;协助对相关从业人员进行应急救援知识培训;负责组织应急救援预案演练;负责将重大危险源形成报告,报送有关部门备案。

③各部门(项目部)负责人对危险物品及重大危险源负直接管理责任。负责对本部门(项目部)的危险物品及重大危险源进行检查、监控,发现问题及时提出解决措施并组织落实,不能解决的问题应当及时报告管理单位;组织对职工进行危险物品及重大危险源方面的安全教育,使职工能识别事故征兆并掌握应急处理的知识和技能。

(3) 危险物品及重大危险源的管理。

①危险物品及重大危险源的辨识应根据职业健康安全管理体系危险源辨识、风险评价和风险控制策划程序执行。可采用作业条件危险性评价法(LEC法)对危险源进行评估。依据《危险化学品重大危险源辨识》(GB 18218—2018)和《危险化学品重大危险源监督管理暂行规定》(国家安全生产监督管理总局令第40号)等对管理区域内的危险化学品进行辨识和风险评价;依据《水利水电工程(堤防、淤地坝)运行危险源辨识与风险评价导

则(试行)》(办监督函〔2021〕1126号)、《水利水电工程施工危险源辨识与风险评价导则(试行)》(办监督函〔2018〕1693号)等规定对管理区域内的危险源进行辨识和风险评价。

②重大危险源辨识后要形成评估报告,评估报告应包括评估依据、重大危险源的基本情况、危险、有害因素辨识、可能发生的事故种类及严重程度、重大危险源等级、防范事故的对策措施、应急救援预案的评价、评估结论与建议等。

③重大危险源应按规定上报,并列入单位重点监控对象。

④应根据危险源辨识及其风险评价的结果,对重要、重大危险源建立管理台账。台账中应注明重要、重大危险源的名称、所属部门、所在地点、潜在的危险危害因素、发生严重危害事故可能性、发生事故后果的严重程度、危险源级别、应采取的主要监控措施、部门(项目部)负责人、管理人员等。

⑤通过辨识确定的危险源(点),各部门(项目部)要造册登记,并告知职工。

⑥凡进入台账的危险物品及重大危险源,未经过危险源辨识、风险评价与风险控制的评审不得撤销或降级。任何部门(项目部)和个人无权擅自撤销已确定的危险源(点)或者放弃管理。

⑦管理单位至少每3年对重大危险源进行1次安全评估。

⑧危险物品及重大危险源出现下列情形时应当由安全生产领导小组组织对风险控制进行评审并对危险物品及重大危险源报告进行修订:设备、防护措施和环境等因素发生重大变化;国家有关法律法规、标准发生变化时。

⑨危险物品及重大危险源实行挂牌管理。对所有危险源(点)必须悬挂警示并保持警示牌完整无损。公示内容包括:设备名称、级别、部门(项目部)负责人、现场负责人;潜在的主要危险、监控措施;部门(项目部)负责人、现场负责人的检查周期等。因工作需要调整危险源(点)负责人,应在警示牌上及时更正。

⑩危险物品及重大危险源应列为部门(项目部)安全检查的重点,部门(项目部)负责人应当定期开展检查,发现问题及时解决,暂时不能解决的应及时采取临时措施,并向上级管理部门反映情况。

⑪危险物品及重大危险源的事故隐患整改管理,要坚持实行闭环监控,做到有书面通知,有整改期限,有跟踪反馈,有验收手续。

⑫做好危险物品及重大危险源的监控记录,记录要准确、完整、清晰、可追溯。

11. 作业活动安全管理制度

(1) 为加强堤防工程管理中各种作业活动安全管理,预防和杜绝各类事故的发生,特制定作业活动安全管理制度。该制度适用于管理单位的各类堤防作业活动中的安全管理。

(2) 职责与分工。安全管理员负责各项作业活动环节的综合安全监督管理;有相关作业行为的各巡查和养护公司、各施工单位负责现场作业环节的安全管理。

(3) 作业安全基本要求。

①作业人员按相关规定要求持证上岗,逐级进行安全技术交底,防护用品配备符合有关要求。

②各种安全标志、工具、仪表等必须在施工前加以检查,确认完好,施工用工具应经检验合格。

③应在监护人员在场的情况下进行作业,严禁单人操作。

④当出现异常情况可能危及作业人员安全时,应立即停止作业。经过处理排除且确认安全后,方可恢复作业。

(4)落实各类作业活动的安全防护措施,包括:

①落实巡查观测安全防护措施。

②落实高处作业安全防护措施。

③落实起重吊装安全防护措施。

④落实水上作业安全防护措施。

⑤落实电气设备作业安全防护措施。

⑥落实临时用电安全防护措施。

⑦落实焊接作业安全防护措施。

⑧落实设施设备维修养护及绿化养护、工程保洁作业安全防护措施,其中:

a. 维修养护项目部应制定设施设备维修养护方案,落实维修养护人员及安全措施;

b. 维修养护作业前应对所使用的维修养护工具和设备进行检查,使之符合要求;

c. 落实绿化养护安全防护措施;

d. 落实堤防保洁安全防护措施;

e. 落实高温作业安全防护措施;

f. 落实有限空间作业安全防护措施;

g. 落实外来施工人员作业安全防护措施。

(5)监督与检查。管理单位应定期对各作业场所进行检查,对发现的不安全情况下达整改通知书,巡查和养护项目部、相关单位应立即整改,整改结束后填写整改通知意见反馈单,报管理单位复查。任何部门或个人均有权对作业现场安全事故隐患进行检举。

3.3.2　运行管护类规章制度(摘录)

1. 工程日常巡查制度

堤防工程日常巡查制度包括日常巡查概念、组织分工、巡查公司和项目部资源配置、站点要求、巡查范围、巡查内容等。

具体内容详见本书第4章"堤防工程日常巡查标准化"相关内容。

2. 日常检查、定期检查、专项检查和不定期检查制度

日常检查、定期检查、专项检查和不定期检查制度包括相关概念、检查项目、检查组织、检查频次、检查报告、资料管理和法律责任等。

具体内容详见本书第2章第2.3.1节相关内容。

3. 工程观测与监测制度

根据《堤防工程安全监测技术规程》(SL/T 794—2020)等要求,结合堤防工程实际,制定与所辖工程相适应的工程观测与监测相关制度,如工程观测、安全监测、设备校验比测等制度。部分制度内容详见本书第5章"堤防工程观测标准化"相关内容。

4. 堤防保洁制度

(1)堤防保洁对象包括堤防护岸、绿化、防汛通道及相关的附属设施等。

(2) 堤防保洁应做到基本清洁,无废弃物(垃圾)。

(3) 堤防建筑物、构筑物立面应无明显污痕、乱贴、乱挂等现象;河道堤防标志等附属设施应无明显污迹。废物箱保持完好、箱体清洁,周围地面应无抛洒、残留垃圾。

(4) 防汛通道路面、边沟、下水口、树穴等应保持整洁。

(5) 堤防陆域保洁频率:中心城区每天1次,近郊每周1次,在实际管理养护过程中,可根据需要酌情增加保洁频次。

(6) 垃圾应按《上海市生活垃圾管理条例》进行分类,具体可分为:可回收物、有害垃圾、湿垃圾、干垃圾。对不同的垃圾进行分类交付环卫部门处理,做到日捞日清。

(7) 收集的垃圾严禁就地焚烧。

(8) 保洁人员作业时应安全操作并做好防护措施。严禁饮酒后上岗进行堤防保洁工作。

(9) 有突击任务或有重大活动时应保证所属人员、工具等服从管理单位统一安排使用。

5. 害堤动物及白蚁防治制度

(1) 堤防工程生物危害防治应保证堤防工程安全、不污染环境,做到防治并重、因地制宜、综合治理。其防治范围包括堤防工程的管理范围、保护范围和害堤动物可能影响堤防安全的范围。

(2) 存在害堤动物活动迹象的堤段,应有专门的防治人员开展动物危害防治工作。

(3) 每年应编制害堤动物及白蚁防治计划,做好普查、防治和隐患处理。

(4) 獾、狐危害防治。

①每年秋季和汛前进行2次普查;对草丛、料垛、坝头等隐蔽处和獾狐多发堤段,应加强普查,对沿堤群众进行访问调查。

②及时清除堤坡上的树丛、高秆杂草、旧房台等,整理备防土料、备防石料垛,消除便于獾狐生存、活动的环境条件。

③做好獾、狐防治记录。内容应包括捕捉獾狐的时间、堤桩号、洞穴位置、尺寸、周围环境及处理情况等。

④因地制宜,采用器械捕捉、药物诱灭、开挖追捕、锥探灌浆、烟熏网捕等方法进行獾、狐等害堤动物的捕杀。

(5) 鼠类危害防治。

①破坏鼠类的生活环境与条件,使其不能正常觅食、栖息和繁殖,逐渐减少鼠类数量直至局部灭绝。

②因地制宜,采用人工捕杀、器械捕捉、药物诱灭、熏蒸洞道、化学绝育等方法进行捕杀。

③驱赶或捕杀害堤动物后留在堤身内的洞穴,应及时采取开挖回填或充填灌浆等方法处理。

(6) 白蚁危害防治。

①防治原则。按"以防为主、防治结合、因地制宜、综合治理"的原则做好检查、预防、灭治3项工作。

②检查工作。在发生白蚁危害的地区,每年进行2次白蚁危害普查。在白蚁外出活动的高峰期每月检查不少于1次;白蚁普查时间可在每年5—6月和9—10月进行;检查后,应绘制白蚁分布图,做好危害情况记录;检查可采用直接查找法和引诱查找法。

③预防工作。堤防进行改建、扩建时,认真清除基础表层的杂草,有白蚁隐患必须彻底处理;取土场应认真检查和清除白蚁,严禁采用有白蚁或菌圃的土料进行施工;经常清除堤防工程和周边区域内的杂草,疏排水渍,定期喷药;在白蚁分飞期(4—6月),尽量减少堤防工程区内灯光,以防止白蚁滋生。

④灭治白蚁。按照找巢、灭杀、灌填3道程序,采用破巢除蚁、药物诱杀和灌浆等方法进行。

3.3.3 管理保障类规章制度(摘录)

1. 学习培训制度

为把管理单位建设成为学习型单位,鼓励和引导干部职工积极参加学习培训,进一步提高干部职工的政治理论和业务水平,推动高质量、高效率运行,特制定学习培训制度。

(1)学习培训组织。学习培训工作由综合部门根据人员实际状况和相关要求,会同其他部门制定年度学习培训计划,根据计划内容分别由相关部门负责组织开展,并做好学习和考勤记录。

(2)学习培训内容。包括政治理论和业务知识学习。政治理论主要包括党的路线方针政策和党性党风党纪等,业务知识主要包括水利工程管理、操作技能、法律法规、安全生产、规章规程及与工作相关的其他业务知识。

(3)学习培训形式。包括集中学习、自主学习、继续教育、学历教育、岗前培训、在岗培训、技能竞赛及有关活动等。

(4)学习培训时间。集中学习根据安排,一般每季度开展1次;自主学习根据学习计划和自身需求,在不影响工作的前提下,自主安排学习时间;技能培训由管理单位统一安排;学历培训等继续教育由个人提出申请,经报管理单位批准后参加。

(5)学习培训要求。集中学习不得迟到、早退或借故缺席。因故不能参加学习培训的要履行请假手续。集中学习和自主学习应做好学习笔记。

2. 财务报账制度

(1)报账员应根据管理单位领导确定的预算用款安排,负责将下月的申请预算用款上报财务部门。

(2)在受理经济业务时,报账员应及时对原始凭证进行严格预审,按会计制度规定严格把关,不徇私情。

(3)报账员应严格按规定使用备用金,不得将备用金转存、挪用、私借。

(4)报账员受理经济业务后,应及时办理报账手续,不得积压。

(5)报账员在每月20日前上报下月各管理单位经济业务、维修项目、日常费用等申请预算用款,并按程序交予上级审核。

(6)报账员受理日常开支经济业务时,必须对原始凭证进行预审,包括审核凭证的真实性、完整性、合法性,复核经济业务金额的准确性,检查管理单位负责人审批、经办人签字手续是否完备,检查是否符合管理单位审批权限的规定。

（7）报账员对预审合格的原始凭证进行整理、归类、粘贴,并核清凭证的张数。

（8）对整理好的原始凭证按规定的格式填制"费用报销单",各项目填写齐全,由报销人签字,报账员复核,部门负责人审批签字。

（9）报账员负责办理各种报销手续。

3. 堤防工程维护管理经费使用管理规定

（1）为了加强堤防工程维护管理经费使用管理工作,根据《上海市水务局关于进一步加强上海市黄浦江和苏州河堤防工程管理的意见》等有关要求,特制定堤防工程维护管理经费使用管理规定。

（2）规定中的堤防工程维护管理经费是指专项用于堤防工程日常巡查、日常养护（含绿化养护）经费的财政资金。

（3）堤防工程维护管理经费预算编制和申报工作,由上级主管部门按照经费预算管理的有关规定办理。经批准的堤防工程维护管理经费预算,在执行中确需调整的,应当按照原审批程序申报。

（4）预算编制要求。遵循统筹安排、保证重点以及专款专用的要求,确保堤防工程维护管理工作正常进行;堤防工程维护管理经费预算,按照《上海市黄浦江和苏州河堤防工程维修养护定额》或者堤防工程日常管理经费计划编制指导意见的要求编制。

（5）委托管理要求。堤防工程日常巡查、日常养护需要委托有关专业公司实施的,应当按照政府采购的相关规定执行。

（6）合同管理要求。堤防工程日常巡查、日常养护委托合同应包括委托期限、委托范围、委托内委托要求、定期考核、合同金额、结算方式以及违约责任等内容。

（7）经费支付要求。堤防工程维护管理经费实行专款专用制度,不得挤占、截留或者挪作他用。管理单位根据堤防工程日常巡查、日常养护工作的进展情况和监理报告,按照委托合同的约定支付堤防工程维护管理委托费用。

（8）经费管理要求。巡查、养护公司应加强堤防工程维护管理经费的管理,确保堤防工程维护管理经费规范使用,并对其使用情况进行年度总结,报送堤防工程管理单位。管理单位应当加强对堤防工程维护管理经费使用情况的监督检查。

（9）法律责任。巡查或养护公司未按照委托合同约定履行义务,或者使用堤防工程维护管理经费不规范的,管理单位可以依照委托合同的约定追究巡查或养护公司的法律责任,并有权解除委托合同。

4. 精神文明建设工作制度

（1）开展文明单位创建活动有利于提升工程管理水平,提高干部职工素质,提升管理单位的形象,应在思想上重视,行动上落实。

（2）按照文明单位创建的工作要求,制定工作计划,便于狠抓落实。

（3）加强文明创建的组织领导,成立文明创建工作小组,建立创建责任制,细化、量化、层层分解各项创建任务,形成严格监管、严格考核、严格奖惩的管理机制。

（4）抓好载体建设,工作务求实效。

（5）坚持核心价值,构建文明单位。

(6)强化党风廉政,严格遵章守纪。

(7)重视文化建设,丰富职工生活。

(8)定期召开文明创建推进会,专题研究文明创建工作,落实工作措施。

(9)对文明创建责任制执行情况进行考核评比,对各部门(项目部)各项工作活动及时检查、抽查,确保工作落到实处,取得成效。

5. 档案归档制度

(1)管理单位每年年底至第二年第一季度需将当年的堤防工程技术资料档案进行整理、装订、归档。

(2)堤防巡查、养护公司的资料按照堤防工程管理资料整编标准整编年度资料,由管理单位审核通过后,交档案管理部门存档。

(3)堤防维修养护项目的资料每年年底由施工单位按照堤防工程管理资料整编目录表的要求整编汇总,由管理单位审核通过后,交档案管理部门存档。

(4)专项工程建设档案由建设单位统一归档。

(5)堤防险工薄弱岸段一事一档工作记录由管理单位堤防职能部门负责整编归档。

(6)其他行政文书、党务及根据上级检查要求整编的资料,由综合计划部门牵头,各部门负责汇总归档。

6. 档案保管制度

(1)严格执行档案收集、整理、保管、鉴定、提供利用与销毁等有关制度和规定,确保其完整、系统和安全。

(2)档案按档号排放,档案柜编顺序号,档案室内张贴相关档案资料管理规章和制度。

(3)借出的档案须按时归还,利用后的档案应随即放回原处。

(4)不得窃取、出卖和涂改档案,违者追究责任。

(5)做好防盗、防火、防水、防潮、防尘、防虫、防霉工作,做好档案室温湿度的监控与登记工作。

(6)定期对档案进行检查、清点,发现问题及时处理。

7. 年度评价制度

(1)根据水利部《水利工程标准化管理评价办法》《上海市水利工程标准化管理评价细则》及其评价标准,结合本单位实际,制定年度自评方案。

(2)自评要求。堤防工程标准化管理年度评价,应当按照公平、公正、公开的要求进行。

(3)评价方式。管理单位应对照《水利工程标准化管理评价办法》《上海市水利工程标准化管理评价细则》及堤防工程标准化管理评价标准,对所辖区域的堤防工程标准化管理工作全面、详细、客观地自查评价。

(4)评价时间。自查评价时间一般在汛后开始,至11月底前完成。

(5)自评人员组成。自评工作小组由单位负责人、堤防组负责人、项目监管人员、堤防巡查和养护公司组成。自评组成员一般不少于7人。

(6)自查评分。自评工作小组汇总自查结果,编写自评报告(含自查情况、存在问题、整改措施和建议等),并根据堤防标准化管理评价赋分明细表的要求,形成最终得分。同时,将自评报告报送上级单位。

(7) 自评问题整改。针对自评中发现的问题,制定整改方案。设定整改时间表,明确整改责任人,确保问题得到及时、有效解决。对整改过程进行监督和跟踪,定期汇报整改进展情况。整改完成后,组织复查,确保问题得到根本解决。

8. 工作大事记制度

(1) 为准确记录管理单位重大事件和重要活动,真实反映单位发展历程及各项工作取得的成绩和经验,特制定工作大事记制度。

(2) 大事记的编撰范围。

①本单位机构变更、职能调整,管理单位领导的变动、体制、名称的变更等。

②人员编制调整、人员任免、调动、奖励、处分等。

③上级对管理单位工作及先进个人表彰。

④区、市级以上领导来本单位视察、指导工作及其他重要来宾来访。

⑤本单位召开的党支部会议或全体职工会议中的重要议题。

⑥本单位出台的重要规章制度,有重要影响的收文、发文、来电、传真等。

⑦本单位工程巡查养护、项目实施中的重要开工、完工及竣工验收等情况。

⑧本单位重要的文化活动、技术和管理创新活动。

⑨本单位重大事故、案件等的发生、处置和结果。

⑩需要记录的其他重大事项。

(3) 大事记的编撰要求。

①坚持实事求是的原则,尊重事实,客观、公正地反映单位发展和管理状况。

②坚持全面系统的原则,按照时间先后顺序全面系统反映单位运行情况和成果。

③坚持突出重点的原则,突出重、大、新、特等特点,做到记大弃小,宁缺毋滥。

④坚持及时规范的原则,及时记录,确保大事不漏;每一篇大事记包括时间、地点、人物、事件、经过、结果六要素。

⑤坚持"一条一事"的原则,在一个条目中着重记述一件事情;对于持续时间较长的事件,应根据其特点进行分条记述。

⑥坚持准确严谨的原则,掌握第一手材料,内容真实准确。

(4) 大事记由各部门、各项目部编制,每年12月底前整理报管理单位职能部门(组室)。下年1月职能部门(组室)应完成本单位上年度大事记整理工作,并摘要上报。

3.3.4 堤防工程技术管理细则编制要点

(1) 范围。明确堤防工程技术管理细则适用范围。

(2) 规范性引用文件。明确堤防工程技术管理细则引用的规范性文件。

(3) 术语和定义。明确堤防工程技术管理相关术语和定义。

(4) 堤防工程概况。包括堤防工程基本情况、堤防、防汛墙、防汛通道、穿堤建筑物、护堤地(青坎)、绿化、平台设施等。

(5) 堤防工程检查。包括一般规定、堤防工程日常巡查、潮期巡查、日常检查、定期检查、专项检查、不定期检查等。

（6）堤防工程观测。包括一般规定、观测目的和基本要求、观测任务、工程观测技术要点、观测资料收集整编分析。

（7）穿堤建筑物。包括穿堤涵闸调度管理、运行管理等。

（8）维修养护。包括一般规定、堤防建（构）筑物维修养护、机电设备维修养护、绿化养护、堤防保洁、堤防其他配套设施维修养护、维修养护项目管理等。

（9）安全管理。包括一般规定、水行政管理、防汛管理、安全生产组织网络、安全管理制度和教育培训、安全检查、隐患排查治理和重大危险源监控、设施设备安全和运行安全、安全作业、信息化系统安全、安全生产台账管理和安全生产信息上报、应急管理、职业健康和劳动保护、事故报告与处理、安全鉴定、安全生产标准化建设等。

（10）堤防工程技术档案管理。包括总体要求、档案分类、职责分工、资料整理归档、档案保管、档案室管理、电子文档管理等。

（11）信息化管理。包括智慧管理平台建设、自动化监测预警、网络信息安全管理等。

（12）其他工作。包括标准化建设、环境管理、财务资产管理、职工教育与培训、科技创新、考核管理等。

（13）附录。包括相关图纸及表单等。

3.3.5 安全操作规程编制要求

（1）为了贯彻执行"安全第一、预防为主、综合治理"的安全生产方针，规范堤防维修养护作业人员的安全工作准则，控制各类事故的发生，确保各类人员的安全和健康，确保安全生产，应制定堤防安全操作规程。

（2）堤防安全操作规程应以《中华人民共和国安全生产法》《建设工程安全生产管理条例》等法律法规为依据，并遵照堤防工程维修养护和施工安全技术规程及相关要求进行编制。

（3）堤防安全操作规程应包括堤防设施设备维修养护等作业的操作步骤和程序、安全技术知识和注意事项、正确使用个人安全防护用品、生产设备和安全设施的维修保养、预防事故的紧急措施、安全检查制度和要求等。

（4）堤防工程维修养护过程中应根据现场情况采取防触电、防高空坠落、防机械伤害和防起重伤害等安全措施。现场的工作条件、设置的安全设施、配备的安全工器具等应符合有关标准、规范要求。

（5）安全操作规程由巡查和养护公司组织编制，报管理单位批准后执行。安全操作规程如与国家和行业相关规程有不一致之处，应以国家和行业相关规程为准。

（6）管理单位及维修养护、专项工程施工维修等单位应组织职工认真学习涉堤法律法规、上级规定和安全操作规程，熟悉堤防工程规划、设计、施工、管理等情况，熟悉工程各部位结构及技术参数，掌握工程检查观测、维修养护、防汛抢险等业务技能，严格按照安全操作规程对堤防工程进行管理。

（7）部分堤防工程安全操作规程目录清单如表3.3.1所示。

表 3.3.1　部分堤防工程安全操作规程目录清单

序号	名　称	序号	名　称
1	混凝土工安全操作规程	13	高处作业安全操作规程
2	钢筋工安全操作规程	14	绿化养护安全操作规程
3	支模工安全操作规程	15	上树工作业安全操作规程
4	架子工安全操作规程	16	道路绿化带绿篱草坪修剪安全操作规程
5	石工安全操作规程	17	洒水、喷药作业安全操作规程
6	机动车司机安全操作规程	18	保洁作业安全操作规程
7	油漆工安全操作规程	19	交叉作业安全操作规程
8	测工安全操作规程	20	危险化学品安全操作规程
9	电焊工安全操作规程	21	消防器材安全操作规程
10	电工安全操作规程	22	油漆、沥青、环氧、化学灌浆安全操作规程
11	机械修理工安全操作规程	23	有限空间作业安全操作规程
12	水上作业安全操作规程	24	食堂炊事员安全操作规程

3.3.6　涉堤法律法规和规范性文件清单(2024 年)

1. 涉堤法律法规及部门规章清单

涉堤法律法规及部门规章清单如表 3.3.2 所示。

表 3.3.2　涉堤法律法规及部门规章清单

序号	名　称	施行时间
1	中华人民共和国安全生产法	2021 年 9 月 1 日
2	中华人民共和国职业病防治法	2018 年 12 月 29 日
3	中华人民共和国劳动法	2018 年 12 月 29 日
4	中华人民共和国劳动合同法	2013 年 7 月 1 日
5	中华人民共和国消防法	2021 年 4 月 29 日
6	中华人民共和国突发事件应对法	2007 年 11 月 1 日
7	中华人民共和国道路交通安全法	2021 年 4 月 29 日
8	中华人民共和国水法	2016 年 9 月 1 日
9	中华人民共和国防洪法	2016 年 7 月 2 日
10	中华人民共和国水土保持法	2011 年 3 月 1 日
11	中华人民共和国水污染防治法	2018 年 1 月 1 日
12	中华人民共和国环境保护法	2015 年 1 月 1 日
13	中华人民共和国河道管理条例(国务院令第 3 号,2018 年修正)	2018 年 3 月 19 日
14	中华人民共和国防汛条例(国务院令第 86 号,2011 年修订)	2011 年 1 月 8 日

续表

序号	名 称	施行时间
15	中华人民共和国建设工程安全生产管理条例(国务院令第393号)	2004年2月1日
16	工伤保险条例(国务院令第375号,2010年修订)	2011年1月1日
17	生产安全事故报告和调查处理条例(国务院令第493号)	2007年6月1日
18	水利工程管理体制改革实施意见(国办发〔2002〕45号)	2002年9月17日
19	水行政处罚实施办法(水利部令第55号)	2023年5月1日
20	水行政许可实施办法(水利部令第23号)	2005年7月8日
21	国家防总巡堤查险工作规定(国汛〔2019〕5号)	2011年6月17日
22	用人单位劳动防护用品管理规范(安监总厅健〔2015〕124号)	2015年12月29日
23	生产经营单位安全培训规定(国家安全生产监督管理总局令第80号)	2015年7月1日
24	用人单位职业健康监护监督管理办法(国家安全生产监督管理总局令第49号)	2012年6月1日
25	机关、团体、企业、事业单位消防安全管理规定(公安部令第61号)	2002年5月1日
26	水利安全生产信息报告和处置规则(水监督〔2022〕156号)	2022年4月2日
27	中央防汛抗旱物资储备管理办法(财农〔2011〕329号)	2011年12月1日
28	事业单位会计制度(财会〔2023〕22号)	2023年1月1日
29	事业单位财务规则(财政部令第108号)	2022年3月1日
30	财政票据管理办法(财政部令第70号)	2013年1月1日
31	事业单位会计准则(财政部令第72号)	2013年1月1日
32	河道管理范围内建设项目管理的有关规定(2017年水利部令第49号修订)	2017年12月2日
33	水利水电工程(水库、水闸)运行危险源辨识与风险评价导则(试行)(办监督函〔2019〕1486号)	2019年12月30日
34	水利水电工程施工危险源辨识与风险评价导则(试行)(办监督函〔2018〕1693号)	2018年12月7日
35	水利水电工程(堤防、淤地坝)运行危险源辨识与风险评价导则(试行)(办监督函〔2021〕1126号)	2021年12月9日
36	堤防工程险工险段判别条件(办运管函〔2019〕657号)	2019年5月20日
37	关于做好堤防水闸基础信息填报暨水闸注册登记等工作的通知(办运管函〔2019〕950号)	2019年8月14日
38	水利工程运行管理监督检查办法(试行)(办监督〔2020〕124号)	2020年5月29日
39	关于加快推进水利工程管理与保护范围划定工作的通知(水运管〔2018〕339号)	2018年12月27日
40	水利档案工作规定(水办〔2020〕195号)	2020年9月11日
41	水利标准化工作管理办法(水国科〔2019〕112号)	2019年4月2日
42	水利工程标准化管理评价办法(水运管〔2022〕130号)	2022年3月24日

续表

序号	名　　称	施行时间
43	水闸运行管理办法（水运管〔2023〕135 号）	2023 年 4 月 20 日
44	堤防运行管理办法（水运管〔2023〕135 号）	2023 年 4 月 20 日

2. 国家或部颁规程、标准清单

国家或部颁规程、标准清单如表 3.3.3 所示。

表 3.3.3　国家或部颁规程、标准清单

序号	名　　称	施行时间
1	带电作业用绝缘手套（GB/T 17622—2008）	2009 年 8 月 1 日
2	安全防范工程通用规范（GB 55029—2022）	2022 年 10 月 1 日
3	安全标志及其使用导则（GB 2894—2008）	2009 年 10 月 1 日
4	危险化学品重大危险源辨识（GB 18218—2018）	2019 年 3 月 1 日
5	建筑物电子信息系统防雷技术规范（GB 50343—2012）	2012 年 12 月 1 日
6	生产经营单位生产安全事故应急预案编制导则（GB/T 29639—2020）	2021 年 4 月 1 日
7	内河交通安全标志（GB 13851—2022）	2023 年 7 月 1 日
8	水上安全监督常用术语（GB/T 19945—2005）	2006 年 4 月 1 日
9	标准化工作导则　第 1 部分：标准化文件的结构和起草规则（GB/T 1.1—2020）	2020 年 10 月 1 日
10	防汛储备物资验收标准（SL 297—2004）	2004 年 5 月 20 日
11	防汛物资储备定额编制规程（SL 298—2004）	2004 年 5 月 20 日
12	水利信息化常用术语（SL/Z 376—2007）	2007 年 8 月 11 日
13	水利水电工程施工通用安全技术规程（SL 398—2007）	2008 年 2 月 26 日
14	水利水电工程施工作业人员安全操作规程（SL 401—2007）	2008 年 2 月 26 日
15	水电水利工程施工安全防护设施技术规范（DL 5162—2013）	2014 年 4 月 1 日
16	水电水利工程施工重大危险源辨识及评价导则（DL/T 5274—2012）	2012 年 7 月 1 日
17	企业安全生产标准化基本规范（GB/T 33000—2016）	2017 年 4 月 1 日
18	生产安全事故应急演练基本规范（AQ/T 9007—2019）	2020 年 2 月 1 日
19	电信网和互联网物理环境安全等级保护检测要求（YD/T 1755—2008）（2014 年修订）	2014 年 5 月 6 日
20	水利系统通信业务技术导则（SL/T 292—2020）	2020 年 9 月 5 日
21	工程测量通用规范（GB 55018—2021）	2022 年 4 月 1 日
22	水位观测标准（GB/T 50138—2010）	2010 年 12 月 1 日
23	卫星定位城市测量技术标准（CJJ/T 73—2019）	2019 年 11 月 1 日
24	防洪标准（GB 50201—2014）	2015 年 5 月 1 日

续表

序号	名 称	施行时间
25	堤防工程设计规范(GB 50286—2013)	2013 年 5 月 1 日
26	堤防工程安全监测技术规程(SL/T 794—2020)	2020 年 7 月 15 日
27	堤防工程安全评价导则(SL/Z 679—2015)	2015 年 4 月 21 日
28	堤防工程管理设计规范(SL/T 171—2020)	2021 年 2 月 2 日
29	堤防工程养护修理规程(SL/T 595—2023)	2023 年 6 月 27 日
30	堤防隐患探测规程(SL/T 436—2023)	2023 年 6 月 27 日

3. 上海市规范性文件、相关规程、标准清单

上海市规范性文件、相关规程、标准清单如表 3.3.4 所示。

表 3.3.4 上海市规范性文件、相关规程、标准清单

序号	主要规范性文件名称	施行时间
1	上海市安全生产条例(上海市人大常委会公告〔十五届〕第八十八号)	2021 年 12 月 1 日
2	上海市安全生产事故隐患排查治理办法(上海市人民政府令第 91 号)	2013 年 1 月 1 日
3	上海市危险化学品安全管理办法(上海市人民政府令第 5 号)	2023 年 6 月 15 日
4	上海市人民政府关于印发《上海市实施〈生产安全事故报告和调查处理条例〉的若干规定》的通知(沪府规〔2023〕5 号)	2023 年 7 月 1 日
5	上海市防汛条例(2021 年 11 月修正)	2021 年 11 月 25 日
6	上海市河道管理条例(2022 年 10 月修正)	2022 年 10 月 28 日
7	上海市绿化条例(2018 年修正)	2019 年 1 月 1 日
8	上海市黄浦江防汛墙保护办法(上海市人民政府令第 52 号,2010 年修正)	2010 年 12 月 20 日
9	关于落实"四化"工作提升上海市绿化品质的指导意见(沪府办〔2018〕60 号)	2018 年 9 月 13 日
10	关于上海市市管河道及其管理范围的规定(沪办规〔2023〕5 号)	2023 年 1 月 20 日
11	关于加强黄浦江两岸滨江公共空间综合管理工作的指导意见(沪浦江办〔2017〕2 号)	2017 年 10 月 1 日
12	苏州河两岸(中心城区)公共空间贯通提升建设导则(沪黄浦江和苏州河办〔2019〕2 号)	2019 年 10 月 1 日
13	上海市河道绿化彩化珍贵化效益化工作实施方案(沪水务〔2019〕1321 号)	2019 年 12 月 9 日
14	苏州河中心城段两岸绿化景观提升导则(沪绿容〔2019〕128 号)	2019 年 4 月 1 日
15	苏州河滨水公共空间建设技术导则(堤防篇)(沪水务〔2018〕1251 号)	2018 年 11 月 26 日
16	上海市堤防海塘管理标准(试行)(沪水务〔2018〕914 号)	2018 年 9 月 3 日
17	上海市防汛工作规范(沪汛办〔2006〕22 号)	2006 年 4 月 24 日
18	上海市市管水利设施应急抢险修复工程管理办法(沪水务〔2016〕1473 号)	2016 年 10 月 26 日
19	上海市突发事件预警信息发布管理办法(沪府办规〔2023〕13 号)	2023 年 5 月 5 日

续表

序号	主要规范性文件名称	施行时间
20	上海市跨、穿、沿河构筑物河道管理技术规定(试行)(沪水务〔2007〕365号)	2007年6月7日
21	上海市黄浦江防汛墙维修养护技术和管理暂行规定(沪水务〔2003〕828号)	2003年9月3日
22	上海市防汛(防台)安全检查办法(沪汛部〔2012〕2号)	2012年5月5日
23	上海市黄浦江和苏州河堤防设施管理规定(沪水务〔2010〕746号)	2011年2月1日
24	上海市黄浦江防汛墙工程设计技术规定(试行)(沪水务〔2010〕345号)	2010年6月12日
25	上海市河道绿化建设导则(沪水务〔2008〕1023号)	2009年1月1日
26	上海市装卸作业岸段防汛墙加固改造暂行规定(沪水务〔2004〕797号)	2004年10月15日
27	上海市黄浦江防汛墙养护管理达标考核暂行办法(沪水务〔2003〕830号)	2003年10月15日
28	上海市黄浦江防汛墙安全鉴定暂行办法(沪水务〔2003〕829号)	2003年10月15日
29	上海市水务局关于加强黄浦江防汛墙防汛通道的管理意见(沪水务〔2003〕192号)	2003年3月8日
30	黄浦江两岸滨江公共空间建设标准(DG/TJ 08—2373—2023)	2003年7月1日
31	水利工程施工质量验收标准(DG/TJ 08—90—2021)	2022年5月1日
32	园林绿化工程施工质量验收标准(DG/TJ 08—701—2020)	2020年9月1日
33	防汛墙工程设计标准(DG/TJ 08—2305—2019)	2020年5月1日
34	上海市黄浦江和苏州河堤防工程维修养护技术规程(SSH/Z 10007—2017)	2017年1月31日
35	上海市黄浦江和苏州河堤防工程维修养护定额(SSH/Z 10007—2016)	2016年10月1日
36	上海市河道维修养护技术规程(DB31 SW/Z 027—2022)	2022年11月9日
37	水闸和水利泵站维修养护技术标准(DG/TJ 08—2428—2024)	2024年3月1日
38	上海市水利控制片水资源调度方案(沪水务〔2020〕74号)	2020年1月1日
39	上海市水利工程标准化管理评价细则(沪水务〔2022〕450号)	2022年7月11日

4. 上海市堤防工程管理制度清单

上海市堤防工程管理制度清单如表3.3.5所示。

表3.3.5 上海市堤防工程管理制度清单

序号	文件名称	文号
1	上海市黄浦江和苏州河堤防巡查养护标准化站点建设和管理办法	沪堤防〔2020〕4号
2	上海市黄浦江和苏州河堤防绿化管理办法	沪堤防〔2020〕3号
3	上海市黄浦江和苏州河堤防工程巡查管理办法	沪堤防〔2020〕2号
4	上海市黄浦江和苏州河堤防工程日常养护管理办法	沪堤防〔2020〕1号
5	上海市黄浦江和苏州河堤防工程管理工作考核办法	沪堤防〔2018〕216号
6	上海市黄浦江和苏州河堤防工程日常养护与专项维修的工作界面划分标准	沪堤防〔2017〕47号

续表

序号	文件名称	文号
7	上海市黄浦江和苏州河堤防管理（保护）范围内施工防汛安全责任书	沪堤防〔2015〕103号
8	上海市堤防工程养护责任书	沪堤防〔2015〕100号
9	在一线河道堤防破堤施工或者开缺、凿洞行政许可事项批后监管文件	沪堤防〔2015〕99号
10	《核发河道临时使用许可证》行政许可事项批后监管文件	沪堤防〔2015〕98号
11	上海市黄浦江和苏州河活动式堤防工程管理暂行规定	沪堤防〔2012〕86号
12	上海市黄浦江和苏州河堤防工程维护管理经费使用管理暂行规定	沪堤防〔2015〕95号
13	上海市黄浦江和苏州河堤防工程日常检查和专项检查规定	沪堤防〔2015〕94号
14	堤防管理范围及堤防安全保护区内从事有关活动行政许可事项批后监管文件	沪堤防〔2015〕92号
15	黄浦江、苏州河堤防巡查等级工评定办法（试行）	沪堤防〔2009〕46号

3.4 操作手册编写指南

堤防工程操作手册包括安全管理类、运行管护类、管理保障类、信息化建设类操作手册，以及堤防工程档案资料管理及表单管理标准、附件等内容。

3.4.1 安全管理类操作手册编写指南

1. 信息登记

（1）范围及内容。信息登记包括堤防信息登记、信息更新、险工险段信息及时上报与更新等。

（2）标准及要求。

①按照《水利部办公厅关于做好堤防水闸基础信息填报暨水闸注册登记等工作的通知》（办运管函〔2019〕950号）、《水利部办公厅关于集中开展堤防水闸基础信息数据库信息复核填报工作的通知》（办运管函〔2021〕1059号）、《上海市水务局关于做好堤防水闸基础信息填报暨水闸注册登记等工作的通知》（沪水务〔2019〕912号）等有关规定，开展堤防工程信息登记工作。

②登记堤防工程基本信息。包括工程名称、位置、建设时间、建设规模等。

③登记堤防工程管理信息。包括管理责任人、管理制度、应急预案、定期巡查、设施维护等。

④更新登记信息。更新基础信息和管理信息，确保信息准确、完整、及时、有效。

⑤险工险段信息上报。包括险工险段的位置、性质、级别、可能造成的危害等。

⑥险工险段信息更新。及时更新险工险段信息，确保信息准确、及时、有效。

⑦信息共享与沟通。通过国家堤防水闸管理信息系统实现堤防工程信息的共享，同时加强与上下级水利部门的沟通协作，确保信息流通畅通。

⑧信息登记工作流程如图3.4.1所示。

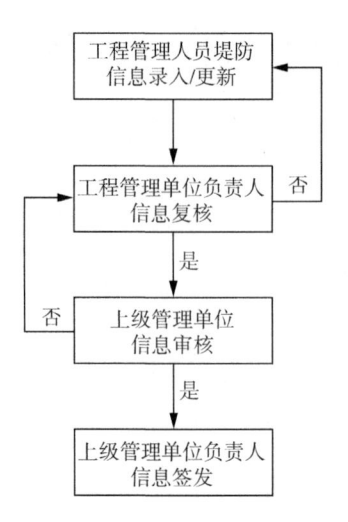

```
         ┌─────────────────┐
         │ 工程管理人员堤防  │◄──┐
         │ 信息录入/更新    │   │
         └────────┬────────┘   │
                  ▼            │
         ┌─────────────────┐   │
    ┌───►│ 工程管理单位负责人│──否┘
    │    │ 信息复核         │
    │    └────────┬────────┘
    │             │是
    │             ▼
    │    ┌─────────────────┐
    └─否─│ 上级管理单位     │
         │ 信息审核         │
         └────────┬────────┘
                  │是
                  ▼
         ┌─────────────────┐
         │ 上级管理单位负责人│
         │ 信息签发         │
         └─────────────────┘
```

图 3.4.1　信息登记工作流程图

(3) 记录及档案。填写堤防工程信息登记表、险工险段信息统计表，及时更新记录等。

2. 隐患排查治理及险工险段管理

(1) 范围及内容。隐患排查治理及险工险段管理包括隐患排查和险工险段判别、险点隐患处理、险工险段度汛措施制定、应急处置方案编制、重点堤段或险工险段安全评价等。

(2) 标准及要求。

①根据《堤防工程安全评价导则》(SL/Z 679—2015)、《上海市黄浦江和苏州河堤防薄弱岸段判定标准(试行)》要求等有关规定，进行隐患排查治理及险工险段管理工作。

②隐患排查和险工险段判别。

a. 成立专业巡查队伍。组织具备专业知识和经验的人员，负责堤防工程的隐患排查和险工险段判别工作。

b. 制定隐患排查工作计划。根据堤防工程的实际情况，制定详细的巡查计划，包括巡查时间、频率、区域和具体路线等。

c. 开展排查工作。按照巡查计划进行实地巡查，重点关注堤防工程的关键部位，如防汛墙后土体塌陷、墙前淘空、墙身裂缝、墙体沉降位移等，发现并记录隐患。

d. 分析隐患。对发现的隐患进行详细分析，了解隐患产生的原因、可能带来的后果等信息，为后续的险工险段判别提供依据。

e. 险工险段判别。根据水利部《堤防险工险段判定条件》和《上海市市管水利设施应急抢险修复工程管理办法》进行的隐患排查结果，结合工程设计、施工、运行维护等相关资料判别险工险段，可以通过风险程度、可能造成的危害等因素进行分类。

f. 风险评估。对识别出的险工险段进行风险评估，包括可能发生的险情、险情发生的概率、可能造成的损失等方面。

g. 建立隐患信息库。将排查出的隐患和险工险段信息整理归档，建立隐患信息库，便于随时查询和分析。

③风险点隐患处理。

a. 归类整理。将排查出的险点隐患按照类型、严重程度和紧急程度进行归类整理,便于制定针对性的处理措施。

b. 制定处理计划。根据险点隐患的具体情况,制定切实可行的处理计划,明确整治目标、措施、进度和责任人等。

c. 分级处理。对于不同级别的险点隐患,采取分级处理策略。对于严重和紧急的隐患优先进行处理;对于一般性隐患可按照计划逐步进行整治。

d. 落实整治措施。按照处理计划,组织人员实施整治措施,如具备立即整治条件的,采取维修养护等措施;不具备立即整治条件的,采取编制防汛预案、搭建临防、制定整治路径等整治措施。

e. 资源保障。确保整治过程中所需的物资、技术和人力等资源得到充分保障,以保证整治工作的顺利进行。

f. 及时通报。将险点隐患处理情况及时通报给相关部门和上级领导,便于对整个处理过程进行评估和调整。

g. 跟踪评估。对已处理的险点隐患进行跟踪评估,确保整治效果达到预期目标,防止隐患再次发生。

h. 总结经验。在险点隐患处理过程中,总结经验教训,不断优化处理方法和流程,提高险点隐患处理的效率和质量。

④重点堤段或险工险段安全评价。

a. 安全评价委托。委托专业第三方开展安全评价。

b. 开展安全评价。根据《上海市黄浦江防汛墙安全鉴定暂行办法》要求,开展安全评价,编制评价报告,报告需进行专业审查。

c. 制定整治措施。针对评价结果,提出改进措施,如加强观测、加固堤防、抢险等。

(3) 隐患排查治理及险工险段管理工作流程如图 3.4.2 所示。

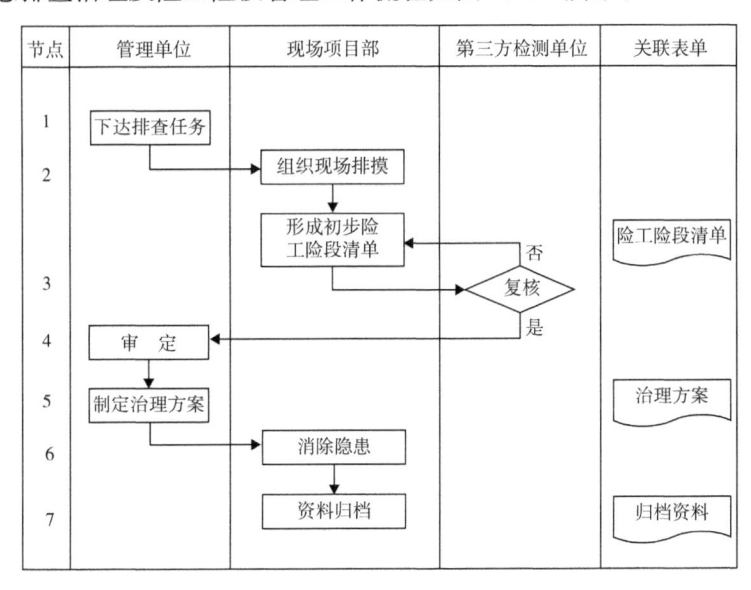

图 3.4.2 隐患排查治理及险工险段管理工作流程图

(4) 记录及档案。填写隐患排查情况统计表、险点隐患处理情况记录表、重点堤段或险工险段安全评价情况统计表等。

3. 工程划界

(1) 范围及内容。堤防工程管理范围与保护范围划定方案编写与报批,界桩与公告牌设置、划界成果公示等。

(2) 标准及要求。

①按照《上海市水务局转发〈水利部关于切实做好水利工程管理与保护范围划定工作的通知〉的通知》(沪水务〔2021〕455号)等有关规定,开展水利工程管理范围和保护范围划定工作。

②资料收集。收集堤防工程的设计、施工、运行维护资料,以及历史汛情、灾害记录等相关信息,为方案编写提供依据。

③确定划定原则。根据相关法律法规、技术规范和地形地貌等因素,明确范围划定的原则和依据。

④划定方案编写。编制堤防工程管理与保护范围划定方案,明确范围划定的依据、方法、结果以及责任划分等内容,确保方案内容清晰、完整、合理。

⑤内部审查。组织内部专家进行方案审查,对方案中存在的问题进行修改完善。

⑥方案实施。严格执行划定方案内容,初步完成划界工作。

⑦成果认定。对划定成果进行认定。

⑧管理线桩(牌)设置。

a. 选址。选择划定范围内的关键点和显著地标,如拐角、交界处等,设置界桩,明确界线,确保范围划定的准确性和可操作性。

b. 材质与尺寸。选择耐候、耐腐蚀、牢固的材质制作界桩,例如混凝土、不锈钢等,确保尺寸适中,易于辨认和管理。

c. 标志。在界桩上标明相应的信息,如堤防编号、管理单位、保护范围等,以便于管理和辨识。

d. 定期检查与维护。定期对界桩和公告牌进行检查和维护,对损坏的界桩和公告牌进行修复或更换,确保其持续起到明确管理与保护范围的作用。

e. 更新信息。根据实际需要,及时更新界桩和公告牌上的相关信息,如范围调整、管理单位变更等。

(3) 堤防工程管理范围界桩和公告牌设置流程如图3.4.3所示。

(4) 记录及档案。整理堤防工程管理范围与保护范围划定方案编写与报批资料,填写管理范围内土地使用证或不动产权证、界桩和公告牌统计表,编制分布图等。

4. 河道清障

(1) 范围及内容。排摸河道内阻水林木和高秆作物、阻水建筑物构筑物,制定清障方案,开展清障任务,制止违规设障行为等。

(2) 标准及要求。

①按照《中华人民共和国河道管理条例》《上海市河道管理条例》等有关规定,开展河道清障工作。

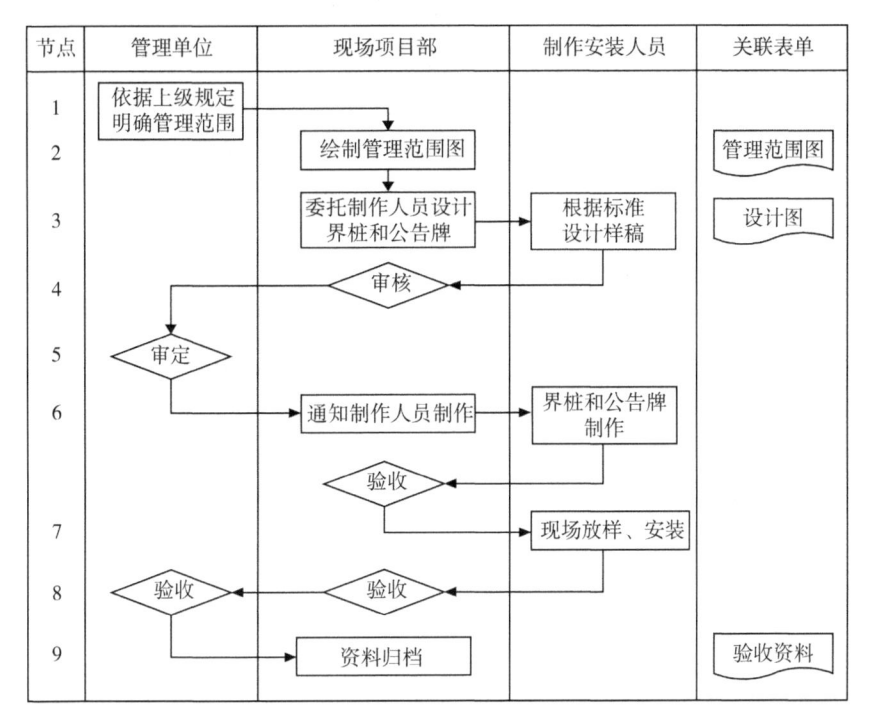

节点	管理单位	现场项目部	制作安装人员	关联表单
1	依据上级规定明确管理范围			
2		绘制管理范围图		管理范围图
3		委托制作人员设计界桩和公告牌	根据标准设计样稿	设计图
4		审核		
5	审定			
6		通知制作人员制作	界桩和公告牌制作	
7		验收	现场放样、安装	
8	验收	验收		
9		资料归档		验收资料

图 3.4.3 堤防工程管理范围界桩和公告牌设置流程图

②排查工作要求。

a. 建立排查制度。制定详细的排查计划和制度,明确排查的频次、路线、责任人等,确保排查工作的规范性和有效性。

b. 培训排查人员。对排查人员进行有关法规知识、阻水林木、高秆作物、阻水建筑物构筑物特点及处理方法等方面的培训,提高排查人员的业务素质。

c. 加强协作与信息共享。与其他相关部门建立联动机制,实现阻水林木、高秆作物、阻水建筑物构筑物信息的共享,提高排查的针对性和有效性。

d. 及时处理问题。对排查中发现的阻水林木、高秆作物、阻水建筑物构筑物等障碍物,立即采取措施予以清除或整改,确保河道畅通。

e. 记录排查情况。详细记录排查过程中发现的问题及处理情况,形成排查报告,便于分析总结和改进工作。

f. 加强宣传教育。通过宣传栏、横幅、宣传册等形式,加大河道阻水林木、高秆作物、阻水建筑物构筑物管理的法制宣传力度,增强公众的环保意识。

③清障方案制定。

a. 数据收集与分析。根据排查结果和实地调查,收集相关数据,分析阻水林木、高秆作物、阻水建筑物构筑物等障碍物的类型、数量、分布等情况,为制定清障方案提供依据。

b. 明确清障目标。根据河道管理目标和现状,明确清障方案的目标,如保障河道畅通、降低洪水风险等。

c. 划定清障范围。根据河道现状和阻塞物分布情况,划定清障工作的范围,确保清障任务有针对性。

d. 制定清障方法和时间表。针对不同类型的障碍物,根据职责分工制定相应的清障方法,以保证清障工作的有效性和安全性。制定清障工作的具体时间表,包括开始时间、完成时间、各阶段任务的时间节点等,确保清障工作按计划进行。

e. 落实责任人。明确清障任务的责任单位和责任人,确保每项任务得到有效执行。

f. 落实资金和物资保障。根据清障任务的需要、预算所需的资金和物资,确保清障工作顺利进行。

g. 制定安全措施和应急预案。针对清障工作中可能存在的安全隐患和突发情况,制定相应的安全措施和应急预案,确保清障工作的安全进行。

h. 制定监督检查机制。建立清障工作的监督检查机制,确保清障任务按照方案要求得到有效落实。

(3) 绘制河道内阻水林木和高秆作物、阻水建筑物构筑物管理、违规设障行为处置等工作流程图。河道清障流程图如图 3.4.4 所示。

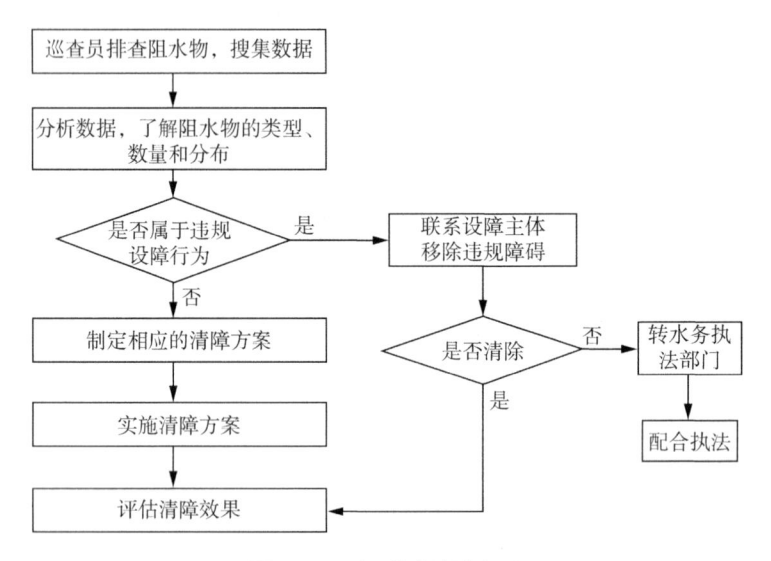

图 3.4.4 河道清障流程图

(4) 记录及档案。及时上报堤防网格化管理系统,并填写巡查工作日志、跟踪处置过程,处置完成后应做好所有纸质档案归档工作。

5. 保护管理

(1) 范围及内容。工程管理范围和保护范围巡查、违法行为制止及后续处置、水法规宣传培训等。

(2) 标准及要求。详见本书第 3 章第 3.3.1 节"安全管理类规章制度"中的"堤防工程保护管理制度"相关内容。

(3) 水事巡查工作流程如图 3.4.5 所示。

(4) 记录及档案。填写巡查工作日志,发现违法违规现象及时上报堤防网格化管理系统,并整理水法规宣传资料、工程保护方面的标志标牌统计表,根据堤防工程管理资料整编标准做好巡查、水法规宣传、工程保护相关标志标牌完善工作等归档资料整编。

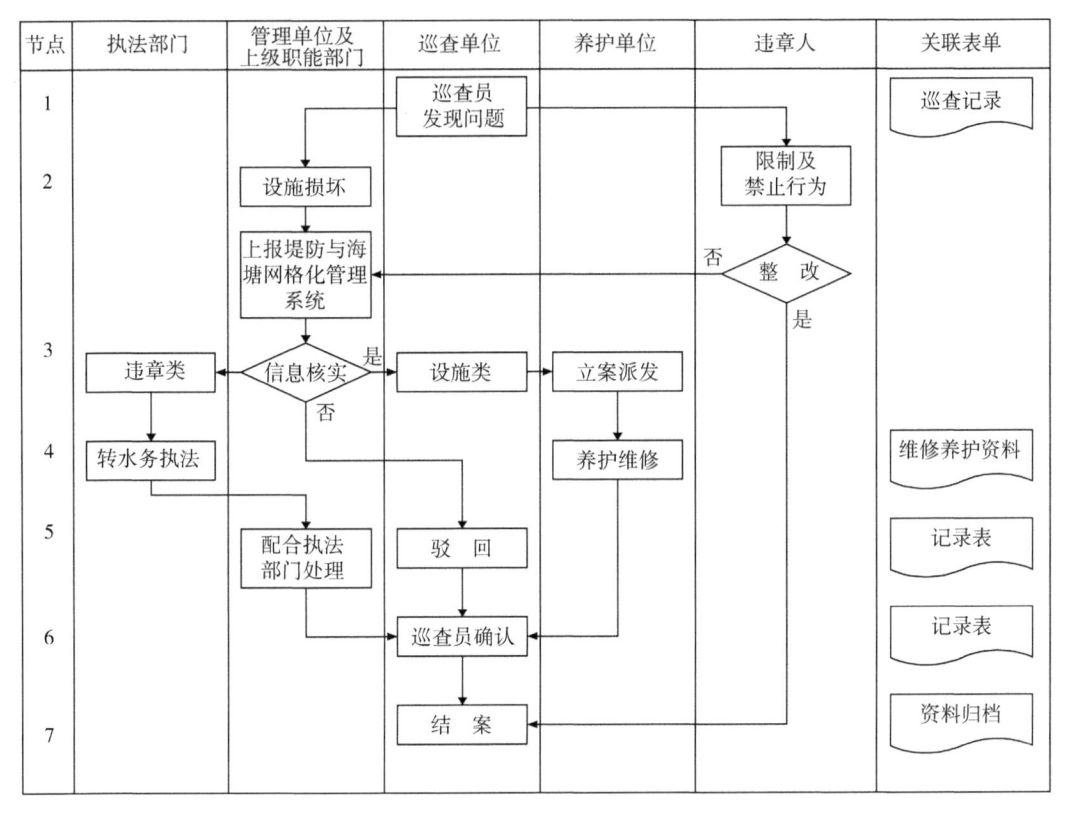

节点	执法部门	管理单位及上级职能部门	巡查单位	养护单位	违章人	关联表单
1			巡查员发现问题			巡查记录
2		设施损坏 / 上报堤防与海塘网格化管理系统			限制及禁止行为 / 整改 否/是	
3	违章类	信息核实 是/否	设施类	立案派发		
4	转水务执法			养护维修		维修养护资料
5		配合执法部门处理	驳回			记录表
6			巡查员确认			记录表
7			结案			资料归档

图 3.4.5　堤防工程水事巡查工作流程图

6. 防汛组织

（1）范围及内容。防汛组织包含防汛责任制建立，组织体系建设，防汛抢险队伍组织、防汛抢险队伍培训等。

（2）标准及要求。

①防汛责任制建立。

a. 制定防汛责任制实施方案。明确管理单位、堤防巡查养护公司及堤防沿线企事业单位在防汛工作中的责任和任务，确保各方在应急处置工作中发挥积极作用。

b. 分级负责，层层落实。落实防汛行政负责责任人、技术负责人和巡查责任人；与堤防巡查养护公司、堤防沿线企事业单位签订防汛协议书。

c. 加强防汛督查。开展防汛检查，对防汛工作进行检查评估，确保责任落实到位。

d. 强化防汛责任追究。对未履行防汛责任的单位和个人，依法依规追究责任，确保防汛工作的严肃性和有效性。

②防汛组织建设。

a. 完善防汛工作协调机制。与各部门、各单位之间建立防汛工作协调机制，确保信息共享、资源整合、任务分工明确。

b. 建立防汛防台应急处置队伍。组建由专业人员和长效管理单位人员组成的防汛防台应急处置队伍，确保在应急处置工作任务中能迅速、有序地开展各项任务。

c. 制定防汛抢险预案。管理单位、巡查和养护公司、专项工程参建单位应制定防汛抢险预案或应急处置预案，明确各类灾害应急响应措施和程序。

d. 开展防汛宣传和培训。加强防汛宣传教育，增强各级人员的防汛意识和自救能力；对防汛抢险队伍或应急处置队伍进行定期培训，提高队伍的业务水平和应对突发事件的能力。

e. 搭建防汛信息化平台。建立防汛信息化管理平台，实现对防汛工作的实时监控、调度和指挥，提高防汛工作效率和应对能力。

（3）记录及档案。防汛组织机构设置文件、防汛抢险人员学习培训资料（计划、学习、演练、考核评估）等资料应按堤防工程管理资料整编标准整编归档。

7. 防汛准备

（1）范围及内容。防汛准备工作应有汛前检查、防洪预案编制、度汛措施落实、防汛演练、基础资料，图表（包括防汛组织体系图表、运行调度图表及险工险段等图表）管理、通信线路、设备检修维护等内容。

（2）标准及要求。

①汛前检查。

a. 制定的汛前检查计划。制定的汛前检查计划应明确检查时间、地点、内容和责任人，确保汛前检查工作有序进行。

b. 检查防汛设施设备。对防汛关键设施如堤防墙身、涵闸、涵洞、潮拍门等进行全面检查，确保设施运行正常，安全可靠；检查防汛物资设备完好，储备充足。

c. 评估防汛工程安全状况。对各类防汛工程进行安全评估，及时发现存在的安全隐患，并制定整改措施。

d. 检查防汛应急预案。对各级防汛应急预案进行检查，确保预案内容完善、实用，与实际防汛工作相适应。

e. 汛前检查总结与整改。对汛前检查发现的问题进行总结，督促相关单位及时整改，确保汛期防汛工作顺利进行。

②防汛预案编制。

a. 确定防汛目标。明确防汛预案要达到的防洪标准、保护人民生命财产安全等目标。

b. 收集和分析基础数据。收集与防汛相关的堤防工程基础数据，进行综合分析，为预案编制提供科学依据。

c. 预测可能的洪水情况。根据历史洪水资料和气候变化趋势，预测可能出现的洪水情况，为防汛预案制定提供参考。

d. 明确责任分工。明确组织机构、各部门、单位和个人在防汛工作中的职责和任务，确保预案实施过程中责任到人。

e. 明确应急响应流程。明确应急响应的流程和程序，包括预警发布、信息报送、指挥调度、应急处置等环节。

f. 制定防汛措施。根据可能出现的洪水情况，制定相应的防汛措施，如加强防汛设施维修养护、加强巡查等。

g. 防汛预案审批。防汛预案编制完成后,应按照相关程序报送管理单位上级主管部门审批。

h. 防汛预案更新。定期对防汛预案进行评估和修订,确保预案内容与实际防汛工作相适应。

③防汛演练。

a. 制定演练计划。明确演练目标、内容、时间、地点和参与人员、参演科目,确保演练活动有序进行。

b. 实战操作演练。组织实际操作演练,如封堵渗漏点、搭建临时防汛墙等,提高参演人员的实际操作能力。

c. 总结评估。演练结束对演练过程要进行总结评估,分析存在的问题和不足,为今后的防汛工作提供改进方向。

d. 完善预案。针对演练中存在的问题完善防汛预案。

e. 防汛演练工作流程如图 3.4.6 所示。

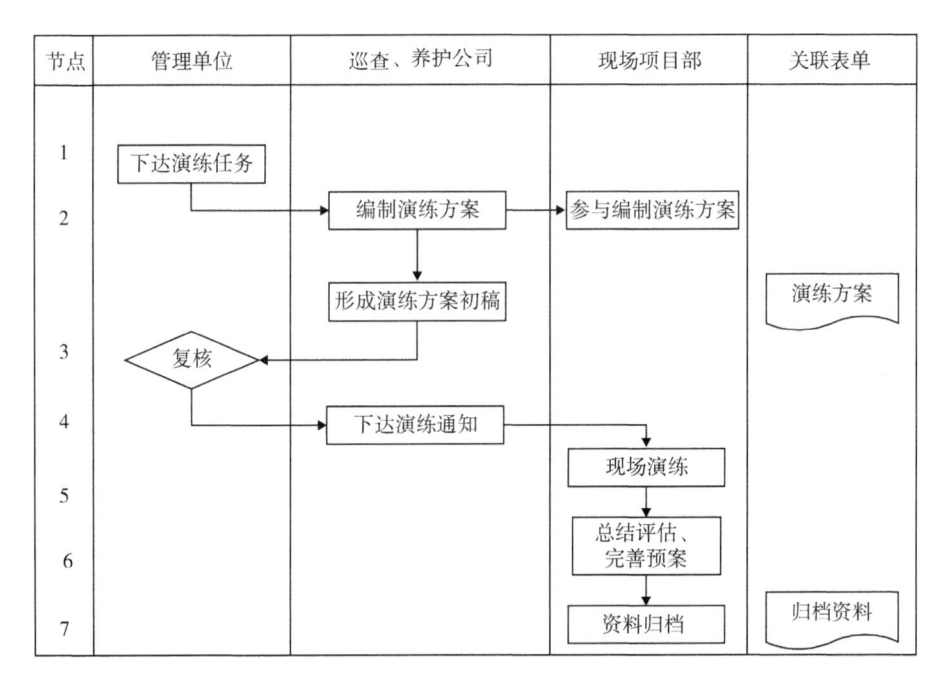

节点	管理单位	巡查、养护公司	现场项目部	关联表单
1	下达演练任务			
2		编制演练方案	参与编制演练方案	
3	复核	形成演练方案初稿		演练方案
4		下达演练通知		
5			现场演练	
6			总结评估、完善预案	
7			资料归档	归档资料

图 3.4.6 防汛演练工作流程图

④基础资料管理。

a. 建立资料库。组建专门的资料库,存放各类防汛基础资料,确保资料的安全、完整和易于检索。

b. 资料更新。定期更新防汛组织体系图表、运行调度图表及险工险段等图表,确保资料的实时性和准确性。

c. 数据标准化。制定统一的数据收集和整理标准,确保资料格式和内容的一致性。

d. 资料共享。建立资料共享机制,使各级防汛部门和相关单位能够共享防汛基础资料,提高工作效率。

e. 资料备份。定期对资料库进行备份,防止因意外损坏或造成数据丢失。

f. 人员培训。培训相关人员掌握基础资料管理的规范和方法,提高管理水平。

g. 资料审查。定期对基础资料进行审查,确保资料的真实性、完整性和有效性。

8. 防汛物料

(1) 范围及内容。防汛物料管理应落实专职保管员,防汛物料出入库、储存、保管、更新、台账、调运,抢险机具检查保养等应规范有序。

(2) 标准及要求。

①按照《上海市防汛物资储备定额(2014 版)》及防汛物料管理制度,开展防汛物料管理工作。

②确保防汛物料管理人员具备所需技能和知识,对管理人员进行定期培训和考核,提高管理能力和工作效率。

③出入库管理。建立完善的出入库管理制度,对防汛物料的出入库进行严格登记和核对,确保物资的准确性和及时性。

④储存。合理规划防汛物料的储存空间,确保物料存放在干燥、通风、防潮、防火的环境中,避免受潮、生锈、损坏等现象。

⑤保管。加强对防汛物料的保管工作,定期进行巡查和检查,确保物资安全、完好。

⑥更新。定期对防汛物料进行清点,及时更新破损、过期或不合格的物资,确保防汛物料的质量和有效性。

⑦台账。建立详细的防汛物料台账,记录物料的来源、去向、使用情况等信息,便于物资的管理和核查。

⑧调运。在防汛物料需要调运时,制定详细的调运计划,确保物资能够及时、准确地到达目的地。

⑨抢险机具检查保养。定期对抢险机具进行检查和保养,确保其性能良好、随时可用。对于发现的故障或问题,及时进行维修或更换。

(3) 防汛物资调运流程如图 3.4.7 所示。

(4) 记录及档案。根据防汛物资仓库管理制度要求,定期盘点防汛物资,填写防汛物资统计表,做好出入库记录;签订防汛物资代储协议;编制防汛物资调运方案、防汛仓库物资分布图、防汛物资调运线路图;做好防汛物资及设备保养,并填写保养记录,所有台账完整、清晰、真实。

9. 安全生产

(1) 范围及内容。堤防工程安全生产工作包括安全生产责任制落实,安全事故报告和调查处理,安全生产责任书签订,安全隐患排查治理,安全隐患排查治理记录,安全生产宣传、培训、演练,安全设施及器具配备及检验,安全警示标及危险源告知牌等设置,安全生产应急预案编制及报备等。

(2) 标准及要求。

①按照《水利工程生产安全重大事故隐患清单指南》《安全标志及其使用导则》《上海市安全生产条例》等相关法律法规和相关要求,开展安全生产工作。

②对安全生产责任制落实,安全生产责任书签订,安全生产事故报告和调查处理,安

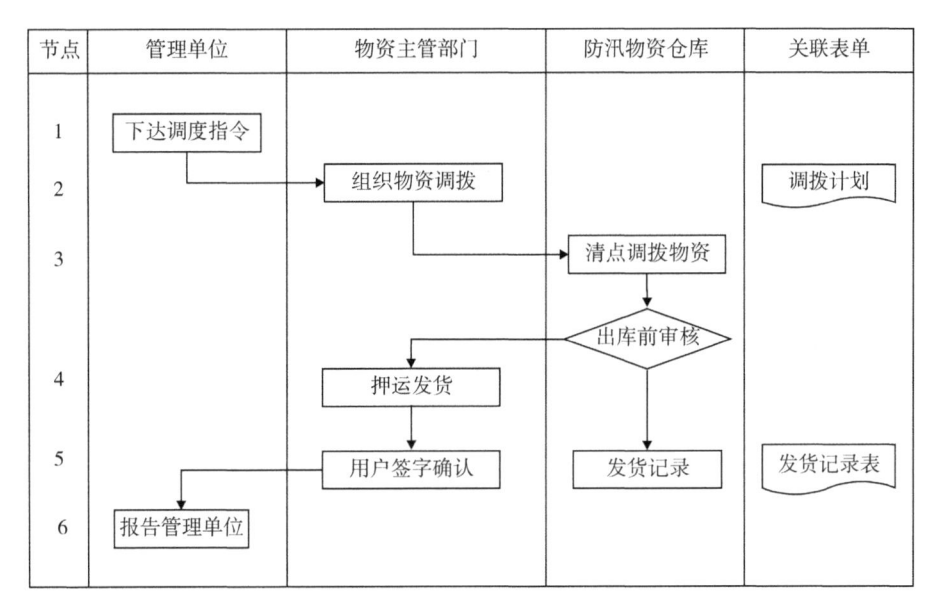

节点	管理单位	物资主管部门	防汛物资仓库	关联表单
1	下达调度指令			
2		组织物资调拨		调拨计划
3			清点调拨物资	
4		押运发货	出库前审核	
5	用户签字确认		发货记录	发货记录表
6	报告管理单位			

图 3.4.7　防汛物资调运流程图

全隐患排查治理，安全隐患排查治理台账，安全生产宣传、培训、演练，安全设施及器具配备及检验，安全警示标及危险源告知牌等设置，安全生产应急预案编制及报备等提出具体工作要求。

③设立安全生产管理小组和安全生产专职人员，负责组织、协调、指导和督查堤防安全生产工作。

④签订安全责任书。

a. 制定安全生产责任书模板。编制安全生产责任书的标准模板，明确管理单位、堤防巡查养护公司和堤防沿线相关企事业单位在安全生产中的职责、权利和义务。

b. 明确责任范围。责任书中应明确各方在安全生产方面的职责范围，确保责任落实到位。

c. 签订责任书。管理单位应与各堤防巡查养护公司负责人、各单位负责人与项目经理、项目经理与班组长及职工层层签订安全生产责任书，明确各自的安全生产责任。

d. 跟踪和更新。定期检查安全生产责任制的执行情况，根据实际工作需要及时更新和调整责任书内容，确保其针对性和实用性。

e. 培训与宣传。加强安全生产责任制的培训与宣传工作，提高职工对安全生产责任制的重视程度和执行力度。

⑤开展堤防工程危险源辨识和风险评价。详细内容参见本书第 12 章"堤防工程安全管理标准化"相关内容。堤防工程危险源辨识和风险评价流程如图 3.4.8 所示。

⑥安全隐患排查治理。

a. 制定隐患排查治理计划。根据堤防特点和行业规定，制定详细的安全隐患排查治理计划，明确排查频次、范围、方法和责任人。

b. 建立专项检查机制。组织定期和不定期的安全隐患专项检查，对生产设备、设施、

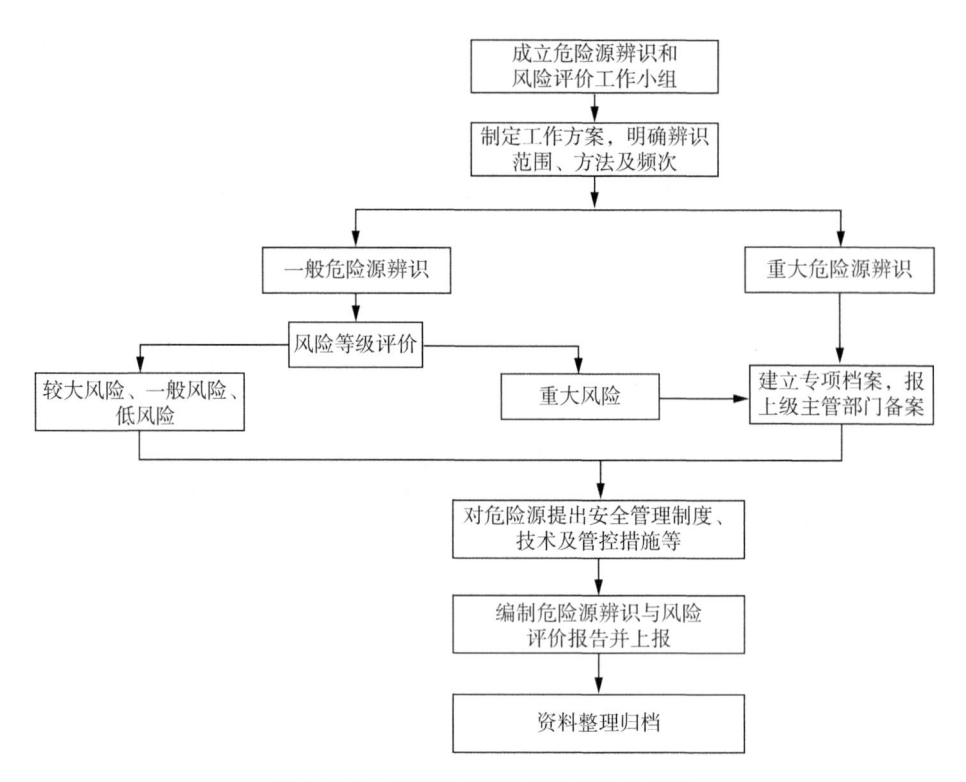

```
                    ┌─────────────────┐
                    │ 成立危险源辨识和 │
                    │ 风险评价工作小组 │
                    └────────┬────────┘
                             │
                    ┌────────┴────────┐
                    │ 制定工作方案,明确辨识│
                    │ 范围、方法及频次 │
                    └────────┬────────┘
          ┌──────────────────┴──────────────────┐
    ┌─────┴─────┐                         ┌─────┴─────┐
    │ 一般危险源辨识 │                    │ 重大危险源辨识 │
    └─────┬─────┘                         └─────┬─────┘
    ┌─────┴─────┐                               │
    │ 风险等级评价 │                             │
    └──┬─────┬──┘                               │
       │     │                                  │
  ┌────┴──┐ ┌┴──────┐                    ┌──────┴──────┐
  │较大风险、│ │重大风险│──────────────→│建立专项档案,报│
  │一般风险、│ └───┬───┘                │上级主管部门备案│
  │低风险   │     │                      └──────┬──────┘
  └───────┘      │                             │
                 └──────────────┬──────────────┘
                       ┌────────┴────────┐
                       │对危险源提出安全管理制度、│
                       │技术及管控措施等 │
                       └────────┬────────┘
                       ┌────────┴────────┐
                       │编制危险源辨识与风险│
                       │评价报告并上报   │
                       └────────┬────────┘
                       ┌────────┴────────┐
                       │  资料整理归档   │
                       └─────────────────┘
```

图 3.4.8　危险源辨识和风险评价流程图

工艺过程等进行全面检查,重点关注重大事故隐患。

　　c. 建立隐患整改闭环。对发现的安全隐患,要求责任单位和责任人按照规定时限进行整改,并报告整改情况。对未按时整改的隐患,要追究相关责任人的责任。

　　d. 定期汇总分析。定期汇总安全隐患排查治理情况并进行分析,总结经验教训,不断改进安全生产管理。

　　e. 建立隐患排查档案。建立健全安全隐患排查治理台账,对发现的隐患进行分类、编号、记录整改时限与责任人等,并对整改进度进行追踪。台账要及时更新,确保真实性和准确性。

　　⑦安全生产宣传、培训。

　　a. 安全生产宣传。制定安全生产宣传计划,通过布置宣传栏、悬挂横幅、张贴标语、组织安全生产知识竞赛等方式,提高职工对安全生产法律法规及相关知识的了解,强化安全意识。

　　b. 安全培训。根据职工岗位特点和企业实际情况,制定安全培训计划。培训内容涵盖企业安全生产政策、规章制度、操作规程及应急处理等,确保职工具备相应的安全生产技能和素质。

　　⑧建立并完善安全生产信息化管理系统。利用信息化手段,实现安全生产数据的集中管理、统计分析和信息共享,提高安全管理水平和工作效率。

　　⑨安全设施及器具配备及检验。

　　a. 安全设施配备。确保各类安全设施齐全、有效,包括消防设施、通风设备、照明设备、防护栏杆、应急疏散通道等均应符合国家和地方的法律法规要求。

b. 安全器具配备。为职工配备符合国家标准的个人防护用品,如安全帽、防护眼镜、防护手套、安全鞋等,确保职工在工作中得到有效保护。

c. 定期检查。对安全设施和器具进行定期检查,确保其性能正常,发现问题及时进行维修或更换。同时,对安全设施和器具的使用寿命进行严格控制,超过使用期限的及时淘汰。

d. 安全设施及器具维护保养。制定安全设施及器具的维护保养计划,确保其始终处于良好工作状态,避免因设备损坏导致安全事故。

e. 安全检验。根据国家和地方的法律法规要求,定期对安全设施及器具进行专业检验,确保其性能和质量符合相关标准。

f. 安全记录。做好安全设施及器具的台账管理,记录设备的购置、使用、维护保养、检验等信息,以便进行追溯和分析。

g. 落实责任。明确各部门及人员在安全设施及器具配备及检验方面的责任,形成有效的工作推进机制,确保安全设施及器具管理工作落到实处。

⑩安全警示标志及危险源告知牌等设置。

a. 规范设置。在工程现场、设备设施、危险作业区域等关键部位,按照国家和地方规定,设置安全警示标志和危险源告知牌,以提醒职工注意安全防护。

b. 标志合规。确保所使用的安全警示标志和危险源告知牌符合《安全标志及其使用导则》(GB 2894—2008)等相关标准要求,内容准确,清晰易懂。

c. 明确内容。安全警示标志和危险源告知牌应明确警示内容、可能的危险、防范措施等,有针对性地提醒职工注意安全。

d. 显眼位置。将安全警示标志和危险源告知牌设置在显眼位置,确保职工在进入相应区域时能充分了解安全警示信息。

e. 定期检查。定期对安全警示标志和危险源告知牌进行检查,确保其完好无损、清晰可辨,如有破损、褪色等问题,及时更换。

f. 及时更新。随着设备变更或相关法规要求的调整,及时更新安全警示标志和危险源告知牌,确保其内容与实际情况相符。

安全生产标志及危险源告知牌设置和维护详细要求参见本书第 10 章"堤防标志标牌设置标准化"相关内容。

⑪安全生产应急预案编制、报备及演练。

a. 制定预案。各单位应根据自身特点和安全生产相关法律法规要求,制定切实可行的安全生产应急预案,明确应对事故的程序、职责、资源、联系方式等。

b. 定期更新。定期对安全生产应急预案进行更新,确保预案内容与实际情况相符。

c. 责任分工。明确领导、部门及人员在安全生产应急预案中的职责,确保在事故发生时能迅速启动应急预案,有序应对。

d. 组织审批。将编制好的安全生产应急预案报送上级主管部门审批,确保预案的合规性、有效性和可操作性。

e. 培训和演练。每年组织职工对生产安全事故应急预案进行培训和演练,模拟可能发生的事故场景,提高职工应急处理能力。演练过程中要重点检查职工熟悉程度、操作规范性及组织协调能力等,针对发现的问题及时进行整改。

f. 预案公示。将安全生产应急预案公示于单位内部,使职工了解预案内容和应急程序,提高预案的执行效果。

⑫安全生产事故报告和调查处理。

a. 建立健全事故报告制度。制定详细的安全生产事故报告制度,确保在事故发生后及时、准确地报告有关部门,并进行记录和整理。

b. 及时报告事故。在发生安全生产事故后,要求企业立即向上级主管部门报告,并按照相关规定报告相关部门。

c. 成立事故调查组。对发生的安全生产事故原因、责任等进行全面调查。

d. 事故现场保护。在事故调查期间,确保事故现场得到妥善保护,以免破坏事故现场及相关证据。

e. 调查事故原因。事故调查组应深入分析事故原因,包括人为因素、管理因素、设备因素等,找出事故发生的根本原因。

f. 制定整改措施。根据事故调查结果,制定针对性的整改措施,确保类似事故不再发生。

g. 严格事故责任追究。对事故责任人员进行严格的责任追究,依法处理,以起到警示和教育作用。

h. 总结事故教训,进一步完善安全生产管理制度,增强职工安全意识,确保安全生产。

i. 做好事故报告和整改情况的公示,将事故报告、调查结果及整改措施向社会公众公示,接受社会监督。

j. 生产安全事故报告和调查处理流程如图 3.4.9 所示。

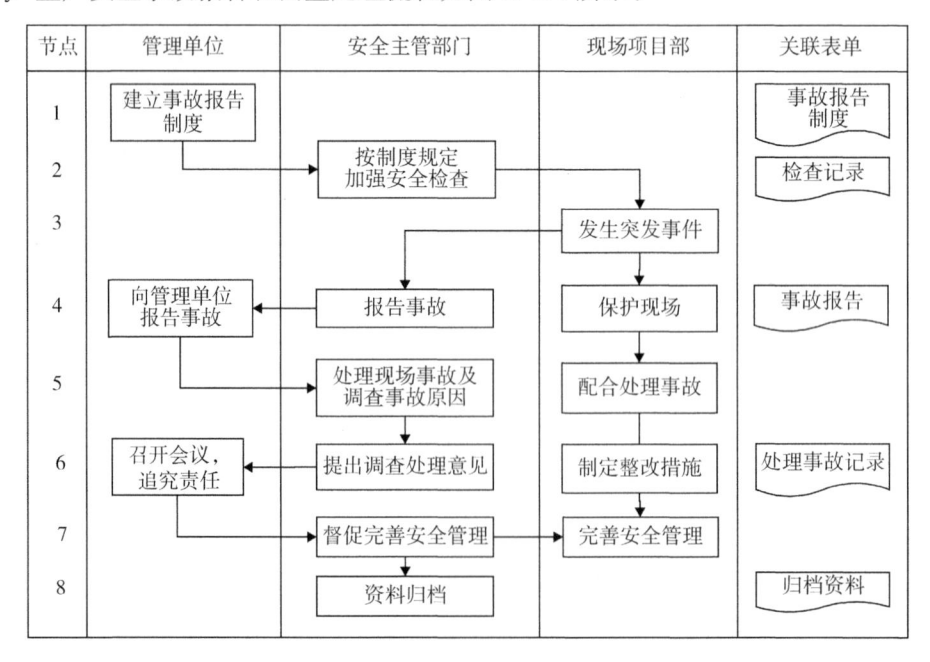

图 3.4.9 生产安全事故报告和调查处理流程图

(3) 记录及档案。这类文件包括安全生产责任书，安全生产宣传、培训、演练记录，危险源辨识与风险评价报告，隐患排查治理记录，安全设施及器具清单，安全设施及器具检验记录或报告，安全警示标志及危险源告知牌统计表，安全检查整改通知书，安全隐患整改回执单，安全生产月报，安全生产计划和总结等。各类记录应真实有效、及时归档。

3.4.2 运行管护类操作手册编写指南

1. 堤防工程日常巡查

参见本书第4章"堤防工程日常巡查标准化"相关内容。

2. 定期检查

(1) 范围及内容。开展堤防工程定期检查工作，包括定期检查的组织、检查记录与审核、检查情况上报、检查问题整改、检查成果审核与上报等工作事项，分为汛前、汛期、汛后不同检查类别。

(2) 标准及要求。

①制定方案。根据堤防工程的特点和风险程度，制定定期检查方案；明确检查任务、检查人员及检查时间安排。

②检查频次。每年3—5月进行1次汛前检查，确保汛期前堤防工程安全；每年6—9月进行1次汛期检查，根据实际情况，安排适当检查频次；每年10—11月进行1次汛后检查，评估汛期对堤防工程的影响。

③检查标准。参照《上海市河道维修养护技术规程》(DB31 SW/Z 027—2022)、《上海市黄浦江和苏州河堤防工程维修养护技术规程》(SSH/Z 10007—2017)等相关标准进行检查，重点检查堤防主体、附属设施、排水系统、穿堤建筑物等。

④检查记录。检查人员需认真记录巡查过程中发现的问题和情况；检查记录应包括巡查时间、地点、巡查人员、存在问题及处理建议等内容。

⑤问题整改。对于定期检查中发现的问题，应按照相关规定及时制定整改措施；设定整改时间表，明确整改责任人，确保问题得到及时、有效解决。

⑥编制定期检查报告。定期检查结束后，汇总检查记录，编制检查报告；检查报告应包括检查概况、存在问题、整改措施、整改时间表等内容。

⑦汛前检查流程如图3.4.10所示。

(3) 记录及档案。填写定期检查(汛前、汛后检查)记录表、问题台账及问题整改情况登记表，编制定期检查(汛前、汛后检查)报告并上报，相关资料整理归档。

3. 专项检查(特别检查)

(1) 专项检查(特别检查)范围及内容。当发生特大洪水、暴雨、台风、地震、高潮位、非常运用(超设计水位运行等)和重大堤防工程事故时，由管理单位负责组织专项检查。当发现异常现象时应加强观察，严密监视，并记录发展情况，研究紧急处理措施。

专项检查(特别检查)分为事前检查和事后检查。

①事前检查。应对防洪、防雨、防潮、防台风的各项准备工作和对堤防工程存在的问题及可能存在险情的部位进行检查。

②事后检查。应检查特大洪水、大暴雨、台风、风潮、地震、工程非常运用及发生重大

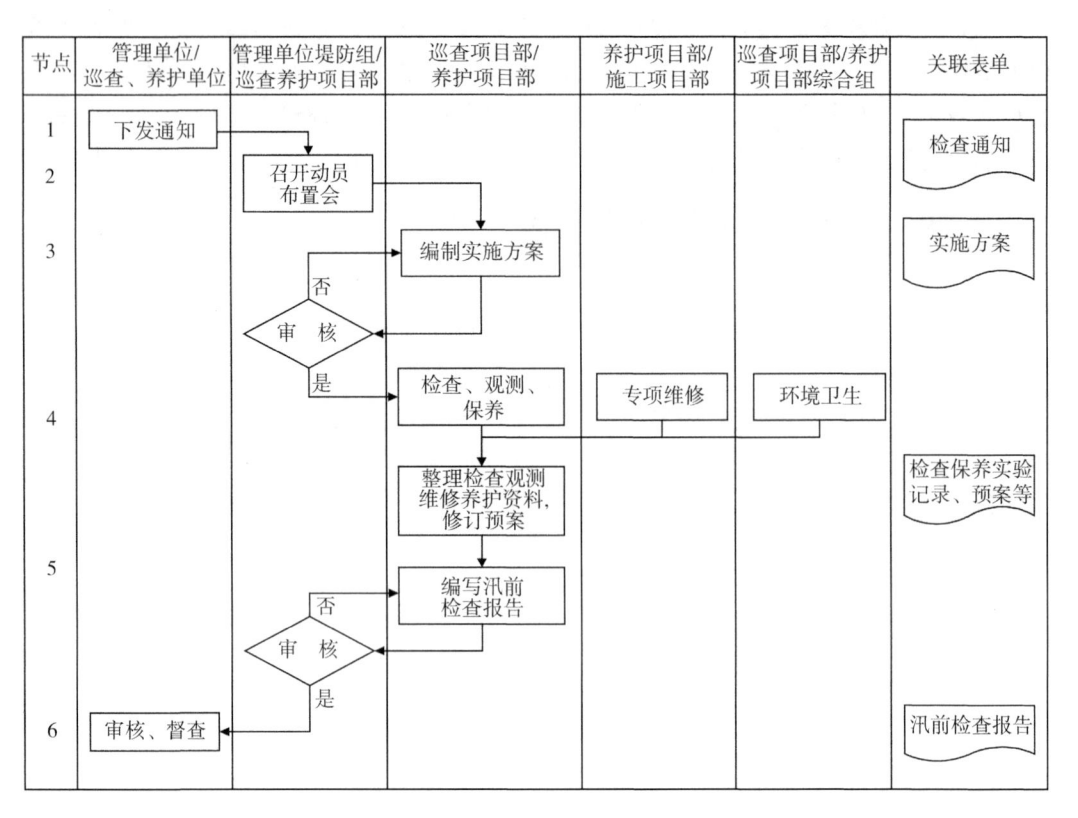

节点	管理单位/巡查、养护单位	管理单位堤防组/巡查养护项目部	巡查项目部/养护项目部	养护项目部/施工项目部	巡查项目部/养护项目部综合组	关联表单
1	下发通知					检查通知
2		召开动员布置会				
3		审核（否/是）	编制实施方案			实施方案
4			检查、观测、保养	专项维修	环境卫生	检查保养实验记录、预案等
5		审核（否/是）	整理检查观测维修养护资料，修订预案 / 编写汛前检查报告			
6	审核、督查					汛前检查报告

图 3.4.10 堤防工程汛前检查流程图

事故后堤防工程的损坏等。

③专项检查(特别检查)项目。

a. 堤防(防汛墙)各部位有无裂缝产生。

b. 堤防(防汛墙)有无局部损坏。

c. 防汛墙变形缝有无漏水、错位、不均匀沉降。

d. 防汛墙墙体有无滑动、倾斜等现象。

e. 防汛墙墙后有无地面沉陷、渗漏孔洞等现象；防汛墙墙后有无积水，排水是否畅通。

f. 防汛墙原来的缺陷是否有扩大的现象。

g. 堤防(防汛墙)迎水侧岸坡有无淘刷现象。

h. 防汛闸门能否正常关闭。

i. 潮防汛闸门井(拍门)有无堵塞，能否正常运行。

j. 防汛物料动用情况等。

(2) 专项检查(特别检查)频次。

①根据在建堤防工程和堤防险工薄弱等岸段的现状掌握情况，汛前、汛期和汛后各检查1次。

②汛期或者台风、暴雨、高潮、洪水等预警分布时，或者遇重大活动时，应当增加检查频次。

(3) 专项检查(特别检查)要求。

①专项检查(特别检查)由管理单位和养护责任单位组织开展，必要时邀请相关专业单位或专业技术人员参加。

②专项检查(特别检查)均应据实完整记录。

(4) 堤防工程专项检查(特别检查)流程如图 3.4.11 所示。

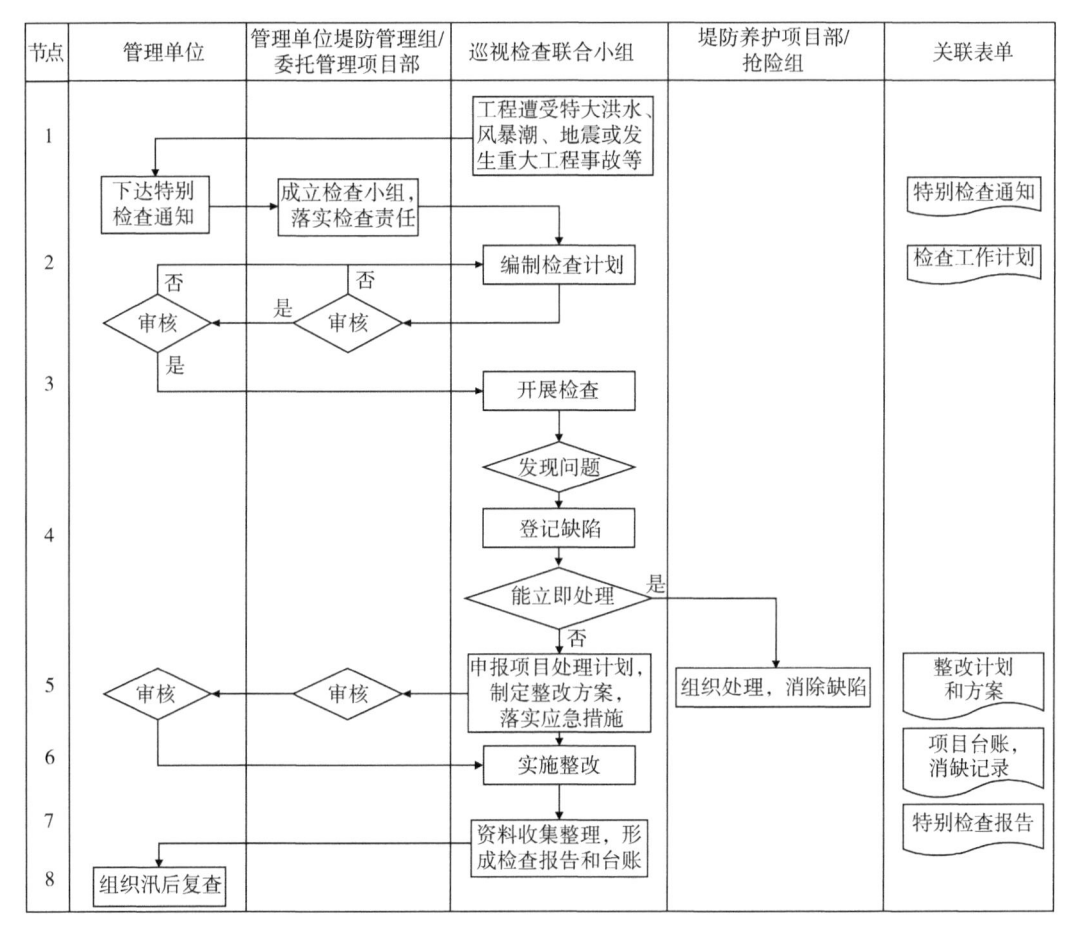

图 3.4.11　堤防工程专项检查(特别检查)流程图

(5) 记录及档案。填写专项检查(特别检查)记录表、问题台账及问题整改情况登记表，编制专项检查(特别检查)报告并上报；堤防工程专项检查的资料应按堤防工程管理资料整编标准等要求整理和保管，并按年度汇编归档。

4. 堤防保洁

(1) 范围及内容。堤防保洁包括堤防管理范围的各类保洁、垃圾清运和相关专项整治。

(2) 标准及要求。

①巡查、养护项目部应编制堤防保洁巡查和日常保洁年度工作计划。年度养护计划包括保洁范围、重点项目、人员配备、设备安排以及费用预算等内容。管理单位应对计划进行审核。

②堤防巡查人员应熟悉掌握堤防工程现状、保洁人员的分布及责任区范围,按照保洁巡查计划开展巡查;发现问题及时联系责任区保洁员,并每天做好原始巡查记录,填写记录表,材料装订有序。

③保洁人员应熟悉掌握堤防工程现状、责任区范围和工作标准,进入分管区域循环清扫。

④堤防保洁要求。

a. 堤防保洁对象包括堤防护岸、绿化、防汛通道及相关的附属设施等。

b. 重要景观可采取巡回保洁措施。

c. 保洁工作做到基本清洁,无废弃物(垃圾)。

d. 建筑物、构筑物立面应无明显污痕、乱贴、乱挂等现象;堤防标志等附属设施应无明显污迹;废物箱保持完好、箱体清洁,周围地面应无抛洒、残留垃圾。

e. 防汛通道路面、边沟、下水口、树穴等应保持整洁。

f. 及时清除"树挂"等白色污染物。

g. 堤防保洁频率为中心城区每天 1 次,近郊每周 1 次,在实际管理养护过程中,可根据需要酌情增加保洁频次。

h. 清扫的垃圾应集中堆放并及时清理。

⑤垃圾分类处理。

a. 垃圾按《上海市生活垃圾管理条例》进行分类,具体可分为可回收物、有害垃圾、湿垃圾、干垃圾。

b. 对不同的垃圾进行分类交付环卫部门处理,做到日捞日清。

c. 垃圾运输车保持车容车貌整洁,车辆表面无污渍、异味;垃圾运输车应停放在不影响其他车辆、行人通行的位置;垃圾运输车辆在运输过程中应遮盖,四周扎紧绳扣,防止垃圾散落。

d. 垃圾收集点应做好定期消毒、清理,无污渍、异味。

e. 收集的垃圾严禁就地焚烧。

⑥保洁安全要求。

a. 作业时应安全操作并做好防护措施。

b. 严禁饮酒后上岗进行河道保洁工作。

c. 有突击任务或有重大活动时保证所属人员、工具等服从管理单位统一安排使用。

⑦堤防保洁流程如图 3.4.12 所示。

(3) 记录及档案。填写河道堤防设施设备统计表、维修养护设备工具统计表、非必需品调查统计表、标志标牌一览表、保洁责任区域划分表、卫生保洁员考勤表、保洁工作记录表、保洁工作检查表、保洁工作周报表、消杀服务记录表、保洁考核评分表等,并整理归档。

5. 害堤动物防治

(1) 范围及内容。防治范围应包括堤防工程的管理范围、保护范围和害堤动物可能影响堤防安全的范围,主要包括獾、狐及鼠类和白蚁类。

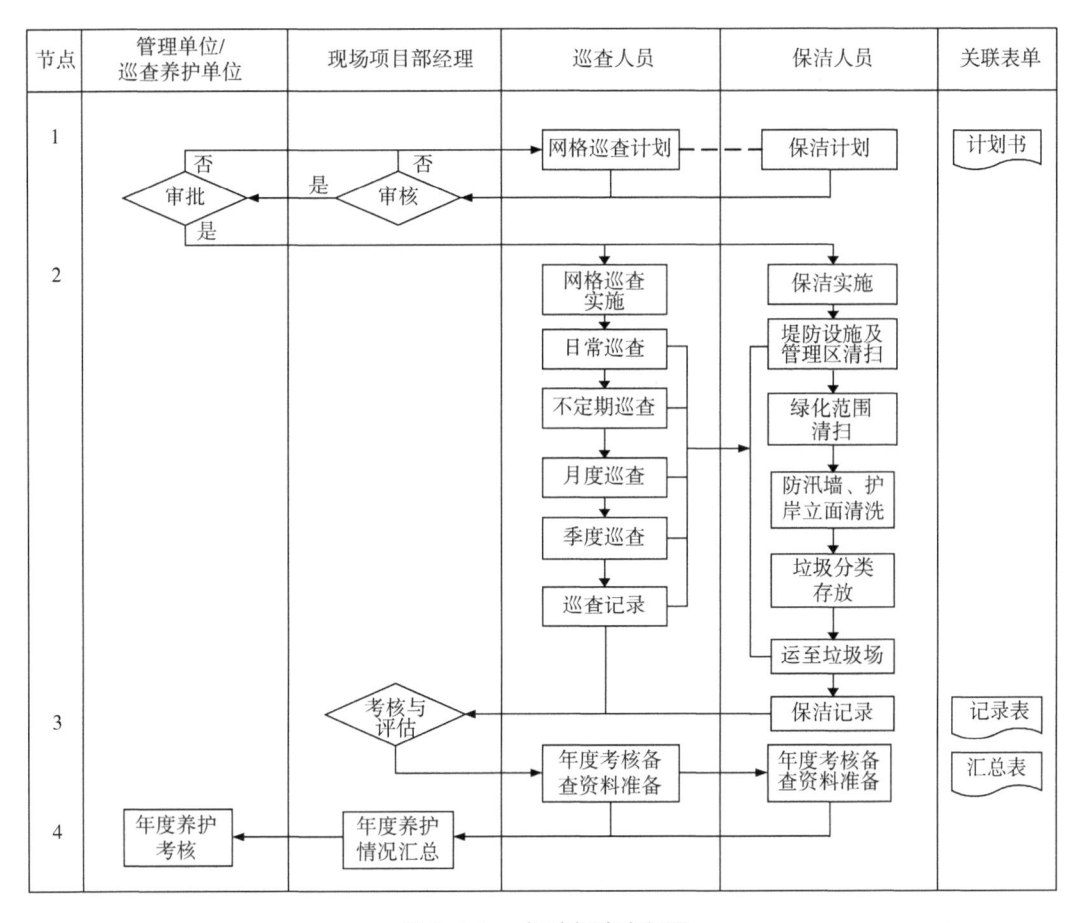

图 3.4.12　堤防保洁流程图

（2）标准及要求。

①害堤动物调查与监测。开展定期的害堤动物调查与监测，每年秋季和汛前进行2次普查，了解害堤动物种类、数量、活动范围等信息；对发现的害堤动物活动区域进行重点监测，评估其对堤防工程的潜在影响。

②防治措施制定。根据害堤动物调查与监测的结果，结合堤防工程的具体情况，制定科学、合理的害堤动物防治措施；防治措施应综合考虑生态保护和堤防安全需求，遵循防治害堤动物的相关法律法规。

③防治措施实施。采取有效的生物防治、物理防治等综合防治措施，减少害堤动物对堤防工程的破坏；及时清除堤坡上的树丛、高秆杂草等，消除便于害堤动物生存、活动的环境条件；发现白蚁危害及时与专业防治单位联系进行灭杀，避免因擅自处置引发大面积危害；加强堤防工程的维修养护，及时修复害堤动物造成的损坏，保证堤防安全。

④防治效果评估。对害堤动物防治措施的实施效果进行定期评估，确保防治措施的有效性；根据评估结果，调整和优化防治措施，提高害堤动物防治效果。

⑤害堤动物防治工作流程如图3.4.13所示。

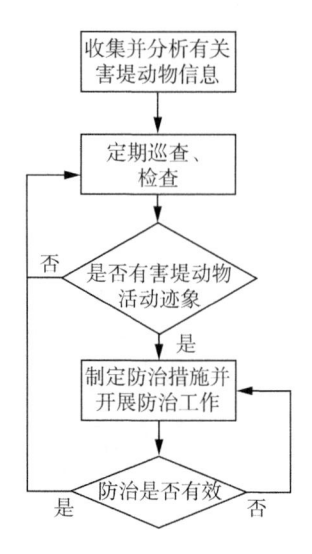

图 3.4.13　害堤动物防治工作流程图

（3）记录及档案。害堤动物防治工作方案、记录等妥善保存并及时归档。

3.4.3　管理保障类操作手册编写指南

1. 教育培训

（1）范围及内容。教育培训计划编报、教育培训实施、总结等。

（2）标准及要求。

①按照《公务员培训规定》（2019年10月修订）、《事业单位工作人员培训规定》（2019年11月发布）等有关规定，开展教育培训工作。

②教育培训计划编报。定期对职工的岗位能力、业务知识、技能需求进行调查分析，明确培训需求；根据培训需求，制订年度教育培训计划，明确培训课程、培训对象、培训时间、培训方式等内容。

③教育培训实施。按照培训计划，组织实施培训活动，确保培训内容质量和效果；选择合适的培训方式，如线上培训、线下培训、实地考察、专家讲座等，以增强培训效果；加强与培训机构和专家合作，充分利用外部资源，提升培训质量；对培训过程进行实时监控与管理，确保培训顺利进行。

④教育培训总结。培训结束后，对培训效果进行评估，包括培训满意度、知识技能掌握程度等方面的评价；汇总培训效果评估结果，编写培训总结报告，提出改进意见和建议；对培训成果进行跟踪管理，关注职工在岗位上的表现和提升，确保培训成果转化为实际工作能力。

⑤教育培训工作流程如图3.4.14所示。

（3）记录及档案。做好培训计划，培训记录、签到表，影像资料，教育培训情况年度统计报表，年度总结等记录及归档工作。

2. 标准化管理年度评价

（1）范围及内容。组织开展自评、上报自评结果、问题整改等。

（2）标准及要求。

①根据水利部《水利工程标准化管理评价办法》《上海市水利工程标准化管理评价细则》及其评价标准，开展年度评价工作。

②自评组织开展。成立自评工作小组，明确小组成员的职责和分工；对照评价办法和评价标准，进行全面、详细、客观地自查。

③自评结果上报。自评工作小组汇总自查结果，编写自评报告；自评报告应包括基本情况、自查情况、存在问题、整改措施和建议等内容；将自评报告报送单位领导审阅，确保报告真实、客观；按照相关规定将自评报告上报上级主管部门。

④问题整改。针对自评中发现的问题，制定整改方案；设定整改时间表，明确整改责任人，确保问题得到及时、有效解决；对整改过程进行监督和跟踪，定期汇报整改进展情况；整改完成后，组织复查，确保问题得到根本解决。

⑤年度工作自评流程如图 3.4.15 所示。

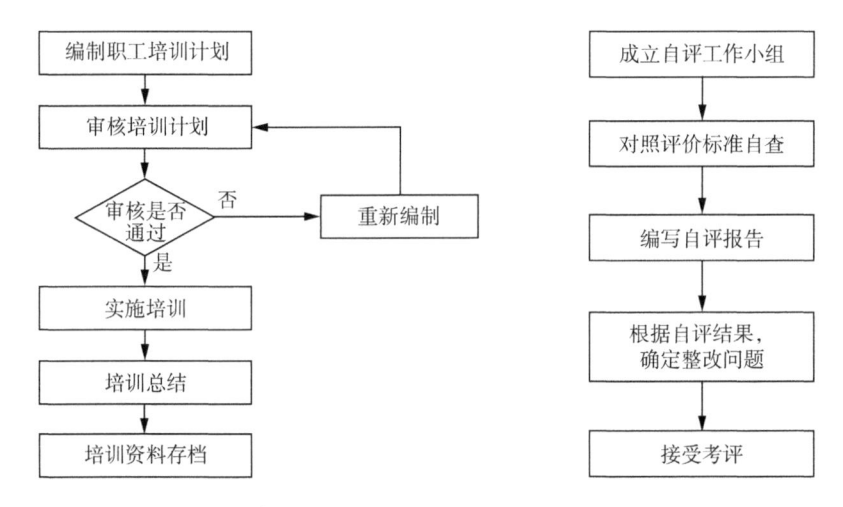

图 3.4.14　教育培训工作流程图　　图 3.4.15　年度工作自评流程图

（3）记录及档案。做好年度评价工作的资料收集及归档，包括会议通知、签到表、影像资料、专家意见、自评报告、评价结果通报、问题整改报告等。

3. 管理单位对巡查和养护公司合同考核

（1）范围及内容。按照堤防工程委托管理招投标文件、委托管理合同和合同考核管理办法，分别进行月度、季度、年度对巡查、设施养护、绿化养护等单位的合同考核。

（2）标准和要求。

①明确各专项考核实施细则。

②成立考核、考评小组。

③考核小组应做好各项考核准备工作。

④被考核单位（项目部）应按考核办法和考核标准，对管理现场和档案资料等做好考核自检，形成文字材料。

⑤考核小组在听取自检汇报的基础上,结合日常监管中掌握的情况,进行现场查看、资料查阅和相关质询,并公平公正打分。

⑥考核结果报管理单位领导审定后按考核办法和相关规定进行奖惩兑现。

⑦被考核单位针对考核中提出的问题应及时加以整改。

⑧各类考核资料及时整理归档。

⑨管理单位对巡查和养护公司考核流程如图 3.4.16 所示。

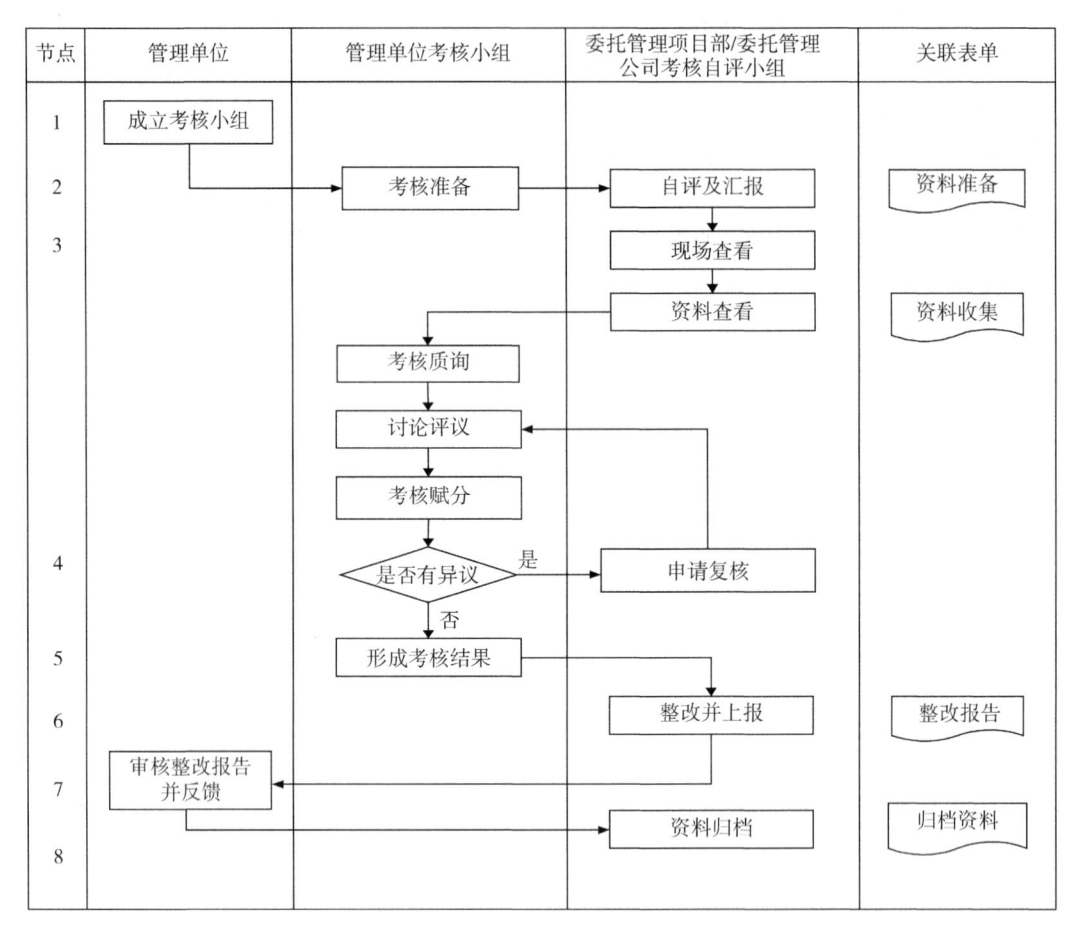

图 3.4.16 管理单位对巡查和养护公司考核流程图

（3）记录及档案。考核自检报告、考核结果、整改报告等。

3.4.4 信息化建设类操作手册编写指南

1. 信息化平台建设

（1）范围及内容。信息化平台建设、堤防工程在线监管、工程信息动态更新、信息共享等。

（2）标准及要求。

①对信息化平台建设、管理、使用,堤防工程在线监管,工程信息动态更新,信息共享等提出具体工作要求。其中,信息化平台建设应包括总体架构、功能板块等方面。

②信息化平台建设。建设一个整体、统一、高效的信息化平台,以支持各类水利工程的监管和管理工作。平台应具备兼容性、可扩展性、可维护性和安全性;平台功能应包括堤防工程在线监管、"四预管理"、工程信息动态更新、信息共享等。

③堤防工程在线监管。建立实时监控系统,对堤防工程进行全面、实时地在线监管;确保监管数据的准确性、完整性和及时性,以便在发生问题时迅速采取措施处置。

④工程信息动态更新。建立工程信息更新机制,确保工程信息能够及时、准确地传递给相关人员和部门;定期对工程信息进行检查和修订,以确保信息准确无误。

⑤信息共享。保证数据安全的前提下,推动部门之间的信息共享,提高工作效率。

⑥信息化平台管理与使用。制定和实施信息化平台管理制度,明确各级管理者和使用者的职责和权限;定期对信息化平台进行维护和更新,确保平台的正常运行;对平台使用者进行培训,提高其使用平台的能力和效率。

⑦信息化平台建设流程如图 3.4.17 所示。

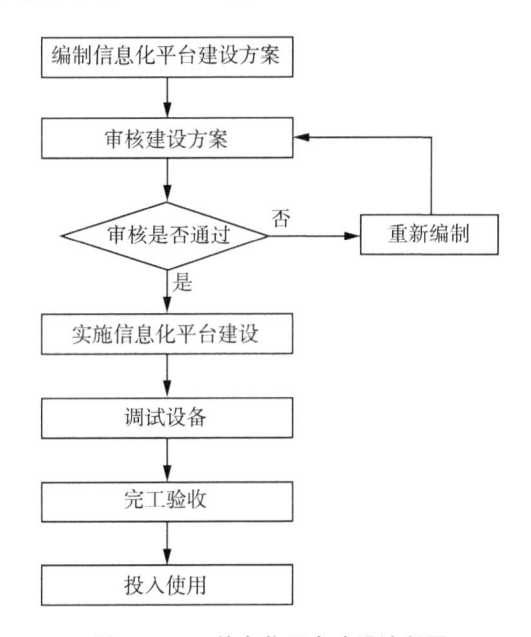

图 3.4.17 信息化平台建设流程图

(3)记录及档案。做好信息化平台资料收集及归档工作,包括使用说明书,堤防工程在线监管、工程信息动态更新、信息共享电子化记录等。

2. 信息化平台维护

(1)范围及内容。信息化硬件设施维护、软件维护等。

(2)标准及要求。

①信息化硬件设施维护。建立和完善硬件设施的日常巡检和维护制度,确保硬件设备的正常运行;对硬件设施进行定期检查和维修,发现故障或损坏立即处理;对硬件设备的使用寿命进行监控,提前预警可能存在的风险,并按计划进行更换或升级;建立硬件设施的备份机制,确保关键数据和系统的安全可靠;建立应急响应机制,确保在硬件设施发生故障时能够及时处理,降低对业务的影响。

②软件维护。对软件定期检查,发现漏洞、错误或异常立即修复;根据需求和发展趋势,定期对软件进行优化和升级,提高软件性能;建立软件的数据备份和恢复机制,确保数据安全和业务连续性;加强软件安全管理,防范病毒、恶意攻击等网络安全风险。

③信息化硬件设施维护工作流程如图 3.4.18 所示。

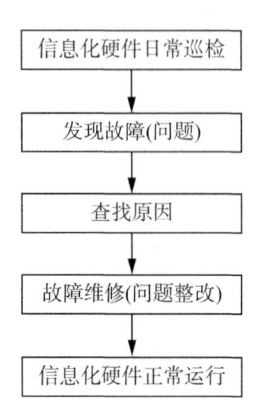

```
信息化硬件日常巡检
    ↓
发现故障(问题)
    ↓
查找原因
    ↓
故障维修(问题整改)
    ↓
信息化硬件正常运行
```

图 3.4.18　信息化硬件设施维护工作流程图

(3) 记录及档案。做好信息化平台维护的记录及归档,包括巡检记录、维修时间、故障描述、维修情况等。

3. 自动化监测预警

(1) 范围及内容。包括雨水情、安全监测、视频监控等关键信息接入及动态管理;监测监控数据异常时的识别及预报预警等。

(2) 标准及要求。

①对安全监测、视频监控等关键信息数据的采集、计算、分析,异常数据识别及预测预警等提出要求。

②数据采集与计算。确保安全监测和视频监控系统稳定运行,对关键信息数据进行实时、准确、完整地采集;优化数据采集频率和方式,以适应不同监测场景和需求;对采集的数据进行及时处理与计算,为分析和预测提供基础。

③数据分析与异常识别。建立完善的数据分析模型,对采集的数据进行深入分析,从而发现潜在问题和风险;利用大数据、人工智能等技术,对异常数据进行自动识别,提高异常检测的准确性和效率;对识别出的异常数据进行进一步分析,确定异常原因并制定解决方案。

④预测预警。结合历史数据和现场情况,建立预测模型,对可能发生的安全问题进行预测;设定预警阈值,对达到预警阈值的异常数据及时发出预警信号,通知相关部门和人员采取措施;建立应急响应机制,确保在预警发出后能够迅速采取相应措施,减少潜在风险对工程和人员的影响。

⑤自动化监测预警工作流程如图 3.4.19 所示。

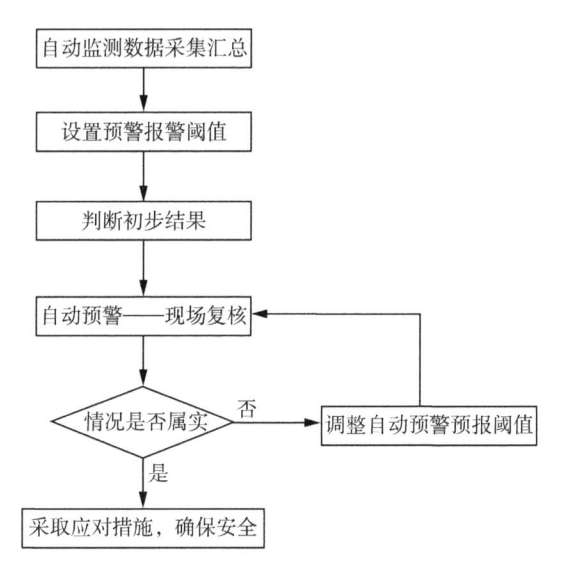

```
┌─────────────────────┐
│ 自动监测数据采集汇总 │
└──────────┬──────────┘
           ▼
┌─────────────────────┐
│  设置预警报警阈值   │
└──────────┬──────────┘
           ▼
┌─────────────────────┐
│    判断初步结果     │
└──────────┬──────────┘
           ▼
┌──────────┐     ┌──────────┐
│ 自动预警 │────▶│ 现场复核 │
└──────────┘     └──────────┘
     │                ▲
     ▼                │
  情况是否属实─否─▶ 调整自动预警预报阈值
     │是
     ▼
采取应对措施，确保安全
```

图 3.4.19　自动化监测预警工作流程图

（3）记录及档案。做好自动化监测预警信息的记录及归档，包括自动化监测数据采集表、异常数据识别记录表、报警信息汇总表等。

4. 网络安全管理

（1）范围及内容。包括网络安全防护，网络安全培训、演练，水利专网、互联网区域管理、安全分区防控、等级分级保护等。

（2）标准及要求。

①按照《中华人民共和国网络安全法》《中华人民共和国数据安全法》《关键信息基础设施保护条例》等相关规定，开展网络安全管理工作。

②网络安全防护。建立健全网络安全防护体系，定期进行网络安全检查，加强安全漏洞扫描和风险评估，确保及时修复漏洞和加固系统安全。

③网络安全培训。定期组织相关人员进行网络安全培训，增强职工网络安全意识和技能。

④网络安全演练。定期开展网络安全应急演练，模拟实际攻击场景，检验网络安全应急响应和恢复能力，提高应对网络安全事件的能力。

⑤水利专网管理。加强水利专网的管理和维护，确保水利专网的安全稳定运行。实施严格的网络接入审批和权限控制，防止非法访问和恶意攻击。

⑥互联网区域管理。对接入互联网的区域进行严格管理，划分内外网区域，遵循"最小权限原则"，限制不必要的互联网访问。

⑦安全分区防控。建立多层次的网络安全防护体系，对不同安全级别的网络区域实施不同程度的安全防护措施，确保关键信息基础设施的安全稳定运行。

⑧等级分级保护。根据网络系统的重要程度和安全风险，实施等级分级保护制度。对关键信息基础设施实施严格的安全保护措施，确保关键数据和信息安全。

⑨网络安全管理工作总流程如图 3.4.20 所示。

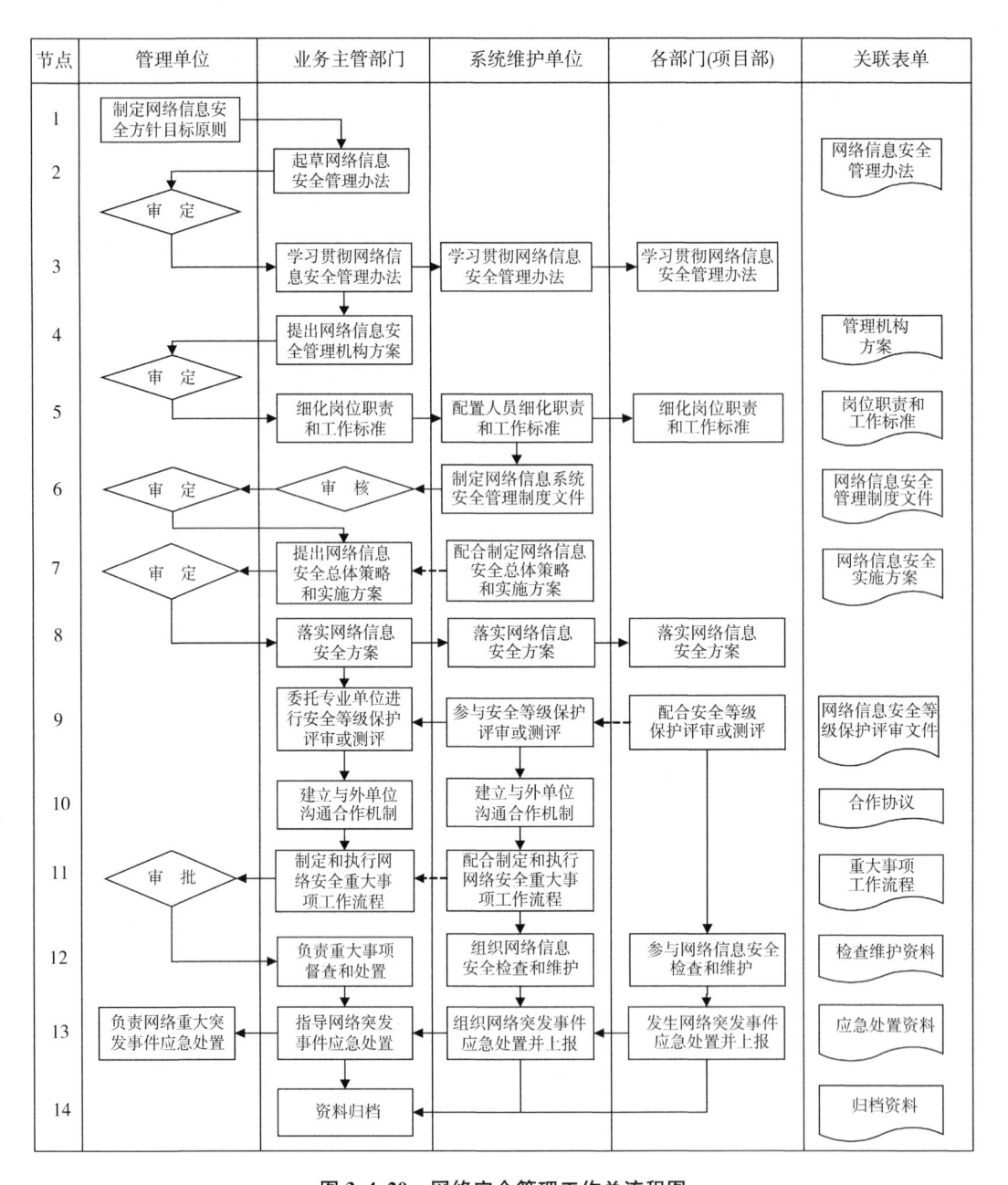

图 3.4.20　网络安全管理工作总流程图

（3）记录及档案。做好网络安全管理日常信息的记录及归档，包括信息系统网络安全架构拓扑图、网络安全设备清单、网络安全培训及演练台账资料、委托有资质的专业单位承担网络安全维保与业务培训等服务的资料、信息化系统安全等级保护测评资料。

第 4 章

堤防工程日常巡查标准化

4.1 范围

堤防工程日常巡查标准化指导书适用于黄浦江上游堤防管理和保护范围内的日常巡查、水事巡查以及涉河建设项目和活动的日常巡查管理,其他堤防工程日常巡查可参照执行。

4.2 规范性引用文件

参见本书第 2 章第 2.3.1 节"工程巡查"相关内容。

4.3 组织管理、资源配置和岗位职责

4.3.1 一般要求

(1) 堤防工程日常巡查,实行统一管理、分片负责相结合的原则。日常巡查包括陆上巡查和水上巡查。日常巡查由管理单位组织实施,具体巡查工作委托专业公司承担。

(2) 巡查公司应按《上海市黄浦江和苏州河堤防巡查养护标准化站点建设和管理办法》(沪堤防〔2020〕4 号)和巡查工作要求,设置管理项目部和现场站点,每个巡查公司应按巡查范围的大小设置管理项目部和巡查站点,配备现场专职项目经理、管理人员和巡查人员,配置一定数量的办公、生产、观测、交通、通信等设备、仪器和工具。

(3) 日常巡查范围为堤防工程管理范围,对管理范围以外区域若有可能影响堤防安全的行为也应加强巡查,及时上报。

4.3.2 人员安排及岗位要求

(1) 堤防日常巡查,要求巡查公司在堤防工程巡查工作中设置项目部和巡查站点,配置项目经理 1 名、技术负责人 1 名、信息员 1 名、资料员 1 名、安全员 1 名、巡查人员若干名(巡查人员数量配备应满足堤防管理需要,一般每人巡查范围不超过 5 km)。

(2) 巡查员应具有同类堤防工程管理经验,应通过国家及行业有关部门培训考试合格,持证上岗。巡查员应通过培训熟悉相关堤防、涵闸等设施的基本结构;掌握堤防工程

发生险情的应急处置措施;熟悉有关涉堤涉水法律法规;掌握堤防工程业务管理的基本原则、方法、要点。

(3) 信息员应当熟悉日常巡查信息处理与汇总流程,能统计并记录各类巡查上报问题并形成汇总性文件,按上级管理单位要求定期参加堤防工程、巡查公司综合考评。

(4) 巡查站点人员应严格遵守各项规章制度,不得擅自离开工作岗位,不得做与值班无关的事,不得酒后上班。巡查员应着装整洁,思想集中,做好安全保卫工作。

(5) 巡查公司应当接受管理单位不定期对巡查人员的"应知应会"测评。

4.3.3　日常巡查设备和工具配置

(1) 堤防墙前泥面测深杆:用于对问题岸段水下护坡泥面数据测量。

(2) 记录本和记录笔:记载巡查日志。

(3) 卷尺:丈量堤防部位尺寸,对堤防设施出现的异常情况进行现场量测判定。

(4) 吊锤(简称绳子):在绳子上标好刻度,以丈量墙前冲刷深度。

(5) 三角小红旗或红色笔:现场做临时标志或记号。

(6) 小瓶高锰酸钾或红墨水、木屑:巡查中发现有漩涡或渗水时,将其倒入漩涡中或渗水处,以探查堤防渗漏路径。

(7) 铁锹:查探险情,开沟引流。

(8) 巡查专用手机(手持终端):巡查员在到达岸段起始处开启巡查专用APP记录巡查轨迹,至巡查结束时退出APP,发现问题时通过APP将问题上报至网格化系统。

(9) 测深杆:堤防(防汛墙)前沿滩面定期监测的作业工具。

(10) 水上巡查船:用于水上巡查监测。船型基本参数及主要动力配置等应根据工作需求及相关行业部门的要求进行购置。

4.4　巡查范围、内容、判定标准及巡查频次

4.4.1　日常巡查范围

(1) 堤防(防汛墙)管理(保护)范围是保障堤防安全的基本巡查范围。

(2) 防汛墙墙后有在建工程的,应沿垂直河道方向扩大巡查范围30～50 m,顺河方向两侧扩大巡查范围各30 m及以上。

(3) 两级挡墙组合式防汛墙,其一、二级挡墙之间全部区域均属于堤防巡查范围。

(4) 空箱式防汛墙包括结构边缘后侧10 m范围内的全部区域。

(5) 黄浦江上游段巡查范围为确权或征地范围,且不小于堤防管理(保护)范围。

(6) 水域与陆域连通的码头、栈桥、亲水平台等公共开放空间的全部区域。

(7) 水上巡查范围为河道两岸河口线,包括堤防(防汛墙)之间的全部水域。

4.4.2　巡查工作基本要求

巡查工作应做到"四到""三清""三快"。

(1) 四到。即手到（用手来排摸和检查）、脚到（用脚查探发现险情）、眼到（用眼看清有无险情）、耳到（用耳听有无异样声音）。

(2) 三清。即险情查清、标志记清、报告说清。

(3) 三快。即发现险情快、报告快、处理快。

4.4.3 巡查主要内容和判定标准

1. 堤身外观及堤防护岸巡查内容和判定标准

堤身外观及堤防护岸巡查内容和判定标准如表 4.4.1 所示。

表 4.4.1 堤身外观及堤防护岸巡查内容和判定标准

序号	巡查内容	巡 查 判 定 标 准
1	堤身外观	(1) 堤顶：宽度和堤顶结构符合设计标准，堤顶坚实平整，堤肩线平顺。无凹陷、裂缝、残缺，相邻两堤段之间无错动。土质堤顶未因沉降与硬化堤顶脱离，硬化路面无明显磨损。 (2) 堤坡：堤坡平顺，坡度符合设计标准。无雨淋沟、滑坡、裂缝、塌坑、洞穴现象，无害堤动物洞穴和活动痕迹，无渗水散浸。排水沟完好、顺畅，排水孔正常，渗漏水量无异常情况。 (3) 堤脚：无隆起、下沉，无冲刷、残缺、洞穴。 (4) 混凝土：无溶蚀、侵蚀和冻害、老化等情况。 (5) 砌石：平整、完好、紧密，无松动、塌陷、脱落、风化、架空等情况。 (6) 护堤地和堤防工程保护范围：背水堤脚以外无管涌、渗水等。
2	防汛墙墙体有无下沉、倾斜、错位、滑动、裂缝、破损、老化、露筋、剥蚀等情况	(1) 混凝土墙体相邻段无错动且伸缩缝开合与止水正常，墙顶、墙面无裂缝、溶蚀，排水孔正常。墙体无撞损现象。墙身贴面砖无脱落。 (2) 墙前、墙后：墙前浆砌块石护坡或钢筋混凝土护坡无局部破裂、勾缝脱落、侵蚀剥落、底部淘刷等现象，墙后覆土及堤身土体无流失和出现空洞现象。 (3) 桩基与承台中钢筋保护层完好无损坏、钢筋无外露现象。 (4) 浆砌块石墙体变形缝内填料无流失，排水孔排水畅顺。 (5) 巡查发现墙体破损应记录上报，并督促修复。墙体破损程度的评判标准为： ①轻微破损，墙体破损深度小于 1 cm； ②中度破损，墙体破损深度为 1～5 cm； ③重度破损，墙体破损深度为 5～10 cm； ④墙体缺口，墙体破损深度大于 10 cm； ⑤整体溃决，即墙体整体坍塌，造成堤岸线的防御标准迅速降低，严重危及后方陆域安全。 (6) 防汛墙墙体下沉、倾斜或外移超过 2 cm（施工期间超过 1 cm），应上报处置。如在 2 cm 以内的应做好标记，并采用"测深杆"加强滩面观察，每周 2 次。 (7) 堤防出现以下情况的应紧急上报： ①防汛墙体下沉超过 20 cm、倾斜或外移超过 5 cm； ②低桩承台结构或重力式结构防汛墙，墙后出现内外贯通孔洞，土体坍塌情况； ③墙体受外力撞击，墙体缺口深度大于 50 cm、长度大于 1 m 以及墙身部位出现混凝土松动脱落。
3	墙体有无裂缝情况	根据裂缝类型，分别记录上报，并采取适当方式修复。
4	一、二级挡墙之间裂缝情况	一、二级挡墙之间的区域属于堤防巡查范围，该区域范围内出现顺河向裂缝，应立即上报。
5	墙体变形缝有无损坏、填充物脱落、止水带断裂等情况	(1) 巡查发现钢筋混凝土变形缝损坏，应记录上报并督促修复，包括： ①原有变形缝设有橡胶止水带且未断裂的变形缝的修复； ②原有变形缝未设有橡胶止水带或原有止水带失效的变形缝修复； ③变形缝后贴式止水修复。 (2) 巡查发现砌石结构变形缝损坏，应记录上报并督促修复。

续表

序号	巡查内容	巡查判定标准
6	墙体和地基有无渗漏情况	(1) 巡查发现穿墙设施处墙体渗漏,应记录上报并督促处理,包括迎水面渗漏处理、背水面渗漏处理、槽口回填渗漏处理、变形缝渗漏处理。 (2) 巡查发现地基渗漏,应记录上报并督促加以处理。 (3) 高桩承台结构防汛墙,墙后发现渗水情况时,首先应仔细摸清渗水来源,其方法是高水位时在迎水面相对应位置投放高锰酸钾、红墨水或木屑进行观察和分析,必要时可委托专业单位采取潜水检查的办法,查明渗水来源后应及时上报处理。
7	护坡坡面有无坍塌、破损、松动、隆起、底部淘空、垫层散失等情况	(1) 坡面应平整、完好。 (2) 砌缝紧密及填料密实。 (3) 砌体无松动、塌陷、脱落、架空、垫层淘刷现象。 (4) 护坡上无杂草、杂树和杂物等。 (5) 浆砌石或混凝土护坡变形缝和止水正常完好。 (6) 坡面未发生局部侵蚀剥落、裂缝或破碎老化。 (7) 排水孔排水顺畅。
8	防汛土堤有无雨淋沟、塌陷、裂缝、渗漏、滑坡和白蚁、害兽危害等情况	(1) 土堤应保持坡面自然,堤顶平顺,无坑洼、堆积杂物、渗漏、积水等迹象。 (2) 巡查发现土堤出现雨淋沟、浪窝、坍塌或墙后填土区下陷时,应记录上报并督促按原设计标准填补夯实。内、外坡绿化缺损应及时修复。 (3) 巡查发现土堤发生裂缝,应记录上报并督促针对裂缝特征按照相关规定处理。 (4) 巡查发现土堤堤身遭受白蚁危害时,应记录上报并督促采取毒杀、诱杀、扑杀等方法防治。蚁穴、兽洞可采用灌浆或开挖回填等方法处理。
9	排水系统、导渗设施有无损坏、堵塞、失效情况	(1) 防渗设施:保护层完整,无断裂、损坏、失效。 (2) 排水设施:排水沟进口无孔洞暗沟,沟身无沉陷、断裂、接头漏水、阻塞,出口处无冲坑悬空。排水体内无淤泥、杂物及淤塞。

2. 防汛闸门和潮闸门井以及穿堤建筑物巡查内容和判定标准

防汛闸门和潮闸门井以及穿堤建筑物巡查内容和判定标准如表4.4.2所示。

表4.4.2 防汛闸门和潮闸门井以及穿堤建筑物巡查内容和判定标准

序号	巡查内容	巡查判定标准
1	闸门、门槽有无堵塞、门底槛损坏、止水带老化及变形情况	钢闸门无生锈现象,门槽无堵塞,闸门的启闭设备、转动部件及锁定装置良好无破损;钢闸门无局部变形,橡胶止水带未损坏或老化。
2	连接部件有无锈蚀、门墩损坏、门体变形等情况	连接部件无锈蚀,门墩无破损,门体未发现明显变形。
3	防汛闸门、潮闸门井闸门及通道门运行状况等情况	防汛闸门、潮闸门井闸门及通道门运行状况正常,无异常、不整洁情况。
4	保洁等情况	穿堤挡潮建筑物、构筑物及潮门、拍门控制阀及其启闭设备外立面应整洁,无缺失或失灵,无损坏或被盗现象。
5	穿堤、跨堤建筑物及其与堤防接合部情况	(1) 穿、跨堤建筑物无损坏现象,能正常运用。 (2) 穿堤建筑物与堤防接合部的结合紧密完好,无渗水、裂缝、坍塌现象。若存在明显潮湿,应及时上报。 (3) 穿堤建筑物与土质堤防的接合部临水侧截水设施完好无损,背水侧反滤排水设施完好、无阻塞现象。 (4) 跨堤建筑物支墩与堤防接合部无不均匀沉陷、裂缝、空隙等。 (5) 跨堤建筑物与堤顶之间的净空高度,满足堤防交通、防汛抢险、管理维修等方面的要求。 (6) 上、下堤道路及其排水设施与堤防的接合部无裂缝、沉陷、冲沟。 (7) 各类管线从堤防(防汛墙)基础下穿越,墙后地面无潮湿、积水现象,管线周围无破损、漏水。若存在渗流破坏的迹象,应紧急上报。

3. 防汛通道及水务桥梁巡查内容及评定标准

防汛通道及水务桥梁巡查内容及评定标准如表 4.4.3 所示。

表 4.4.3　防汛通道及水务桥梁巡查内容及判定标准

序号	巡查内容	巡查判定标准
1	路面有无破损、裂缝、坍塌、沉降等	路面无破损、裂缝、坍塌、沉降等。堤顶道路兼作防汛通道时,路面出现纵向裂缝,裂缝宽度大于 1 cm 时应立即上报处理。
2	侧石和平石有无损坏、缺失情况及路肩坍塌等	侧石和平石无损坏、缺失情况及路肩坍塌等。
3	道路排水是否通畅	道路排水通畅。如发现有积水,应立即进行引流,将积水排除。
4	路面是否整洁,有无超载、违规占用情况等现象	路面整洁,无超载、违规占用情况。道路安全畅通,防汛通道宽度不小于 3 m,发生损坏时应及时记录上报,并督促加以修复。
5	管理责任	兼作公路堤段的管护主体应明确、管护职责应落实。
6	限高门架、防撞墩等状况	设置于防汛通道上的限高门架、防撞墩等安全设施完好。
7	水务桥梁情况	连接防汛通道上的桥梁无局部损坏,桥梁护栏无损坏、缺失;桥面变形缝无损坏现象;桥台护坡无局部损坏现象。

4. 绿化及景观巡查内容和判定标准

绿化及景观巡查内容和判定标准如表 4.4.4 所示。

表 4.4.4　绿化及景观巡查内容和判定标准

序号	巡查内容	巡查判定标准
1	有无违法占用、人为破坏现象,场地周边有无杂物、积水等;有无警示标志	(1) 管理范围内,无擅自林(树)木迁移、砍伐以及绿化用地被占用等情况。 (2) 无人为损害,无乱贴、乱画、乱钉、乱挂、乱堆、乱放的现象。 (3) 对养护范围内的树林或其他可能造成人员伤亡的场所,应设置禁止吸烟、禁止火种、禁止游泳等安全警告牌。
2	草坪、乔木、灌木、水生植物及花坛花境等状况	(1) 根据植物生长习性,合理修剪整形,保持树形整齐美观,骨架均匀,树干基本挺直。 (2) 树穴、花池、绿化带应保持整洁,无垃圾堆积物。 (3) 树木缺株在 1% 以下,无死树、枯枝。 (4) 树木病虫危害程度控制在 5% 以下,无药害。 (5) 种植 5 年内新补植行道树同原有的树种,规格应保持一致,并有保护措施。 (6) 绿篱生长旺盛,修剪整齐、合理,无死株、断档,无病虫害。 (7) 草坪生长旺盛,保持青绿、平整,无杂草、裸露地面,成片枯黄。 (8) 在台风来临前加固防御,合理修剪,加固护树设施,增强抵御台风的能力。台风后及时进行扶树、护树、补好残缺,清理断枝、落叶和垃圾,使绿化景观尽快恢复。 (9) 病虫害药物防治时,须做到对周围空气、水体等不产生污染,不得对植物有药害。
3	亲水景观花坛状况	亲水景观花坛无损坏、缺失现象。

5. 附属设施的巡查内容及判定标准

附属设施的巡查内容及判定标准如表4.4.5所示。

表4.4.5 附属设施的巡查内容及判定标准

序号	巡查内容	巡查判定标准
1	里程桩、标志牌	(1)里程桩号无损坏、遮挡、涂抹、调整等情况。 (2)标志牌无损坏、锈蚀、松动、脱落、涂抹等情况。
2	栏杆等设施	护栏、栏杆、亲水平台、护舷应保持完好,如有损坏,应及时按原设计标准进行整修或更新。钢结构护栏、钢栏杆应定期进行除锈、涂漆。木质护舷应定期防腐。
3	观测设施	各种观测设施保持完好,能正常进行观测。监测管线、检查井、接线盒、熔接包、光缆标示牌、潮闸门启闭感应装置保持完好。光缆无裸露。布设于堤防沿线的信息管线以及标有"上海堤防"字样的管线井保持完好。若发现损坏现象应督促及时处理。
4	堤防沿线视频监控设施	布设于堤防沿线的视频监控设施保持完好。
5	防汛抢险设施情况	(1)重点堤段储备有土料、砂石料、编织袋等防汛抢险物料。无散失、挪用现象。 (2)重要堤段按规定配备防汛抢险照明设施、运载交通工具。交通车辆、通信等各种防汛抢险设施处于完好待用状态。
6	救生设施是否缺失	发现救生设施缺失,应上报和处置。

6. 临时堤防(防汛墙)巡查内容及判定标准

临时堤防(防汛墙)巡查内容及判定标准如表4.4.6所示。

表4.4.6 临时堤防(防汛墙)巡查内容及判定标准

巡查内容	巡查判定标准
临时堤防(防汛墙)结构、防汛物资、通道闸门(含插板)及与两侧现有防汛墙连接处的封闭情况	(1)当局部堤防出现越浪或漫溢险情时,利用墙后有利地势,简单、快速形成临时小包围隔断,控制局部岸段越浪或漫溢险情扩ణ。 (2)对于墙后地势偏低的区域,墙后具备良好的永久性排水措施,墙后处于水流畅通、不积水的安全工况。 (3)临时防汛墙必备设施如闸门、袋装土料等,配备齐全,并留有安全堆放位置。 (4)在建工程临时防汛墙顶标高不应低于相邻两侧已建防汛墙的墙顶标高。墙后备足相应的加固材料,如袋装砂、碎石、土料等,物资数量至少为非汛期配备的2倍。 (5)通道闸门(含插板)及与两侧现有防汛墙连接处封闭不漏水。 (6)利用水域侧围堰作为临时防汛墙的,其两端连接处应封闭不漏水。

7. 危害工程安全活动巡查内容及判定标准

危害工程安全活动巡查内容及判定标准如表4.4.7所示。

表4.4.7 危害工程安全活动巡查内容及判定标准

巡查内容	巡查判定标准
(1)堤防管理(保护)范围内是否按许可要求从事建设活动。 (2)堤防管理(保护)范围内有无擅自搭建各类建筑物、构筑物。 (3)堤防管理(保护)范围内有无擅自改变堤防结构、设施。 (4)堤防管理(保护)范围内有无影响堤防安全的活动。 (5)堤防管理(保护)范围内有无倾倒废弃物以及生活垃圾、粪便。	(1)堤防及附属建筑物、构筑物、机电设备、堤防用地和绿化区等均属国家财产,应加以保护,未经批准,不得以任何借口和理由占用、转卖、出租、交换或损坏。 (2)在堤防工程巡查范围内,以下行为属于禁止类行为: ①损坏、破坏、改变堤防工程(包括改变防汛墙主体结构); ②带缆泊船或者在不具备码头作业条件的防汛墙岸段内进行装卸作业; ③倾倒工业、农业、建筑等废弃物及生活垃圾、粪便; ④放牧、垦殖、砍伐盗伐护堤护岸林; ⑤清洗装贮过油类等有毒有害污染物的车辆、容器; ⑥搭建房屋、棚舍等建筑物或构筑物; ⑦在防汛墙抢险通道内行驶2 t以上车辆; ⑧船舶、排筏等水上运输工具在行驶中碰撞防汛墙; ⑨影响河势稳定、危害河道堤防安全及妨碍河道防洪排涝的其他行为。

续表

巡查内容	巡查判定标准
(6) 堤防管理（保护）范围内有无有毒有害污染物。 (7) 堤防管理（保护）范围内有无可能影响河势稳定、危及堤防安全的水上水下作业。 (8) 在防汛通道上是否有行驶超设计吨位车辆。	(3) 在堤防工程巡查范围内，以下行为属于限制类行为（任何单位和个人实施下列行为，必须事先经市水务管理部门同意）： ①堆放货物、安装大型设备； ②搭建各类建筑物、构筑物及其他设施； ③取土、开挖、进行考古挖掘、敷设各类地下管线； ④爆破、钻探、打桩、打井、挖筑鱼塘等影响堤防安全； ⑤疏浚河道； ⑥设置鱼簖、网箱及其他捕捞装置； ⑦林（树）木擅自迁移、砍伐以及占用绿化用地； ⑧从事可能影响堤防（防汛墙）安全的其他行为。 (4) 确因建设工程需要，必须在堤防（防汛墙）上凿洞、开缺的，应当经市水务局办理相关行政许可审批后方可实施。

8. 堤防环境巡查内容及判定标准

堤防环境巡查内容及判定标准如表 4.4.8 所示。

表 4.4.8 堤防环境巡查内容及判定标准

序号	巡查内容	巡查判定标准
1	堤防陆域环境是否整洁、美观	(1) 堤顶、堤坡、堤脚、护堤地等处垃圾、杂物、干枯枝叶及时清除，保持工程沿线干净整洁。 (2) 防汛道路管护良好，及时清理遗留在路面上的杂物，防止损坏沥青路面和影响交通安全。 (3) 标志标牌等附属设施无明显污痕。
2	水域环境及水生植物生长情况	(1) 水面上不出现动物尸体、家具等物体。 (2) 水面、桥梁及潮拍门（闸涵）等穿堤建筑物入口、观测设施附近、重要参观点、样板段示范点、码头、亲水平台等处不出现成片漂浮物、水葫芦及绿萍。 (3) 垃圾杂物督促打捞上岸及时外运处理。 (4) 督促及时清除河道内渔网鱼簖、阻水障碍物，确保河道畅通。
3	垃圾分类处理情况	(1) 严格执行上海市垃圾分类处理规定。 (2) 遇重大活动或重要节日，服从委托方的统一安排和调度，配合做好突击性巡查保洁工作。 (3) 垃圾、杂物捡拾后，日产日清，不准焚烧，将其运至垃圾存放地集中处理。
4	墙前覆土情况	对墙前覆土进行观测、分析，发现异常立即上报。
5	是否有水污染现象	(1) 发现水污染现象，及时上报，并积极采取防治措施。 (2) 有毒有害化学品污染防治：指生产过程中因使用、贮存不当等导致有毒有害物质泄漏或非正常排放所引发的水体污染。 (3) 易燃易爆物品泄漏污染：指天然气、石油液化气、氯气、氨气、苯、甲苯等气体和易挥发的有机溶剂泄漏所引发的水体污染。 (4) 油污染：指原油、燃料油等各种油品在贮存、使用等过程中由于意外造成泄漏所引发的水体污染。 (5) 其他生产活动引起的突发性事故而造成水体污染。
6	水质改善等情况	(1) 做好水污染防治工作。 (2) 定期进行水质监测和分析。 (3) 接受社会监督，对群众反映的问题及时处理，有记录有答复。

9. 重点岸段巡查内容及判定标准

重点岸段巡查内容及判定标准如表 4.4.9 所示。

表 4.4.9　重点岸段巡查内容及判定标准

序号	巡查内容	巡查判定标准
1	经常有船舶违规靠泊的防汛墙岸段、支流河口岸段以及在支流河口设有码头的,且其对岸为非码头段的区域,特别是河道狭窄并经常有船只掉头的区域巡查	此类区域除了正常的巡查作业外,还应采用测深杆或无人测量船定期(1～2 次/月)监测,判断墙前岸坡是否存在淘刷情况。当墙前淘刷深度大于 20 cm 且小于 50 cm 时,应及时上报处理,同时增加墙前滩面监测频率(1～2 次/周)。巡查人员监测到墙前淘刷深度大于 50 cm 时,应紧急上报处理。
2	码头岸线外两侧各 50 m 防汛墙岸段巡查	发现码头岸线外两侧各 50 m 防汛墙岸段有船舶违规靠泊时,应迅速采取措施予以阻止,并采用测深杆定期(1 次/周～2 次/月)对墙前滩面监测,判断岸坡淘刷情况,一旦发现岸坡出现淘刷现象,应紧急上报处理。
3	保滩段、河道转弯段、河口转弯段、薄弱隐患岸段及涉在建工程的防汛墙岸段巡查	除了正常的巡查作业外,还应采用 GPS-RTK、测深杆和无人测量船定期(1 次/周～2 次/月)监测,并判断墙体是否存在位移沉降及墙前岸坡是否存在淘刷情况。一旦发现淘刷现象,应紧急上报处理。
4	防汛墙兼作码头的岸段巡查	除了对墙体进行检查外,应重点检查墙后超载及墙前超吨位船只停靠等违规事项。一旦发现违规事项,应紧急上报处理。
5	船舶候潮区岸段巡查	除了重点检查防汛墙墙体有无被撞击破坏外,应检查靠近防汛墙侧的水下部分滩地是否存在深度冲刷情况及墙后地面是否淘空、坍塌,一旦发现应及时上报进行应急处理。
6	防汛墙迎水侧设有防撞护舷的岸段巡查	发现脱落、损坏,应及时上报处理。
7	墙后地面标高低于常水位的岸段巡查	在高潮位时巡查人员应仔细检查墙后有无渗水情况发生,一旦发现有渗漏情况,及时查明原因并上报处理。
8	防汛墙后在进行工程建设及其他可能危及堤防安全作业行为的岸段巡查	重点检查墙后有无超堆载以及基坑开挖情况,密切注意有无可能对防汛墙产生的不利影响。当墙后大面积堆土超过 2 m 以上高度时,应及时上报。
9	防汛墙上设有排放口的岸段	采用测深杆监测墙前岸坡冲刷情况,监测频率 1 次/月;高水位时检查墙后有无渗漏水及地面沉陷情况,一旦发现问题及时查明原因上报。
10	防汛墙后堆载巡查	(1) 堤(墙)后 6 m 范围不得擅自堆载。 (2) 堤(墙)后 6～10 m 范围堆载物压力小于 20 kN/m^2,堤(墙)后 6～10 m 范围内常见材料堆放高度参考值见表 4.4.10。 (3) 堤(墙)后 10 m 范围以外堆载物压力为 50～100 kN/m^2。 巡查作业中,若发现墙后违规堆放,应及时制止并上报。

表 4.4.10 为堤(墙)后 6～10 m 范围内常见材料堆放高度参考值。

表 4.4.10　堤(墙)后 6～10 m 范围内常见材料堆放高度参考值

序号	材　料	6～10 m 范围内堆放高度(m)	备　注
1	堆土(松)	2.00	(1) 堆载物压力以 20 kN/m² 计算。 (2) 堆放高度不可高于表内数值。
2	煤	2.00	
3	黄沙	1.20	
4	砖	1.20	
5	水泥	1.30	
6	钢筋	0.80	
7	钢板	0.40	
8	块石、卵石	1.00	
9	碑石、石板	1.20	
10	木材	3.50	

10. 其他

(1) 结合堤防工程日常巡查，主动协助行政执法部门开展行政执法和行政许可事项批后监管工作。

(2) 防汛(养护)责任书落实要根据《上海市河道管理条例》《上海市黄浦江防汛墙保护办法》《上海市水务局关于进一步加强本市黄浦江和苏州河堤防设施管理的意见》等规定执行。

①对于利用堤防设施岸段从事经营性活动的养护责任单位(经营性岸段)，养护责任单位应与水务主管部门签订养护责任书；按责任书的要求落实防汛责任；承担堤防设施的养护检查、安全鉴定、专项维修和应急抢险等养护责任。

②对于未利用堤防设施岸段从事经营性活动的养护责任单位(非经营性岸段)，养护责任单位应与水务主管部门签订养护责任书，按责任书的要求落实防汛责任；配合市、区堤防管理部门承担堤防设施的日常巡查、日常养护、观测测量、安全鉴定、专项维修、应急抢险等堤防设施养护责任。

③因工程施工需要，在堤防管理(保护)范围内施工时，建设(施工)单位应与岸段养护责任单位签订施工防汛安全责任书，落实施工过程中的防汛安全责任。

(3) 配合河长制督查。根据堤防管理相关要求，河长制督查事项包括对水岸滩地漂浮物、固废体、违法排污、擅自涂鸦的督查等。巡查人员巡查时如发现违法排污等情况时，应紧急上报，并应主动排查排污的源头；巡查时如发现面积大于 1 m² 的水岸滩地漂浮物、固废体或擅自涂鸦等情况时，应及时上报。

4.4.4　巡查频次

1. 陆域巡查频次

(1) 日常巡查：每日巡查次数不少于 2 次。

(2) 潮期巡查：每月两个高潮期(农历初三、十八)和两个低潮期(农历初八、二十三)不少于 1 次，并应根据潮位涨落的时间适当调整巡查时段(包括夜间)。

2. 水上巡查频次

(1) 按照堤防工程日常巡查委托合同的约定进行；非汛期每周巡查不少于2次，汛期每周不少于3次。

(2) 遇台风、高潮、暴雨、洪水等防汛预警或其他特殊情况，应增加巡查频次。

3. 日常检查、定期检查、不定期检查、汛期及特别检查频次

详见本书第2章第2.3.1节"工程巡查"相关内容。

4. 遇重要节假日和城市重大活动专项检查

遇重要节假日和城市重大活动时，应加强水污染防治、环境卫生、安全生产等专项检查。

4.5 涉河项目巡查与监管

4.5.1 涉河项目报批

根据《上海市防汛条例》第二十五条有关规定，建设涉河项目应当符合防汛标准、岸线规划、航运要求和其他技术要求，不得危害堤防安全、妨碍行洪畅通；其工程建设方案未经水行政主管部门审查同意的，建设单位不得开工建设。另外，涉河建设项目尚应符合《上海市跨、穿、沿河构筑物河道管理技术规定》（沪水务〔2007〕365号）的要求。

4.5.2 加强监督管理

1. 巡查要求和巡查内容

堤防巡查项目部应配合管理单位制定并落实涉河项目巡查监督管理方案，明确分工，落实责任；应建立涉河项目巡查制度，制定巡查计划，明确巡查频次、路线、责任人；对巡查人员进行有关法规知识、涉河项目和活动特点及处理方法等培训，提高巡查人员的业务素质；与其他相关部门建立联动机制，实现涉河项目和活动信息的共享，提高巡查的针对性和有效性。巡查内容包括：

(1) 涉河建设项目是否按许可内容实施。

(2) 涉河建设项目的运行有无影响堤防工程及设施的完好和安全。

(3) 涉河建设项目有无未经许可同意的改建、扩建行为和涉河有关活动。

(4) 涉河建设项目的运行有无污染和破坏河道管理范围环境的行为。

(5) 涉河项目所占用水利工程及设施有无损坏、老化。

(6) 行洪期间建设单位占用范围有无人员看守巡查，有无备足相应防汛物料。

2. 放样和定界

涉河项目经上级水务部门许可审批同意后，根据行政许可要求及有关规定督促涉河项目建设单位办理占用等手续后，方能允许其实施。涉河项目实施前，日常巡查项目部应配合委托方到现场监督项目放样和定界。

3. 变更管理

涉河项目实施期间，应按照上级水务部门行政许可意见和有关法规要求实施监督，并加强巡视检查，发现问题及时纠正和制止。涉及涉河项目方案变更事项，应先责令项目停止实

施,并督促建设单位向原许可单位申请变更后,经原许可单位同意后方能允许其继续实施。

4. 涉河项目完工验收

涉河项目完工后必须由原许可单位和上级水务部门及堤防管理部门参加验收合格后才能竣工和投入使用,项目部应做好相关配合工作。

5. 涉河建设项目建成运行后管理

涉河建设项目建成运行后,项目所占用的水利工程的维修养护和防汛责任由建设单位承担,管理单位应加强管理和指导,将其纳入工程正常巡视检查内容,发现问题及时告知建设单位,并督促其整改。

6. 涉河建设项目管理或活动违法违规处理

堤防管理单位应加大对涉河建设项目和活动的巡查监督力度,定期检查,发现违法违规行为及时予以纠正;对于涉河建设项目管理或活动中发现的违法违规行为,要及时下发整改通知书并报告相关部门,确保问题得到及时处理;对于涉河建设项目管理或活动中的违法违规行为,明确整改责任人,要求责任人限期整改,整改不到位的要追究责任;加大涉河建设项目和活动的法治宣传教育力度,增强公众的法治意识和环保意识,预防违法违规行为的发生;加强与相关部门的合作与协调,共同维护河道管理秩序,共同打击涉河建设项目管理或活动中的违法违规行为。

7. 资料归档

管理单位审核涉河建设项目和活动的归档资料后,应及时将归档资料移交至上级档案管理部门,其监管文件包括行政许可事项批后监管书面检查通知书(附委托书)、行政许可事项批后监管实地检查通知书、行政许可事项批后监管检查记录表、行政许可事项批后监管现场检查勘验图、行政许可事项批后监管现场情况照片、整改通知书。

8. 涉河建设项目和活动管理流程

涉河建设项目和活动管理流程如图 4.5.1 所示。

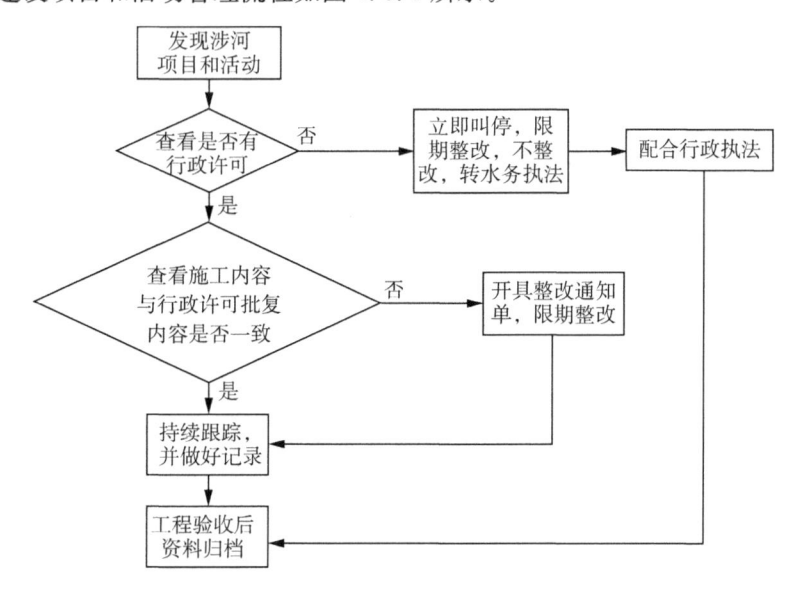

图 4.5.1 涉河建设项目和活动管理流程图

4.6 巡查问题处理及上报

4.6.1 巡查记录

(1) 巡查时发现的问题如未及时消除处理，在巡查记录表上应连续记录，直至问题消除为止。

(2) 对现场情况进行描述。

①所在位置。以堤防里程桩号或周边主要建(构)筑物为标志填写，以方便查找。

②现场情况描述。简明扼要定量、清晰反映问题的具体情况，如墙身破损撞坏应注明高×宽。

(3) 提出处理意见。

①紧急处理。巡查中发现的信息需做紧急上报处理的，巡查作业人员应在发现问题2 h之内完成上报。

②及时处理。巡查中发现的信息需做及时上报处理的，巡查作业人员应在当天完成上报。

③附件。所有上报信息均应附现场照片，照片内容应包括发生点位置及问题实况。

4.6.2 巡查问题上报

巡查人员应当将每天巡视情况上报至上海市堤防网格化管理系统，并填报日常管理日志。发生紧急情况的，应当及时将堤防工程险情报堤防管理单位，并按照堤防巡查养护管理资料整编要求，对内业资料进行阶段性整编。

(1) 巡查人员应当将每天巡查情况上报至堤防网格化管理系统，并填报堤防日常巡查日志。上报信息应包含问题类型、发现日期、里程桩号、位置、数量、问题的范围和尺寸，以及现场影像资料等，并在现场予以标记。

巡查作业人员在用户手机与上海市堤防(泵闸)设施建设与管理系统后台绑定后，可通过手持终端(移动 APP)登录。用户登录时需要输入 4 位 PIN 码，认证通过后正常进入系统首页，可查询水位、在建项目行政许可、即时堤防运行信息等。

手持终端是堤防网格化系统管理中的重要组成部分，具有与网格化系统同步传递和接收堤防设施安全信息的功能。巡查作业人员每次巡查时必须携带好专用的终端连接工具(手机)。参照《上海市堤防泵闸建设运行中心移动终端暂行管理办法》，手持终端使用要求如下：

①进入"水务网格化"软件前应确保已打开网络及 GPS 卫星定位功能。

②巡查时不要打开手持终端 wifi 功能，否则会影响网络传输。

③网络接入点模式为 CMNET。

④巡查人员到达巡查岸段起始处开启"水务网格化"软件，巡查结束时应关闭，以避免无效轨迹产生。

⑤巡查过程中应控制行进速度。

⑥及时更新"水务网格化"软件版本,避免可能出现进不了系统、采点不准确或采点间隔变长等问题。

⑦如遇某些特定岸段手持终端始终无信号或无法上网,应填写"堤防日常巡查记录表",做及时上报处理。

⑧发现问题上报信息时首选手持终端上报方式,网页上报方式作为复审备案。

⑨信息上报时点击上报按钮后将产生一定的数据传输时间,上报成功与否将有提示框,请勿在数据传输过程中反复点击上报按钮。

(2) 发现安全隐患、违规违章及不良行为和危害堤防安全的活动,巡查公司应指派专业工程技术人员进行复核确认,并根据《上海市黄浦江和苏州河堤防设施日常养护与专项维修的工作界面划分标准》(沪堤防〔2017〕47号)要求,进行定性定量分析后上报至管理单位和巡查系统,必要时应采取相应措施,防止问题严重化。对于巡查发现的严重问题,涉嫌违反水务法律法规的行为,应当及时制止,并和管理单位一道视违规(法)情况,开具"堤防工程整改告知书"。发生紧急情况的,应当启动紧急联络机制提前告知上级部门相关负责人。

(3) 能现场解决的问题应及时解决。

(4) 信息员应在工作站点1周内完成填报堤防巡查信息。

(5) 项目部应按照规定对巡查原始记录及时分析整理,经校核后,定期进行整编和归档。

4.6.3 巡查信息处理

(1) 巡查问题上报后,堤防工程管理单位应通过堤防网格化管理系统对巡查公司上报的堤防巡查信息进行分类派发。涉及堤防工程损坏的,应及时通知堤防设施养护责任单位按规定要求进行处理;涉嫌违反水务法律法规的行为应及时制止,并视违规(违法)情况,管理单位将开具"堤防工程整改告知书",整改无效的将移送行政执法部门依法处理。巡查人员应当对前款违法行为的处理予以配合,积极关注并跟进处理进程,将处理结果反馈堤防设施管理单位,及时对已处理完毕的各类信息进行确认后结案闭合。

(2) 堤防设施"巡查处理意见"中若涉及需做应急处理的,巡查人员及相关人员应补充应急处置报告,应急处置报告内容包括:

①堤防设施基本情况,如所在位置、河道名称、险情范围、堤防级别、防御水位、堤防高程、交通条件等。

②堤防设施险情情况,如险情发生时间、险情位置、险情类型、水位、地面高程等。

③堤防险情处置,如现场指挥、抢护人员配备、抢险材料、抢护方案等。

(3) 巡查人员在巡查中,发现堤防设施有突发险情(如滑坡、地面坍塌、漏洞、墙身损坏等)时,除了立即采用智能手持终端向巡查公司和管理单位上报外,还应对险情现场进行巡查处置,防止次生灾害发生。巡查处置方式包括:

①立即在险情区域5 m以外位置处设置临时安全警戒线。

②现场至少应有1人值守,进行现场维护,直至抢护队伍抵达现场。

③根据相关规定要求,确定临时堤防(防汛墙)的设置方式(挡水子堤或挡水墙)。

④临时堤防(防汛墙)布置位置应设在距险情位置5m以外的稳定地基上,以满足后续修复的施工要求。

⑤如遇重大险情工况,在等待抢护队伍的期间,巡查人员还应将险情现场堤防岸段的一些基本参数(如堤顶高程、地面高程、墙前涨落潮工况、墙后交通工况等)上报巡查公司和管理单位。

4.7 日常巡查危险源辨识与风险控制措施

堤防日常巡查危险源辨识与风险控制措施如表4.7.1所示。

表4.7.1 堤防日常巡查危险源辨识与风险控制措施

序号	风险点(危险因素)	可能导致的事故	风险控制措施
1	堤防工程巡视线路图、危险源告知牌、安全警示标志未明确或明示	各类事故	完善设施,堤防工程巡视线路图、工程巡视线路图、危险源告示牌、安全警示标志等明确或在工程现场明示。
2	各类洞(孔)口、沟槽无固定盖板,无警告标志	人身伤害	各类洞(孔)口、沟槽应有固定盖板,或设置安全警告标志和夜间警示红灯。
3	巡查发现事故性缺陷、重大缺陷未及时汇报	各类事故及加重事故程度	严格执行巡视检查规章制度,发现设施设备缺陷及异常时,及时汇报,采取相应措施。
4	巡查和检修通道堆放杂物	各类事故	加强教育,加强监管,严禁巡查和检修通道堆放杂物。
5	雷电预警天气时巡查未配备安全防护装备	人身伤害	当气象预报机构发布黄色雷电预警天气时,巡查人员应适时调整巡查时间,如遇特殊紧急情况需要巡查时,必须配备安全的绝缘装备,确保自身安全。
6	进入施工工地巡查未配备安全防护装备	人身伤害	巡查人员进入施工工地时,应戴好安全帽,以防高空坠物。
7	水上巡查人员作业未配备安全防护装备	人身伤害	水上巡查人员作业时,必须按规定穿戴好救生衣,以防落水。
8	暴雨期间巡查未防护	人身伤害	暴雨期间巡查墙后为市政道路的城区岸段时,巡查人员应沿路边人行道行走,同时留意道路井盖缺失和积水处、雨水漩涡和电线杆接地线处,应选择绕行。
9	绿化地、林地巡查或穿越未防护	人身伤害	凡巡查需从绿化地、林地内穿越时,巡查人员必须做好安全防护。
10	高温期间巡查未配置防暑用品	中暑	高温期间巡查时,巡查人员应携带必要的防暑用品,以防中暑。
11	水上巡查出航前未对船舶等全面检查	各类事故	出航前船长应履行职责;出航前做好检查与准备;驶离码头操作和停靠码头操作应严格执行操作规程。

4.8 日常巡查表单(部分)

1. 堤防日常巡查记录表

堤防日常巡查记录表如表 4.8.1 所示。

表 4.8.1 堤防日常巡查记录表

时间:公历　　年　　月　　日　(农历:　　月　　日)星期　　　NO:

潮时:	潮高:	(□吴淞口、□黄浦公园、□米市渡)
潮时:	潮高:	

天气:(晴　阴　小雨　大雨　雪)　　温度:　　℃

巡查内容	分部	有无情况		现场情况描述	有无情况		处理情况描述
		有	无		有	无	
墙前	桩基						
	导梁						
	护坡						
	潮(拍)门						
	疏浚						
	防撞设施						
墙体	墙身						
	伸缩缝						
	防汛闸门						
	带缆						
	开缺、凿洞						
墙后	堆物						
	防汛通道						
	路障设施						
	标志标牌						
执法	禁止行为						
	限制行为						
其他	其他						

备注:(对巡查中发现的安全隐患应及时记录并报告领导。)

巡查范围:

巡查时间:

巡查里程:　　　　　　　　　巡查轨迹:

巡查员:　　　　　　　　　　站点负责人:

2. 巡查信息记录表

巡查信息记录表如表 4.8.2 所示。

表 4.8.2 巡查信息记录表

巡查队伍：			NO：	
发现日期		上报日期		
信息上报员		上报编号		
河 道		岸 别	桩 号	
岸段属性		防汛责任单位		
问题类别		照 片		
损坏值		紧急程度		
情况描述				
信息跟踪				
信息处理		照 片		

3. 堤防执法类案件移送单

堤防执法类案件移送单如表 4.8.3 所示。

表 4.8.3 堤防执法类案件移送单(存根)　　编号：

案件发现日期		案件来源	
违法行为		数　量	
情况描述			

移送时间：

堤防执法类案件移送单　　编号：

案件发现日期		案件来源	巡查信息上报
违法行为		数　量	
所属河道/区县		里程桩号	
责任单位		责任人/联系电话	
情况描述		照　片	
管理部门处理情况			

移送单位：　　　　　　　　　移送时间：　年　月　日

4. 巡查月报表

巡查月报表如表 4.8.4 所示。

表 4.8.4 巡查月报表

20　年　月　日—20　年　月　日

标段 ＿＿＿＿＿＿＿＿＿＿

一、主要工作内容

1. 日常工作

序号	日　　期	工作内容	里程桩号	工作量	备　　注
1		日常巡查			
2		违章处理			
3		现场检查			
4		批后监管			
5					

2. 信息上报

序号	类　别	上报数量	闭合数量	整改通知书发放（拒签）	备　　注
1	设施损坏类				
2	违章类				

二、存在问题

三、下阶段工作计划

第 5 章

堤防工程观测标准化

5.1 范围

堤防工程观测标准化指导书适用于上海市黄浦江上游堤防工程观测作业,其他堤防工程观测作业可参照执行。

5.2 规范性引用文件

参见本书第 2 章第 2.3.2 节"工程观测与监测"相关内容。

5.3 观测任务书和观测一般要求

按照相关规程和工程级别、地形地质、水文气象条件以及管理运用要求,上海堤防工程观测分为常规观测、跟踪观测、专项观测。常规观测定期进行,跟踪观测、专项观测根据需要进行。常规观测包括堤防相关部位水位、垂直位移、水平位移、堤身(河道)断面、渗水、裂缝、防汛墙墙前泥面等观测项目。

5.3.1 观测任务书

黄浦江上游堤防工程常规观测任务书如表 5.3.1 所示。

表 5.3.1 黄浦江上游堤防工程常规观测任务书

序号	观测项目	观测时间与测次	观测方法与精度	观测成果要求
1	堤防表面观测	常规观测频次每天 1 次,重点观测部位每天 2 次。	符合相关规程要求	(1)防汛墙外观观测记录表及图片。 (2)防汛通道、桥梁工况及沉陷、变形、裂缝记录表及图片。 (3)绿化表层土高程变化表及图片。

续表

序号	观测项目	观测时间与测次	观测方法与精度	观测成果要求
2	垂直位移观测	(1) 明确堤防垂直位移专业观测标点，堤防垂直位移观测一般每半年1次，日常观测频次见表5.5.1。 (2) 工作基点考证，埋设5年内，每年2次，6～10年每年1次，以后每5年1次。	符合《工程测量通用规范》(GB 55018—2021)要求	(1) 观测标点布置示意图。 (2) 垂直位移工作基点高程考证表。 (3) 垂直位移观测标点高程考证表。 (4) 垂直位移观测成果表。 (5) 垂直位移量横断面分布图。 (6) 垂直位移量变化统计表。 (7) 垂直位移变化曲线图。
3	水平位移工程	(1) 对堤防重要部位进行水平位移观测，专业工程一般每半年1次，日常观测频次见表5.5.1。 (2) 工作基点考证，埋设5年内，每年2次，6～10年每年1次，以后每5年1次。	符合《工程测量通用规范》(GB 55018—2021)要求	(1) 观测标点布置示意图。 (2) 水平位移工作基点坐标考证表。 (3) 水平位移观测标点坐标考证表。 (4) 水平位移观测成果表。 (5) 水平位移量横断面分布图。 (6) 水平位移量变化统计表。 (7) 水平位移变化曲线图。
4	河床变形观测	(1) 重要河道全断面观测，工程竣工后5年内每年汛前、汛后各1次，以后每年汛前或汛后1次。 (2) 水下地形观测3年1次；断面桩顶高程考证3年1次。	符合《工程测量通用规范》(GB 55018—2021)要求	(1) 河床断面桩顶高程考证表。 (2) 河床断面观测成果表。 (3) 河床断面冲淤量比较表。 (4) 河床断面比较图。 (5) 水下地形图。
5	堤防渗水观测	(1) 汛期的月最高潮位时，观测堤防各部位(防汛墙墙身、变形缝、基础、防汛闸门、板桩接缝等)渗水情况。 (2) 对Ⅰ级堤防，尚应进行堤身浸润线、堤基渗流压力、堤基渗流量观测(一般每月观测2～3次)。	符合《工程测量通用规范》(GB 55018—2021)要求	(1) 渗水情况统计表等。 (2) 测压管、渗压计等考证表。 (3) 测压管观测记录计算表。 (4) 测点渗压力水位统计表。 (5) 测点的渗压力水位变化曲线图；渗压力水位与水位相关关系图；堤防横剖面渗流压力分布图及堤防基础渗流压力平面等势线分布图。
6	墙前泥面观测	公用岸段及非经营专用岸段按间隔200～300 m一个断面每半年测量1次；经营性专用岸段及其上下游各50 m，支流河口堤防按间隔50 m一个断面每季度测量1次。	符合作业指导书要求	(1) 墙前泥面观测记录表。 (2) 墙前泥面观测分析报告。
7	裂缝观测	(1) 裂缝发现初期应设置固定观测标点，每周观测1～2次；对水平向裂缝，应当加强观测。 (2) 出现历史最高、最低水位，历史最高、最低气温，发生强烈震动，超标准运用或裂缝有显著发展时，应增加测次。	符合《工程测量通用规范》(GB 55018—2021)要求	(1) 裂缝观测记录表。 (2) 裂缝观测标点考证表。 (3) 裂缝观测成果表。 (4) 裂缝位置分布图。 (5) 裂缝变化曲线图。
8	水位观测	日测1～2次；水尺应定期进行校测，每年至少1次。	符合相关规程要求	水位观测记录表。
9	其他			(1) 工程观测说明。 (2) 观测成果初步分析。 (3) 年度堤防工程观测报告。
说明		(1) 本堤防岸段垂直位移测点_____个；水平位移测点_____个；河道断面测点_____个。 (2) 堤防发生明显变形时，或发生地震、堤防工程超设计标准运用、超警戒水位等可能影响工程安全的情况或发现工程异常时，应增加观测次数并进行跟踪观测。 (3) 堤防工程观测资料成果经管理单位审核后，按整编要求装订成册存档。		

5.3.2 观测工作组织

(1) 堤防工程常规观测、跟踪观测由观测单位具体负责,管理单位负责监督。

(2) 堤防工程专项观测根据需要委托专门机构进行,巡查公司和相关单位应予以配合。

(3) 观测单位负责观测资料的收集、整理、分析、整编工作,对发现的异常现象做专项分析,必要时会同科研、设计、施工人员做专题研究。

(4) 观测单位每年年底对当年观测资料进行汇编,并将汇编成果报管理单位。

5.3.3 观测工作要求

(1) 观测工作的基本要求是:保持观测工作的系统性和连续性,按照规定的项目、测次和时间在现场进行观测。观测应做到"四随"(随观测、随记录、随计算、随校核)、"四无"(无缺测、无漏测、无不符合精度、无违时)、"四固定"(人员固定、设备固定、测次固定、时间固定),以提高观测精度和效率。

(2) 管理单位和巡查、养护公司应制定年度堤防工程观测工作计划,并逐级上报。年度工作计划内容应包括观测项目选定、仪器设备选型、观测流程与布置、观测项目、观测频次、观测操作技术要求、观测资料整编要求、编制项目预算等。

(3) 观测人员应树立高度的责任心和事业心,严格遵守相关规定,确保观测成果真实、准确和符合精度要求。所有资料应按规定签署姓名。

(4) 每次观测结束后,观测人员应对记录资料进行计算和整理,并对观测成果进行初步分析,如发现观测精度不符合要求应立即重测。如发现其他异常情况应立即进行复测,查明原因并报上级主管部门,同时加强观测,并采取必要的措施。严禁将原始记录留到资料整编时再进行计算和检查。

(5) 观测人员对外业观测值和记事项目应在现场直接记录于规定手簿中(数字式自动观测仪器除外);需现场计算检验的项目,应在现场计算填写;如有异常应立即复测。外业原始记录内容应真实、准确,清晰端正。原始记录手簿每册页码应连续编号,记录中间不得留下空页。如某一观测项目观测数据无法记于同一手簿中,在内业资料整理时可以整理在同一手簿中,但应注明原始记录手簿编号。

(6) 观测人员在对资料初步整理、核实无误后,应将观测报表于规定时间报送上级主管部门。每年初应将上一年度各项观测资料整理汇总,归入技术档案永久保存。

(7) 合理配置观测仪器(设备)。为保证堤防工程观测工作有效进行,应配置必需的观测仪器及设备。常规的仪器(设备)工具包括全站仪、水准仪、测距仪、测深仪器、GNSS卫星定位设备、游标卡尺、水位计、防汛墙墙前泥面观测专用仪器及照相机等影像视频采集设备。

每年汛前、汛后应对监测设施进行检查、维护,观测仪器每年应按照相关规定由专业计量单位检定/校准,并取得检定/校准证书。自动观测设备需定期进行人工观测对比,并提供相应的资料。

(8) 黄浦江上游堤防工程观测流程如图 5.3.1 所示。

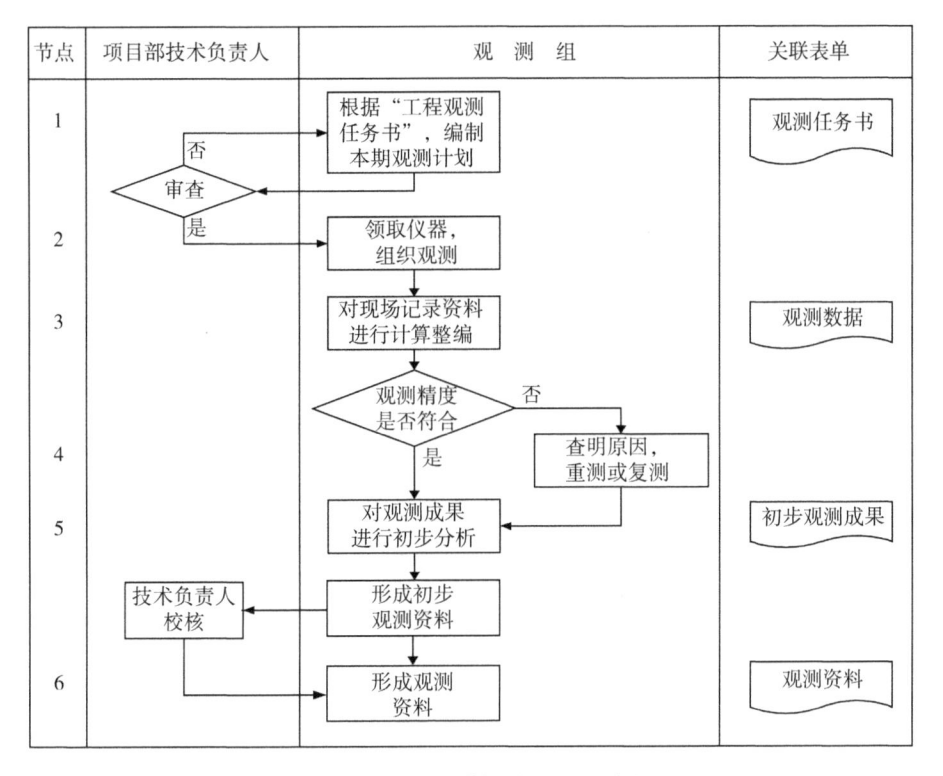

图 5.3.1　黄浦江上游堤防工程观测流程图

5.4　观测控制网建设

5.4.1　首级控制网建设

1. 一般要求

(1) 堤防工程观测平面采用上海 2000 坐标系,高程采用吴淞高程基准。

(2) 首级控制网宜平面与高程共点建设。

2. 布点要求

(1) 点位应依据由高级到低级、从整体到局部逐级控制、逐级加密的原则,按照统一的技术标准布设,为满足相关工程的需求,点位必须有足够的精度和合适的密度。

(2) 测站上空应尽可能的开阔,在 10°～15°高度角以上不能有成片的障碍物。

(3) 测站周围约 200 m 的范围内不能有强电磁波干扰源,如大功率无线电发射设施、高压输电线等。

(4) 测站应远离对电磁波信号反射强烈的地形、地物,如高层建筑、成片水域等。

(5) 测站应选在交通便利、上点方便的位置。

(6) 测钉选择及埋石。测钉样式为不锈钢戴帽式定制测钉,测钉埋石标准选用普通埋石:沙、石、水泥现场浇灌或者预制,钢钉作为其中心。

3. 测量方法及精度

(1) 平面控制测量。首级控制网平面观测宜按《卫星定位城市测量技术标准》(CJJ/T 73—2019)规范中的四等 GNSS 控制网技术要求执行,宜采用 GNSS 静态测量的技术方法施测。

①静态测量观测计划、准备工作、作业要求和数据处理符合现行行业标准《卫星定位城市测量技术标准》(CJJ/T 73—2019)的规定。

②静态卫星定位网主要技术指标如表 5.4.1 所示。

表 5.4.1 静态测量主要技术指标

等级	平均边长(km)	a(mm)	$b(1\times10^{-6})$	最弱边相对中误差
四等	2	≤10	≤5	≤1/45 000

注:a 为固定误差;b 为比例误差系数。

③静态卫星定位接收机的选用应符合表 5.4.2 所示的规定。

表 5.4.2 静态卫星定位接收机的选用

等级	接收机类型	标尺精度	同步观测接收机数
四等	双频或单频	$H:\leq 10\ mm+2\times10^{-6}d$	≥3

注:d 为基线长度。

④静态测量的技术要求应符合表 5.4.3 所示的规定。

表 5.4.3 静态测量的技术要求

等级	卫星高度角(°)	有效观测卫星数(个)	平均重复设站数(个)	时段长度(min)	数据采样间隔(s)	PDOP 值
四等	≥15	≥4	≥1.6	≥45	10~30	<6

⑤控制网宜与上海市连续运行 CORS 站联测,有困难时应与上海市城市平面控制点联测,联测点数应不少于 3 个且联测点应均匀分布。

(2) 高程控制测量。高程控制测量执行二等水准测量标准,布设成附合或闭合路线,起算高程点应为上海市测绘院提供的二等及二等以上水准点。

①仪器的检校与选用。用于水准测量的仪器应由法定计量单位进行检定和校准,并在检定和校准的有效期内使用。仪器的选用应按照表 5.4.4 所示规定执行。

表 5.4.4 二等水准测量仪器的选用

仪器名称	最低型号 二等	备注
自动安平数字水准仪	DSZ1/DS1	用于水准测量,其基本参数见《水准仪》(GB/T 10156—2009)。

②设置测站的要求。二等水准测量采用尺台做转点尺承,尺台质量不小于 5 kg。观测应在标尺分划线成像清晰稳定时进行,若成像欠差,应酌情缩短视线长度,直至成像清晰稳定。测站的视线长度(仪器至标尺距离)、前后视距差、视线高度、数字水准仪重复测

量次数按表 5.4.5 所示规定执行。

表 5.4.5 二等水准测量测站技术要求

等级	仪器类别	视线长度(m)	前后视距差(m)	任意测站上前后视距差累积(m)	视线高度(m)	数字水准仪重复测量次数
二等	DS1	≥3 且≤50	≤1.5	≤6.0	≤2.8 且≥0.55	≥2

③二等水准测量采用往返测。二等水准测量往返测奇数测站照准标尺的顺序为：后视标尺，前视标尺，前视标尺，后视标尺；往、返测偶数测站照准标尺的顺序为：前视标尺，后视标尺，后视标尺，前视标尺。

④二等水准测量测站观测限差如表 5.4.6 所示。

表 5.4.6 二等水准测量测站观测限差 (mm)

等级	上下丝读数平均值与中丝读数的差		基辅分划读数的差	基辅分划所测高差的差	检测间歇点高差的差
	0.5 cm 刻画标尺	1 cm 刻画标尺			
二等	1.5	3	0.4	0.6	1.0

⑤二等水准测量测段、路线往返测高差不符值，附合路线闭合差，环闭合差，检测已测测段高差之差如表 5.4.7 所示。

表 5.4.7 二等水准测量高差限差

等级	测段、路线往返测高差不符值	附合路线闭合差	环闭合差	检测已测测段高差之差
二等	$4\sqrt{k}$	$4\sqrt{L}$	$4\sqrt{F}$	$6\sqrt{R}$

注：k 为路线或测段的长度，单位为千米(km)；当测段长度小于 0.1 km 时，按 0.1 km 计算。
L 为附合路线(环线)长度，单位为千米(km)；
F 为环线长度，单位为千米(km)；
R 为检测测段长度，单位为千米(km)。

（3）数据处理及分析记录与计算。观测记录采用电子水准仪自带记录程序进行，观测完成后形成原始电子观测文件，通过数据传输处理软件传输至计算机，检查合格后使用专用水准网平差软件进行严密平差，得出各点高程值。平差计算要求如下：

①应使用稳定的基准点为起算点，并检核独立闭合差及与 2 个以上的基准点相互附合差满足精度要求条件，确保起算数据准确。

②使用测量控制网平差软件，平差前应检核观测数据，观测数据准确可靠，检核合格后按严密平差的方法进行计算。

③平差后数据取位应精确到 0.1 mm。

5.4.2 加密控制网(基准点)

加密控制网是在首级控制网基础上进行的加密测量，加密控制网按《卫星定位城市测量技术标准》(CJJ/T 73—2019)规范中的一级 GNSS 控制网技术要求执行。

1. 布点要求

根据现场条件选点地址应满足下列条件：

(1) 点位应选择在坚固稳定的位置,利于埋石、观测及保存。

(2) 高等级点位布设应充分考虑局部位置的加密。

(3) 相邻点之间尽量通视。

(4) 视野开阔,便于碎步测量。

(5) 相邻点位边长应大致相等。

(6) 点位应分布均匀,以便控制整个测区。

2. 测量方法及精度

(1) 加密基准网平面数据采集按《卫星定位城市测量技术标准》(CJJ/T 73—2019)规范中一级 GNSS 控制网技术要求执行。

①一级 GNSS 网可采用 GNSS RTK 测量技术,作业过程符合现行行业标准《卫星定位城市测量技术标准》(CJJ/T 73—2019)的规定。

②GNSS RTK 平面测量技术要求如表 5.4.8 所示。

表 5.4.8　GNSS RTK 平面测量技术要求

等级	相邻点间距离(m)	点位中误差(mm)	边长相对中误差	基准站等级	流动站到单基准站间距离(m)	测回数
一级	≥500	≤50	≤1/20000	—	—	≥4

注:网络 RTK 测量可不受基准站等级、流动站到单基准站间距离的限制,但应在城市 CORS 系统的有效服务范围内。

③施测采用三角支架方式架设天线进行作业,测量过程中仪器的圆气泡严格稳定居中,按照城市一级控制点测量要求,采用 GNSS 内置控制测量模式。在初始状态下进行观测,观测值得到固定解且收敛稳定后开始记录,每观测 10 s 作为一个测回,取平均值作为单个测回的观测结果,共测 4 个测回,测回间对接收机重新进行初始化,测回间的时间间隔大于等于 60 s,测回间的平面坐标分量较差不超过 20 mm,取 4 次测回值的均值为最终成果。RTK 平面控制点检核测量技术要求如表 5.4.9 所示。

表 5.4.9　RTK 平面控制点检核测量技术要求

等级	测距中误差(mm)	边长较差的相对中误差	测角中误差(″)	角度较差限差(″)	角度闭合差(″)	边长相对闭合差	坐标检核(mm)
一级	≤15	≤1/14 000	≤5	≤14	±16$\sqrt{N}$	≤1/10 000	≤50

注:表中 N 为测站数。

(2) 高程数据采集。加密基准网高程数据采集按《国家一、二等水准测量规范》(GB/T 12897—2006)规范中二等水准技术要求执行(同首级控制网),与首级控制网进行联测布设成附合或闭合路线,起算高程点使用首级控制网成果。

5.5 垂直位移和水平位移观测

5.5.1 一般要求

1. 观测频次

(1) 日常观测。根据堤防岸线的建造年份和危险系数,区分薄弱岸段和标准岸段两种情况,结合汛期影响因素,制定堤防监测的数据采集频率如表 5.5.1 所示。

表 5.5.1 垂直位移和水平位移日常观测频率

堤防划分	监测频率		备注
	汛期	非汛期	
薄弱岸段	1次/周	1次/2周	暂定
标准岸段	1次/2周	1次/月	暂定

根据现场监测数据、堤防出险情况及管理要求,监测频率在上表基础上可加密,以充分掌握堤防安全状态。

(2) 专业观测或自动化监测。根据相关规定以及结合岸线的建造年份、危险系数、汛期影响因素等分析得出观测频次初定如下:堤防工程完工后 5 年内,应每季度观测 1 次;以后每年汛前、汛后各观测 1 次;经资料分析工程位移趋于稳定的可改为每年观测 1 次。考虑风险等级,高风险断面特殊情况对观测频次另有要求的按照相关要求执行,如堤防出险时观测频次应严格按照相关规范及评估要求进行观测。

2. 观测要求

(1) 每一工程或测区应采用同一水准基面。

(2) 堤防位移专业观测可按 100~500 m 设置 1 组观测断面,断面间距应根据堤防级别确定,其中一级堤防每 100~200 m 设置 1 组观测断面,二级及以下堤防可按 200~500 m 设置 1 组观测断面,在穿堤建筑物附近、重要岸段及薄弱岸段测点可按 100~200 m 布设。断面选择和测点布置应符合以下要求:

①观测断面设置以能反映堤防总体轮廓线为准,对地质条件复杂、位移量不均匀、渗流异常、有潜在滑移、崩塌和河势变化剧烈的险工险段应设置观测断面。

②垂直位移标点沿观测断面依次从迎水面向背水面埋设,一般在平台前端、平台与堤坡的接合部和堤顶等堤身断面转折部位设置标点。

③观测断面应垂直于堤防轴线。

3. 观测基点和标点

(1) 堤防位移观测工作基点应按照《国家一、二等水准测量规范》(GB/T 12897—2006)中国家二等水准点的要求进行保护,堤防垂直位移标点参照《国家三、四等水准测量规范》(GB/T 12898—2009)中国家四等水准点要求进行保护。在观测设施附近宜采用设立标志牌等方法进行宣传保护,日常管理工作中应确保不受交通车辆、机械碾压和人为活动等破坏。进行位移观测前应对工作基点进行联测,其精度应达到《工程测量通用规范》

(GB 55018—2021)的要求。

(2) 堤防观测位移标点可顺堤按里程号命名,以×××-×××-×表示,×××-×××表示里程桩号,×表示垂直位移标点在同一断面从迎水侧至背水侧的序号,河道堤防左右岸应分别编号,以□×××-×××-×表示,□注明左(右)岸堤防。

(3) 观测前,巡查养护项目部应设置观测现场,检查工作基点及观测标点的现状,对被杂物掩盖的标点及时清理,对缺少或破损的标点及时重新埋设,重新埋设的标点15天后方可进行观测,观测标点编号示意牌应清晰明确。

4. 观测时间要求

每一测段位移观测宜在上午或下午1次完成,每一工程的观测宜在1天内结束,如工程测点较多,1天内不能完成的,应引测到工作基点上。

5. 观测仪器要求

观测人员应定期检查观测设备,确保其性能良好。观测用仪器应在检测有效期内,相关检测资料齐全。

6. 观测队伍组建

组建的观测队伍应配有观测2人,观测人员需相对固定,不得中途更换人员。

7. 确定观测线路

观测人员在观测前应绘制位移观测线路图,图中应标明工作基点、位移标点、测站和转点位置、观测路线和前进方向。观测前观测人员应按照观测线路图检查工程测点是否完好,有阻挡的障碍物应立即现场清理。

5.5.2 观测方法及技术指标

垂直(水平)位移观测采用堤防设施体系常态化巡查观测、专业常规性(针对性)观测以及全天候自动化监测相结合的方式进行。

1. 堤防设施体系常态化巡查观测

堤防设施体系常态化巡查观测主要是通过堤防巡查人员,采用易于操作的仪器设备,经专业技术人员进行培训后实施。仪器设备一般为 GNSS 接收机,测量方法一般为 GNSS RTK 方法。数据采集方法为在固定的防汛墙监测点位,采用固定的监测频率进行定期的三维数据采集,通过采集的数据比较分析,监控防汛墙的安全动态,提前预警预告。针对现有防汛墙监测点位测量环境不同的现实情况,可分别采用如下数据采集方法:

(1) 针对现有防汛墙监测点规格为螺纹直径15 mm情况,采用 GNSS 直接拧上监测点位强制对中进行数据采集。

(2) 针对现有防汛墙监测点规格复杂情况,采用对中杆,通过水准气泡人工对中整平进行数据采集。

(3) 针对现有防汛墙远高于地表情况,采用订制监测点位和对中杆,通过固定监测点位进行数据采集。

(4) GNSS RTK 测量一般流程与注意事项如下:

①网络 RTK 的用户应在城市 CORS 系统服务中心进行登记、注册,以获得系统服务授权。

②网络 RTK 测量应在 CORS 系统的有效服务区域内进行。

③网络 RTK 测量应符合《卫星定位城市测量技术标准》(CJJ/T 73—2019)及《卫星定位测量技术规范》(DG/TJ 08—2121—2013)要求。

④控制点的点位选择要求应便于安置接收设备和操作，视野开阔，视场内障碍物的高度角不宜超过 15°；控制点点位不应超出最外围参考站连线 10km 范围；远离大功率无线电发射源(如电视台、电台、微波站等)，距离不小于 200 m；远离高压输电线和微波无线电信号传送通道，距离应不小于 50 m；附近不应有强烈反射卫星信号的物件(如大型建筑物等)；交通方便，并有利于其他测量手段扩展和联测；选站时应尽可能使测站附近的局部环境(地形、地貌、植被)与周围的大环境保持一致，以减小气象元素的代表性误差。

⑤控制点的点位采集要求。接收机内参数设置必须正确无误，数据采集器内存卡有足够的储存空间；平面收敛阈值不应超过 2 cm，垂直收敛阈值不应超过 3 cm；观测前应对仪器进行初始化，观测值得到固定解且收敛稳定后才可记录，每测回的自动观测个数不应少于 10 个观测值，并应取平均值作为定位结果，经纬度记录至秒后 5 位以上，平面坐标和高程应记录至毫米级；测回间应对仪器进行重新初始化，测回间的时间间隔应超过 60 s；测量过程中仪器的圆气泡应严格居中；应采用常规方法进行边长、角度或导线联测检核。

⑥测量仪使用步骤：

a. 首先设置基准站网络模式，打开手簿中的 Hcconfig 软件，点击主界面上的"连接"，点击"搜索设备"，选择基准站，然后点击下方的"连接"；

b. 蓝牙连接成功后，退回主界面，选择"RTK"，接收机模式设置为"自启动基准站"，然后点击右下方的"设置"；

c. 退回主界面，点击"电台与网络"，基准站工作模式设置为"网络"，通信协议设置为"APIS"，输入"服务器""IP 地址""端口"后，点击右下角的"设置"，完成基准站网络模式设置；

d. 设置移动站网络模式，打开 LandStar 软件，点击主菜单上的"设备"，进入蓝牙连接页面，将连接方式设置为"蓝牙"，然后点击后方的"放大镜"选择移动站进行连接，连接类型为"移动站"，之后点击右下方的"√"确认设置；

e. 蓝牙连接成功后，选择"移动站设置"设置移动站"差分格式"(与基准站一致)，然后点击右下方的"√"完成设置；

f. 完成移动站设置后，选择"通讯方式"，设置移动站工作模式为"网络"，通信协议设置为"APIS"，"基站"输入基准站的 SN 号，输入"服务器""IP 地址""端口"后，点击右下角的"设置"后登录，界面会提示"登录成功"，点击"√"完成移动站网络设置。

2. 专业观测

(1) 垂直位移观测。垂直位移观测应执行《工程测量通用规范》(GB 55018—2021)相关规定，根据现场作业条件，主要采用水准测量的观测方法，在水准测量条件困难时可结合全站仪三角测量方法实施，在具备条件时还可采用静力水准等其他高精度测量方式进行。

①堤防设施监测精度等级参照二等建筑变形测量等级执行，如表 5.5.2 所示。

表 5.5.2　二等建筑变形测量精度指标

等级	沉降监测点测站高差中误差(mm)	位移监测点坐标中误差(mm)
二等	0.5	3

②利用电子水准仪进行垂直位移观测操作要点为：在未知两点间，摆开三脚架，从仪器箱取出水准仪安放在三脚架上，利用3个机座螺丝调平，使圆气泡居中，接着调平管水准器，将望远镜对准已知点A上的后尺，再次调平，读出后尺的读数(后视)，把望远镜旋转到未知点B的前尺，调平，读出前尺的读数(前视)并记到记录本上。计算公式为两点高差＝后视－前视。设站操作步骤包括安置、粗平、瞄准、读数。

③三等水准测量每测站照准标尺分划的顺序：

后视标尺→前视标尺→前视标尺→后视标尺。

④四等水准测量每测站照准标尺分划的顺序：

后视标尺→后视标尺→前视标尺→前视标尺。

⑤注意事项：

a. 观测前30 min，应将仪器置于露天阴影下，使仪器与外界气温趋于一致；设站时，需用白色测伞遮蔽阳光；迁站时应罩仪器罩。

b. 在连续各测站上安置水准仪的三脚架时，应使其中两脚与水准路线的方向平行，第三脚轮换置于路线方向的左侧与右侧。

c. 除路线转弯处外，每一测站上仪器与前后视标尺的3个位置，应尽量接近1条直线。

d. 同一测站上观测时，不得两次调焦。

e. 每一测段无论往测与返测，其测站数均应为偶数。由往测转向返测时，2支标尺须互换位置，并应重新整置仪器。

f. 垂直位移观测时，应自工作基点引测各垂直位移标点高程，不应从垂直位移标点再引测其他标点高程，严禁从中间点引测其他各测点高程。

g. 如因工程维修或施工需要移动标点时，应在原标点附近埋设新点，对新标点进行考证，计算新、旧标点差值，填写考证表，并详加说明，以保证新、旧标点的连续性。当需增设新点时，可在施工结束埋设新标点后进行考证，并以同一块底板邻近标点的位移量近似作为新标点的位移量，以此推算出该标点的始测高程。

h. 日出后与日落前30 min 内、太阳中天前后各约2h内、标尺分划线的影像跳动而难于照准、气温突变、风力过大而使标尺与仪器不能稳定时，均不得进行观测。

（2）水平位移观测。

①水平位移观测主要是利用全站仪采用视准线法、极坐标法、小角法等方法施测。位移观测等级视具体情况而定。

a. 视准线法。在某条测线的两端远处选定3个稳固基准点A、B、C，全站仪架设于A点，定向B点，则A、B连线为一条基准线，C点为检查点。观测前，首先对A、B、C点的相对关系进行检查，确定这三点稳定后再进行观测。观测时，在该条测线上的各监测点设置觇板，由全站仪在觇板上读取各观测点至AB基准线的垂距E，某观测点本次E值与初始

E值的差值即为该点累计位移量,各观测点初始E值取两次平均值。

b. 极坐标法。建立平面控制网,采用全站仪测水平角、水平距,按解析坐标法进行平面坐标计算,某观测点本次E值与前次E值的差值为该点水平位移本次变化量,本次E值与初始的E值之差值即为该点水平位移累计变化量。

c. 小角法。小角法是通过测定基准线方向与观测点的视线方向之间的微小角度来计算观测点相对于基准线的偏离值,根据偏离值在各观测周期中的变化确定位移量。

②位移观测所用全站仪的标称精度应符合表5.5.3所示规定。

表5.5.3 全站仪标称精度要求

位移观测等级	一测回水平方向标准差(″)	测距中误差
一等	≤0.5	≤(1 mm+1 ppm)
二等	≤1.0	≤(1 mm+2 ppm)

③当采用全站仪极坐标法进行位移观测时,测站点与监测点之间的距离宜符合表5.5.4所示规定,边长和角度观测测回数应符合表5.5.5所示规定。

表5.5.4 全站仪观测距离要求　　　　　　　　　　　　　　　　　(m)

全站仪测角标称精度	位移观测等级			
	一等	二等	三等	四等
0.5″　1 mm+1 ppm	≤300	≤500	≤800	≤1200
1″　1 mm+2 ppm	—	≤300	≤500	≤800
2″　2 mm+2 ppm	—	—	≤300	≤500

表5.5.5 全站仪观测测回数　　　　　　　　　　　　　　　　　(个)

全站仪测角标称精度	位移观测等级			
	一等	二等	三等	四等
0.5″　1 mm+1 ppm	2	1	1	1
1″　1 mm+2 ppm	—	2	1	1
2″　2 mm+2 ppm	—	—	2	1

④全站仪水平角观测测回数应符合表5.5.6所示规定,观测限差应符合表5.5.7所示规定。

表5.5.6 水平角观测测回数　　　　　　　　　　　　　　　　　(个)

全站仪测角标称精度(″)	位移观测等级			
	一等	二等	三等	四等
0.5	4	2	1	1
1	—	4	2	1
2	—	—	4	2

表 5.5.7　水平角观测限差　　　　　　　　　　　　　　(″)

全站仪测角标称精度	半测回归零差限差	一测回内2C互差限差	同一方向值各测回互差限差
0.5	3	5	3
1	6	9	6
2	8	13	9

3. 重点岸段(或薄弱岸段)全天候自动化监测

利用远程操作控制软件控制自动观测智能机器人全站仪进行数据采集,技术指标同上节。

5.5.3　资料整理与成果分析

1. 日常观测

巡查观测人员完成现场观测数据采集后,应将当日巡查观测数据上传相应的云平台管理系统,再由专业人员进行进一步数据处理及分析工作。

2. 专业观测

(1) 数据单位为 m,垂直位移量单位 mm,均精确到 0.1 mm。

(2) 垂直位移和水平位移观测填写表格和绘制图形。

①工作基点考证表。

②工作基点高程考证表。

③位移标点考证表。

④垂直位移观测成果表。按工程部位自上游向下游,从左向右分别填写,算出间隔和累计位移量。间隔位移量为上次观测高程减本次观测高程。

⑤垂直位移量变化统计表。该表系根据较长时间观测所得的位移量汇总而成,通过它可点绘出垂直位移量变化过程线图,于逢五、逢十年度的资料汇编时填报。

⑥垂直位移量横断面分布图。该图主要反映在同一横断面上相邻点位移情况。通过分布图可以看出工程基础是否发生不均匀沉陷。

⑦垂直位移量变化过程线图。一般同一块底板各点的垂直位移量变化过程线绘于一张图上,目的是分析同一块底板垂直位移量与时间的变化关系。

⑧水平位移观测成果表。按工程部位自上游向下游,从左向右分别填写,算出间隔和累计位移量。

⑨水平位移量变化统计表。此表系根据较长时间观测所得的位移量汇总而成,通过它可点绘出水平位移量变化过程线图,于逢五、逢十年度的资料汇编时填报。

⑩水平位移量横断面分布图。该图主要反映在同一横断面上相邻点位移情况。

⑪水平位移量变化过程线图。

(3) 位移观测成果应结合其他观测项目和水文地质资料,分析位移量的变化规律及趋势,同时与上次观测成果及初始值进行比较分析,判断其是否正常。分析重点为近期位移量的最大、最小值以及累计、间隔位移量和相对不均匀位移量的极值与异常部位,根据分析结果对堤防设施的运行状态进行评价,对堤防设施的运行和维修加固等提出初步意见。

3. 自动化监测

自动化监测是指在重要岸段或需重点监测区域通过建设自动化监测系统,实现监测数据自动采集、自动传输至后台数据库(如 SQL)、自动分析、智能报警等功能。自动化监测根据具体的建设情况由专业技术人员实施。

5.6 河道地形观测

河道地形观测包括岸上部分、墙前浅滩或干出滩部分和水下部分。河道地形观测一般采用横断面法、河道地形测量方法等。

5.6.1 运用河道断面法观测

1. 一般要求

(1) 河道断面观测应汛前汛后各 1 次,测量范围为水域侧全部,陆域侧至确权范围(排水沟)。水下地形每 5 年进行 1 次,断面桩桩顶高程考证每 5 年考证 1 次。出现下列情况时,应增测过水断面和水下地形。

①泄放流量超过设计流量。

②单宽流量超过设计值。

③河床严重冲刷未处理,并且控制运用较多。

④在观测过程中,如发现严重冲刷或淤积时,应在发现的断面前后位置增设断面,测出冲坑或淤堆的范围。

(2) 河道观测基本控制和图根控制应符合《水利水电工程测量规范》(SL 197—2013)有关要求。

2. 断面布设原则

管理单位应根据河道堤防实际情况,在河道两侧防汛墙顶布设监测点位,固定断面实际位置,所选点位及断面选择需满足以下条件:

(1) 需要满足相关规范要求。

(2) 充分结合项目监测等级等合理布置。

(3) 点位布设位置应最大程度反映监测对象的受力和变形的变化趋势。

(4) 局部受力较大处布设点位,重点区域加密点位。

(5) 在不破坏现有防汛墙结构的情况下点位布设于相邻防汛墙伸缩缝两侧。

(6) 根据经济适用性原则,在不破坏现有防汛墙结构的情况下利用现状存有的测点进行观测。

(7) 断面方向大体垂直于河道中心线,弧线部分以长边为准布设。

(8) 根据各岸段风险等级进行点位及断面间距控制,如表 5.6.1 所示。

(9) 布设方法为在测区不存在可利用点位时,需重新布设新的监测点位,包括钻孔、清孔、打胶、置放监测钉、敲钉贴实。

(10) 一般河道固定断面编号按上游至下游编列,以 C.S.n×××+××× 表示,n 表

表 5.6.1 布设间距要求表

序号	风险等级(两岸)	间距(m)	备 注
1	高→高	25	
2	高→中高	25	
3	高→中、低、其他	50	"其他"指历年专项维修段。
4	中高→中高、中、低、其他	50	
5	中→中、低、其他	100	
6	低→低、其他	100	
7	其他→其他	100	

注:若河道未进行岸段风险等级评估,可先按间距100 m进行布设,后期根据评估结果进行加密。

示断面的顺序,×××＋×××表示河道断面里程桩号。

3. 观测方法及技术指标

黄浦江上游段河道跨度相对较大,涉及陆域、墙前浅滩及水域测量,针对不同情况采用不同的测量方法,如图5.6.1所示。

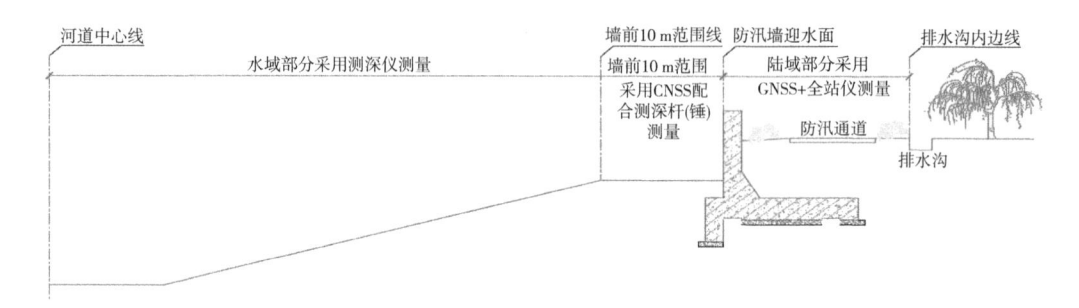

图 5.6.1 分部测量示意图

陆域部分:信号良好地区采用GNSS测量,信号较差地区使用全站仪施测。

墙前浅滩:河床裸露部分采用GNSS方法测量,水下部分采用GNSS配合测深杆(锤)方法施测。

水域部分:采用GNSS配合测深仪/无人船施测。

(1)陆域断面测量。首选采用GNSS RTK测量方法,GNSS信号较差地区采用全站仪进行数据采集,一般地形点采点间隔为1~3 m,如遇固定地物、建筑物、地势起伏变化较大处,根据实际地形测点,地势平坦处采点间隔最大不超过15 m。

①目前上海市GNSS连续运行参考站系统(SHCORS)已覆盖上海整个陆域以及近海海域,各基站实现24 h无间断观测,RTK平面精度可达±3 cm,RTK高程精度可达±5 cm,精度满足测量要求。测量过程应符合下列规定:

a. 手簿中设置的平面收敛阈值不超过20 mm,垂直收敛阈值不超过30 mm;

b. 仪器采用带圆气泡的对中杆,数据采集时圆气泡稳定居中;

c. 作业前对2~3个已知点进行检测,平面较差符合规范要求后进行测量;

d. 作业时有效卫星不少于5颗,PDOP值小于6,采用固定解成果;

e. 结束前对已知点再次检查,确保数据准确性;

f. 观测结束后将当日采集数据存至计算机,做好数据备份,防止意外丢失。

②全站仪数据采集。一般采用极坐标法或交会法,利用建立的平面控制网进行测量,测量出各点坐标,每点测量值不少于2次,且两次测值误差在规定范围之内,取2次观测的平均值作为测点坐标的初始值。测量过程应符合下列规定:

a. 仪器对中偏差不大于5 mm;

b. 以较远一测站点(或其他控制点)标定方向(起始方向),另一测站点(或其他控制点)作为检核,平面位置误差符合规范要求后开始作业;

c. 每站数据采集结束时重新检测标定方向,检测结果如超出规范所规定的限差,其检测前所测的碎部点成果必须重新计算,并检测不少于两个碎部点。

③墙前浅滩。墙前浅滩范围可能存在河床裸露或水深较浅情况,不满足测深仪/无人船使用条件,因此采用GNSS或GNSS+测深杆(锤)方法施测,由GNSS采集陆域及实时水位高程数据,使用测深杆(锤)测得水深数据,计算后得出泥面高程。

a. 水面高程测量。因黄浦江属于感潮河流,水位具有实时变化的特点,故每条断面均应测量水面高程,不可区域性共用水面高程。

b. 墙前泥面高程。墙前裸露河床泥面采用GNSS测量,具体范围根据实际情况调整,测量断面严格按照已布设位置进行,测点间隔为1 m。

c. 水下高程测量。墙前水域水深较浅,无法采用测深仪施测,一般采用GNSS直接施测河底高程或测深杆等传统测深设备测量深度后通过测量水面高程进行换算的方法,测量人员难以到达的情况下可参照第5.10节所述墙前泥面测量方法。

d. 河底高程计算。利用已观测的实时水位高程和测深杆测量的水深,通过计算得出河底高程。计算公式为河底高程=水位高程-水深。

(2) 水域测量。水域范围测量采用GNSS+测深仪或无人船测量方法进行。

①GNSS+测深仪测量。测深仪应经过鉴定机构进行检定,测深精度应满足要求。施测前,应将内业布设好的断面线和检查线导入测深仪设备。采集水深点间距设定为1 m。开始施测前进行吃水改正,并应与测深杆等传统测深设备测量的水深数据相比对,比对验证仪器测深示值无误后进行测量。

②无人船测量。无人船属于集成式测深系统,操作相对较为简单,需做好施测前的数据比对验证工作。

4. 资料整理与成果分析

(1) 绘制断面图。

①数据按照"四舍五入,奇入偶舍"原则,断面起点距数值取小数点后保留2位小数,断面高程值取小数点后保留2位小数。

②采用专业绘图软件,按里程文件方式绘制断面图,"断面图比例"选项中,横向和纵向均为1∶100。每个断面图下方标注断面名称,断面名称按"河道测量顺序"编号,且相应位置均已在地形图上标示出来。

(2) 成果分析。

①二维叠加分析。所测数据于专业软件里进行断面图二维叠加分析,可以清晰地看

出每条断面位置的变化趋势。

②3D叠加分析。将数次测量数据通过建模软件建立3D模型,模型叠加后进行比对,这样可以更加直观地看出前后河道各部分高程变化情况。

5.6.2 运用多波束测深方法观测

多波束测深测量河底地形可快速直观反映河底地形地貌,在短工期需要采集大范围河底地形要求时宜采用此法。

1. 观测频次

多波束测深宜根据河流特性1～2年观测1次;遇大洪水年、枯水年应增加测次。

2. 观测方法和技术指标

(1) 精度要求。多波束测深观测计划、准备工作、作业要求和数据处理等应满足《多波束测深系统测量技术要求》(JT/T 790—2010)的相关规定。水深小于(含)30 m的水域,精度应满足表5.6.2所示的要求。

表5.6.2 多波束测深观测精度要求

测量等级	特等	一等	二等	三等
典型水域范围	港池、泊船水域、与最小富余水深相关的重要航道	港口、通向港口的航道、推荐航线及水深小于100 m的沿岸水域	在特等和一等中没有提到的水深小于200 m的水域	在特等、一等和二等中均未提到的近海水域
平面精度(95%置信度)	2 m	5 m+5%水深	$a=1.0$ m $b=0.023$	同二等
测深精度(95%置信度)	$a=0.25$ m $b=0.007\ 5$	$a=0.5$ m $b=0.013$	$a=1.0$ m $b=0.023$	同二等
100%海底扫测	必须进行	特定水域要求	特定水域可以要求	不作要求
系统探测能力	空间特征物 $>1\ m^3$	水深40 m时,空间特征物$>2\ m^3$;水深>40 m时,空间特征物为水深值10%	同一等	不作要求

注:水深大于30 m的水域,精度应满足表中一等测量至三等测量的要求。

(2) 工作环境要求。系统工作环境符合系统中所有设备的技术要求;保证测量人员、设备的安全,保证在仪器规定的测量范围内,保证回波信号质量和测量精度。

(3) 仪器安装与校准要求。

①多波束换能器应安装在噪声低且不容易产生气泡的位置;多波束换能器的横向、纵向及艏向安装角度应满足系统安装技术要求。

②姿态传感器应安装在能准确反映多波束换能器姿态或测船姿态的位置,其方向线应平行于船的艏艉线。

③罗经安装时应使罗经的读数零点指向船艏并与船的艏艉线方向一致,同时要避免船上的电磁场干扰。

④定位设备的接收天线应安装在测量船顶部避雷针以下的开阔地方,应避免船上其

他信号的干扰。

⑤系统各配套设备的传感器位置与测量船坐标系原点的偏移量应精确测量,读数至 1 cm,往返各测 1 次,水平方向往返测量互差应小于 5 cm,竖直方向往返测量互差应小于 2 cm,在限差范围内取其均值作为测量结果。

⑥系统安装以后,应测定多波束换能器的静吃水和动吃水情况。

⑦系统各配套设备的传感器的位置变动或更换设备后,应重新测定和重新校准;测量期间如系统受到外力影响应重新校准。

⑧每个工地作业前和作业后,应分别在测区或附近的一个等级点上对定位设备进行不少于 1 h 的静态比对测试,采样间隔不大于 1 min。仪器采集数据稳定且采集数据精度满足定位精度要求后方可使用。

⑨每次开始测量前应选择几处位置进行横摇、纵摇、涌浪、艏摇的校准。

(4) 施测要求。

①作业前对系统设置的投影参数、椭球体参数、坐标转换参数以及校准参数等数据进行检查,将测量范围、水下障碍物、助航标志、特殊水深等信息数据输入系统中。

②每天作业前,应检查测量船的水舱和油舱的平衡情况,要保持船舶的前后及左右舷的吃水值一致。每天作业前和作业后,应分别量取系统多波束换能器的静态吃水值,如发生变化应在系统参数中及时调整。

③每天应在测区内有代表性的水域采用声速仪测定水下声速,声速测定后应将多波束换能器吃水深度处声速值输入处理器中。声速剖面测量时间间隔应不超过 6 h,如测区跨度大,应先调查测区的声速变化情况,如声速变化小于 2 m/s,可以不分区测量,否则应分区测量。

④系统的所有设备稳定工作后,方可进行测深作业。在正式采集数据之前,应按预定的航速和航向稳定航行不少于 1 min;在数据采集过程中测量船应保持均匀的航速和稳定的航向。

⑤在测量过程中,应实时监控测量船的航行速度,实时监控测深数据的覆盖情况和测深信号的质量,当信号质量不稳定时,应及时调整多波束发射与接收单元的参数,使波束的信号质量处于稳定状态。如发现覆盖不足或水深漏空、测深信号质量不满足精度要求等情况,应及时进行补测或重测。如发现障碍物,应现场从不同方向利用多波束中间区域的波束加密测量。

⑥每天测量结束后应备份测量数据,核对系统的参数并检查数据质量。发现水深漏空、水深异常、测深信号的质量差等不符合测量精度要求的情况应进行补测。

3. 内业数据处理

(1) 利用所测数据经过软件处理后,得出单次测量点云数据。

(2) 将处理后的点云数据导入专业软件建立模型,以便进行相关研究分析。

5.7 渗流观测

5.7.1 一般规定

(1) 堤防渗流观测主要包括堤基渗流压力、堤体渗流压力和浸润线、建筑物扬压力、侧岸绕渗、渗流量等观测项目,除渗流量观测外,一般通过测压管或渗压计进行观测,有条件时可采用新型探测设备和仪器进行检查观测。

(2) 渗流观测项目应统一布置,各项目之间配合进行观测,必要时也可选择单一项目进行观测。

(3) 渗流观测测次:一、二级堤防在新建投入使用后,每月观测 10～30 次;运用 3 个月后,每月观测 3～6 次;运用 5 年以上,可每月观测 2～3 次。

(4) 在进行渗流观测时,应同步观测上下游水位、降水、温度等相关数据。

(5) 当发现工程有异常渗流时,应观测渗流量和渗流水质,分析判断异常渗流的原因,及时采取处理措施。

5.7.2 观测方法与要求

1. 测压管水位观测和渗压计观测

(1) 测压管水位观测,一般采用测深钟、测钎、电测水位计等仪器进行观测,有条件的可采用示数水位计、遥测水位计或自记水位计等仪器自动观测。对于测压管中水位超过管口高程的可采用压力表或压力传感器进行观测。

(2) 渗压计观测可以在观测站进行集中遥测,对于观测人员难以达到或测压管不易引出部位的扬压力观测十分方便。使用渗压计时要注意仪器和电缆的抗水压性能,以防止绝缘破坏而失效。

(3) 堤防浸润线、堤基渗流压力观测设施的布设。

①观测断面,应布置在有显著地形地质弱点,堤基透水性大,渗径短,对控制渗流变化有代表性的堤段。

②每一代表性堤段布置的观测断面应不少于 3 个。观测断面间距一般为 300～500 m。如地形地质条件无异常变化,可按每 500～1 000 m 布设一个观测断面。

③堤防渗流观测断面上设置的测点位置、数量、埋深等,应根据场地的水文和工程地质条件,堤身断面结构形式及渗控措施的设计要求等进行综合分析确定。

(4) 渗流观测仪器的选用。作用水头小于 20 m、渗透系数大于或等于 1×10^{-4} cm/s 的土中、渗压力变幅小的部位、监视防渗体裂缝等,宜采用测压管;作用水头大于 20 m、渗透系数小于 1×10^{-4} cm/s 的土中、观测不稳定渗流过程以及不适宜埋设测压管的部位,宜采用振弦式孔隙水压力计,其量程应与测点实有压力相适应。

(5) 测压管管口高程宜按不低于三等水准测量的要求每年校测 1 次;测压管灵敏度检查可 3～5 年进行 1 次。

(6) 测压管、渗压计可顺堤按里程号命名,堤防左右岸应分别编号,如×××-×××-(左或右)×,×××-××× 表示里程桩号,× 表示测压管在同一断面从迎水面至背水面的排列顺序号。

(7) 渗压计观测应采用相应读数仪获取自振频率,由公式计算渗流压力。测读操作方法应按产品说明书进行,两次读数误差应不大于 1 Hz。测值物理量用测压管水位来表示,有条件的也可用智能频率计或与计算机相连。

(8) 渗流观测时应同步观测河道水位、降水、温度等相关数据。

(9) 测压管、渗压计观测应填制图、表。

①测压管、渗压计等观测设备考证表。

②测压管观测记录计算表。

③测点渗压力水位统计表。

④测点的渗压力水位过程线图;渗压力水位与水位相关关系图;堤防横剖面渗流压力(含浸润线位置)分布图及堤防基础渗流压力平面等势线分布图。

⑤渗流量统计表。

(10) 测压管、渗压计观测频次。一、二级堤防在新建投入使用后,每月观测10~30次;运用3个月后,每月观测3~6次;运用5年以上,可每月观测2~3次;当河道堤防超标准运用或遇有影响工程安全的灾害时,应随时增加观测频次。

2. 采用DB-3A型堤坝管涌渗漏检测仪对渗漏的检查与判别

采用探测设备对堤防(防汛墙)进行渗漏检查,其优点是工作时间短,探测范围广,能快速反映地下土层的分布情况,精准确定渗漏位置。

DB-3A型堤坝管涌渗漏检测仪由信号发送机、接收机和传感器三部分组成。适用于堤坝后已出现管涌渗漏,存在出水口,需要快速探查管涌入水口的情况,并具有抗强干扰能力和对各种坝型的适应性,特别适合汛期抗洪抢险恶劣环境的需要。

(1) DB-3A型堤坝管涌渗漏检测仪使用方法。

①发送机的安置。发送机应放置在待测堤坝附近地势较高、视野开阔、通信方便并且相对安全的地方。一般情况下放在待测堤坝顶部。

②供电电极的布置。A极布置时将A极放在堤坝的渗漏出水口处,如有多处渗漏,则可在每个渗漏处各布置1个电极然后用导线将它们并联起来。布置A极时应尽量使其固定好以免被水流冲走或被意外拔出。B极应布置在离查漏区域较远的水体一侧,如放在河或水库对岸的水体中或河的上游或下游。

③导线的敷设。当供电电极布置妥当后将A、B极分别用导线连接到发送机面板"A""B"接线柱上。在敷设导线的过程中应将导线放在比较干燥的地方,尽量不要把导线放在水中并尽量避开人、牲畜流动量大的地方。应严防人、畜触碰导线,以免发生意外事故。导线的接头用高压绝缘布包好。

④查漏测线的布置。先选定参照系,然后进行测网布置。条件较好时可用最简单的方法,如在河堤上(最好是待测河段附近)以某一特别的标志点作为每次探测的起始点(如桩或里程碑),并用测绳或皮尺在待测区段河堤上按1 m或2 m的间距进行定点,每一点都要有明显的标记。如果标志点在待测河段内,可以将该标志点定位为100号点,往下游(左边)方向1 m处用红纸或红布条做上记号,将其点号定为101号,以此类推,一直延伸到探测区域边界。反之,从标志点往上游(右边)方向点号,依次减小。如果标志点在区域外,可以用类似方法进行定点。

测线线距可根据实际情况采用1~5 m线距(即两条探测线之间的距离)。在条件不允许的情况下可用2台以上的经纬仪做前交会或用全站仪、GPS定位。整个工作过程中既要保证现场有明确的测点位置,又要保证这些测线和测点构成的测网能准确地落在工作布置及查漏成果图上。

(2) 渗漏进水部位的分析判断。在对某一水域进行探测时,在没有管涌、渗漏出现的正常情况下,接收机面板上渗漏指示表中有一较弱的数值显示,该数值反映了本区域正常情况下的电流密度分布特征,此时的电流密度场称为正常场,其观测值称为正常值。在实际工作过程中所说的正常场就是所说的正常值。对于不同的水域其正常场的电流密度分布特征有所不同,不同区域正常场值(即观测值)是不同的,它所具有的数值范围一般较小。异常场是相对正常场而言,由于渗漏的存在使得电流密度的分布特征发生改变,在局部地段会出现高值反应,该高值称为异常场,其幅值的大小及分布范围与管涌渗漏点的分布情况有密切的关系。具体如一个区域大多数据在 0~10 范围内,那么以 10 为正常场,则大于等于 2 倍正常场值为异常场;如果异常幅值高范围较小,一般是管涌的特征;异常幅值高范围大,则是集中渗漏的特征;异常幅值低,一般是散浸的特征,特别是大面积幅值介于正常与异常场的区域,基本是由于散浸引起。

3. 采用美国 SIR-4000 型探地雷达对渗漏的检查与判别

(1) 基本原理。探地雷达法是利用探地雷达发射天线向目标体发射高频脉冲电磁波,由接收天线接收目标体的反射电磁波,探测目标体空间位置和分布的一种地球物理探测方法。探地雷达系统利用天线向地下发射宽频带高频电磁波,电磁波信号在介质内部传播时遇到介电差异较大的界面时就会发生反射、透射和折射,其旅行时间为 t,当地下介质的介电常数为已知时,便可知道电磁波在介质中的传播速度,根据测得的电磁波的准确旅行时间求出反射体的深度。由于地下介质相当于一个复杂的滤波器,且介质一般横向和纵向的不均匀性比较大,故在地面接收到的信号也有所不同,反映在接收到的信号上有振幅、频率及相位等的变化。根据这些特征在剖面上的变化情况,就可以得到地下地层及地质体的分布情况。

(2) 探地雷达仪器设备。美国生产的 SIR-4000 型探地雷达,发射天线频率为 100 MHz 和 400 MHz。该仪器具有高保真效果,天线屏蔽抗干扰性强,探测范围广,分辨率高,具有实时数据处理和信号增强功能可进行连续透视扫描,现场实时显示二维黑白或彩色图像。

(3) 数据处理。探测的雷达图形以脉冲反射波的波形形式记录,以波形或灰度显示探地雷达垂直剖面图。探地雷达探测资料包括数据处理和图像解释。由于地下介质相当于一个复杂的滤波器,介质对波的不同程度的吸收以及介质的不均匀性,使得脉冲到达接收天线时,波幅减小,波形变得与原始发射波形有较大的差异。另外,不同程度的各种随机噪声和干扰,也影响实测数据。因此,必须对接收信号实施适当的处理,以改善资料的信噪比,为进一步解释提供清晰可辨的图像。识别现场探测中遇到的有限目标体引起的异常现象,为各类图像进行解释提供依据。

图像处理包括消除随机噪声、压制干扰,改善背景,进行自动时变增益或控制增益以补偿介质吸收和抑制杂波,进行滤波处理除去高频,突出目标体,降低背景噪声和余振影响,在此基础上进行雷达图像解释。

(4) 使用适用情况。探地雷达法适用于检测堤后防汛通道地下存在塌陷、空洞或疏松等情况。探测时需保证地面相对平整,天线能够紧贴地面。当地下存在屏蔽电磁波物体(如钢板、钢筋网等)或周边存在强干扰源时探地雷达法不适用。

5.8 裂缝观测

5.8.1 一般要求

（1）裂缝观测应测定建筑物的裂缝分布位置和裂缝的走向、长度、宽度及深度。

（2）裂缝观测时，观测人员应同时观测建筑物温度、气温、水温、水位等相关因素。有渗水情况的裂缝，还应同时观测渗水情况。

（3）裂缝的观测周期，应根据建筑物类别和裂缝变化速度确定。

①混凝土或浆砌石建筑物，裂缝发现初期应每周观测1～2次，基本稳定后宜每月观测1次，当发现裂缝加大时应及时增加观测次数，必要时应持续观测。

②凡出现历史最高、最低水位，历史最高、最低气温，发生强烈震动，超标准运用或裂缝有显著发展时应增加测次，包括：堤身有沉陷变化时；堤坡面有隆起、塌陷时；长时间干旱无雨天气时；堤顶常有重载车辆行驶时。

③堤防重点部位应加强检查观测，包括管线穿越的部位、堤身有高差变化且较大处、堤坡面陡(缓)变化较大处、坡面冲刷较厉害处。

（4）观测设施的布置应符合规定。

①对于可能影响结构安全的裂缝，应选择在有代表性的裂缝处设置固定观测标点。

②裂缝观测标点根据裂缝走向和长度，分别布设在裂缝的最宽处和裂缝的末端。

③凡缝宽大于5 mm、缝长大于2 m、缝深大于1 m的裂缝都应进行观测，观测标点或标志可布设在最大裂缝处及可能的破裂部位。

（5）裂缝观测标点应跨裂缝牢固安装。标点可选用镶嵌式金属标点、粘贴式金属片标志、钢条尺、坐标格网板或专用测量标点等。标点应统一编号，标点安装完成后应拍摄裂缝观测初期的照片。裂缝观测标志可用油漆在裂缝最宽处或两端垂直于裂缝画线，或在表面绘制方格坐标，进行测量。

5.8.2 观测方法

（1）裂缝检查观测按照《工程测量通用规范》(GB 55018—2021)、《水利水电工程施工测量规范》(SL 52—2015)执行；搜集施工记录，了解施工进度及填土质量是否符合设计要求；裂缝的测量可采用皮尺、比例尺、钢尺、游标卡尺或坐标格网板等工具进行。

（2）裂缝宽度的观测通常可用刻度显微镜测定。对于重要裂缝用游标尺测定，精确到0.01 mm。

（3）裂缝深度的观测一般采用金属丝探测，有条件的地方可通过钻探取样进行物理力学性能试验，进行对比，分析裂缝原因，也可采用雷达检测设备探测堤身内部裂缝或隐患。裂缝观测应精确到0.1 mm。

5.8.3 资料整理与初步分析

堤防工程裂缝的观测应填制以下图表，并进行初步分析。

(1) 裂缝观测记录表。
(2) 裂缝观测标点考证表。
(3) 裂缝观测成果表。
(4) 裂缝位置分布图。
(5) 裂缝变化曲线图。

5.9 水位观测

(1) 水位观测时间和观测次数要适应一日内水位变化的过程,在一般情况下,日测1～2次。水尺应定期进行校测,每年至少进行1次。

(2) 常用的水位观测设备有水尺和水位计。水尺是传统有效的直接观测设备。实测时,水尺上的读数加水尺零点高程即得水位。水位计是利用浮子、压力和声波等能提供水面涨落变化信息的原理制成的仪器。水位计能直接绘出水位变化过程线。水位计记录的水位过程线要利用同时观测的其他项目的记录加以检核。

(3) 在河道相关部位设自动水位计和水位尺以监测该处水位。水位计、水尺读数应一致,若读数不一致,应以水尺为准及时进行校正。

5.10 防汛墙墙前泥面观测

5.10.1 观测分类

(1) 墙前3 m范围以内的泥面高程可采用测深杆进行观测。
(2) 墙前3 m范围以外的泥面高程可采用无人测量船进行水下地形测量。
(3) 河道深坑及支河口泥面观测可采用无人测量船进行水下地形测量,其观测断面一般可按50～100 m布设,涉及薄弱岸段、重点岸段时观测断面可加密布设。

5.10.2 墙前泥面观测断面设置

墙前泥面观测断面的布设应结合岸段特性,选在船舶经常停靠岸段、河道支河口、保滩段、河道转弯段、河口转弯段、薄弱隐患岸段(墙面有裂缝、两侧变形缝有错位及不均匀沉降、墙前岸坡有淘刷或损坏、防汛墙结构上有私设带缆桩或环等),以及涉堤在建工程的防汛墙岸段。一般在下列位置应设置观测断面:
(1) 河道起点、终点处。
(2) 顺直河段每隔500～1 000 m。
(3) 经常船舶停靠岸段、河道支河口、保滩段、河道转弯段、河口转弯段、薄弱隐患岸段及涉堤在建工程的防汛墙岸段每隔80～120 m。

5.10.3 墙前泥面测深杆及其使用

在堤防日常巡查作业中,常需采用测深杆定期对墙前滩面特别是墙前易受淘刷的重点岸段滩面进行监测。巡查和观测作业人员均应掌握好使用测深杆的工作技能，做到灵活操作、正确计算。

测深杆由固定操作构件和可变测量构件两部分组成。固定操作构件有测深杆、收绳盘等，可变测量构件有吊锤、测量绳等。每次使用前应检查其构件配置的完整性。

（1）测深杆一般临水作业需 2 名巡查人员共同操作，测深杆需平稳架设在一级挡墙堤顶、平放，每一断面取三点，巡查员需了解该断面堤顶设计高程和墙前泥面设计高程，使用完毕后做好测量记录，同时做好测深杆整理回库工作。

（2）为保证监测断面数据的正确性，设定为测量点的位置必须连续固定，测量时不得随意移动，当移动位置超过 50 cm 应作为初始样本值重新开始计算。

（3）操作时，测深杆应呈一水平线平稳地搁置在设定的墙顶位置上。

（4）首次测量数据作为对原设计数据的复核，提交复核结果并作为初始样本值 H_s。第二次测量的数据与测量的初始样本 H_s 进行比较分析，确定滩面冲刷情况，以此重复，即每次测量的数据均与首次测量的初始样本 H_s 进行比较。

（5）每个断面从迎水侧墙面开始为实测点，依次向河中每隔 1 m 设一个测点，至 3 m 为止，共设 4 个测点。通过墙前 4 个测点的数据计算出滩面平均高程。

（6）测深示意如图 5.10.1 和图 5.10.2 所示，其中图示以高桩承台结构为例，测防汛墙前 1 m 处的泥面高程；图中 H_{ni} 计算公式如下：

$$H_{ni}=H_d-\Delta H=H_d-(S_i-L_g)=H_d+L_g-S_i$$

式中：H_{ni}——墙前泥面高程(m)；

H_d——堤顶高程，查询设计文件（图纸）或取堤顶实测高程(m)；

L_g——测深杆长度，按实际伸展长度(m)；

S_i——测深杆尾部测量绳示数(m)。

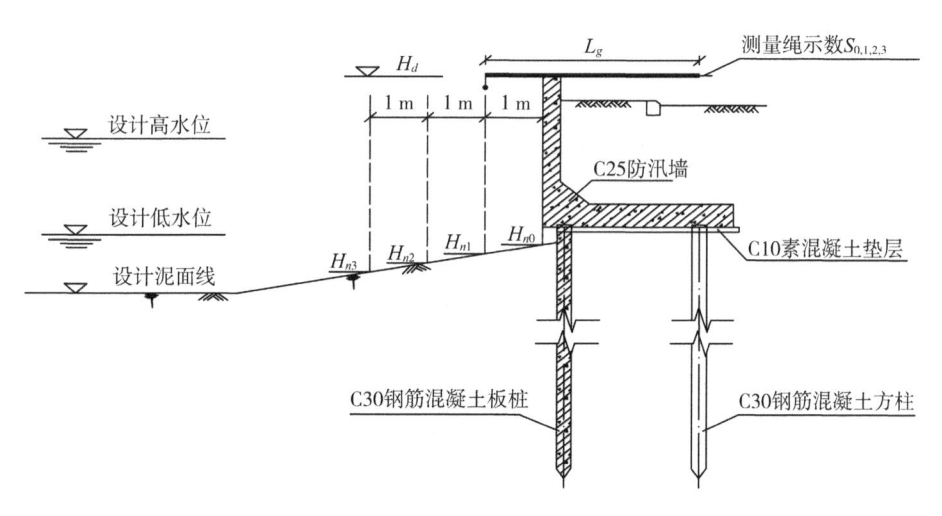

图 5.10.1 测深示意图一

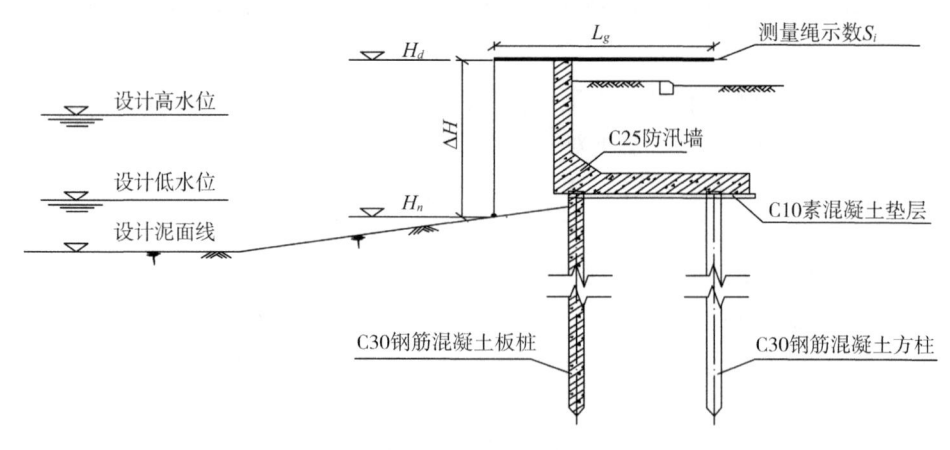

图 5.10.2 测深示意图二

5.10.4 数据处理

墙前泥面高程计算公式为：

$$H_{ni} = H_d + L_{gi} - S_i$$

式中：H_{ni}——墙前泥面高程(m)；
H_d——堤顶高程(m)；
L_{gi}——测深杆长度(对应的任意点现场测量时展开的长度，m)；
S_i——任意点的测深绳尾部显示的长度(m)；
i——距防汛墙测量点距离，$i=0,1,2,3$(m)。
计算时注意每个测点所采集的数据其对应的绳长 S_i、杆长 L_g 不能混淆搞错。

$$H_{np} = H_{ni} = (H_{n0} + H_{n1} + H_{n2} + H_{n3})/4$$

式中：H_{np}——测量断面墙面滩面平均高程(m)。

5.10.5 墙前泥面观测频次及要求

经营性专用岸段及其上下游各 50 m、支流河口堤防按间隔 50 m 一个断面每季度测量 1 次；部分岸段情况特殊需加强测量。

（1）公用岸段及非经营性专用岸段的观测，按间隔 200～300 m 一个断面，每半年测量 1 次。

（2）经营性专用岸段上下游各 50 m 范围及支流河口堤防的观测，按间隔 20～25 m 一个断面、每月测量 1 次。

（3）重点岸段观测，按间隔 20～25 m 设 1 个断面，部分岸段情况特殊需加强测量。

（4）滩面观测出现冲刷深度 H_{np} 小于 20 cm 时，调整为每周 1 次；当滩面冲刷深度 $H_s - H_{np}$ 大于 20 cm 小于 50 cm 时，调整为每周不少于 2 次。

（5）当滩面冲刷深度 $H_s - H_{np}$ 大于 50 cm 时，应在 2 h 内完成填报并做紧急上报处理。

（6）每次观测作业完成后，应在当天完成填报"墙前泥面测深记录表"并上报。

5.11 堤防表面观测

5.11.1 观测对象

此项观测一般为日常观测，主要指不使用专业设备仪器的前提下，肉眼辨别各类堤防设施异常情况等，若发现异常情况应使用专业设备仪器进行观测，方便进行数据分析，得出真实情况。观测项目包括：

（1）堤防（防汛墙）。主要观测防汛墙的外观，比如倾斜、裂缝、错位、渗水等。以下以渗水观测为例。

①防汛墙墙身、墙后地坪渗水观测可采用肉眼观察法，堤防巡查时宜在高水位下仔细留意墙身、墙后地坪是否有渗水。

②防汛墙墙身、墙后地坪发现渗水情况时，如有积水，首先应开沟引流，排除积水，同时应仔细摸清渗水来源，其方法是高水位时在迎水面相对应位置投放高锰酸钾、红墨水或木屑进行观察和分析，查明渗水来源后做及时上报处理。

③根据现场的实际情况，采用排除法检查判断产生渗水的原因。

a. 如墙后渗水区域面积较大，现场周边土质松软，则是墙后回填土不密实引起渗水；

b. 墙后渗水区地面如发生凹陷，除了回填土不密实以外，还需考虑防汛墙基础有淘刷的可能性；

c. 渗水区内如有变形缝，则可通过观察相邻墙体有无不均匀沉降来判别是否为基础底板止水带断裂而导致渗水；

d. 临水面如有排放口，则需检查管口周围有无渗漏水现象；管道长期失修，江水通过管壁与墙身接合部位渗出地面也存在可能性；

e. 墙后出现突发集中渗水现象，一般为下水道破损的可能性比较大；

f. 如防汛墙为浆砌块石墙身，墙后普遍出现渗漏水，则为墙身砌筑不密实或块石脱缝的可能性较大；

g. 板桩脱榫或板桩缝未处理好是板桩驳岸墙后渗水原因之一。

（2）防汛通道、桥梁。主要观测与防汛通道、桥梁有关的施工工况，同时观测堤防设施表面的沉陷、变形、裂缝、渗水等。

（3）绿化。主要观测绿化表层土高程变化等。

5.11.2 资料整理与成果分析

每次进行堤防表面观测时应形成电子观测数据，同时宜进行部分照片拍摄或视频录制，同观测数据一并提交管理单位。

5.11.3 观测频次

常规堤防表面观测频次为每天1次；重点观测部位观测频次为每天2次。

5.12 堤防观测资料整理

5.12.1 资料审核

每次堤防工程观测结束后,观测人员应及时对观测资料进行计算、校核、审查。

1. 原始记录一校、二校

原始记录一校、二校内容包括记录数字无遗漏,计算依据正确,数字计算、观测精度计算正确,无漏测、缺测。

2. 原始资料审查

在原始记录已校核的基础上,由单位分管观测工作的技术负责人对原始记录进行审查,审查包括无漏测、缺测;记录格式符合规定,无涂改、转抄;观测精度符合要求;应填写的项目和观测、记录、计算、校核等签字齐全。

3. 资料整理

(1) 测量结束后,编制各观测成果报表。

(2) 编制各项观测设施的考证表、观测成果表和统计表,表格及文字说明要求端正整洁,数据上下整齐。

(3) 绘制各种曲线图,图的比例尺一般选用1∶1、1∶2、1∶5或是1、2、5的10倍、100倍数。各类图表尺寸宜统一,符合印刷装订要求。

(4) 编写本年度观测工作说明,包括观测手段、仪器配备、观测时的水情、气象和工程运用状况、观测时发生的问题和处理办法、观测精度的自我评价等。

(5) 填写年度工程运用情况统计表。

5.12.2 资料分析及编印

1. 资料分析

(1) 观测人员应将观测成果与以往成果比较,变化规律、趋势应合理。

(2) 观测成果与相关项目观测成果比较变化规律趋势应具有一致性和合理性。

(3) 观测成果与设计或理论计算比较,其变化规律应具有一致性和合理性。

(4) 通过过程线分析随时间的变化规律和趋势。

(5) 通过相关参数、相关项目过程线分析相关程度和变化规律。

(6) 编写本年度观测成果的初步分析报告,分析观测成果的变化规律及趋势,与前次观测成果及设计比较应正常,并对工程的控制运用、维修加固提出初步建议。

2. 资料编印

资料编印一般每年进行1次,编印的顺序如下:

(1) 工程基本资料。

(2) 观测工作说明。

(3) 位移观测资料。

(4) 堤防渗水观测资料。

(5)河道断面观测资料。
(6)其他观测项目资料。
(7)其他资料,包括工程运用情况统计表、水位统计表、降水量统计表等。

5.13 堤防工程观测危险源辨识与风险控制措施

黄浦江上游堤防工程观测危险源辨识与风险控制措施如表5.13.1所示。

表5.13.1 黄浦江上游堤防工程观测危险源辨识与风险控制措施表

序号	危险因素	可能导致的事故	控制措施
1	观测人员业务不熟悉、未持证上岗	安全或质量事故	观测人员应经过专业技术培训,持证上岗。工作期间应严格遵守劳动纪律,杜绝"三违"行为;应熟悉相关规程,掌握堤防工程观测、分析方法,严格执行观测制度和操作规程。
2	安全监测设施损坏、失效未进行处置	质量事故	严格执行工程监测规章制度,安全监测设施损坏的应及时加以修复。
3	安全监测仪器设备精度不符合规范要求	质量事故	安全监测仪器设备应定期校验,精度不符合规范要求的监测仪器设备不得使用。
4	未落实观测防护措施	人身伤害	观测人员应按规定穿戴劳保用品,落实观测防护措施。
5	观测时测量仪器放置不当	设备损坏	测量仪器应置放平稳可靠,并设围栏和警示标志。
6	边坡、孔洞旁等区域观测无防护	人员伤亡	在边坡、孔洞旁等区域观测,应落实安全防护措施,并设专人监护。
7	对超出警戒值、突变等未及时发现、处理	质量事故	严格执行工程监测规章制度,对超出警戒值、突变等异常情况应及时发现、分析和处理。
8	擅自同意外部单位、个人从事工程维护、水质监测、计量等作业	工程事故	执行相关规章制度,项目部管理人员对擅自同意外部单位、个人从事工程维护、水质监测、计量等作业行为,应及时制止并上报。
9	外单位前来进行专项观测未进行堤防工程安全告知、安全技术交底	工程事故	外单位前来进行专项观测时,项目部应对观测人员进行堤防工程安全告知、安全技术交底,确保观测中的人身和设施设备安全。
10	水上观测作业船只未配备消防、救生等设备设施	落水(溺水)	水上观测船只作业时,应执行水上作业各项规章制度和安全操作规程,配备消防设施、救生圈、救生衣等。
11	在带电设备附近测量不规范	触电	在带电设备附近不得使用钢卷尺、皮卷尺和夹有金属丝的线尺进行测量工作。

5.14 观测表单(部分)

1. 位移观测表单

位移观测表单如表 5.14.1～表 5.14.7 所示。

表 5.14.1 位移工作基点考证表

基点编号	标点材料	埋设日期	位 置	地基情况	考证日期	高程(m)	备 注
标点结构及位置图							

表 5.14.2 位移工作基点高程考证表

基点编号	原始观测		上次观测		本次观测		备 注
	观测日期	高 程	观测日期	高 程	观测日期	高 程	

表 5.14.3 位移观测标点考证表

标 点		埋设日期	原标点(末次)		新标点		备 注
部位	编号		观测日期	高程(m)	考证日期	高程(m)	

表 5.14.4 垂直位移观测成果表

始 测 日 期		年月日	上次观测日期	年月日	本次观测日期	年月日	间隔 天	备 注
测 点		始测高程(m)	上次观测高程(m)	本次观测高程(m)	间隔位移量(mm)	累计位移量(mm)		
部位	编号							

表 5.14.5 垂直位移量变化统计表

测 点		累 计 位 移 量 (mm)						
部位	编号	年月日	年月日	年月日	年月日	年月日	年月日	年月日

续表

测点	累计位移量（mm）							
统计	部位	最大累计位移量（mm）	测点编号	观测日期	历时（年）	相邻最大不均匀量（mm）	相邻两点部位、编号	观测日期	历时（年）

表 5.14.6　水平位移观测成果表

始测日期：　　年　　月　　日　　上次观测：　　年　　月　　日　　本次观测：　　年　　月　　日

部位	标点编号	历时（日）		间隔位移量(mm)		累计位移量(mm)	
		间隔	累计	上	下	上	下

表 5.14.7　水平位移统计表

年　　　　　　　　　　　　　　　　　　　　　　　　　　　　　　　　　（mm）

日期	月　日		月　日		月　日		月　日		历时（天）	年位移量
测点	上	下	上	下	上	下	上	下		上　下
全年统计	最大位移量		测点编号		最小位移量		测点编号				

2. 河床断面观测表单

河床断面观测表单如表 5.14.8 和表 5.14.9 所示。

表 5.14.8　河床断面观测成果表

断面编号	里程桩号			观测日期					
点号	起点距(m)	高程(m)	点号	起点距(m)	高程(m)	点号	起点距(m)	高程(m)	

注：起点距从左岸断面桩起算，以向右为正，向左为负。

表 5.14.9　河床断面冲淤量比较表

工程竣工日期：　　年　月　日　　　上次观测日期：　　年　月　日
本次观测日期：　　年　月　日　　　计算水位：　　　m

断面编号	里程桩号	计算水位断面宽(m)			深泓高程(m)			断面积(m²)			断面间距(m)	河床容积(m³)			间隔冲淤量(m³)	累计冲淤量(m³)
		标准断面	上次观测	本次观测	标准断面	上次观测	本次观测	标准断面	上次观测	本次观测		标准断面	上次观测	本次观测		

3. 裂缝观测表单

裂缝观测表单如表 5.14.10 所示。

表 5.14.10　混凝土裂缝观测成果比较表

始测日期：　　　上次观测日期：　　　本次观测日期：　　　间隔　　天

编号	位置及方向	始测		上次观测		本次观测		间隔变化量		累计变化量		测时气温(℃)	裂缝渗水情况	水位(m)	
		缝长(m)	缝宽(mm)	缝长(m)	缝宽(mm)	缝长(m)	缝宽(mm)	缝长(m)	缝宽(mm)	缝长(m)	缝宽(mm)			上游	下游

4. 墙前泥面观测记录表

墙前泥面观测记录表如表 5.14.11 所示。

表 5.14.11　墙前泥面测深记录表

时间：公历　　年　月　日（农历　　月　日）　星期
天气：（晴　多云　阴　小雨　大雨　雪）　温度：
河道名称及位置：　　　　第　　次监测　　　　　　　　　　　　　(m)

序号	监测点位置	堤顶高程 H_d	泥面高程 H_s	0 m			1 m			2 m			3 m			测量泥面高程平均值 H_{np}	滩面冲刷深度 $H_s - H_{np}$
				测深杆		墙前泥面高程 H_{n0}	测深杆		墙前泥面高程 H_{n1}	测深杆		墙前泥面高程 H_{n2}	测深杆		墙前泥面高程 H_{n3}		
				杆长 L_{g0}	绳长 S_0		杆长 L_{g1}	绳长 S_1		杆长 L_{g2}	绳长 S_2		杆长 L_{g3}	绳长 S_3			
1																	
2																	
3																	
4																	

测量人：　　　　　　　　　　　　　　记录人：

第 6 章

堤防设施维修养护标准化

6.1 范围

堤防设施维修养护标准化指导书适用于指导黄浦江上游堤防设施维修养护作业,其他同类型堤防设施维修养护作业可参照执行。

6.2 规范性引用文件

参见本书第 2 章第 2.3.3 节中的"维修养护"相关内容。

6.3 维修养护设备工具配置

堤防设施的维修养护内容包括土(石)工建筑物维修养护,混凝土建筑物维修养护,配套设施维修养护等。养护项目部在组织维修养护时应结合机具配备情况、工程进度要求和工程特点,因地制宜地合理布置和安排维修养护设备,提高综合机械化水平。同时,应加强机具设备维修保养,提高设备的完好率,充分发挥机具设备作用。作业机械在进场后应安排好存放地方,并进行相应的保养和试运转等工作。作业期间,应派专人进行机具的维护和管理,以确保其能顺利使用。班组主要作业机械设备配置如表 6.3.1 所示。

表 6.3.1 班组主要作业机械设备一览表

序号	名 称	型号规格	数量	序号	名 称	型号规格	数量
1	载货车	SC1022SAAC6	1	9	中 纬	Zenith15 RTK 系统	1
2	吊 车		按需要	10	卷 尺	5 m	6
3	水 泵	WB20T-D	1	11	卷 尺	50 m	2
4	水 泵	WP30X-DF	1	12	钢筋切断机	GQ40	1
5	全站仪	RTS632	1	13	电焊机	10kW	1
6	水准仪	GOL32D	1	14	木工机械		按需要
7	塔 尺	5 m 铝合金	1	15	劳动车		按需要
8	中 纬	ZDL700	1	16	振动器	插入式	1

续表

序号	名称	型号规格	数量	序号	名称	型号规格	数量
17	振动器	附着式平板	1	29	手拉葫芦	2TX3M	2
18	移动照明设备		1(组)	30	打磨抛光机		1
19	蛙式打夯机	力帆平板	1	31	运输胶轮车		2
20	混凝土搅拌机	JZC350	1	32	风枪		1
21	砂浆搅拌机	300	1	33	安全帽		按需要
22	手持电钻	牧田三功能	1	34	绝缘靴		按需要
23	小型砂轮机	S40气动	1	35	绝缘手套		按需要
24	绳索		按需要	36	安全带		按需要
25	手推车		2	37	脚手架		按需要
26	爬梯		按需要	38	救生衣		按需要
27	喷漆机	途冠495	1	39	施工用消防器材		按需要
28	电动葫芦		1				

6.4 维修养护周期及一般标准

6.4.1 堤防设施维修养护周期

堤防设施主要包括土工建筑物、石工建筑物、混凝土建筑物及相关配套设施等，除了每季度结合工程巡视检查开展1次日常养护工作以外，一般每年开展1次定期维修。对巡查项目部上报的工程缺陷、设备故障、事故隐患等应及时修复或处置，具体要求按《上海市黄浦江和苏州河堤防工程维修养护技术规程》(SSH/Z 10007—2017)、《上海市河道维修养护技术规程》(DB31 SW/Z 027—2022)执行。

6.4.2 堤防设施维修养护一般标准

堤防设施维修养护一般标准如表6.4.1所示。

表6.4.1 堤防设施维修养护一般标准

序号		工 作 标 准
1	正常运用	(1) 堤防设施应按设计标准运用，当超标准运用时应采取可靠的安全应急措施，报上级主管部门经批准后执行。 (2) 根据《上海市河道维修养护技术规程》《上海市黄浦江和苏州河堤防工程维修养护技术规程》以及维修养护制度等要求做好维修养护工作。
2	管理范围作业活动要求	(1) 在堤防设施附近，不得进行爆破作业，如有特殊需要进行爆破时，应经上级主管部门批准，并采取必要的保护措施。 (2) 在堤防管理范围内，所有岸坡和各种开挖与填筑的边坡部位及附近，如需进行施工，应采取措施，防止坍塌或滑坡等事故。 (3) 未经计算及审核批准，禁止在建筑结构物上开孔、增加荷重或进行其他改造工作。

续表

序号		工 作 标 准
3	堤防(防汛墙)定期保养	(1) 防汛墙墙身及底板：做好墙顶、变形缝、浆砌块石勾缝等易损部位，墙前护坡、驳岸、内青坎、外青坎以及墙身保洁工作。 (2) 抢险通道、堤顶道路：进行路面保洁及一般性坑洼、破损修复等。 (3) 防汛闸门：钢防汛闸门每年非汛期油漆1次，防汛闸门的启闭设备、转动部件及锁定装置等汛前维修、汛后保养。 (4) 做好穿堤挡潮建筑物、构筑物及潮门、拍门控制阀及其启闭设备外立面保洁工作。 (5) 支河桥、工作桥：做好桥面、桥墩、桥接坡保洁工作。 (6) 亲水平台：做好台阶、地面等保洁工作。 (7) 护栏、栏杆：金属护栏表面每年油漆1次，做好护栏表面保洁、立柱及水平构件保养等工作。 (8) 护舷：每年非汛期钢护舷油漆1次，木质护舷防腐处理1次。
4	堤防(防汛墙)及时修复	(1) 墙身及底板：撞损、非贯穿性裂缝、浆砌块石勾缝及变形缝充填料的老化或脱落，墙身贴面砖脱落时修复。 (2) 墙前、墙后：墙前护坡浆砌块石或钢筋混凝土护坡，出现局部破裂、勾缝脱落、底部淘刷等，墙后覆土、堤身土体流失、出现空洞均应及时修复。 (3) 桩基与承台：钢筋保护层损坏、钢筋外露时及时修复。 (4) 抢险通道、堤顶道路：发生开裂、下沉、外移，通道内积水时及时修复。 (5) 亲水平台：台阶、地面等损坏时及时修复。 (6) 护栏、栏杆：发生变形、损坏、风化时及时修复。 (7) 附属设施：防汛通信光缆、监测设施损坏时及时修复。 (8) 护舷：护舷脱落或损坏时及时修复。
5	穿堤涵闸	(1) 穿堤涵闸无重大隐患。 (2) 穿堤涵闸符合安全运行要求。 (3) 金属结构及启闭设备养护良好、运转灵活。 (4) 混凝土无老化、破损现象。 (5) 堤身与涵闸连接可靠，接合部无隐患、不均匀沉降裂缝、空隙、渗漏现象。 (6) 非直管穿堤建筑物情况清楚、责任明确、安全监管到位。
6	水务桥梁	(1) 水务桥梁的拱圈和工作桥的梁板构件应保证无裂缝。 (2) 桥面应定期清扫，工作桥的桥面排水孔的泄水应防止沿板及梁漫流。 (3) 桥面无坑塘、拥包、开裂，破损率应小于1%，平整度应小于5 mm。 (4) 桥面人行道破损率小于1%；平整度小于5 mm；相邻物件高差小于5 mm。 (5) 桥面泄水管畅通，无堵塞。
7	防渗、排水设施	(1) 工程排水畅通。 (2) 按规定各类工程排水沟、减压井、排渗沟齐全、畅通，沟内杂草、杂物清理及时，无堵塞、破损现象。
8	各类管线	符合安全运行要求。
9	办公设施和环境	(1) 管理用房及配套设施完善，管理有序。 (2) 管理单位庭院整洁，环境优美，绿化程度高；按《堤防工程管理设计规范》(SL/T 171—2020)配备相应的管理设施设备。
10	标志标牌	(1) 标志标牌设置合理。 (2) 按照《堤防工程管理设计规范》(SL/T 171—2020)要求设置各类工程管理标志标牌，标志标牌规范统一、布局合理、埋设牢固、齐全醒目。 (3) 标志牌、警示牌、里程桩、路障等字迹模糊、缺损变形时应及时修复。
11	项目管理	(1) 按照有关规定开展维修养护，制定养护计划，实施过程规范，维修养护到位，工作记录完整。 (2) 专项维修项目有设计和审批，按计划完成。 (3) 加强项目实施过程管理和验收，项目资料齐全。

6.5 堤防(防汛墙)建筑物维修养护

6.5.1 土工建筑物维修养护

土工建筑物维修养护方法如表 6.5.1 所示。

表 6.5.1 堤防土工建筑物维修养护方法

序号	分类	存在问题	维 修 养 护 方 法
1	跌塘、沉陷处理	出现雨淋沟、浪窝、塌陷和填土区发生跌塘、沉陷	随时修补夯实,其操作要点: (1) 清理杂物。 (2) 测量放线。 (3) 基层刨毛。 (4) 土方分层回填夯实。 (5) 碾压、夯实。 (6) 面层整修。 (7) 检查验收,要求选择优质土料,严格控制铺土厚度,控制压实质量,保护好现场控制桩及高程点。
	裂缝处理	发生裂缝检查观测	(1) 按《水利水电工程施工测量规范》(SL 52—2015)执行。 (2) 搜集施工记录,了解施工进度及填土质量是否符合设计要求。 (3) 有条件的可通过钻探取样进行物理力学性能试验,进行对比,分析裂缝原因。 (4) 必要时,采用雷达检测设备,探测堤身内部裂缝或隐患。
		裂缝判别及成因分析	(1) 各式各样的裂缝各有其特征,按表 6.5.2 判别裂缝类型。 (2) 土堤裂缝的成因,主要是由于堤基承载力不均匀、堤身施工质量差、堤身结构及断面尺寸设计不当或其他害堤隐患等所引起。有的裂缝是由于单一原因所引起,有的则是多种因素所造成,应进行成因分析。
		干缩裂缝、冰冻裂缝和深度小于 0.5 m,宽度小于 5 mm 的纵向裂缝	一般可采取封闭缝口处理。
		深度不大的表层裂缝	开挖回填处理,方法有梯形楔入法、梯形加盖法、梯形十字法。
		非滑动性的内部深层裂缝	对堤内裂缝、非滑动性较深的表面裂缝,由于开挖回填处理工作量过大,可采用压密注浆方式进行处理,操作方式可参见《地基处理技术规范》(DG/TJ 08—40—2010)要求进行。 (1) 对于较长而深的非滑动性纵向裂缝,灌浆时应特别慎重,一般宜用重力或低压力灌浆,以免影响堤坡稳定。 (2) 对于尚未做出判断的纵向裂缝,不应采用压力灌浆处理。 (3) 灌浆时,应密切注意堤坡稳定,如发现突然变化,应立即停止灌浆。 (4) 雨天及高水位工况下不建议灌浆。
		自表层延伸至堤深部的裂缝	采用上部开挖回填与下部灌浆相结合的方法处理。裂缝灌浆宜采用重力或低压灌浆,不宜在雨季或高水位时进行;当裂缝出现滑动迹象时,严禁灌浆。
		滑动性裂缝的维护	(1) 迎水坡面裂缝处理。在保证堤身有足够的挡水断面的前提下,将主裂缝部位进行削坡;在堤(坡)脚部分抛砂、石袋,做临时压重固脚。 (2) 背水坡面裂缝处理。背水面裂缝如是由渗漏引起,应在坡面上开沟导渗,使渗透水快速排出,同时在迎水坡铺设土工膜加袋装土压渗;背水坡面裂缝如是其他原因产生的滑动裂缝,则应采取在堤脚压重或放缓边坡的处理措施;若滑动裂缝达到堤脚,应采取压重固脚的措施进行处理。

续表

序号	分类	存在问题	维修养护方法
1	渗漏处理	结构主体裂缝渗漏处理	(1) 表面处理。按裂缝所在部位进行表面处理。 (2) 内部处理。采用灌浆充填漏水通道,达到堵漏目的。
		发生渗漏、管涌现象	按"上截、下排"原则处理,一般在背水面进行抢修。抢修方法根据管涌情况和抢修器材来源确定,见本书第4章第4.6节相关内容。
		堤防两侧为土质堤岸形成渗透破坏	采取上游翼墙防渗处理、两侧堤岸灌浆、堤岸开槽填筑截水墙等措施,同时做好下游反滤、排水设施。
		防汛墙与土质堤岸接合部位出现集中渗漏	采用灌浆、开槽填筑截水墙等措施,同时做好下游反滤、排水设施。
	滑坡处理	出现滑坡迹象	针对产生原因按"上部减载、下部压重"和"迎水坡防渗,背水坡导渗"等原则,采用开挖回填,加培缓坡,压重固脚,导渗排水等多种方法综合处理。详见本书第9章相关内容。
2	河床维护	出现冲刷坑并危及防冲槽或河坡稳定	采用抛石或沉排等方法处理,不影响工程安全的冲刷坑可不做处理。
		少量淤积	河床有少量淤积时,可利用开闸排水冲淤,不影响工程功能的淤积可不予清除。
		淤积厚度大于50 cm或影响工程效益	及时采用人工开挖、机械疏浚或利用泄水结合机具松土冲淤等方法清除。
3	害堤隐患处理	翻修	将隐患处挖开,重新进行回填。但对于埋藏较深的隐患,由于开挖回填工作量大,并且限于在非汛期低水位时进行,是否采用需根据具体条件进行分析比较后确定。
		灌浆	对于堤身蚁穴、兽洞、裂缝、暗沟等隐患,如翻修比较困难时,均可采用灌浆方法进行处理。
		综合处置	采用上部翻修下部灌浆的综合措施进行处置。

土工建筑物裂缝分类及特征如表6.5.2所示。

表6.5.2 裂缝分类及特征表

分类	裂缝名称	裂缝特征
按裂缝部位分	表面裂缝	裂缝暴露在土体表面,缝口较宽,一般随深度变窄而逐渐消失。
	内部裂缝	裂缝隐藏在土体内部,水平裂缝多呈透镜状,垂直裂缝多为下宽上窄的形状。
按裂缝走向分	横向裂缝	裂缝走向与堤岸线垂直或斜交,一般出现在堤顶较多,严重的发展到堤坡,近似铅垂或稍有倾斜,堤顶路面随缝开裂。
	纵向裂缝	裂缝走向与堤岸线平行或接近平行,多出现在堤顶及堤坡上部,较横缝长。
	龟裂缝	裂缝呈龟纹状,没有固定的方向。纹理分布均匀,一般与土堤表面垂直,缝口较窄,深度10~20 cm,很少超过1 m。
按裂缝成因分	沉陷裂缝	多发生在堤坝分区分期填土交界处、堤下埋有穿堤管线的部位,以及土堤与建筑物接触的部位。
	干缩裂缝	多出现在土堤表面,密集交错,没有固定方向,分布均匀,有的呈龟纹裂缝形状,降雨后裂缝变窄或消失。有的出现在防渗体内部,其形状呈薄透镜状。
	滑坡裂缝	裂缝中段接近平行堤岸线,缝两端逐渐向堤脚延伸,在平面上略呈弧形,缝较长,多出现在堤顶、堤肩、背水坡堤及排水不畅的堤下部。在水位骤降或地震情况下,迎水坡也可能出现。形成过程短促,缝口有明显错动,下部土体移动,有离开堤体倾向。
	振动裂缝	在经受强烈振动或烈度较大的地震以后发生纵横向裂缝,横向裂缝缝口随时间延长,缝口逐渐变小或弥合,纵向裂缝缝口没发生变化。堤顶多出现裂缝,严重的堤顶两侧土路肩坍塌。

6.5.2 石工建筑物维修养护

堤防石工建筑物维修养护方法如表 6.5.3 所示。

表 6.5.3 堤防石工建筑物维修养护方法

序号	部位	存在问题	维 修 养 护 方 法
1	坡面	杂草等	经常清扫,保持清洁,砌石面青苔、杂草、杂树及时清除。
		勾缝脱落	砌石勾缝有少量脱落或开裂的,用水冲洗干净后,用 1∶2 水泥砂浆重新勾缝。
2	砌石护坡、护底	遇有松动、塌陷、隆起、底部淘空、垫层散失等现象	(1) 参照《水闸施工规范》(SL 27—2014)中有关规定按原状修复。施工时做好相邻区域的垫层、反滤、排水等。 (2) 干砌块石护坡修复。 ①护坡砌筑时应自下而上进行,确保石块堆砌紧密;护坡损坏严重时应整仓进行修筑; ②砌筑前补充护坡下部流失填料,砌筑材料符合设计要求; ③水下干砌块石护坡暂不能修补的,可采用石笼网兜的方式进行护脚; ④浆砌块石护坡修复前应将松动的块石拆除并将块石灌浆缝冲洗干净后坐浆砌筑;较大的三角缝隙采用混凝土回填。 ⑤为防止修复时上部护坡整体滑动坍塌,可在护坡中间增设一道水平向阻滑齿坎; ⑥修复操作要点:测量放线,土方开挖及坡面修整,铺设土工布,碎石垫层铺设,块石干切。 (3) 浆砌块石护坡修复。 ①将松动的块石拆除,并将块石灌浆缝冲洗干净,不准有泥沙或其他污物粘裹; ②选用块石的形状以近似方形为准,不可用有尖锐的棱角及风化软弱的块石,并应根据砌筑位置的形状,用手锤进行修整,经试砌大小合适以后,再搬开石块,坐浆砌筑; ③对不满浆的缝隙,由缝口填浆、捣固,使砂浆饱满。对较大的三角缝隙,可用手锤楔入小碎石,做到稳、紧、满。 ④缝口采用高一级的水泥砂浆勾缝。 ⑤为防止护坡局部损坏淘空后导致上部护坡的整体滑动坍塌,可在护坡中间增设一道水平向的阻滑齿坎。 (4) 灌砌块石护坡修复。 ①翻拆原有块石护坡的损坏部分,并将原土坡面填实修平; ②在原土坡面铺垫土工布,上方铺碎石垫层,厚度宜为 150 mm;再铺砌块石,块石厚度宜大于 350 mm,块石之间缝隙宽度宜取 50~80 mm;缝间灌满细混凝土,混凝土强度等级不低于 C25; ③堆石(抛石)护坡修复的石块应达到设计要求的直径,且最小块石的直径应不小于设计块石直径的 1/4,且块石应质地坚硬、密实、不风化、无缝隙和尖锐棱角; ④当堆(抛)石体底部垫层存在冲刷,应按滤料级配铺设垫层,且厚度应不小于 300 mm; ⑤抛石后应进行表面堆砌整平,堆石厚度 0.5~1.0 m。
3	浆砌石翼墙等工程	深度小于 10 cm 的裂缝	可沿裂缝凿开,清洗干净后用素混凝土填封。
		裂缝较宽且已贯穿砌体	将裂缝两边损坏块石拆除,清洗干净后,使其呈交错状态重新砌筑平整。
		浆砌石工程墙身渗漏严重	可采用灌浆、迎水面喷射混凝土(砂浆)或浇筑混凝土防渗墙等措施。
		浆砌石墙基冒水冒砂现象	应立即采用墙后降低地下水位和墙前增设反滤设施等办法处理。

续表

序号	部位	存在问题	维 修 养 护 方 法
3	浆砌石翼墙等工程	翼墙发生变位	墙后减载、做好排水并防止地表水下渗,抛石支撑翼墙等。
		墙顶高程不达标	复核,加高。
		浆砌块石修复	操作要点:测量放线,土方开挖及作业面修整,铺设土工布,碎石垫层铺设,浆砌块石砌筑,勾缝。
		严重受损,不能保证运行安全	拆除损坏部分并修复,同时应重新实施墙后回填、排水及其反滤体。
		伸缩缝填料损失	及时填充。
		止水损坏	将原止水凿除,按原设计修复。
4	防冲槽、海漫	遭受冲刷破坏	可采用加筑消能设施或抛石笼、柳石枕和抛石等方法处理。
5	反滤设施、减压井、导渗沟、排水设施	堵塞、损坏	应保持畅通,如有堵塞、损坏应予疏通、修复。反滤层淤塞或失效重新布设排水井(沟、孔、管)。
6	挡土墙	墙身倾斜、滑动,或经验算抗滑稳定不满足要求	采取墙后减载、更换回填料、增设排水设施、增设阻滑板或锚杆、降低地下水位等措施。

6.5.3 混凝土建筑物维修养护

堤防混凝土建筑物维修养护方法如表6.5.4所示。

表6.5.4 堤防混凝土建筑物维修养护方法

序号	存在问题	维 修 养 护 方 法
1	混凝土建筑物表面不够清洁	保持清洁完好,积水及时排除;重要部位(门槽、闸墩等处)如有苔藓、蚌贝、污垢等应予清除。重要部位淤积的砂石、杂物应及时清除,底板、消力池的石块和淤积物应结合水下检查定期清除。
2	排水不畅	防汛墙及水务桥梁上的排水孔均应保持畅通。桥面应定期清扫,桥面排水孔的泄水应防止沿板和梁漫流。排水沟杂物应及时清理。
3	混凝土结构轻微受损	选用"HC-EPC水性环氧薄层修补砂浆"处理。 (1)表面处理。施工表面应干净,无灰、松动和积水,以确保砂浆的表面黏结力。暴露的结构层表面的浮浆应铲除或喷砂去除,各类油污应清除干净,确保黏合剂料的完全渗透,对暴露的钢筋采用除锈和涂防锈底漆。 (2)混合搅拌。严格按产品要求拌和砂浆料。 (3)施工。将搅拌好的黏合修补料用泥刀或刮板尽快批刮到处理好的施工表面或黏结材料表面,以达到修补厚度。根据气温的高低,及时施工完毕(施工期夏天2 h,冬天3 h),施工温度范围为5℃~50℃。施工时应用力压抹以确保修补料同基面完全黏附。用刮刀将表面抹平,压平后刮去多余物料,并及时将表面整平。 (4)砂浆修补厚度为2~20 mm。
4	混凝土结构严重受损	(1)出现严重受损,影响安全运用时,应拆除并修复损坏部分;修复前将表层损坏范围内的结构清除干净。清除方式根据清除难度和范围确定,针对墙体破损范围较小的情况应采用人工凿除方式清除;清除范围应以清除至显露下部完好结构为准;墙体修复的施工表面须清除干净,凿出钢筋须进行除锈并校正。 (2)修复翼墙部位时,做好墙后回填、排水及其反滤体;修复涵洞(管)部位时,重新做好周边土回填。
5	混凝土结构承载力不足	承载力不足的,可采用增加断面、改变连接方式、粘贴钢板或碳纤维布等方法补强、加固。

续表

序号	存在问题	维 修 养 护 方 法
6	混凝土裂缝	混凝土建筑物出现裂缝后,应加强检查观测,查明裂缝性质、成因及其危害程度,据以确定修补措施。 (1) 混凝土最大裂缝宽度,水上区小于0.20 mm,水位变动区小于0.25 mm,水下区小于0.30 mm,可以不予处理,如有防止裂缝拓展和内部钢筋锈蚀的必要,可采用表面喷涂料封闭保护。 (2) 裂缝宽度大于上述数值时,为防止裂缝拓展和内部钢筋锈蚀,宜采用表面粘贴片材或玻璃丝布、开槽充填弹性树脂基砂浆或弹性嵌缝材料进行处理。 (3) 深层裂缝和贯穿性裂缝,为防止破坏结构的整体性,宜采用灌浆补强加固处理。化学灌浆操作要点包括钻孔、压气检验、注浆、封孔、检测。 (4) 影响建筑物整体受力的裂缝,以及因超载或强度不足而开裂的部位,可采用粘贴钢板或碳纤维布、增加断面、施加预应力等方法补强。 (5) 渗(漏)水的裂缝应先进行定量观测,在判断结构内部裂缝(缝隙)情况后进行堵漏,再修补。 (6) 裂缝应在其基本稳定后才可进行修补,并宜在低温季节开度较大时进行。不稳定裂缝应采用柔性材料修补。 (7) 裂缝修补完成后,采用《回弹法检测混凝土抗压强度技术规程》(DBJ/T45—149—2023)中的方法检测,混凝土等级强度不小于C30。
7	混凝土防汛墙结构变形缝损坏	(1) 变形缝嵌缝料老化、脱落,但墙体中间有橡胶止水带且未断裂,应采取措施如下: ①将原有变形缝缝道内已老化的填缝料清理干净,混凝土显露面应无油污无粉尘。 ②原有墙体中间埋设的橡胶止水带保留,清理不得损坏。 ③缝道清理干净后,采用人工方式用铁凿将沥青麻丝(交互捻)3~4道顺缝向内嵌塞,外周面留有2.0 cm左右缝口,缝口内采用单组分聚氨酯密封胶嵌填。 ④密封胶嵌填前变形缝缝口的黏结表面应无油污且无粉尘,嵌填时,宜在无风沙的干燥的天气下进行,若遇风沙天气,应采取挡风沙措施,以防黏结表面因沾上尘埃而影响黏结力。 ⑤密封胶嵌填完毕后,其外表面应达到平整、光滑、不糙。 (2) 变形缝嵌缝料老化、脱落,墙体中间未设置橡胶止水带或原有止水带老化,应采取措施如下: ①在原有变形缝位置修复止水,凿除原有防汛墙变形缝两侧混凝土,凿出钢筋将其扳正,然后将凿出的钢筋与止水带定位钢筋焊接。中间埋置橡胶止水带,缝间采用聚乙烯硬质泡沫板隔开,外周用单组分聚氨酯密封胶嵌缝。在防汛墙凿除前,按防汛墙标准先设置临时防汛墙。 ②在原有变形缝后侧设置止水,将原有变形缝缝道清理干净,用铁凿将沥青麻丝嵌塞进去,临、背水面各嵌3~4道,临水面外口留2 cm采用单组分密封胶封口,中间空当缝隙采用聚氨酯发泡堵漏剂堵实;在背水侧凿原有变形缝两侧各40 cm混凝土面层,深度约5 cm,凿出钢筋保留,清理干净后与止水带定位钢筋焊接;立挡模,分别浇筑C30混凝土,缝间采用聚乙烯硬质泡沫板隔开,外周用单组分聚氨酯密封膏嵌缝。
8	混凝土渗漏	(1) 混凝土渗漏处理原则。 ①对于构筑物本身渗漏的处理,尽量在迎水面封堵,以直接阻止渗漏源头。如迎水面封堵有困难,且渗漏水不影响堤防主体结构稳定的,可在背水面进行截堵,以减少或消除漏水和改善作业环境。 ②因渗漏引起基础不均匀沉降的,应先进行基础加固处理,操作方法参见《地基处理技术规范》(DG/TJ08—40—2010)。 ③相关质量要求按《水利水电工程混凝土防渗墙施工技术规范》(SL 174—2014)执行。 (2) 混凝土淘空、蜂窝等形成的漏水通道,当水压力小于0.1 MPa时,可采用快速止水砂浆堵漏处理;当水压力大于等于0.1 MPa时,可采用灌浆处理。 (3) 发生墙后地面冒水和冒沙,按照"上截下排""迎水坡防渗、背水坡导渗"的原则进行抢修。 (4) 混凝土抗渗性能低,出现大面积渗水时,可在迎水面喷涂防渗材料或浇筑混凝土防渗面板进行处理。 (5) 混凝土内部不密实或网状深层裂缝造成的散渗可灌浆处理。

续表

序号	存在问题	维修养护方法
9	穿堤(墙)管线渗漏	(1) 迎水面处理。趁低潮位时施工,首先消除管周口处杂物及失效的充填料,然后,根据管口缝隙的尺寸采用遇水膨胀止水条或沥青麻丝进行人工嵌塞密实,外口再采用单组分聚氨酯密封胶封口。 (2) 背水面处理。迎水面外口封堵后,进行墙后开槽,探查判定管道有无损坏,如果管道有损坏,则需更换管道;如果管道是完好的,还需对内侧接口处特别是管口底部进行灌浆补强加固,并采用密封胶封口。 (3) 管槽回填。管线渗漏修复后,管线与墙体接口部位采用土工布(250 g/m²)遮帘(两侧搭接长度大于 50 cm)后,水泥土回填夯实。
10	混凝土冻融、结构脱壳、剥落或遭机械损坏	应先凿除损伤的混凝土,再回填满足抗冻要求的混凝土(砂浆)或聚合物混凝土(砂浆)。混凝土(砂浆)的抗冻等级、材料性能及配比,应符合国家现行有关技术标准的规定。 (1) 混凝土表面脱壳、剥落或局部损坏,可采用水泥砂浆修补。 (2) 损坏部位有防腐、抗冲要求,可用环氧砂浆或高标号水泥砂浆等修补。 (3) 损坏面积大、深度深的,可用浇(喷)混凝土、喷浆等方法修补。 (4) 为保证新老材料结合坚固,在修补之前凿毛混凝土表面并清洗干净,有钢筋的应进行除锈。
11	混凝土空蚀	首先清除造成空蚀的条件(如体形不当、不平整度超标及闸门运用不合理等),然后对空蚀部位采用高抗空蚀材料进行修补,如高强硅粉钢纤维混凝土(砂浆)、聚合物水泥混凝土(砂浆)等,对水下部位的空蚀,也可采用树脂混凝土(砂浆)进行修补。
12	混凝土钢筋锈蚀	(1) 损害面积较小时,可回填高抗渗等级的混凝土(砂浆),并用防碳化、防氯离子和耐其他介质腐蚀的涂料保护,也可直接回填聚合物混凝土(砂浆)。损害面积较大、施工作业面许可时,可采用喷射混凝土(砂浆),并用涂料封闭保护。 (2) 回填各种混凝土(砂浆)前,应在基面上涂刷与修补材料相适应的基液或界面黏结剂。 (3) 修补被氯离子侵蚀的混凝土时,应添加钢筋阻锈剂。
13	混凝土表面碳化	(1) 碳化深度接近或超过钢筋保护层时,可按混凝土钢筋锈蚀修复方式进行处理。 (2) 碳化深度较浅时,首先清除混凝土表面附着物和污物,然后喷涂 CPC 混凝土防碳化涂料封闭保护。操作要点包括基面处理、涂料拌制、涂料涂刷、涂层养护。 ①基面处理。应使基面坚硬、平整、粗糙、干净、湿润。基面凹凸、不平之处,应先用角磨机打磨平整;基面浮尘、浮浆、油污等应用钢丝刷除掉,疏松、空鼓部位应凿除;各种缝隙、裂缝或蜂窝、麻面等不平整处用 CPC 混凝土防碳化涂料调配的聚合物砂浆修补找平;涂刷防碳化涂层之前,混凝土基面应预先喷水清洗和湿润处理,稍晾一段时间后无潮湿感时再施刷涂料;如果基面凹凸不平、纹路较深,涂层不能覆盖或涂料表面装饰功能要求高时,应采用 CPC 柔性耐水腻子在基面上整体批刮 2 道,再涂刷 CPC 防碳化涂料涂刷。 ②涂料拌制。每次涂料配制前,应先将液料组分搅拌均匀;涂料的质量配比为:A 组分∶B 组分∶水=1∶3∶(0～0.2);涂刷底层时,加水量可取高限值。液料与粉料的配比应准确计量,采用搅拌器充分搅拌均匀,搅拌时间约 5 min,拌好的涂料应色泽均匀,无粉团、沉淀。涂料搅拌完毕静置 3 min 后方可涂刷。 ③涂料涂刷。涂层应分层多道涂刷完成。基面未批刮腻子时,涂料应涂刷 4～5 道,使之形成 1～1.2 mm 厚度的涂层,有腻子层时涂刷 3 道即可,形成厚度约 0.75 mm 的涂层;后道涂刷必须待前道涂层表干不粘手后方可进行;每遍涂刷宜交替改变涂层的涂刷方向;在使用中涂料如有沉淀应注意随时搅拌均匀。 ④涂层养护。最后一道涂层施工完 12 h 内不宜淋雨。若涂层要接触流水,则需自然干燥养护 7 天以上才可。密闭潮湿环境施工时应加强通风排湿。
14	混凝土表面发现涂料老化、局部损坏、脱落、起皮现象	应因地制宜地采取适当的保护措施,一般可采用环氧厚浆等涂料进行封闭防护,如发现涂料老化、局部损坏、脱落、起皮等现象,应及时修补或重新封闭。

续表

序号	存在问题	维修养护方法
15	混凝土护坡出现滑动、局部塌陷、隆起、破损以及砌块松动	(1) 将损坏部分拆除(拆除范围按损坏区周边外延 0.5~1.0 m),整修土体坡面,重新敷设反滤层,再修复护坡;如基础被淘空应清基后再重新砌筑基础和护坡。施工技术要求按《土石坝养护修理规程》(SL 210—2015)规定执行。 (2) 一般性修复时,在原混凝土护坡损坏部位应凿毛并清洗干净后,采用混凝土填铺,确保新旧混凝土紧密结合。 (3) 浇筑混凝土强度等级应不低于原护坡混凝土强度等级。
16	混凝土保护层受到冻蚀、碳化侵蚀	应根据侵蚀情况分别采用涂料封闭、高标号砂浆或环氧砂浆抹面或喷浆等措施进行修补,应严格控制修补质量。
17	混凝土墙面涂鸦修复	一般采用 1∶2 水泥砂浆涂抹,涂抹厚度以涂鸦面完全遮盖、无阴影面显露为止;对于涂鸦色彩较深且污渍较严重的墙面,应采用高压水枪冲洗后再进行涂抹。

6.5.4 防汛墙贴面维修养护

防汛墙贴面维修养护方法如表 6.5.5 所示。

表 6.5.5 防汛墙贴面维修养护方法

序号	存在问题	维修养护方法
1	墙面及面砖开裂	拆换损坏的面砖,用环氧树脂修补墙面裂缝。 (1) 将有裂缝的面砖凿除,同时检查墙面裂缝,如墙面裂缝仍向墙底延伸,则需沿裂缝再将面砖凿除,凿至防汛墙面无裂缝处即可。 (2) 在墙面裂缝处用扩槽器或钢凿扩成沟槽状。 (3) 用气泵清除表面浮尘。 (4) 待干燥后,在裂缝沟槽上涂抹灌缝用的环氧树脂。 (5) 若墙体较深时需先钻孔,钻孔的直径为 3~4 mm,两孔的间距可视裂缝宽度而定,一般 5~10 cm。 (6) 用较稠的环氧树脂腻子填嵌勾缝,留出钻孔的位置。 (7) 在孔内注入环氧树脂。 (8) 重新铺贴面砖。
2	面砖与括糙层脱离,且面砖表面亦有损坏	修理采用挖补法。 (1) 用直观法确定修补范围。 (2) 用钢凿凿去起壳的面砖及括糙层。 (3) 修补及清理基层,清除基层残余粉刷,浇水润湿。 (4) 括糙:根据原墙面分格,弹线分格分段,粘木引条。 (5) 做灰饼、贴面砖;木引条在镶贴面砖次日取出。 (6) 面砖铺贴 1~2 天后,进行分格缝的勾嵌。 (7) 待缝条硬化后,将面砖表面清洗干净,如有污染,可用浓度为 10%的稀盐酸擦洗干净,再用水冲净。
3	面砖与括糙层已脱离,但表面完好	修理采用灌浆法。 (1) 确定起壳范围。 (2) 确定钻孔位置,一般每平方米钻 16 个注入孔,孔径 8 mm,深度只要钻进基层 10 mm 即可。用气泵清除孔中粉尘。 (3) 待孔眼干燥后,用环氧树脂灌浆。 (4) 把溢出的环氧树脂用布擦净。 (5) 待环氧树脂凝固后,用 1∶1 水泥砂浆封闭注入口。

6.6 防汛道路、水务桥梁、排水沟维修养护

6.6.1 防汛道路维修养护一般标准

防汛道路维修养护一般标准如表6.6.1所示。

表6.6.1 防汛道路维修养护一般标准

序号	名 称	工 作 标 准
1	安全通畅	堤防管理区道路应安全畅通,发生损坏时应按不同材质采取相应措施及时修复,当损坏严重时及时向管理单位报告。
2	路 基	路基稳定、密实、排水性能良好。
3	路 肩	路肩无坑槽、沉陷、积水、堆积物、边缘直顺平整,排水设施坡度顺适、无杂草、排水畅通。
4	混凝土路面	路面无磨损、露骨、裂纹、网裂、起皮、隆起、坑洞,排水系统通畅,雨后无积水;接缝位置、规格、尺寸应符合设计要求;面层与其他构筑物相接应平顺。
5	沥青路面	路面无裂缝、松散、坑槽、拥包、啃边,排水通畅,平均每10 m长的纵向高差不大于10 cm。
6	道板砖路面	路面无松动、破损、错台、凸起或凹陷、大面积沉降;道板砖缝隙填灌饱满,排列整齐,面层稳固平整,排水系统通畅。
7	路缘石	路缘石无松动、破损、错台、沉降,线性顺直。
8	埋设管线	掘路埋设各类管线的管顶埋深应大于300 mm,否则应采取加固措施。

6.6.2 混凝土路面维修养护

混凝土路面维修养护方法如表6.6.2所示。

表6.6.2 混凝土路面维修养护方法

序号	分 类	维 修 养 护 方 法
1	一般要求	混凝土路面修护完成后,其混凝土强度应符合原设计标准及相关要求。
2	常规养护	(1) 混凝土路面出现宽度小于等于3 mm的轻微裂缝时,可采取扩缝灌缝的方法处理。 (2) 混凝土路面出现宽度大于15 mm的严重裂缝时,可采用全深度局部修补。 (3) 混凝土路面出现表面破损、露骨时,可采用HC-EPM环氧修补砂浆对路面进行修补。 (4) 混凝土路面出现路面跑砂、骨料裸露时,可采用HC-EPC水性环氧层修补砂浆进行修补。
3	道路有坑洞、破碎时维修养护	道路有坑洞、破碎时应凿除修复区内的混凝土,按原设计要求重新浇筑。 (1) 施工准备。做好施工技术准备及施工人员、机械、材料准备。 (2) 路面凿除与清理。用人工按要求凿除原需要凿除路面并清理干净,做到表面坚实、平整,不得有浮石、粗集料集中现象。 (3) 测量放样。以未破损路面为基准面。 (4) 路面浇筑。施工前先检查整修路基层,对于高低不平及凹坑处用人工找补平整,确定浇筑的定位线后进行混凝土浇筑。 (5) 养护。水平表面采用混凝土表面覆盖塑料薄膜加盖草包等材料进行养护,使混凝土在一定时间内保持湿润;对已浇筑的混凝土专人做好养护和保护,加强对棱角和突出部位的保护。

6.6.3 沥青路面维修养护

沥青路面维修养护方法如表 6.6.3 所示。

表 6.6.3 沥青路面维修养护方法

序号	分类	维修养护方法
1	一般要求	沥青路面修护段应符合原设计标准及相关要求。
2	沥青路面出现温缩缝和其他裂缝	(1) 扩缝：沥青路面的裂缝修补需进行扩缝处理，采用裂缝跟踪切割机，沿路面裂缝走向进行开槽，开槽深度 1.5～3 cm，宽度 1～2 cm。 (2) 刷缝：用钢丝刷刷缝两侧，使缝内无松动物和杂物。 (3) 吹缝：采用高压森林风力灭火机进行吹缝，将缝内杂物吹干净，一般需吹 2 遍。 (4) 材料准备：将材料放入灌缝机加热容器内，开机调试确定加热温度。 (5) 灌缝：待自动恒温灌缝机内的材料达到使用温度，打开胶枪，把胶枪内剩胶清除。待新胶出来时，将枪头按在接缝槽上，把密封胶灌入缝内。灌缝完成后在密封胶面上均匀撒上砂粒。
3	局部、轻微破损	修理及时。在沥青混凝土混合料正式摊铺前将下承层清理干净。
4	沥青混凝土面层施工	(1) 沥青混合料的拌制、运输、摊铺、碾压、接缝等技术要求按《公路沥青路面施工技术规范》(JTG F40—2004)规定执行。 (2) 沥青混合料由沥青拌和站统一拌制，沥青混凝土面层采用厂拌法施工，每个工作面采用摊铺机摊铺施工沥青面层分层施工，在铺筑下面层的沥青混凝土前应清洁沥青封层表面后再施工。 (3) 沥青面层应尽可能连续施工，其间时间间隔不宜太长。如果施工时间间隔较长，或下层受到污染，摊铺上一层前应将表面清洁干净后，浇洒粘层沥青后再铺筑。 (4) 施工顺序包括沥青混凝土配合比设计、混合料的制备、混合料的运输、混合料的摊铺、混合料的压实、接缝的处理等。

6.6.4 水务桥梁维修养护

水务桥梁维修养护方法如表 6.6.4 所示。

表 6.6.4 水务桥梁维修养护方法

序号	分类	维修养护方法
1	桥面局部损坏	参照混凝土路面或沥青路面修复方法进行修复。
2	护栏损坏、缺失、变形缝损坏	需调出原有设计图纸，按原有设计图纸要求进行恢复。钢护栏、铁艺护栏及不锈钢栏杆参见本书第 6 章第 6.8.2 节相关内容。
3	桥台护坡局部损坏	参见本书第 6 章第 6.5.2 节相关内容。
4	桥接坡损坏修复	(1) 接坡路面结构损坏按混凝土路面或沥青路面修复方法进行修复。 (2) 接坡两侧无挡墙结构为自然土坡的，道路两侧应各设不小于 1 m 宽的土路肩保护，自然土坡边坡不小于 1∶2.0。 (3) 道路两侧采用 300 mm×150 mm×1 500 mm 平石砌边，土路肩设 2% 排水坡。 (4) 接坡端部如遇混凝土路面与沥青路面两种不同结构结合时，两者之间可采用 2 排 300 mm×150 mm×150 mm 平石(交错布砌)隔断，采用其他规格的材料(如石料平石)进行隔断铺设时，铺砌排放不少于 2 排且隔断宽度不小于 30 cm。

6.6.5 排水沟维修养护

排水沟维修养护方法如表6.6.5所示。

表6.6.5 排水沟维修养护方法

序号	分类	维修养护方法
1	埋管式排水	(1) 雨水口门处杂物如树叶、垃圾、塑料袋等随时清除,以防堵塞,影响进水。 (2) 雨水井每季度进行清理1次,防止淤堵。 (3) 定期进行管道疏通,避免管道堵塞。 (4) 管口与进水井连接应完整密闭,如有松动、脱节应及时采用1∶2水泥砂浆进行接口修复。 (5) 管道如有损坏应及时开槽更换。管槽回填时,管周部分填土应采用人工夯实,槽口部分回填抛高不小于5 cm,回填土密实度应大于等于0.90。
2	有内衬排水明沟	(1) 有内衬并带有盖板的排水明沟,沟盖上不得有垃圾附着,若发现垃圾应及时清理干净。 (2) 有内衬且无盖板的排水明沟,沟内不得有垃圾淤积,应随发随清理。 (3) 盖板明沟应定期进行沟槽清理,沟槽内淤积厚度不应大于5 cm。 (4) 盖板若有断裂、损坏,沟槽衬壁若有脱缝、脱落,应及时按原样进行修复。
3	土明沟及草皮护坡明沟	(1) 平时应随巡、随查、随维护,保证沟槽始终处于完整状态。 (2) 在连续雨天期间或暴雨过后,须对土明沟沟槽加强检查,如遇堵塞应及时进行疏通,以保证水流畅通。 (3) 雨季或暴雨来临之前,提前做好护坡草皮修剪,保证明沟沟槽畅通。

6.7 防汛闸门、潮闸门井、潮拍门、排水管道维修养护

6.7.1 防汛(通道)闸门类型

防汛(通道)闸门类型如表6.7.1所示。

表6.7.1 防汛(通道)闸门类型

序号	门型	常见故障及维修注意事项
1	人字门	(1) 顶部推动闸门支承条件较差,长期使用,容易发生扭曲变形,以致漏水。 (2) 闸门自重全部支承于底枢上,当闸门尺寸较大时底枢顶部容易磨损。
2	横拉门	(1) 闸门行走支承部分受淤卡阻。 (2) 轨道容易锈蚀。
3	平开门	闸门自重全部由边侧的2个支铰承担,当闸门尺寸较大时门体容易向下变形。
4	翻板门	新型专利门型使用周期不长,有待时间进一步检验。

6.7.2 钢闸门维修养护

钢闸门维修养护方法如表 6.7.2 所示。

表 6.7.2 钢闸门维修养护方法

序号	分 类	维 修 养 护 方 法
1	一般要求	(1) 钢闸门每年油漆 1 次(非汛期进行);闸门零配件、预埋件每年汛前(5月)、汛后(10月)维护保养 1 次。 (2) 钢闸门零部件配备齐全,无缺失。 (3) 钢闸门始终处于良好的运行状态中。
2	闸门底槛损坏	(1) 将原有门槛两侧各 50 cm 左右的底板凿除,凿除深度约 20 cm,凿出的钢筋予以保留,凿除面应清除干净。 (2) 新埋设的闸门底槛预埋件及钢筋应与原有底板凿出的钢筋焊接连接整体。 (3) 闸门底槛以及闸门顶、底枢、轮轨定位应按照总体图平面位置进行放样,按照现场钢闸门的实际尺寸进行核定。 (4) 闸门底槛凿除前,将原有闸门进行关闭(开启)检验,以确定闸门底槛的正确位置。 (5) 根据现场实际情况,可调整闸门底槛踏板厚度。 (6) 修补的混凝土等级强度大于等于 C30。
3	闸门门叶损坏	(1) 门叶构件锈蚀严重时,可采用加强梁格为主的方法加固。面板锈蚀严重部位可补焊新钢板予以加强,新钢板的焊接缝应设置在梁格部位;也可使用环氧树脂黏合剂给钢板补强。 (2) 当闸门受外力影响,钢板、型钢焊缝局部损坏或开裂时,可进行补焊或更换新钢板,其补强所使用的钢材和焊条必须符合原设计要求。 (3) 门叶变形应先将变形部位矫正,然后进行必要的加固。一般可用机械或人工锤击进行门叶矫正。
4	钢闸门零部件损坏与更换	(1) 配齐闸门零配件,使之达到"一用一备"的安全运行使用要求。 (2) 定期对闸门零配件及闸门预埋件进行保养,使之达到灵活、转动自如,如达不到要求的则予以更换。 (3) 推拉门开启及关闭时应确保始终有 3 个支点(顶轮限位装置)支撑于门体上,缺失或损坏时应及时进行修补和更换。
5	闸门顶标高低于防汛设防标高 20 cm 以上时的闸门接高	闸门接高时,原有门顶预埋件及连接部件应随之进行调整。闸门简单接高范围小于等于 30 cm。闸门接高超过 30 cm 时,必须对原闸门先进行整体安全复核,根据复核结果再确定加高方式。

6.7.3 潮闸门井维修养护

一般潮闸门井由拍门、闸门及启闭设备等组成,一般有"单口"和"双口"形式,其维修养护方法如表 6.7.3 所示。

表 6.7.3 潮闸门井维修养护方法

序号	分类	维修养护方法
1	启闭机维护	(1) 电动机维护。 ①保持电动机外壳上无灰尘污物； ②检查接线盒压线螺栓是否松动、烧伤； ③检查轴承润滑油脂，使之保持填满空腔的1/2～2/3。 (2) 操作设备维护。 ①电动机的主要操作设备如闸刀、电源开关、限位开关等，应保持清洁干净，触点良好，机械转动部件灵活自如，接头连接可靠； ②经常检查调整限位开关，使其有正确可靠的工作性能；不经常运行的闸门应定期进行试运转； ③必须按规格要求准备保险丝备件，严禁使用其他金属丝代替； ④接地应保证可靠。 (3) 人工操作手、电两用启闭机维护。人工操作手、电两用启闭机时应先切断电源，合上离合器才能操作，如使用电动方式时应先取下摇柄，拉开离合器后才能按电动操作程序进行工作。
2	闸门井维修养护	(1) 闸门井清理：定期对闸门井进行清理，清除井内淤积的垃圾、杂物等，特别是拍门、闸门口的卡阻物。为防止杂物卡阻，可采取防护保护措施，如在闸口外设置拦污网截污。 (2) 井盖修复：闸门井井盖发生缺失或损坏时应予以及时修复，一般在井口采用由多块钢筋混凝土预制板组成的盖板，便于人工搬动。

6.7.4 潮拍门和排水管道维修养护

潮拍门和排水管道维修养护方法如表 6.7.4 所示。

表 6.7.4 潮拍门和排水管道维修养护方法

序号	分类	维修养护方法
1	潮拍门维护	(1) 根据排放口尺寸订购相应规格的型号拍门。 (2) 将原有损坏的拍门拆除，按产品要求重新安装拍门。 (3) 如果原有拍门底座位置经多次更换，墙体表面出现破损情况时，应将所有破损的混凝土凿除并清理干净，并采用环氧砂浆修补平整。同时对管口外周进行止水修补，封堵渗水通道，然后在底座螺栓孔位置采用种植筋方式，埋置相应规格的地脚螺栓，锚固锚定底座，植筋深度大于 15 cm。
2	排水管道维护	(1) 迎水面：趁低潮位时施工，首先消除管周口处杂物及失效的充填料，然后根据管口缝隙的尺寸采用遇水膨胀止水条或沥青麻丝进行人工嵌塞密实，外口再采用单组分聚氨酯密封胶封口。施工时，如果有潮拍门损坏，则应同时更换潮拍门。 (2) 背水面：迎水面外口封堵后进行墙后开槽，探查确定管道有无损坏，如果管道有损坏则需更换管道，如果管道完好，还需对内侧接口处特别是管口底部进行灌浆补强加固，并采用密封胶封口。

6.8 配套设施维修养护

6.8.1 观测设施维修养护

观测设施维修养护标准如表 6.8.1 所示。

表 6.8.1 观测设施维修养护标准

序号	分类	维 修 养 护 标 准
1	一般要求	(1) 加强对观测设施的保护,防止人为损坏。在工程施工期间,应采取妥善防护措施,如施工时需拆除或覆盖现有观测设施,应在原观测设施附近重新埋设新观测设施,并加以考证。 (2) 沉陷点、测压管完好,能够正常使用;观测标志、盖锁、围栅或观测房完好,整洁,美观;主要观测仪器、设备完好,并按规定进行检测。
2	新设备、新技术应用	积极研究改进测量技术和监测手段,推广应用自动测量技术,提高观测精度和资料整编分析水平。
3	垂直和水平位移观测基点及标点	垂直和水平位移等观测基点定期校测,表面清洁,无锈斑、缺损;基底混凝土或其他部位无损坏;观测基点有保护设施,保护盖及螺栓润滑良好,开启方便,无锈蚀。定期检查观测工作基点及观测标点的现状,对缺少或破损的及时重新埋设,对被掩盖的及时清理,观测标点编号牌应清晰。
4	断面桩	断面桩无破损、缺失,固定可靠,编号牌清晰。定期检查断面桩的现状,对缺少或破损的及时重新埋设,对被掩盖的及时清理。
5	伸缩缝观测标点	(1) 定期检查标点的现状,对缺少或破损的及时重新埋设,对被掩盖的及时清理。标点编号示意牌应清晰明确。 (2) 观测标点无破损、锈蚀,便于观测。
6	水 尺	(1) 河道设置的水尺安装牢固,表面清洁,标尺数字清晰,无损坏。 (2) 水尺表面应保持洁净,每月清洗 1 次。刻度、读数清楚,无损坏锈蚀。 (3) 水尺紧固件(螺栓、螺帽)应经常检查,每年汛前应进行紧固件除锈、涂刷油漆。水尺高程每年校核 1 次,误差大于 10 mm 须重新安装。
7	通信监测设施	(1) 定期进行通信测试,修补或更换井盖(座)、检修井、标示牌、标示桩,管道恢复,接线盒检查或更换,管道加固等。 (2) 及时抢修时光缆能应急熔接及测试,尽快恢复网络畅通。通信监测设施维修养护和抢修工作由专业单位制定相应的养护和抢修施工方案并予以实施。

6.8.2 栏杆维修养护

(1) 钢护栏、铁艺护栏局部有锈斑时,先用棉纱蘸缝纫机油于锈蚀处,再用柔软棉布除去表面锈斑,最后再抹一层防锈油于表层,严禁直接用砂纸或钢丝刷等物品除锈,防止破坏护栏表面防锈层,从而导致其大面积锈蚀。护栏如有大面积锈蚀现象,应及时除锈喷漆维护,先清除护栏表面锈迹,然后喷涂防锈漆及面漆。

(2) 不锈钢栏杆应定期清理表面灰尘及污垢,清理时可用肥皂水轻轻擦洗,注意不要发生表面划伤现象。

6.8.3 标志标牌维修养护

相关内容参见本书第 10 章"堤防标志标牌设置标准化"。

6.8.4 消防维保

消防设施维护保养应以"预防为主,防消结合"为宗旨,其检修应由有相应资质的单位组织实施。堤防工程消防系统维保标准如表 6.8.2 所示。

表 6.8.2 堤防工程消防系统维保标准

序号	项目	维 保 标 准
1	喷淋灭火装置	部件无锈蚀,基础牢固,接地装置接地良好,地基无下陷,设施周围无杂物和其他设备。
2	灭火器材	定点放置,定期检查及更换;消火栓、水枪及水龙带应每年进行1次试压,压力应在正常范围内,未超过使用有效期;灭火器销子完好,喷口、胶管连接牢固无老化脱落;其他消防器材完好。
3	消防沙箱(池)	消防用砂干燥、数量充足,沙箱(池)无锈蚀、破损、变形。消防沙铲完好,标志清晰。

6.9 堤防设施维修养护安全管理

堤防设施维修养护安全管理参见本书第12章"堤防工程安全管理标准化"相关内容。

6.10 维修养护表单(部分)

1. 黄浦江上游堤防日常养护记录表

黄浦江上游堤防日常养护记录表如表 6.10.1 所示。

表 6.10.1 黄浦江上游堤防日常养护记录表

养护公司:		编号:	
河流名称:		养护范围:	
管理单位:		养护时间: 年 月 日	
养护前现场描述:			
主要养护过程描述:			
养护后质量情况描述:			

注:本表应附相关同一角度照片。

2. 工程量确认报审表

工程量确认报审表如表 6.10.2 所示。

表 6.10.2 _____工程量确认报审表

工程名称:	编号:
致:_____(监理单位) 本次完成: 附件:_____月维修单	承包单位(章): 项目经理: 日期:
监理工程师审查意见:	项目监理机构: 监理工程师: 日期:
管理单位审核意见:	管理单位(章): 代表: 日期:

注:本表格经审核后一式3份,施工单位、监理单位、管理单位各1份。

第 7 章

堤防绿化养护标准化

7.1 范围

堤防绿化养护标准化指导书适用于黄浦江上游堤防绿化养护,其他同类型堤防绿化养护作业可参照执行。

7.2 规范性引用文件

参见本书第 2 章第 2.1.5 节中的"生物防护工程"相关内容。

7.3 资源配置和绿化养护一般要求

7.3.1 资源配置

(1) 管理人员。根据项目堤防绿化养护现状,计划配备管理人员若干名,其中包括现场负责人、技术员、安全员。

(2) 绿化养护作业人员。配备作业小组若干组,每组配有班组长 1 人。一线工人分为技术工人(绿化工)和一般工人。

(3) 临时聘用季节工。根据养护需求,在养护用工高峰季节临时聘用季节工,以满足养护用工需求。

(4) 绿化养护作业班组设备工具配置如表 7.3.1 所示。

表 7.3.1 黄浦江上游绿化养护作业班组设备工具配置一览表

序号	设备工具名称	型号规格	数量	序号	设备工具名称	型号规格	数量
1	清运车		1	5	割灌机	BK3401FL	1
2	汽油高枝锯		1	6	打药机	NS531	1
3	汽油锯		2	7		WL-4SBAS	1
4	高压喷雾器		1	8	树枝粉碎机	直刀形	1

续表

序号	设备工具名称	型号规格	数量	序号	设备工具名称	型号规格	数量
9	草坪修剪机	LM5360HX	1	12	喷雾机	EP402T	1
10	手提式剪草机	LG43OSC	1	13	汽油抗旱泵		1
11	绿篱修剪机	SHT2300	2	14	整枝剪		若干

7.3.2 绿化养护一般要求

（1）绿化养护人员应熟悉养护范围及审查有关的设计资料，调查、搜集有关地质、水文、地形、地貌等原始资料。对表土肥力、土层厚度、保水保肥能力、pH 值、不良杂质含量等情况进行调查分析。

（2）堤防管理范围内应及时制止其他法人和自然人在堤防管理范围种植，其堤防管理范围内的林木均应分地段进行逐株编号，并建立档案实施管理。

（3）养护人员应负责养护范围内各类植物养护及日常巡视检查，如发现各类苗木、设施有破损、被盗等情况时，应及时上报并立即进行补缺、恢复。

（4）养护人员应严格遵守政府和有关主管部门对噪声污染、环境保护和安全生产等的管理规定，文明施工；保持养护范围内无垃圾杂物，无鼠洞和蚊蝇滋生地等，及时清除"树挂"等白色污染物及道路杂物；绿化垃圾应堆放于指定位置，并及时清理外运。

（5）绿化养护期间，应做好养护范围内的地下管线和现有建筑物、构筑物的保护工作。

（6）绿化养护人员应防止和及时制止危害生物防护工程的人、畜破坏行为。

（7）堤防绿化养护工作流程如图 7.3.1 所示。

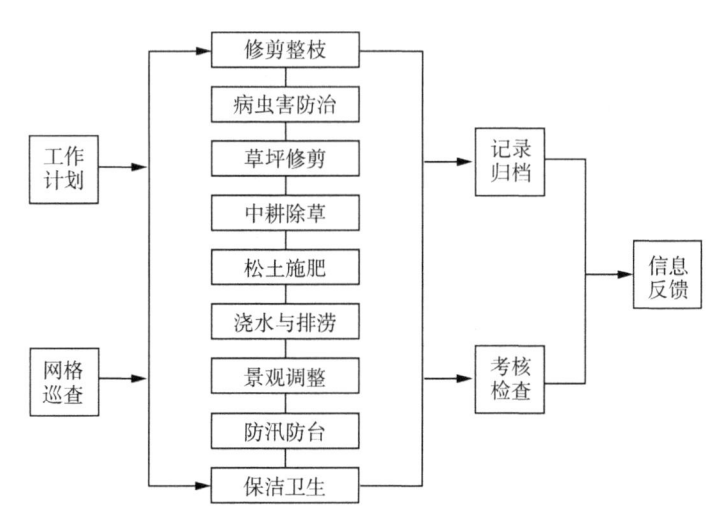

图 7.3.1 堤防绿化养护工作流程图

7.4 绿化日常养护频次及养护月历

7.4.1 绿化日常养护频次

堤防绿化日常养护频次应符合《上海市河道维修养护技术规程》中的堤防绿化维修养护频率要求(以下以二类区域为例)。

(1) 松土:林地(乔木、灌木)2年1次,草坪1年1次,花坛、花境1年1次。

(2) 除草:林地(乔木、灌木)、草坪、水生植物半年1次,花坛、花境4个月1次。

(3) 修剪:观花乔木、观花灌木、绿篱每年2~3次,其他乔、灌木2年1次,草皮、水生植物1年2次,花坛、花境1年3次。

(4) 浇水:夏季遇旱乔木、灌木、草坪各1次,适时排水防涝。

(5) 施肥:园林绿地栽植的树木种类较多,对营养元素的种类要求和施用时期各不相同,根据不同品种进行施肥,一般乔木、灌木2年1次,其他品种每年1次。

(6) 病虫害防治:1年1次。

(7) 刷白:乔木刷白1年1次,用生石灰调成石灰水,对树木进行刷白,一般涂刷至距离地面1~1.3 m的高度,起到预防病虫害和保暖防冻作用。

(8) 垄沟清理:1年1次。

(9) 定期清理死树、枯枝。

(10) 根据植物生态习性,落实防寒措施。

7.4.2 绿化养护(分项工程)月历

绿化养护(分项工程)月历如表7.4.1~表7.4.5所示。

表7.4.1 绿化养护(分项工程)月历(乔木养护)

月 份	具 体 事 项	备 注
1—2	进行整形修剪;施足冬肥,剪去枯残病叶枝,清除越冬的皮囊,刺蛾茧及潜伏的越冬害虫;检查防寒设备,做好补植工作。	
3	观察病虫害的发生情况,做好防治准备工作。	
4—5	做好树木的剥芽、修剪,随时除去多余的嫩芽和生长部位不当的枝条;增施追肥,勤施薄肥;病虫害大量危害时,注意虫情的预测预报,做好防虫防病工作;及时松土除草。	
6—9	对行道树进行适当修剪,解决枝条与交通、电线的矛盾,及时剥除萌蘖芽;着重防治蛾类与蚧类害虫和叶斑病、炭疽病、煤污病;抗旱涝、防台风,对险树进行修剪,及时扶正风倒木,保证成活率;追施肥料,做好松土除草工作。	
10	做好病虫害防治,消灭各种成虫和虫卵;检查苗木成活率。	
11—12	冬季树木修剪,按照操作规程和技术要求剪去病枯枝、虫卵枝及竞争枝、过密枝;做好防寒工作,对部分树木进行涂白、包扎、设风障;进行冬翻,改良土壤,雪天做好打雪及堆雪工作;进行补植工作。	

表 7.4.2　绿化养护(分项工程)月历(灌木养护)

月　份	具　体　事　项	备　注
1—2	补植,灌木的冬季整形修剪,剪除枯残枝叶;清除虫囊、刺蛾茧及潜伏越冬的害虫,观察病虫害情况。	
3—4	结束冬修,做好灌木的剥芽工作去除多余的嫩芽和生长部位不当的枝条;做好松土、除草工作;加强病虫害防治工作。	
5—6	春季开花的灌木进行花后修剪;增施追肥,防治病虫害,松土除草。	
7—10	中耕除草,疏松土壤,注意做好浇水抗旱、防涝工作,保证苗木的正常生长;防治病虫害。	
11—12	进行冬修,剪去病枯枝、虫枝、过密枝等;做好防寒工作,用草绳包扎,或设风障,雪天做好扫雪、堆雪工作;施基肥,进行补植工作。	

表 7.4.3　绿化养护(分项工程)月历(绿篱养护)

月　份	具　体　事　项	备　注
1—2	补植,继续进行冬季修剪,剪去病残枯枝、虫卵枝;施足冬肥。	
3—4	结束冬修;跟踪观察病虫害发生情况,做好防治工作。	
5—6	对整形绿篱进行定期修剪,保持形状;治理病虫害,增施追肥;松土除草。	
7—10	松土除草;继续适度修剪;加强病虫害防治;做好抗旱排涝工作。	
11—12	做好防寒工作,追施冬肥;开始冬季整形修剪;雪天要打雪、堆雪,并且搞好绿篱保洁工作。	

表 7.4.4　绿化养护(分项工程)月历(草坪养护)

月　份	具　体　事　项	备　注
1—2	施足冬肥,冬季浇水,防干旱。	
3—4	注意蚜虫、草履蚧的发生,及时防治;开始挑除杂草,做好草坪补植作业。	
5—6	进行草坪轧剪,继续除去草坪中杂草;做好防虫、防病工作,6月着重治理叶斑病、炭疽病、煤污病。天气干旱及时浇水。	
7—9	继续除杂草,进行草坪修剪;做好抗旱、灌溉及防涝排水工作;9月前最后一次施肥。做好病虫防治工作。	
10—12	消灭成虫和虫卵,继续进行病害虫防治;继续除杂草;干旱及时浇水。	

表 7.4.5　绿化养护(分项工程)月历(露天花卉养护)

月　份	具　体　事　项	备　注
1	控制浇水,提高花卉抗寒力,保持土壤稍干状态,对于球、块根类,注意用枯叶覆盖,抗寒。	
2	球、块根类花卉用稀薄的液肥代替浇水,10天1次;保持湿润;草本类花卉不干不浇,保持稍干燥状态。	
3	草本类花卉摘心,土壤湿润,叶面施肥;球根类花卉修剪,去除黄、病叶,发干后再浇水。	
4	草本类花卉保持水分充足,施稀肥;球根类花卉保持土壤湿润。	
5	追施肥,多浇水,对于一些植物进行花后修剪,人工挑除杂草。	

续表

月 份	具 体 事 项	备注
6—7	草本类花卉稀施薄液态肥;球根类花卉部分停止施肥;多浇水,保证水分供应;继续除草,花后修剪,雨后进行松土,防治病虫害。	
8	有些秋季花卉应进行花前摘心养护,多浇水,治理病虫害;勤施薄肥,除草松土。	
9	盆花翻盆换土,继续浇水,花期花卉进行花期养护。	
10	结束施肥,秋季修剪,剪去病、枯、黄叶。	
11—12	做好抗寒灌溉,施足冬肥,结合松土进行。球、块根类花卉覆土保暖。	

7.5 绿化养护技术方案

7.5.1 乔木养护管理

1. 乔木的灌溉与排水

乔木的灌溉与排水方法如表7.5.1所示。

表7.5.1 乔木灌溉与排水方法

序号	分 项		养 护 方 法
1	灌水方式	盘 灌	向定植盘内灌水,先做树围,然后灌水,再用干土覆盖,减少水分蒸腾。
		喷 灌	在炎炎夏日,对树干与树冠进行喷灌,减少蒸腾作用。
		滴 灌	将一定粗度的水管安放在土壤中或植物根部,将水一滴一滴注入根系分布范围内。
2	灌溉时期	保活水	对于新植乔木,为了养根保活,应滋足大量水分,加速根系与土壤的结合,促进根系的生长,保证成活。
		生长水	夏季气温高,蒸腾量大,雨水不充沛时需勤灌水,确保植物正常生长。
		冬 水	冬季防寒,于入冬前应灌1次水。
3	灌水次数和灌水量	灌水次数	对于新植乔木,隔1~2天需浇水1遍,保证成活。干旱时期,增加乔木灌水次数,做好抗旱工作。乔木除干旱时期外,正常情况下一年灌水3次。干旱时期,次数增加,每次灌水要做水圈和覆土。
		灌水量	灌水时做到灌透,灌到栽植层,切忌仅灌湿表层,要保证根系能吸收水分。
4	排水	排水时间	6—7月份(多雨季节)。
		排水方法	开设排水沟。可设明沟,在地表上挖明沟,将其作为养护工程设计的一项内容。或设暗沟,在地下埋设管道,安排好排水出处。在夏季多雨季节,组织工人开设明沟,排水进河流、下水道,做好防涝工作,在少雨季节填平排水沟,恢复原状。

2. 乔木的整形与修剪

乔木的整形与修剪方法如表7.5.2所示。

表7.5.2 乔木整形与修剪方法

序号	分 项	养 护 方 法
1	修剪标准	修剪适度,去除徒长枝、病虫枝、过密枝、并生枝、交叉枝、下垂枝、枯枝、伤残枝,行道树上缘线与下缘线整齐。

续表

序号	分项		养护方法
2	整形修剪方式	自然式修剪	保持其树冠的完整,仅对病虫枝、伤残枝、重叠枝、内杈过密枝和根部蘖生枝以及由砧木上萌发出的枝条进行修剪。修剪时根据冠形随年龄增长发生的变化,灵活掌握。主干明显主枝的单轴分枝树木修剪时保护顶芽,防止偏顶而破坏冠形。
		自然和人工混合修剪	在自然树形的基础上加以修剪。
3	整形修剪方法	针叶树	自然式整形修剪方式,每年将病枯枝剪除。针叶树种具有主导枝,生长较慢,修剪人员应保护主导枝,勿使其受伤害。
		其他乔木	乔木的主干高度与周围环境的要求相适应。乔木的高度以不妨碍交通为主,普遍保持在3.5~4.5 m为宜。乔木树冠视树种及绿化要求而定。乔木树冠以大些为宜,充分发挥其观赏和遮阴作用。
		枝条剪除	定期将乔木的病枯枝、下垂枝及扰乱树形的枝条剪除;对于基部的发生的萌蘖芽,及主干由不定芽发生的冗枝均剪除。
4	修剪时期与次数	修剪时期	修剪可常年进行,结合抹芽、摘心、除蘖、剪枝等,大规模修剪在休眠期进行,以免伤流过多,影响树势。
		次数	冬季修剪1次,从4月份开始,生长季节剥芽2~3次,确保乔木生长正常,树冠基本完整,主侧分枝均匀,数量适宜,内膛通风透光。及时清除树干及根部萌蘖枝。

3. 乔木下的松土除草

乔木下的松土除草方法如表7.5.3所示。

表7.5.3 乔木下的松土除草方法

序号	分项	养护方法
1	松土深度	根据栽植植物及树龄而定,浅根型的松土宜浅,深根型的松土宜深,一般为5 cm以上。如结合施肥可适当加深深度。
2	松土时期与次数	松土宜在晴天或雨后2~3天进行。松土结合除草进行,一年可多次。夏季松土宜浅些,秋后松土宜深些,可结合施肥进行。
3	清除杂草	(1) 清除杂草要本着"除早、除小、除了"的原则,初春杂草开始生长时就要及时清除,生长季节,每月进行2~3次,切勿让杂草生籽,否则翌年又会大量滋生。 (2) 在杂草较多的情况下,可结合化学防治方法,在晴天喷洒除草剂(采用化学防治方法应经管理单位审批)。

4. 乔木的施肥

乔木的施肥方法如表7.5.4所示。

表7.5.4 乔木施肥方法

序号	分项		养护方法
1	施肥方法	环水沟施肥法	秋冬季树木休眠期,依树冠投影地面的外缘,挖30~40 cm的环状沟,深度20~50 cm,将肥料均匀地撒入沟内,然后填土平沟。
		放射状开沟施肥法	以根基为中心,向外缘顺水平根系生长方向开沟,由浅至深,每株树开5~6条分布均匀的放射沟,施入肥料后填平。
		穴施法	以根基为中心,挖圆形树盘,施入肥料后填平。或在整个圆盘内隔一定距离挖小穴,1个大树盘挖5~6个小穴,施入肥料后填平。

续表

序号	分项		养护方法
2	施肥时期与次数	时期	早春和深秋土壤冻结前给大树施基肥,即刨开树盘,将基肥施入,再覆土填平;春夏之际追肥,用复合肥随灌水及降雨撒施,使肥力逐渐渗入植株根部为其吸收利用。
		次数	根据树木生长特性而定;一年内施肥1~2次,保持观花乔木盛花期开花密度50%以上。

5. 乔木的病虫害治理

乔木的病虫害治理方法如表7.5.5所示。

表7.5.5　乔木的病虫害治理方法

序号	分项		养护方法
1	病虫害预报		及时巡视预报,做到以防为主,综合治理。一旦发现病虫害,事先根据症状,确定病虫害的种类和生活习性,对症下药。
2	病虫害防治	病害防治	采取化学防治法和消除染病枝叶法。对于传染性病害,要对症下药,用高效低毒的杀菌剂对病害部位喷洒,并且多次作业,直至病害症状消失。及时清除染病枝叶,并销毁,减少病源。
		虫害治理	采取化学与人工相结合的方法。危害乔木虫害主要有蛀干害虫、食叶害虫、枝梢害虫。根据害虫危害程度,采取相应措施。例如,人工捕杀天牛,人工捕杀茧蛹,灯光诱杀蛾类,人工清除蚧虫等。同时,喷洒杀虫剂进行消杀。
3	治理次数		病虫害治理需多次作业,彻底清除,直至症状消失。一年内病虫害治理次数按实际发生情况而定,保证树干无明显病虫害迹象。

6. 乔木的防护

乔木的防护方法如表7.5.6所示。

表7.5.6　乔木防护方法

序号	分项		养护方法
1	防台风	单支柱法	一般胸径在9~12 cm的乔木适用此方法;所有材料为杉皮、棕毛、棕绳、支柱;将支柱固定,用棕绳将树干与支柱平行绑扎。
		双支柱法	一般用于胸径在10~30 cm的乔木。
		三点拉线法	一般用于胸径100 cm以上的乔木。从树干离地面2/3处,用空心管固定一点,再用铅丝拉出3条线固定在地面上,起到支撑作用。
2	防冻害	加强栽培管理	在生长季节适时适量施肥、灌水,促进树木健壮生长,使树体内累积较多的营养物质和糖分,可以增强树体的抗寒能力,但秋季应尽早停止施肥,以免徒长而受冻害。
		灌冻水与春灌	在土壤封冻前灌水1次,使土壤中有较多水分,土温波动较小,冬季土温不致下降过低;早春土壤解冻及时灌水能降低土温,推迟根系的活动期,延迟花芽萌动和开花;免受冻害。
		保护根茎和根系	在根茎与根系处堆土40~50 cm高并堆实,起到防寒效果。
		保护树干	入冬前用草绳将不耐寒树木的主干包起来,包裹高度1.5 m或包至分枝处;用石灰水加盐或石硫合剂对树干涂白。涂白高度应一致、整齐、美观。
		搭风障	对新引进树种或矮小的花灌木,在主侧可搭塑料防寒棚,或用秫秸设防风障防寒。
3	防人为破坏		巡视人员做好巡视工作,禁止游人攀摘树枝、在树上钉挂物品,如遇人为破坏,及时制止。

7.5.2 灌木养护管理

1. 灌木的灌溉与排水

灌木的灌溉与排水方法如表 7.5.7 所示。

表 7.5.7 灌木灌溉与排水方法

序号	分项		养护方法
1	灌水方式	盘灌	向定植盘内灌水,此法在日常操作中应用较多。
		喷灌	在炎炎夏日,向灌木叶面喷水,减少蒸腾,降低气温,洗去灰尘,提高观赏效果。
2	灌溉时期、次数、灌水量	保活水	新植灌木为了养根保活,应滋足大量水分,加速根系与土壤的结合,促进根系的生长,保证成活。
		高温补水	在 7—10 月份,进入高温时节,要每天傍晚进行喷水,降温,保证灌木枝叶茂盛,不出现失水挂叶现象。 在高温少雨季节,每隔 3~4 天灌水 1 次,除此以外全年灌水 4 次以上,保证植株生长良好,枝叶分布均匀。
		春季喷水	在春季花芽分化时期,对于观花灌木要每 2 天喷水 1 次。
		灌水量	灌水量根据灌木的生长特性及气温状况而定。耐旱灌木的灌水量少些,反之,则多些;每次浇水要浇透,水要渗入土壤内层。
3	排水	排水时间	6—7 月份(多雨季节)。
		排水方法	开设排水沟。可设明沟,在地表上挖明沟,将其作为养护工程设计的一项内容。或设暗沟,在地下埋设管道,安排好排水出处。在夏季多雨季节,组织工人开设明沟,排水进河流、下水道,做好防涝工作,在少雨季节填平排水沟,恢复原状。

2. 灌木的整形与修剪

灌木的整形与修剪方法如表 7.5.8 所示。

表 7.5.8 灌木整形与修剪方法

序号	分项		养护方法
1	整形修剪方式	先开花后叶的种类	在春季花后修剪老枝并保持理想树姿;对于枝条稠密的种类,可适当疏剪弱枝、病枯枝。用重剪进行枝条的更新,用轻剪维持树形;对于具有拱形枝条的种类,如连翘、迎春等,可将老枝重剪,促进发生强壮的枝条以充分发挥其树姿特点。
		花开于当年新梢的种类	在冬季或早春剪整,重剪使新梢强健;在生长季中开花不绝的,除早春重剪老枝外,应在花后将新梢修剪,以便再次发枝开花。
		观赏枝条及观叶的种类	在冬季及早春施行重剪,以后行轻剪,使萌发多数枝及叶;耐寒的观枝植物在早春修剪,以便冬枝充分发挥观赏作用。
		萌芽力强的种类或冬季易干梢的种类	在冬季自地面剪去,使来春重新萌发新枝。
2	修剪整形次数		灌木 1 年整形修剪次数为:1 年内修剪次数为 2 次以上,保证植株无枯枝、残叶、无交叉枝、徒长枝,病生枝、根萌蘖枝,无不定芽。球类灌木的修剪次数,一般 1 年内修剪次数为 5 次。

3. 灌木的施肥

灌木的施肥方法如表 7.5.9 所示。

表 7.5.9　灌木施肥方法

序号	分项		养护方法
1	施肥种类和方法	施肥种类	以饼肥和复合肥为主。
		穴施法	以根基为中心,挖 2～3 个小穴,施肥后用土填平。
		根外施肥法	将事先配置好的营养素喷洒在枝叶上。
2	施肥时期与次数	时期	冬季施基肥 1 次。春季灌木进入生长季节,多施氮肥,使枝叶茂盛;夏季对于观花灌木,多施含磷的肥料,促进花芽分化,为开花打下基础;秋季加施磷钾肥,促进其木质化,安全越冬。
		次数	冬季施基肥 1 次,1 年内追肥 2～3 次,保证灌木植株生长旺盛,枝叶健壮,分布均匀,造型美观。

4. 灌木的病虫害治理

灌木的病虫害治理方法如表 7.5.10 所示。

表 7.5.10　灌木的病虫害治理方法

序号	分项		养护方法
1	病虫害预报		及时巡视预报,做到以防为主,综合治理。
2	病虫害防治	病害防治	采取化学防治法和消除染病枝叶法。对于传染性病害要对症下药,用高效低毒的杀菌剂对病害部位喷洒,并且多次作业,直至病虫害症状消失。及时清除染病枝叶并销毁,减少病源。
		虫害治理	采取化学与人工相结合的方法。危害灌木的虫害主要有蛀干害虫、食叶害虫、枝梢害虫等。根据害虫危害程度采取相应措施。例如,人工捕杀天牛,人工捕杀茧蛹,灯光诱杀蛾类,人工清除蚜虫等。同时,喷洒杀虫剂进行消杀。
3	治理次数		治理需多次作业,彻底清除,直至症状消失。1 年内病虫害治理次数按实际发生情况而定,灌木病虫害治理次数可根据具体情况增加。

5. 灌木下的松土除草

灌木下的松土除草方法如表 7.5.11 所示。

表 7.5.11　灌木下的松土除草方法

序号	分项	养护方法
1	松土深度	依栽植植物及树龄而定,灌木根系较浅,松土深度宜浅,如结合施肥可适当加深松土深度。
2	松土时期与次数	松土宜在晴天或雨后 2～3 天进行。松土结合除草进行,1 年可进行多次。夏季松土宜浅些,秋后松土宜深些,可结合施肥进行。
3	清除杂草	清除杂草要本着"除早、除小、除了"的原则,初春杂草开始生长时就要及时清除,生长季节每月进行 2～3 次除草,切勿让杂草生籽,否则翌年又会大量滋生。在杂草较多的情况下,可结合化学防治方法,在晴天喷洒除草剂(采用化学防治方法应经管理单位审批)。

6. 灌木的防护

灌木的防护方法如表 7.5.12 所示。

表 7.5.12　灌木防护方法

序号	分　项		养　护　方　法
1	防冻害	加强栽培管理	加强栽培管理，增强树木抗寒力。在生长季节适时适量施肥、灌水，促进树木健壮生长，使树体内累积较多的营养物质和糖分，可以增强树体抗寒能力，但秋季应尽早停止施肥，以免徒长而受冻害。
		灌冻水与春灌	在土壤封冻前灌 1 次透水，使土壤中有较多水分，土温波动较小，冬季土温不致下降过低；早春土壤解冻及时灌水能降低土温，推迟根系的活动期，延迟花芽萌动和开花免受冻害。
		保护根茎和根系	冬季在根茎与根系处堆土 40～50 cm 高并堆实，起到防寒效果。
		保护树干	入冬前用草绳将不耐寒树木的主干包起来，包裹高度 1.5 m 或包至分枝处；用石灰水加盐或石硫合剂对树干涂白，可反射阳光，减少昼夜温差，避免树干冻裂，还可杀死树皮内越冬的害虫。涂白高度应一致、整齐、美观。
		搭风障	对新引进树种或矮小的花灌木，在主侧可搭塑料防寒棚，或用秋秸设防风障防寒。
2	防人为破坏		做好巡视工作，禁止游人攀摘树枝、在树上钉挂物品，如遇人为破坏及时制止。

7.5.3　绿篱的养护管理

1. 绿篱的灌水与排水

绿篱的灌水与排水方法如表 7.5.13 所示。

表 7.5.13　绿篱灌水与排水方法

序号	分　项		养　护　方　法
1	灌水方式		以喷灌和淋水的方式为主，浇至植物栽植层，充分吸收水分；喷灌的方式易冲洗叶面灰尘，提高观赏效果，减少病源。
2	灌溉时期、次数、灌水量	灌水时期	灌水春季在午前进行；夏季宜在早晨、傍晚进行；秋季宜在午前浇水；冬季宜在午后一两点钟气温最高时进行。
		灌水次数与灌水量	(1) 绿篱灌水次数与灌水量根据天气，植物生长特性而定。夏秋季，高温少雨季节，灌水次数增加，灌水量也相应增加，要见干见湿。对于喜阴植物，灌水量可相应少些；对于喜阳植物，灌水量要多些。 (2) 灌水次数根据养护等级分为高温少雨季节每隔 2 天灌水 1 次；正常情况下灌水 6 次，保证枝条基本郁闭且茂密，生长良好。
3	排水	排水时间	6—7 月份(多雨季节)。
		排水方法	对于地势低洼处，开沟引水，将积水排至河流或下水道，排干后，将沟填平，恢复原状。

2. 绿篱的整形与修剪

绿篱的整形与修剪方法如表 7.5.14 所示。

表 7.5.14　绿篱整形与修剪方法

序号	分项		养护方法
1	整形修剪方法	自然式绿篱修剪方法	绿篱剪整时应注意设计意图和要求;自然式绿篱一般不进行专门的剪整措施,仅在栽培管理中将病老枯枝剪除即可。
		整形式绿篱修剪方法	整形式绿篱修剪需进行专门修剪整形。在剪整时,立面的形体应与平面的栽植形式相和谐。先用线定型,然后以线为界进行修剪;绿篱最易发生下部干枯裸空现象,在剪整时保持侧断面为梯形,使下部充分吸收阳光,生长茂密;如成倒梯形,下部易生长秃空,不能长久保持良好效果。
2	整形时期和次数	整形时期	冬季应根据设计意图进行剪整,剪去病枯枝、影响形状的枝条,清除死树,及时补植,保持绿篱形状;春季是生长季节,应进行轻修剪,勤修剪,剪去萌发枝条,保持形状。
		整形次数	根据植株生长特性及养护标准而定,一般冬修1次;生长季节,修剪4次以上,保证绿篱修剪成型,面平边齐,线条流畅。观花绿篱盛花期开花密度80%以上,花期正常,花朵色艳。

3. 绿篱施肥

绿篱施肥方法如表 7.5.15 所示。

表 7.5.15　绿篱施肥方法

序号	分项		养护方法
1	施肥种类和方法	施肥种类	以饼肥为主,适当用些复合肥。
		穴施法	在绿篱周围挖小穴,根据绿篱的面积定小穴数量,往穴内施肥后填平。
		沟肥法	秋冬季是植株休眠期,挖 30~40 cm 的环状沟,将肥料均匀地撒入沟内,然后填平。
		根外施肥法	复合肥融水后,喷施叶面。
2	施肥时期与次数		全年均可进行施肥,一般在冬季施基肥2次,追肥次数根据植物的长势而定;1年内追肥2次,以保证枝条生长基本郁闭,生长良好。

4. 绿篱病虫害治理

绿篱病虫害治理方法如表 7.5.16 所示。

表 7.5.16　绿篱病虫害治理方法

序号	分项		养护方法
1	病虫害预报		跟踪观察,掌握绿篱的病虫害发生状况,以防为主。
2	病虫害防治	病害防治	采取化学防治法和消除染病枝叶法。对于传染性病害要对症下药,用高效低毒的杀菌剂对病害部位喷洒,并且多次作业,直至病虫害症状消失。及时清除染病枝叶并销毁,减少病源。
		虫害治理	采取化学与人工相结合的方法。危害绿篱的虫害主要有蛀干害虫、食叶害虫、枝梢害虫等。根据害虫危害程度,采取相应措施。例如,人工捕杀天牛,人工捕杀茧蛹,灯光诱杀蛾类,人工清除蚧虫等。同时,喷洒杀虫剂进行消杀。
3	治理次数		需多次作业,彻底清除,直至症状消失。绿篱的病虫害治理次数1年内为4次,保证植株无明显病虫害迹象。

5. 绿篱的除草和防护

绿篱的除草方式与灌木基本相似,需全年进行。在春夏季杂草生长季节,应有专人定期进行除草保洁,无寄生藤,基部无杂草杂物。

绿篱的防护参照灌木的防护执行。

7.5.4 草坪的养护管理

1. 草坪的灌溉与排水

草坪的灌溉与排水方法如表 7.5.17 所示。

表 7.5.17 草坪灌溉与排水方法

序号	分项		养护方法
1	灌水方式	喷灌	在草坪上安装自动式喷水设施进行灌溉,补充水分,改善小气候,促进光合作用。
		浇灌、漫灌	用水管进行人工操作。
2	灌溉时期、次数、灌水量	灌水时期	(1) 返青到雨季前根据土壤保水性能的强弱及雨水来临的时期可灌水 2~4 次。 (2) 雨季基本停止灌水。雨季后至枯黄前需水量大,要多灌水。 (3) 冬季也要定期灌水,防寒保水。
		灌水次数与灌水量	每次灌水量应根据土质、生长期、草种等因素而确定。一般草坪生长季节的干旱期内,每周约需补水 20~40 mm;旺盛生长的草坪在炎热和严重干旱的情况下,每周需补水 50~60 mm 或更多。不论何种方式灌溉,应多灌几次,每次水量宜少些,水量最大到地面刚刚发生径流为度。灌水次数根据实际情况而定,高温季节,每天喷灌 2~3 次,其他非生长季节,灌溉不少于 4 次,保证草坪生长旺盛,覆盖率达到 98%以上。另外,冷季型草坪浇灌次数要多些。
3	排水方法	扎孔打洞	在草坪上扎孔打洞,雨季多时,有利于草坪排水。
		引用自然坡度	在修建和铺装草坪时,即安排好 0.1%~0.3%的坡度。
		开设排水沟	在养护工程设计时,可设计明沟或设暗沟,在地下埋设管道。

2. 草坪修剪

草坪修剪方法如表 7.5.18 所示。

表 7.5.18 草坪修剪方法

序号	分项	养护方法
1	修剪方法	草坪的修剪一般用剪草机,小面积草坪可用侧挂式割草机,大面积草坪可用机动旋转式剪草机。
2	修剪时期和次数	草坪修剪时期一般从 4 月份开始。修剪次数依据修去草高 1/3 的原理和具体情况来确定;修剪次数为 18 次,保证推剪平整,无漏剪现象,冷季型草高不超过 80 mm,暖季型草高不超过 70 mm。

3. 草坪施肥

草坪施肥方法如表 7.5.19 所示。

表 7.5.19 草坪施肥方法

序号	分项	养护方法
1	施肥种类	以施氮肥为主,适当配合磷钾肥,或直接施复合肥。
2	施肥时期与次数	在建造草坪时应施基肥,草坪建成后在生长季节需追肥。冷季型草种追肥时间最好在早春和秋季。第一次在返青后,第二次在仲春;天气转热后,应停止施肥。秋季施肥可于 9—10 月进行。暖季型草坪的施肥时间是晚春,在生长季节,每月或 2 个月追 1 次肥,而最后一次不应晚于 9 月中旬。施肥次数每年 2 次以上。

4. 草坪病虫害治理和清除杂草

草坪病虫害治理和清除杂草方法如表7.5.20所示。

表7.5.20 草坪病虫害治理和清除杂草方法

序号	分项		养护方法
1	病虫害防治	病害防治	草坪病害主要有：白粉病、锈病、立枯丝核病、腐霉病等。发现病害及时用药物治理，以免扩张，影响整个草坪。
		虫害治理	危害草坪的虫害主要有：蝗虫、地老虎、蚜螨、蝼蛄、飞蛾。虫害严重时能一夜之间将草坪吞食。因此，虫害治理以防为主，做好预测预报工作，采取人工捕杀虫卵、灯光诱杀及药物喷杀幼虫等方法。虫害厉害时，适当用药物治理，对症下药。
2	清除杂草	水肥管理	通过合理的水肥管理，促进草的长势，增强与杂草的竞争力。
		多次修剪	通过多次修剪，抑制杂草的发生。
		恶性杂草上报	对加拿大一枝黄花及其他恶性杂草一经发现，应立即处理并上报。
		人工法	生长季人工挑除杂草，每月2次，保证草坪无杂草、枯草及废弃杂物。对于加拿大一枝黄花在其开花期剪去花枝，以减少种子形成量。
		翻耕	冬季对加拿大一枝黄花主要落种区实施耕翻，覆盖种子，减少春季出苗量。
		化学除草	报上级部门审批后可用化学除草剂；用西马津、扑草净、敌草隆等起封闭土壤、抑制杂草萌发的作用。使用化学除草剂要慎之又慎，药物浓度、工具应专人负责。

7.5.5 露地花卉的养护管理

1. 草本花卉的养护管理

草本花卉养护包括灌溉、松土、施肥、摘心修剪，病虫害治理及除草。

（1）灌溉。从幼苗期到凋落枯萎期持续进行。灌溉原则：不干不浇，见干见湿。高温干旱季节，每天上、下午各浇水1次。浇灌方式不可远距离冲淋。

（2）松土施肥。播种及栽苗前深耕翻土施足基肥，花期前勤施薄肥，保证花色艳丽，花期长。多雨季节过后，要松土，以免土块板结，不利植株生长。1年内施肥次数为6次，保证植株生长旺盛，花大色艳，盛花期花覆盖率80%以上。

（3）摘心修剪。花期前进行摘心，促进花芽分化；花后进行修剪，促进新陈代谢，延长花期。1年内修剪次数为4次。

（4）病虫害治理。以防为主，结合药物、人工、天敌等方法治理。

（5）除草。从春季杂草萌发开始定期进行人工除杂草，杂草严重时经批准后方可适当用除草剂除草。

2. 球、块根类露地花卉的养护管理

球、块根类露地花卉的养护管理工作包括：灌溉、松土、施肥、修剪、病虫害治理和除草。球、块根类露地花卉的各项工作程序、方式、方法基本与草本花卉相同。球根类露地花卉全年修剪次数为1次，施肥为2次，病虫害治理为2次，保证植株生长旺盛，盛花期花覆盖率80%以上，花色艳丽；块根类露地花卉全年修剪次数为1次，施肥为1次，病虫害治理为1次，保证盛花期花覆盖率60%以上。

7.5.6 花坛、花境、园林小品等景观的养护管理

(1) 花坛、花境应与整体环境协调,配置合理。
(2) 花坛、花境内缺株应及时补种,应无枯枝残叶、杂草、垃圾等杂物。
(3) 适时浇水或排水,及时追施肥料,保持土壤疏松。
(4) 每周清理小品四周的垃圾、杂物。
(5) 每周清理小品建筑物表面的污迹、灰尘。
(6) 每周擦拭小品供休闲的石凳、石桌、木椅等。
(7) 已损坏或自然磨损的小品建筑要及时予以修复。

7.5.7 绿化的夏季和冬季养护要求

1. 绿化夏季养护要求

绿化夏季养护要求如表 7.5.21 所示。

表 7.5.21 绿化夏季养护要求

序号	分项		养护方法
1	草坪管理	草坪杂草清除	夏季草坪杂草以禾本科杂草为主,阔叶杂草为辅,主要危害品种有狗尾草、牛筋草、狗牙根、蒲公英等。草坪杂草清除应以人工拔除为主,也可根据实际草坪杂草危害情况适当使用除草剂,常用的除草剂品种有阔叶净、2.4-D丁酯、消禾等。
		病虫害防控	夏季高温高湿是草坪病虫害多发季节,主要病虫害有锈病、叶斑病、斑枯病、地老虎等。根据病虫害的类型,可采取多菌灵、代森锰锌、甲基托布津、菊酯类等药物进行喷洒防治。
		合理适时修剪	夏季天气炎热,草坪生长缓慢,修剪频率要相对降低,留茬高度应相对提高,切忌剪去量过大,应遵循"剪去量二分之一"的原则,每次修剪不超过总高度的1/3。修剪要到边到角,不留胡子,草末要及时清理。修剪草坪时要保持刀片锋利,尽量降低因修剪对草坪造成的机械损伤,防止二次感染。
		水肥管理	(1) 草坪草夏季生长缓慢,应尽量避免施用氮肥,但对某些不施肥或施肥少、浇水次数过多、降雨量较多的草坪草和颜色发黄的草坪也可施用少量氮肥,但量不宜过多。 (2) 磷、钾肥可提高草坪草的抗性,夏季至少施用1次钾肥和1次磷肥,以提高草的抗病性和耐热能力。 (3) 夏季不适合草坪生长,浇水宜采用喷灌系统喷湿叶面,降低叶面温度,使草坪安全越夏。若土壤含水量充足,浇水量宜少,且浇水时间最好在上午露水晒干以后进行,切忌下午或傍晚浇水。每次浇水应使土壤湿润到15cm深,每周浇2~3次,干旱天气可适当增加次数。
2	乔灌木管理	乔灌木修剪	对春季和夏初开花的花木应在花谢后及时进行短截;对夏季开花的花木应在开花后期立即修剪;对月季类灌木要随时剪除残花;对乔木和常绿树生长过长的徒长枝进行短截,促使剪口下面的腋芽萌发出更多的新枝充实树冠内膛。
		松土除草	树盘附近的杂草,特别是蔓藤植物要及时铲除。在生长旺季可结合松土进行除草,一般 20~30 天 1 次,除草深度以掌握在 3~5cm 为宜。
3	病虫害防治		为保证绿化整体效果,对夏季绿化植物的病虫害情况,要做到提早预防、及时喷药,最大限度降低绿地植物病虫害的发生及危害程度。

续表

序号	分项		养护方法
4	自然灾害预防处理		上海地区夏季易遭受台风侵袭,有时潮汛、暴雨、台风同时危害。新植树木要加固支撑或用绳索扎缚拉固,单株树木的支柱应放在树体的迎风面,以增强抗风力。支柱扎缚工作在5—6月前应认真检查,缺桩的要补齐,扎缚不稳固和没有扎缚的要重新扎缚。树冠过密的枝叶可进行疏剪。对已经被风吹动、倒伏的树木,要及时采取措施固正或清除,脆弱、腐朽枝要及时剪除。
5	抗旱、防台、防涝措施	抗旱措施	6月中下旬到9月上旬为高温干旱期,需集中精力进行抗旱保苗,人工浇水在上午9点前下午3点半后,地下浇水时要求树干、叶面全部喷湿,树冠浇水时要求每隔3天抗旱1次,并加强检查,发现旱情严重,应增加浇水次数。
		防台、抗台风措施	在台风等灾害性天气来临前夕,对一些根浅、迎风、树冠庞大、枝叶过密以及立地条件差的树木,可根据情况分别采取立柱、绑扎、疏枝、扶正等措施。预防台风的各项工作应在台风来临前进行。台风后应分别轻重缓急进行抢救,首先抢救主干道上妨碍交通的植株,然后是绿地内的树木;对于就地抢救难以成活的树木,应将树冠强截后移送苗圃栽种养护;及时拆除有碍交通、观瞻的加固物。
		连续雨季防涝	(1)安排专用水泵进行积水的排放。 (2)疏通沟渠,确保排灌通畅。 (3)注意低洼处的排水工作。 (4)防止雨后树木的歪斜和扶正。

2. 绿化冬季养护要求

绿化冬季养护要求如表7.5.22所示。

表7.5.22 绿化冬季养护要求

序号	分项	养护方法
1	冬灌	合理安排苗木的冬灌工作,尤其是新栽植的树木要灌足防冻水,结合封冻水,在树木基部培起土堆;冬灌宜在上冻初期进行,最好是夜间结冻、白天化冻时灌溉,利于形成一层防冻层,以保证土壤里充足的水分储备,一般在11月中下旬至12月上旬进行。
2	施肥	在秋末冬初根据树龄大小和栽植时间的长短,适当施一些有机肥、化肥,以促发新根,增强树势,为来年生长发育打好基础。
3	树干包裹与涂白	(1)树干包裹:将新植树木或不耐寒品种的主干用草绳或麻袋片、针毡等缠绕或包裹起来,高度可在1.5~2 m左右。 (2)涂白:对耐寒性较差的植物进行枝干涂白。
4	整形修剪	根据树木不同的景观特性,进行正确的整形修剪,将枯死枝、衰弱枝、病虫枝等一并剪下,并对生长过旺枝进行适当回缩,改善树冠内部通风透光条件,培养理想的树形,对于较大的伤口用药物消毒,并涂上油漆以保护。

7.6 绿化养护质量控制流程

7.6.1 绿化养护班组内部质量控制流程

绿化养护班组内部质量控制流程如图7.6.1所示。

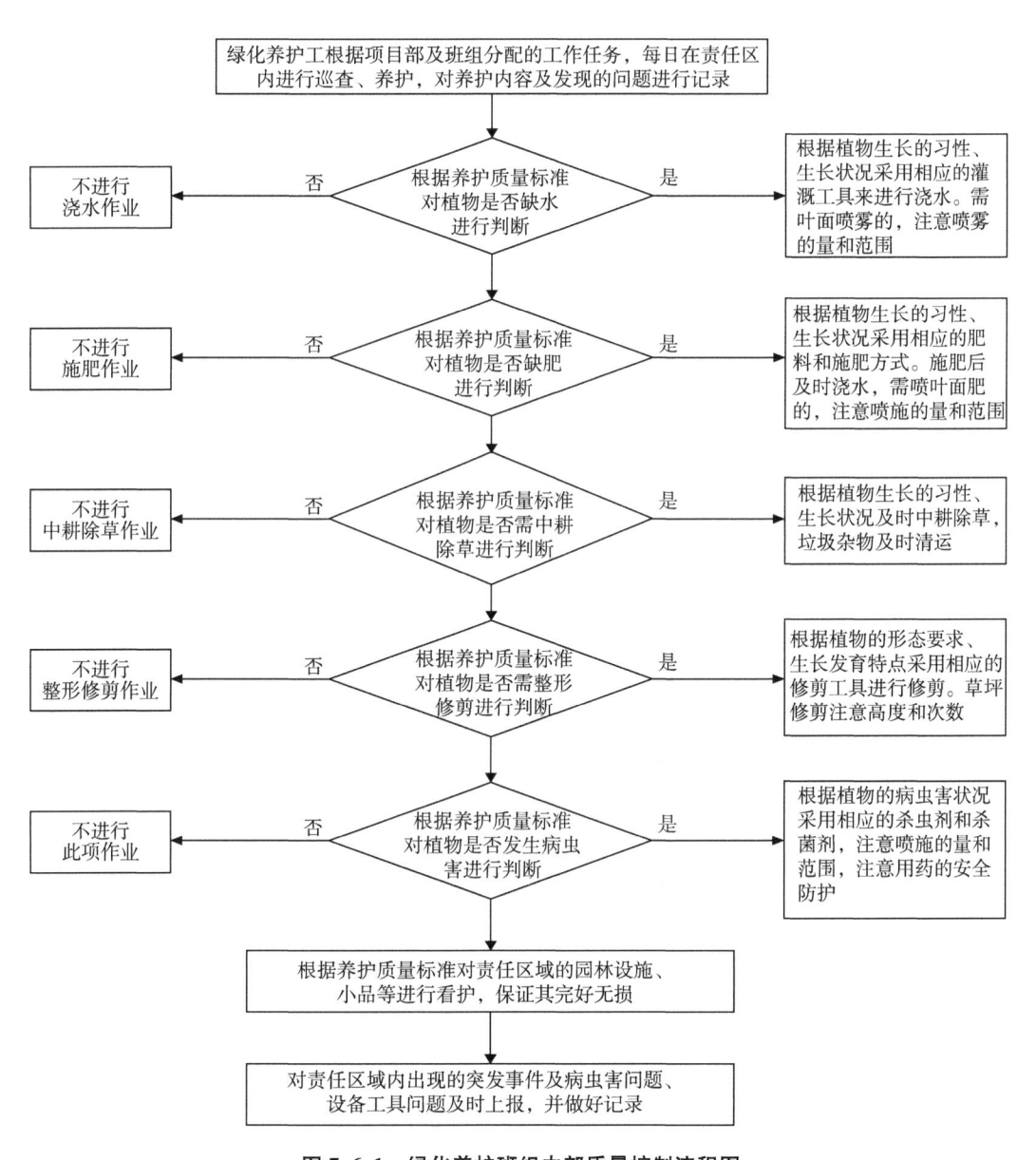

图7.6.1 绿化养护班组内部质量控制流程图

7.6.2 项目部绿化养护质量控制流程

绿化养护项目部绿化养护质量控制流程如图7.6.2所示。

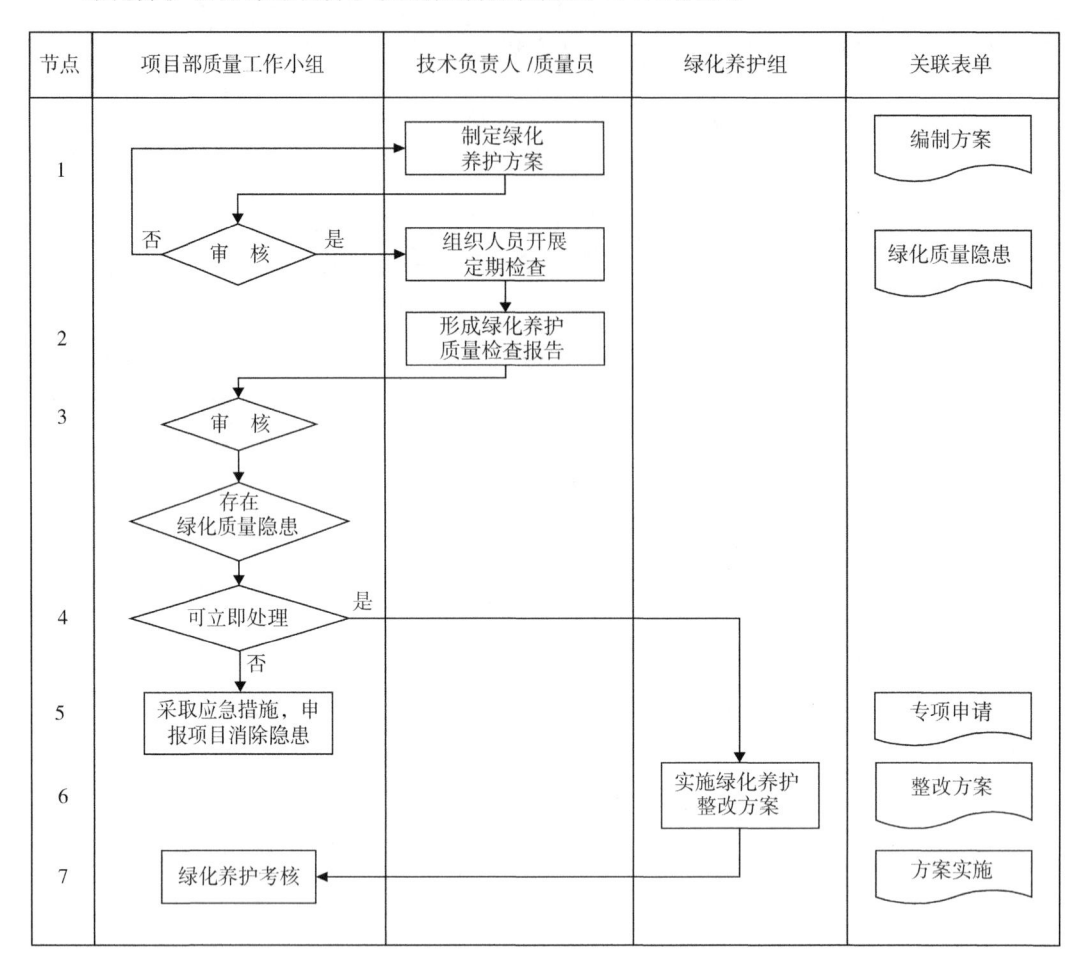

节点	项目部质量工作小组	技术负责人/质量员	绿化养护组	关联表单
1	审核（否/是）	制定绿化养护方案		编制方案
2		组织人员开展定期检查 / 形成绿化养护质量检查报告		绿化质量隐患
3	审核			
4	存在绿化质量隐患 / 可立即处理（是/否）			
5	采取应急措施，申报项目消除隐患			专项申请
6			实施绿化养护整改方案	整改方案
7	绿化养护考核			方案实施

图7.6.2 绿化养护项目部绿化养护质量控制流程图

7.7 绿化养护安全管理

7.7.1 绿化保护管理

（1）任何单位和个人不得损坏堤防管理区绿化和绿化设施。因水利建设工程需求或沿河其他项目建设需求而影响管理范围绿化的，必须经批准后方可施工，施工结束后，按原有绿化标准恢复绿化景观。

（2）管理单位内部绿化进行移植或更新种植，需制定调配方案经审核同意后进行种植，并确保种植成活率。

（3）对损坏树木花草、擅自砍伐、迁移树木、损坏绿化设施的单位和个人，按规定予以处罚。

（4）应因地制宜处理好河道植物与周围环境的自然生态关系。

（5）养护公司应严格按照养护委托合同对绿化进行养护，定期疏松土壤、剪割草皮、清除杂草、修剪苗木、施肥、刷白、治虫、浇水、补种植。

（6）应使用卫生、环保、长效的肥料，以有机肥料为主，化肥为辅，水源地保护范围内严禁使用化肥。

7.7.2 上树工作业

（1）进行上树作业时，安全员应坚守岗位，认真抓好现场的管理，杜绝三违现象，切实抓好安全作业。

（2）作业人员应在身体状况良好、精力充沛的条件下进行工作，严禁酒后作业，登高作业应集中注意力，严禁嬉闹。作业人员应在天气晴朗、无风的条件下作业。

（3）作业人员应穿软底鞋，在树上手攀、脚踩树干时，应试力，应特别注意死、朽树干，确认没有问题后方可着力，严防树干折断造成坠落事故。

（4）竹梯应坚固完好，接地端扎橡胶皮，竹梯架靠稳固，梯上端用绳拴牢后方可进行作业，运竹梯应缓行，注意竹梯的前后端不能碰撞行人、车物，移动竹梯时要保持平衡，防止歪倒。

（5）上树作业人员应遵守树上作业安全规定，与树下工作人员应密切配合，局部封闭作业，作业人员下方和枝条可能坠落的范围内不得有车辆和行人，枝条下落前应观察各种架空线路，树下建筑物、车辆、行人和树下人员，严防枝条或工具坠落时砸坏建筑物、车辆和行人。

（6）树下人员应切实做好局部封闭条件，树枝锯下后及时分解，拖曳到安全处堆放，防止绊人和影响行车安全。作业完毕，树枝叶及时清运。

（7）伐树和锯大枝时，应选好放倒和下落的方向，用绳系牢，定向牵引，锯大枝应分段进行，用绳系牢，缓慢吊放。

（8）在树上使用油锯时，操作者应站稳，系好安全带，戴好安全帽，并用保险绳拴好油锯后方可进行操作。

（9）使用钩刀、高枝剪钩剪树枝时应站稳，稳定好身体后再进行作业。枝条下落时观察树下车辆和行人等，防止发生事故，钩刀、高枝剪与竹竿应结合牢固，暂停使用时应选安全可靠的大树分枝处靠好，禁止乱靠和随意放在人行道或路上。

7.7.3 喷药作业

（1）农药产品的运输、保管和使用，应遵守农药安全使用规定。

（2）施药人员要选身体健康，并经过一定技术培训的青壮年担任。凡体弱多病者、患皮肤病和农药中毒及其他疾病尚未恢复健康者，皮肤损伤未愈合者不得喷药，喷药时不得带小孩到作业地点。

（3）喷药前后应仔细检查药械的开关、接头、喷头等处螺丝是否拧紧，药桶有无渗漏，以免漏药污染。喷药过程中如发生堵塞，应先用水冲洗后再排除故障。绝对禁止用嘴吸、吹喷头和滤网。

(4) 配药时配药人员要戴胶皮手套，应用量具按照规定的剂量取药，配药人员要严防农药在工地丢失。

(5) 施药人员在打药期间不得饮酒，操作时应戴防毒口罩，穿长袖上衣、长裤和鞋袜，禁止吸烟、喝水、吃东西，不能用手擦嘴、脸、眼睛，绝对不能互相喷射嬉闹，每班工作后喝水、吸烟、吃东西前应用肥皂彻底清洗手、脸和漱口，有条件的应洗澡，被农药污染的工作服要及时清洗。

(6) 喷药时要密切注意树下和附近行人等，均应先通知，让其避开或采取应急措施后再行作业，切忌药液污染，更不得故意喷洒。

(7) 使用手动喷雾器喷药时应隔行喷，手动和机械均不得左右、两边同时喷药，大风和中午高温时应停止喷药，药桶内药液不能装得过满，以免溢出桶外污染施药人员的身体。

(8) 施药人员每天喷药时间一般不得超过 6 h，连续施药 3～5 天时应停止 1 天。操作人员如有头晕、头昏、恶心、呕吐等症状时应立即离开施药现场，脱去污染的衣服、漱口、擦洗手、脸和皮肤等部位，及时送医院治疗。手或其他部位沾上农药时，应立即就近用水反复冲洗，再用肥皂或碱水洗净。

(9) 使用农药须经项目经理签字后办理领用手续，用药工作结束后，要及时将机具清洗干净，连同剩余农药、空瓶、空箱等集中交回仓库，清点登记，如有遗失，应写报告说明原因、责任，领用农药人员，严禁将农药私自送人。

7.7.4 绿化养护危险源辨识及风险控制措施

绿化养护危险源辨识及风险控制措施如表 7.7.1 所示。

表 7.7.1 绿化养护危险源识别及风险控制措施

序号	风险点（危险源）	可能导致的事故	风险控制措施
1	绿化养护人员未持证上岗，作业前未进行安全交底	各类安全事故	加强教育培训，绿化养护人员应持证上岗，作业前进行安全交底。
2	疲劳、带病、酒后作业	人员伤害、财产损失	安全教育，加强监管，疲劳、带病、酒后作业。
3	未穿戴安全防护用品	人员伤害	穿戴有安全标志的绿化工作服装，必要时系好安全带，戴好安全帽。
4	登高作业时登高工具损坏	人员伤害	加强检查，确保登高工具的稳定性和耐损性。
5	登高作业时登高工具倾倒	人员伤害、财产损失	专人把扶，防止倾倒，保证作业区域下方无人员停留和易损物。
6	绿化作业区无安全防护设施	人员伤害、财产损失	作业地区周边放有安全桩，现场设置警戒带，防止无关人员进入作业区域。
7	高枝剪作业	人员伤害、财产损失	保证作业现场下方无人停留，现场设有安全标志和警戒带，防止车辆和无关人员进入作业现场。
8	使用农药、喷药作业不当	使用、喷洒人员和周边群众中毒	执行药物使用和管理制度，配药和工作人员戴好口罩和手套，人站立在上风向。现场喷洒有人维持秩序。严禁使用高毒农药作业。

续表

序号	风险点(危险源)	可能导致的事故	风险控制措施
9	刮大风时修树不当	人员伤害	严禁刮大风时修树。
10	使用草坪机、割坪机作业不当	工具损坏、人员伤害	作业前清理草坪中大小石块,以免损坏刀片及石子崩弹伤人。

7.8 绿化养护表单(部分)

1. 绿化养护工作日志

绿化养护工作日志如表 7.8.1 所示。

表 7.8.1 绿化养护工作日志

日期:	年 月 日(星期)		天气:	
养护河道		养护项目部		
养护范围				
养护负责人		养护人员		
养护内容:				
项目负责人:			记录人:	

2. 绿化日常养护记录

绿化日常养护记录如表 7.8.2 所示。

表 7.8.2 绿化日常养护记录表

养护河道:　　　　　　　　　　养护范围:

序号	养护内容	面积(数量)	养护前照片	养护后照片	备注

项目负责人:　　　　　　　　　　记录人:

3. 树木养护质量验收记录

树木养护质量验收记录如表 7.8.3 所示。

表 7.8.3 树木养护质量验收记录表

编号:

养护河道		项目经理		技术负责人	
养护范围		验收内容			
养护执行标准名称(编号)					

续表

		质量验收标准内容	养护公司自检记录	管理单位验收记录
主控项目	1	群落结构合理,植株间无明显抑制现象。		
	2	林冠线丰满和林缘线饱满。		
一般项目	1	有完整的排水系统,排水通畅,暴雨后24 h内无积水现象。		
	2	土壤疏松不板结。		
	3	青坎内无影响景观的杂草。		
	4	薄肥勤施,合理施肥(树木生长茂盛,符合生态要求)。		
	5	因地制宜,因树修剪,修剪方法得当,保持景观效果,植物枝叶繁茂。		
		质量检查记录		
	养护公司检查结果评定		质量检查员:	年　月　日
	管理单位验收结论		管理单位:	年　月　日

4. 病虫害防治质量验收记录

病虫害防治质量验收记录如表7.8.4所示。

表7.8.4　病虫害防治质量验收记录

编号:

项目名称			位置桩号		项目经理	
养护工区			验收内容			
养护执行标准名称(编号)					技术负责人	
		质量验收标准的内容	养护公司自检记录		管理单位验收记录	
主控项目	1	基本无有害生物危害状。				
	2	药剂采购符合规范。				
一般项目	1	植株受害率应小于10%。				
	2	药剂使用科学合理(药剂配比规范)。				
	3	预测预报及时准确。				
	4	防治方法符合规范要求。				
		质量检查记录				
	养护公司检查结果评定		质量检查员:		年　月　日	
	管理单位验收结论		管理单位:		年　月　日	

第 8 章

堤防工程维修养护项目管理标准化

8.1 范围

堤防工程维修养护项目管理标准化指导书适用于黄浦江上游堤防工程维修养护项目管理(含绿化养护、信息化系统维护、配套设施维护等),其他同类型堤防工程的维修养护项目管理可参照执行。

8.2 规范性引用文件

下列规范性引用文件适用于堤防工程维修养护项目管理标准化指导书。
《建设工程项目管理规范》(GB/T 50326—2017);
《混凝土结构通用规范》(GB 55008—2021);
《建设工程监理规范》(GB/T 50319—2013);
《沥青路面施工及验收规范》(GB 50092—1996)(2008 年修订);
《水泥混凝土路面施工及验收规范》(GBJ 97—1987)(2008 年修订);
《混凝土强度检验评定标准》(GB/T 50107—2010);
《堤防工程养护修理规程》(SL/T 595—2023);
《水利水电工程施工质量检验与评定规程》(SL 176—2007);
《水利水电建设工程验收规程》(SL 223—2008);
《水利工程施工质量验收标准》(DG/TJ08—90—2021);
《园林绿化工程施工质量验收标准》(DG/TJ08—701—2020);
《上海市黄浦江和苏州河堤防设施维修养护技术规程》(SSH/Z 10007—2017);
《上海市河道维修养护技术规程》(DB31 SW/Z 027—2022);
《上海市水闸维修养护定额》(DB31 SW/Z 003—2020);
《上海市绿化市容工程养护维修预算定额》[SHA2 —41(03)—2018];
《上海市水利工程预算定额》(SHR1—31—2016);
《上海市黄浦江和苏州河堤防设施维修养护定额》(SSH/Z 10007—2016);
《上海市黄浦江防汛墙维修养护技术和管理暂行规定》(沪水务〔2003〕828 号);
《关于进一步加强上海市黄浦江和苏州河堤防设施管理的意见》(沪水务〔2014〕

849号);

《上海市黄浦江和苏州河堤防设施管理规定》(沪水务〔2010〕746号);

《上海市黄浦江和苏州河堤防设施日常养护管理办法》(沪堤防〔2020〕1号);

《上海市黄浦江和苏州河堤防设施日常养护与专项维修的工作界面划分标准》(沪堤防〔2017〕47号);

《上海市黄浦江和苏州河堤防巡查养护标准化站点建设和管理办法》(沪堤防〔2020〕4号);

《上海市黄浦江和苏州河堤防设施维护管理经费使用管理暂行规定》(沪堤防〔2015〕95号);

黄浦江上游堤防工程技术管理细则。

8.3 维修与养护范围界定、分工与责任制

8.3.1 明确堤防工程维修养护定义

(1)堤防工程维修养护根据堤防缺陷的程度按照工程规模大小划分为日常养护与专项维修两大范畴。

(2)堤防工程日常养护是指为了保证堤防工程完好,充分发挥堤防工程防汛功能效益,对堤防工程的易损部位按相应标准进行定期保养,对堤防工程的损坏部位进行及时修复。堤防工程日常养护的主要原则是:堤防工程存在一定缺陷,但在短期内不影响防洪安全;按照原标准进行原样修复。

(3)堤防工程专项维修是指为了保证堤防工程安全,对堤防工程存在的安全隐患进行加固、大修甚至重建改造。堤防工程专项维修的主要原则有:堤防工程存在较为严重的变形、破损、失稳等安全隐患。

8.3.2 日常养护与专项维修的工作界面划分

堤防工程日常养护与专项维修界面的主要划分标准如下:

(1)堤防日常养护范畴。

①防汛墙变形缝充填及嵌缝材料脱落(每千米不大于10条)。

②防汛墙墙顶局部受外力破损(破损面积小于等于 20 m^2/km 或单节墙体面积小于等于 5 m^2),两侧变形缝错位小于等于3 cm。

③墙体非贯穿性局部裂缝(每千米不大于10条或单节墙体不大于2条),裂缝宽度小于等于 0.3 mm。

④防汛闸门一般锈蚀、橡胶止水带老化、部分零件缺失(仅需对防汛闸门进行调试、油漆、橡胶止水带老化更换、部分零件缺失补全等)。

⑤防汛墙护坡局部块石、勾缝脱落(每千米护坡面积小于等于 60 m^2 或单节护坡面积小于等于 20 m^2),原有护坡抛石缺失(每处补抛小于等于 10 m^3)。

⑥防汛通道不畅,路面积水,局部路面破损(小于等于 20 m^2/km)。

⑦堤防里程桩号、标志标牌等设施损坏。
⑧根据《上海市黄浦江防汛墙安全鉴定暂行办法》(沪水务〔2003〕829号)标准确定为一类、二类防汛墙。

(2) 堤防专项维修(加固改造类)范畴。堤防基本达到设计要求,工程局部损坏,但经防汛墙墙顶加高、新建防汛通道、护坡及伸缩缝修复等简单修复即可正常运行。可根据以下方面综合评定：
①墙顶高程超限沉降(墙顶降低超过0.2 m以上)。
②护坡混凝土大量开裂、块石缺失、勾缝脱落、坡面塌陷、松动、淘空。
③墙后无防汛通道。
④防汛闸门门体严重变形或锈蚀、损坏、门墩混凝土结构破损。
⑤根据《上海市黄浦江防汛墙安全鉴定暂行办法》(沪水务〔2003〕829号)标准确定为二类防汛墙,但超出堤防工程日常养护能力范围。
⑥超出堤防工程日常养护范畴的。

(3) 堤防专项维修(大修改造类)范畴。堤防达不到设计及规范要求,工程存在严重破坏,经大修改造后,可达到正常运行。可根据以下方面综合评定：
①根据《上海市黄浦江防汛墙安全鉴定暂行办法》(沪水务〔2003〕829号)标准确定为三类防汛墙。
②防汛墙基础存在缺陷,如板桩脱榫、存在空洞等。
③防汛墙墙体混凝土剥蚀、露筋、裂缝、破损。
④浆砌块石结构墙体松动、出现渗漏。
⑤墙体止水带拉断、沉降缝充填材料脱落。
⑥墙后地坪沉降、开裂、渗漏。
⑦防汛墙结构整体稳定安全系数虽然低于规范要求值,可以通过桩基加固以提高安全系数达到规范要求。

(4) 堤防专项维修(重建改造类)范畴。堤防无法达到设计及规范要求,需进行彻底改造。可根据以下方面综合评定：
①根据《上海市黄浦江防汛墙安全鉴定暂行办法》(沪水务〔2003〕829号)标准确定为四类防汛墙。
②防汛墙建造时间久远(20年以上)且防汛墙结构整体稳定安全系数较低,与规范要求值相差较大。
③防汛墙整体坍塌、断裂、错位、结构有贯穿性裂缝。
④墙体下沉、倾斜、外移、结构出现失稳。

8.3.3 维修养护分工和责任制

(1) 管理单位负责堤防工程日常养护和日常维修的监督和考核。各养护公司和养护监理单位负责各自日常养护和日常维修范围内的工作。管理单位及养护公司应明确维修养护项目负责人和技术负责人,全面负责项目质量、安全、经费、工期等管理。

(2) 按照政府采购的相关规定,择优委托具有资质的单位承担日常维修养护工作。

(3) 养护公司应按合同要求加强项目部资源配置。应设置现场管理项目部，配备具有堤防工程项目管理业绩的现场专职项目经理，未经管理单位书面同意，现场项目经理不得更换；现场专职技术和管理人员应具有一定的同类堤防工程管理经验，具有执业资格证书；主要管理岗位人员应相对固定，同时报管理单位备案，非特殊原因不得更换；养护人员应具有一定的同类堤防工程养护经验，持证上岗；养护班组和养护人员应根据合同认定的工作任务量配置，一般每组养护岸段不超过50 km，每组养护人员不少于5人。同时按养护班组的工作要求，配置一定数量的办公、生产、检测、交通、通信等方面的设备、仪器、工具。其中，项目负责人主要职责包括：

①负责编制项目实施方案，提出质量、经费、进度和作业安全的主要控制措施。

②负责编制发包项目的招标文件，协助组织招投标工作。负责外包工程的合同管理，督促工程进度和质量，审核签署工程量确认单和工程决算。

③组织工程项目施工，负责验收原材料（或设备）和各道工序的质量，对工程质量、进度、经费和安全负责。

④负责做好工程项目验收前的各项准备工作，收集整理相关技术资料。

(4) 管理单位应与养护公司落实养护责任，确保堤防工程完好。

(5) 管理单位应与经营性专用岸段堤防工程使用单位（个人）落实养护责任，签订《上海市堤防工程养护责任书》。内容包括养护范围和内容、防汛责任、养护责任、配合做好有关安全鉴定工作、按规定办理水务行政许可手续要求、达标考核、有关附件。

8.4 维修养护计划和实施方案

8.4.1 维修养护项目设计方案编制

(1) 管理单位根据发展规划年度计划和合同要求下达维修养护项目；对较大维修项目应委托专业设计部门编制设计文件。

(2) 优选设计单位，提出设计需求。从设计单位的资质范围、业绩、时间安排可能性、价格合理性等方面考虑，编制和择优选定设计方案；应根据项目的范围、内容、重要程度、经费控制、时间要求、设计深度等，对设计单位提出设计需求。

(3) 设计单位应按设计规范和委托方要求编制设计方案；必要时应提供比选方案。

(4) 养护项目部对设计方案提出初审意见，业务主管部门对设计方案进行审查和比选。审查和比选时，应从设计理念、原则、目标、定位、布局、风格、节点、经济等方面综合评价。

8.4.2 维修养护项目计划编报

(1) 养护公司应当根据黄浦江上游公用岸段和非经营专用岸段堤防工程状况，编制下一年度堤防工程维修养护计划，并按时上报管理单位进行审核。

(2) 经营性专用岸段堤防工程的年度养护计划，由养护责任单位报管理单位审核。

(3) 年度养护计划应包括养护范围、养护重点项目、定期保养计划、及时修复方案、人员配备、设备安排和应急处置方案，以及费用预算等内容。养护计划编报应执行《上海市黄浦江和苏州河堤防设施维修养护定额》等相关定额及其现行取费标准、《上海市黄浦江和苏州河堤防设施维护管理经费使用暂行规定》（沪堤防〔2015〕95号）。

（4）养护项目部应根据年度计划核准范围，于每月26日前将下月维修养护计划和方案报送管理单位审核。管理单位应结合工程实际情况对维修养护计划进行优化调整。

（5）年度专项维修程序。该程序为：检查评估，编报维修计划，编制维修方案（或设计文件），报送上级主管部门审查，实施，验收。每年10月底前管理单位应会同养护公司根据汛期设施设备运行状况、技术状态、工程检查评估情况以及相关技术要求，编制下年度维修工程计划，由管理单位审核汇总，并上报主管部门批准后实施。对于影响安全度汛的问题，应在主汛期到来前将问题解决，完工后进行技术总结和验收。

（6）维修养护项目计划编报流程如图8.4.1所示。

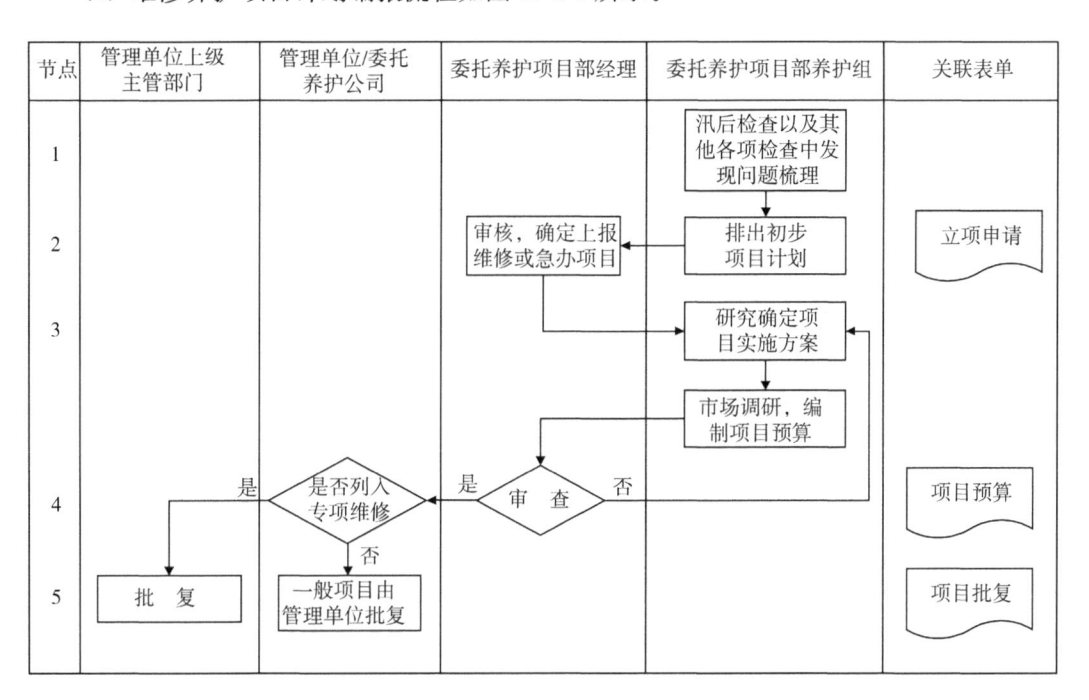

图8.4.1 堤防工程维修养护项目计划编报流程图

8.4.3 项目实施方案编制

项目部在维修养护前应编制维修养护方案，其方案由技术负责人组织，项目部各班组配合，结合项目工程特点、主要工作内容以及现场施工调查情况，综合汇编而成。

1. 项目实施方案编制原则

（1）应满足工期和质量目标，符合施工安全、环境保护等要求。

（2）应体现科学性、合理性，管理目标明确，指标量化，措施具体，针对性强。

（3）积极采用新技术、新材料、新工艺、新设备，保证施工质量和安全，加快施工进度，降低工程成本。

2. 项目实施方案编制依据

（1）有关政策、法规和条例、规定。

(2) 现行设计规范、施工规范、验收标准。

(3) 设计文件。

(4) 现场调查的相关资料等。

3. 项目实施方案编制内容

(1) 项目概况。

(2) 总体工作计划。

(3) 项目组织,包括项目组织结构图,职能分工表,项目部的人员安排等。

(4) 进度计划,包括总工期、节点工期,主要工序时间安排等,以及与进度计划相应的人力计划、材料计划、机械设备计划。

(5) 技术方案,包括施工方法、关键技术、采用的新工艺、新技术;施工用电、用水、试验等。

(6) 质量计划。

(7) 文明施工。

(8) 风险管理计划。根据合同文件及现场情况分析项目实施过程中存在的风险因素,列出风险清单,对风险进行识别,制定风险防范措施,落实风险防范管理责任人,包括危险源辨识,控制措施,高危风险项目安全专项方案及应急预案等。

(9) 需附的图表。

8.5 维修养护实施和质量管理

8.5.1 维修养护实施

1. 总体要求

(1) 堤防工程的维修养护应坚持"定期保养、及时修复、养修并重"的原则,对检查发现的缺陷和问题,应及时进行养护和维修,以保证工程及设备处于良好状态。

(2) 养护、维修、抢修和专项工程建设,均应以恢复原设计标准或局部改善工程原有结构为原则,制定维修养护方案应根据检查和观测成果,结合堤防工程特点、运用条件、技术水平和经费承受能力等因素综合确定。

(3) 维修养护公司应配备必要的养护设备、检测设备及专业养护技术人员。

(4) 维修养护项目采购内容包括货物、服务和工程。采购方式分为公开招标采购、单位分散比选采购、自行实施等。项目管理单位应严格执行主管部门审批的项目采购方案。对标的金额超过一定数额的对外经济事项,项目管理单位(公司)应签订经济合同。合同主要包括当事人名称、地址,合同标的、数量、规格、型号、品牌,价款或报酬、质量保证金金额或比例、支付方式,质量管理要求和安全生产责任,履行期限、地点,项目验收、结算方式,违约责任及争议解决方式等。

(5) 堤防工程养护、维修的各项工作,应做到文明、安全、卫生和高效,避免对交通、防汛及公众出行造成影响。

(6) 堤防工程养护、维修作业现场应设置有效隔离防护设施,确保有效隔离非施工作业人员。

（7）堤防工程养护、维修作业范围内的保护对象应予以保护，养护、维修过程中被损坏的，应予以恢复。

（8）堤防工程维修养护标准应不低于原设计标准。

（9）验收和资料归档。养护作业完工后，管理单位应组织单项或批量验收，并形成验收意见表；养护作业应有完整的过程记录，包括施工进度、施工方法、施工质量等，便于查询和分析，维修养护记录等相关资料应进行整理和归档。

（10）提高养护维修水平，降低成本，加强对养护公司的考核。

（11）堤防工程维修养护项目实施流程如图8.5.1所示。

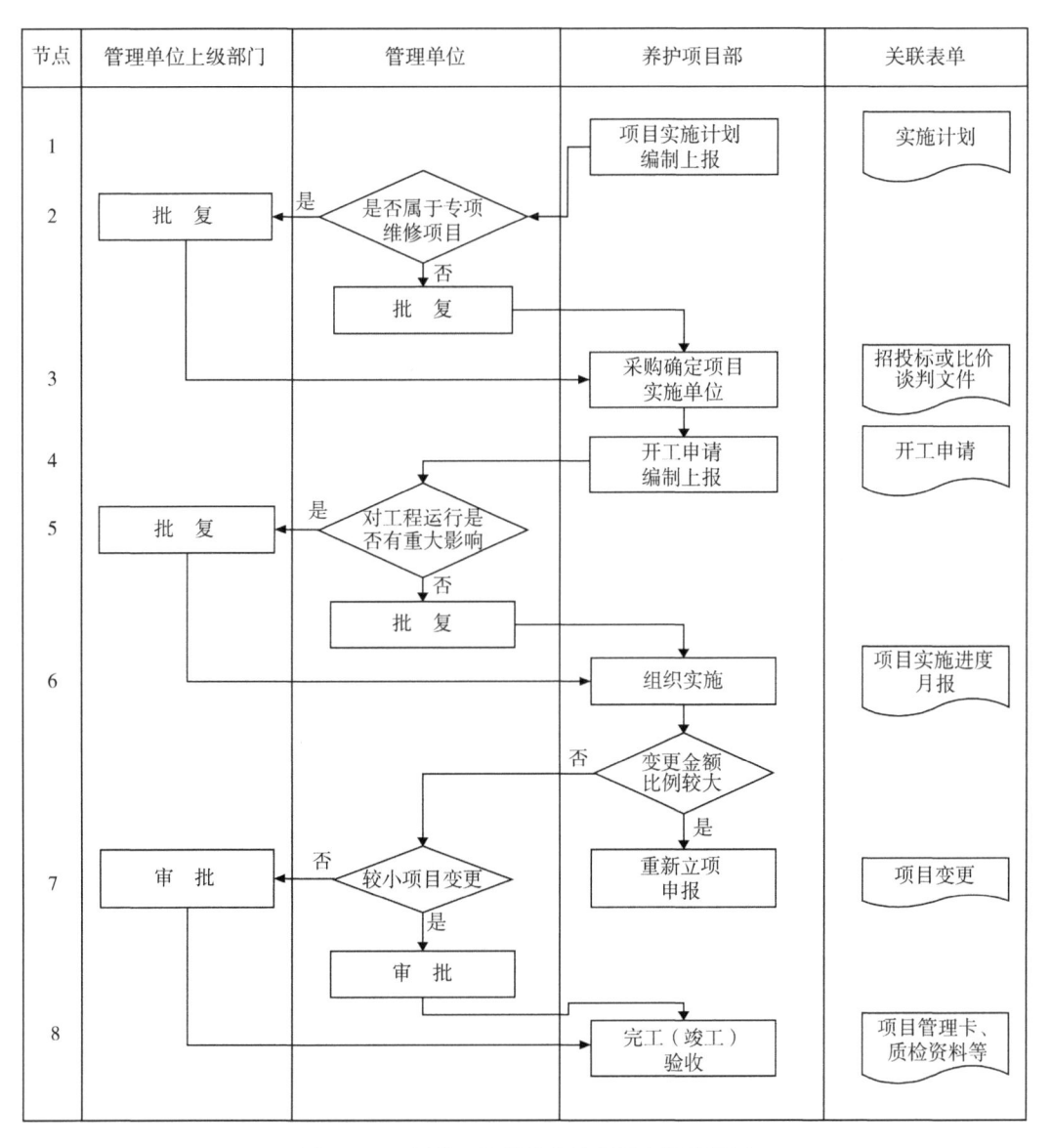

节点	管理单位上级部门	管理单位	养护项目部	关联表单
1			项目实施计划编制上报	实施计划
2	批复	←是— 是否属于专项维修项目		
		↓否 批复		
3		→ 采购确定项目实施单位		招投标或比价谈判文件
4			开工申请编制上报	开工申请
5	批复	←是— 对工程运行是否有重大影响		
		↓否 批复		
6		→ 组织实施		项目实施进度月报
			否← 变更金额比例较大 ↓是	
7	审批	←否— 较小项目变更 ↑	重新立项申报	项目变更
		↓是 审批		
8			完工（竣工）验收	项目管理卡、质检资料等

图 8.5.1　堤防工程维修养护项目实施流程图

2. 项目进度控制

维修养护项目实施时间应不影响水利工程安全应用。管理单位应督促施工项目部抓紧时间完成进度计划。一般情况下维修养护项目不能跨年度实施。项目实施单位应在每月 25 日前进行项目进度统计,并将统计结果上报主管部门。

3. 安全管理和文明作业

维修养护人员应履行工作职责,执行维修养护规章制度和安全操作规程,确保维修养护实施过程中的安全。项目安全管理和文明作业要求参见本书第 12 章"堤防工程安全管理标准化"相关内容。

4. 信息处理

(1) 管理单位应当通过堤防网格化管理系统对上报的日常巡查情况进行分类派发。涉及堤防工程损坏的,及时通知日常养护公司按规定要求进行处理。养护公司应根据派发的堤防工程维修养护信息,及时开展修复工作;修复完毕后,应上报养护完成情况(附养护现场照片),按照要求及时送交养护监理单位,并完成日常养护信息处理闭合。

(2) 未授权网格化管理系统操作的经营性专用岸段养护责任单位,堤防工程日常养护完成后应及时上报堤防工程管理单位,并做好资料归档工作。

5. 经费使用管理

(1) 参照《上海市黄浦江和苏州河堤防设施维护管理经费使用管理暂行规定》(沪堤防〔2015〕95 号)执行,并实行动态管理。

(2) 维修养护公司应当加强堤防工程维护管理经费的管理,确保堤防工程维护管理经费规范使用,并对堤防工程维护管理经费的使用情况进行季度小结和年度总结,报管理单位。管理单位监督检查堤防工程维护管理经费的使用情况,并根据工作需要及时调整养护经费及养护项目。

6. 日常养护考核

(1) 维修养护公司对维修养护项目管理应按年度进行总结,包括合同管理情况、完成的主要养护工程量、质量管理、经费使用、验收情况以及遗留的主要问题等。

(2) 日常养护考核要求和方式按照堤防工程日常管理考核细则进行。

7. 法律责任

维修养护公司未按照规定要求对堤防工程进行日常养护,造成堤防工程安全影响的,按照委托合同的约定追究维修养护公司的法律责任。情节严重的可以解除委托合同。

8.5.2 维修养护质量管理

1. 控制目标

养护公司及其现场项目部应根据合同要求、养护公司质量控制目标,结合堤防工程实际情况进行量化,确保堤防工程维修养护质量达到上海市《水利工程施工质量验收标准》(DG/TJ08—90—2021)、上海市《园林绿化工程施工质量验收标准》(DG/TJ08—701—2020)及相关质量评定标准要求。

2. 质量保障体系

(1) 组织机构。堤防工程维修养护项目部应成立维修养护质量工作小组。项目经理为组长,项目副经理、技术负责人为副组长,各班组长为组员。管理单位应明确专人加强检查监督,并将维修养护质量管理作为月度、季度、年度运行养护考核的主要内容。

(2) 维修养护项目部质量管理工作内容。

①制定堤防工程维修养护项目质量目标,建立健全维修养护质量保障体系。

②设置项目质量管理部门,配备专职质量员,明确现场各班组负责人、技术负责人和质量负责人,建立质量岗位责任制,明确质量责任。

③根据设计文件和现场实际情况,对工程项目质量控制的关键点进行排查,编制项目质量控制计划,经项目技术负责人审查后,报养护公司和管理单位职能部门审批。

④做好技术交底工作,指导作业人员执行操作规程和作业要点,实现作业标准化。

⑤编制关键工序施工应急处置技术方案,报养护公司和管理单位审批,落实必要的应急救援器材、设备,加强应急救援人员的技能培训,保证充分的应急救援能力。

⑥维修养护公司职能部门应定期组织管理人员对项目进行质量检查,发现问题指定专人进行整改并做好记录。

3. 质量教育培训和技术交底

(1) 强化堤防维修养护作业人员质量意识,加强技术培训与全面质量管理教育,提高其技术质量素质。

(2) 在开展堤防工程维修养护前,对接收的维修养护项目的工作范围及工作要点,项目技术负责人须组织项目部技术、管理和作业人员认真学习,了解关键工序的质量要求和维修养护措施;同时,项目技术负责人须组织召集,对整个工程的维修养护工艺和维修养护组织进行策划,编制详细维修养护组织计划,拟定保证各分项工程质量措施,列出监控部位及监控要点。

(3) 坚持工前技术交底、工中检查指导、工后总结评比,定期召开质量分析会。

(4) 坚持维修养护质量自检、互检与专检的三级巡视制度。

4. 关键工序控制

(1) 堤防工程维修养护项目部对关键工序和特殊工序应编制详细的作业指导书,制定养护工艺的实施细则。

(2) 作业指导书编制前,根据设计文件以及维修养护特点,确定关键工序和特殊工序的项目。

(3) 在关键工序和特殊工序施工前,项目部技术负责人负责对现场养护人员进行技术交底或培训,技术交底或培训应有相关记录,并存档备查。

(4) 在养护过程中,项目部质量员应检查落实作业指导书执行情况,如发现违规操作的应及时制止,对不听劝阻的应向上级汇报。

(5) 涉及对养护质量有重大影响的关键环节时,项目部应派技术人员对养护作业全过程指导和监督,确保工序关键环节施工始终处于受控状态。

(6) 班组作业人员对维修养护工序各环节进行自觉检查,边作业边检查,班组长负责对完工后的工序进行初次检查,做好检查记录。工序自检合格后,由项目部质量员按照验收规范进行检查验收,填写检查记录,合格后方可进行下道工序。

（7）堤防工程维修养护现场质量控制流程如图8.5.2所示。

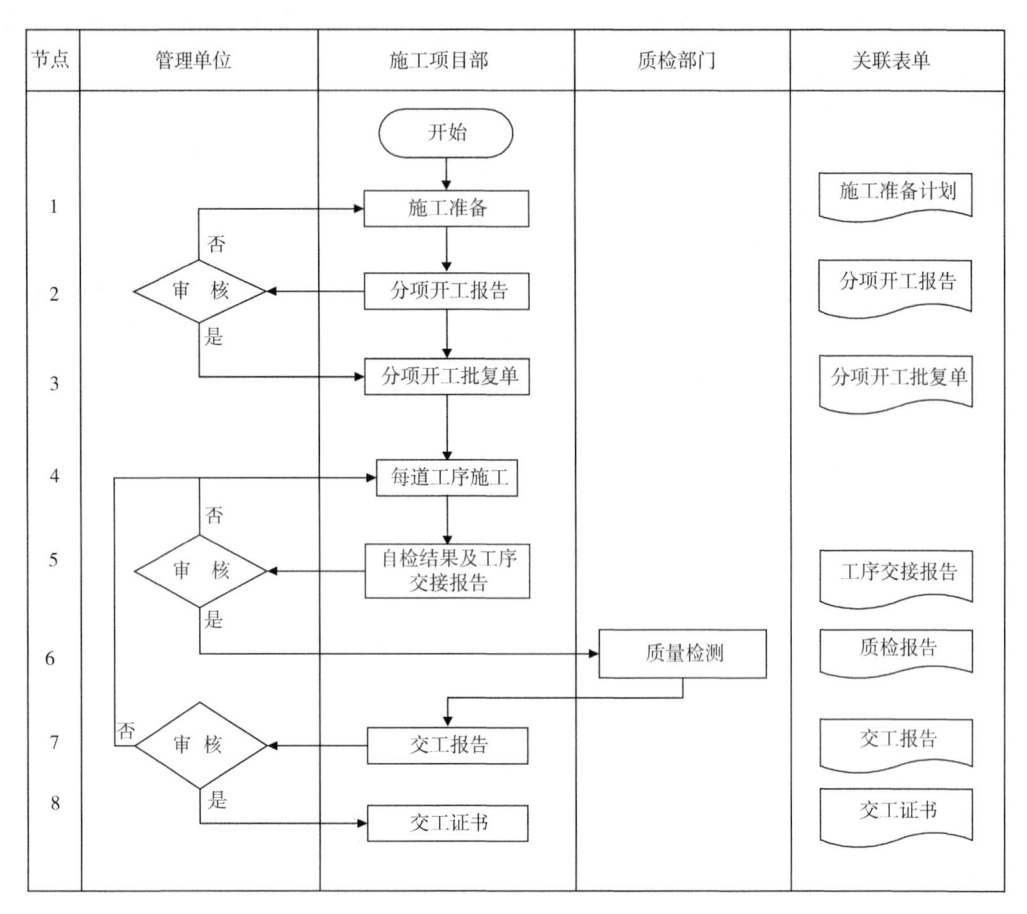

节点	管理单位	施工项目部	质检部门	关联表单
1		开始→施工准备		施工准备计划
2	审核（否/是）	分项开工报告		分项开工报告
3		分项开工批复单		分项开工批复单
4		每道工序施工		
5	审核（否/是）	自检结果及工序交接报告		工序交接报告
6			质量检测	质检报告
7	审核（否/是）	交工报告		交工报告
8		交工证书		交工证书

图8.5.2　堤防工程维修养护现场质量控制流程图

5. 项目质量检验

（1）施工维修质量检测试验。

①工程施工项目实施前,项目部技术人员应组织相关部门编制物资(设备)进场验收与复试计划、工艺试验及现场检(试)验计划、工程检测计划、计量器具配置计划、测量方案等,确定质量标准和检验、试验、检测、测量工作等内容及所需计量器具,报养护公司业务部门审批,质量员对计划实施进行监督。

②项目实施过程中,项目部应配合质检部门现场对原材料取样。取样人员应在试样或其包装上做出标志或封样标志。标志和封样标志应标明工程名称、取样部位、取样日期、样品名称和样品数量,并由见证人员和取样人员共同签字确认。

③项目部应和检测试验人员一道,对不合格的项目分析原因,依据处理意见整改。重大问题要向项目经理报告。

（2）工程材料、构配件和设备质量控制。

①维修养护项目部填写工程材料、构配件和设备质量报验单,管理单位或监理单位依据相关标准,审核证明资料。必要时,到材料(设备)厂家考察。

②对进场材料依据相关检测试验规程,委托专业人员进场检验材料。对各项审核不合格的维修养护项目部另选。

(3)堤防维修养护项目验收。

①抓好检验批质量验收。维修养护项目部应根据图纸、质量验收规范、方案和工程量清单,编制施工质量检验批划分计划,并经监理工程师认可;维修养护项目部重点负责按相关规范和施工方案要求进行过程质量预控和检查,并形成施工测量记录、施工物资资料、施工记录、施工试验记录等。

②抓好堤防维修养护隐蔽工程验收。作业班组开展自检、互检,填写自检表;项目部质检员按照质检标准进行隐蔽工程检验。检验合格后,报请管理单位或监理单位验收,形成"分项工程质量验收记录"。

③抓好堤防维修养护分项工程质量验收,汇编分项工程质量验收资料。

④抓好堤防维修养护单位工程验收,完善归档资料。

8.6 维修养护项目管理资料及表单

8.6.1 维修养护项目管理资料

(1)维修养护项目经理作为第一责任人,负责督促抓好资料管理工作。技术负责人对资料的完整性和准确性负责。

(2)维修养护公司应按照堤防管理资料整编标准进行整编。维修养护项目部对维修养护工作应做详细记录,留下文字和影像资料。维修养护项目部还应建立单项工程技术管理档案,逐年积累各项资料,包括设施设备技术参数、运用、缺陷、养护、维修、试验等相关资料,对于项目需要观测部位要有观测记录,并注明观测日期;重要资料的各项内容要填写齐全。

(3)为保证工程资料的真实性与完整性,维修养护项目部应专门设置资料员,负责资料的收集、整理、审定、汇编、装订、送审工作。

(4)专项维修工程实行项目管理卡制度。

(5)竣工资料应在竣工后及时归档。

8.6.2 维修养护项目管理表单(部分)

1. 堤防工程部分维修养护项目管理表单

堤防工程部分维修养护项目管理表单如表8.6.1~表8.6.9所示。

表8.6.1 堤防工程维修养护项目需求情况表

项目名称					
现场联系人		联系方式		时间节点	
维修养护内容 (图文)					

续表

建议施工方案	
引入合作单位原因	
其他前期已完成工作	

表8.6.2 堤防工程维修养护记录表

维修养护项目	维修养护内容	工、机、料投入情况	完成情况	时间	备注

养护日期: 养护人: 记录人:

表8.6.3 维修养护现场检查(管理单位督查)记录表

合同名称: 合同编号:

工程部位				日期	
时间		天气		温度	
人员情况	养护技术员:　　　养护班组长: 质检员:				
	现场人员数量及分类人员数量				
	管理人员	人	技术人员		人
	特种作业人员	人	普通作业人员		人
	其他辅助人员	人	合计		人
主要养护设备及运转情况					
主要材料使用情况					
养护过程描述					
管理单位现场检查、检测情况					
项目部提出的问题					
管理单位代表答复或指示					

管理单位代表:(签名)　　　项目部养护技术员:(签名)

说明:本表单独汇编成册。

表 8.6.4 堤防维修养护工程质量核验申请表

单位工程名称	
工程量	
涉及堤防名称	
建设单位	
养护管理项目部	
施工单位	
开/竣工日期	申请核验时间
申请质量核验部位	

施工单位验收意见与自评等级：
项目经理：　　　技术负责人：　　　公章：

项目部验收意见：
技术负责人：　　　项目经理：　　　盖章：

业务部门验收意见：
项目负责人：　　　公章：　　　总监理工程师：　　　盖章：

申请单位：　　　　　　　　　　　　申请日期：　　年　　月　　日

表 8.6.5 堤防维修养护工程施工质量评定表

工程项目名称		施工单位	
工程名称		施工日期	
		评定日期	

序号	单元工程名称	质量等级 合格	质量等级 优良	序号	单元工程名称	质量等级 合格	质量等级 优良
1							
2							
3							

单元工程共　　个,全部合格,其中优良　　个,优良率　　%。

外观质量	
施工质量检验资料	
质量事故处理情况	
观测资料分析结论	

施工单位自评等级： 项目经理： 技术负责人： （公章） 　　年　月　日	项目部认定等级： 技术负责人： 项目经理： （盖章） 　　年　月　日	工程监理部认定等级： 总监理工程师： 项目负责人： （盖章） 　　年　月　日

225

表 8.6.6 堤防维修养护合同工程质量核定表

合同工程名称			
主要结构		工程造价	
建设单位			
养护管理项目部			
施工单位名称			
开/竣工日期		保修期限	

工程概况：

施工单位意见：
　　　　　　　法定代表人(公章)：　　　　　　养护项目部意见：
　　　　　　　　　年　　月　　日　　　　　　　　　　　　项目经理(签章)：
　　　　　　　　　　　　　　　　　　　　　　　　　　　年　　月　　日

建设单位意见：
　　　　　　　项目负责人(签章)：　　　　　　验收工作组意见：
　　　　　　　　　年　　月　　日　　　　　　　　　　　　组长(签字)：
　　　　　　　　　　　　　　　　　　　　　　　　　　　年　　月　　日

遗留问题及处理意见：

表 8.6.7 堤防维修养护工程完工确认单

工程名称	
建设单位	
养护项目部	
施工单位	

主要施工项目	项　目　名　称	合同工程量(设计长度)	实际工程量(实际长度)

施工单位意见：
　　　　　　　现场负责人(签字)：

　　　　　　　项目经理(签字)：　　　　　单位(签章)　　年　　月　　日

项目部意见：

　　　　　　　项目经理(签字)：　　　　　年　　月　　日

建设单位意见：
　　　　　　　总监(签字)：　　　　　　年　　月　　日
　　　　　　　项目负责人(签字)：　　　单位(签章)　　年　　月　　日

表 8.6.8 堤防维修养护工程变更单

工程名称：_____　　　　　　　　编号：_____

施工单位		负责人		联系方式	
所属项目部		技术负责人		项目经理	

变更原因：
_____

变更内容及工程量：
_____

管理单位意见：
_____

　　　　　　　　　　　　　　　签章　　　年　　月　　日

表 8.6.9 堤防维修养护工程业务联系(签证)单

工程名称：_____　　　编号：_____

施工单位意见	问题及原因	施工单位(盖章)： 项目经理： 年　　月　　日
	建议处理办法	
附　图		
项目部意见		项目部(盖章)： 项目经理： 年　　月　　日
建设单位意见		建设单位(盖章)： 项目经理： 年　　月　　日

2．堤防维修工程项目管理卡

（1）封面。堤防维修工程项目管理卡封面如图 8.6.1 所示。

```
        堤防维修工程项目管理卡

    工程项目：应与上级下达经费计划项目名称一致

    批准文号：　　上级下达经费计划文号

    批复经费：_____

    项目负责人：　　项目负责人签字

    技术负责人：　　技术负责人签字

    验收时间：_____
```

图 8.6.1　堤防维修工程项目管理卡封面示意图

（2）堤防维修工程项目管理卡主要内容。

①项目实施方案审批表。

②项目实施方案。

③预算表。

④开工报告审批表。

⑤开工报告备案表。

⑥项目管理大事记。

⑦质量检查及验收汇总表。

⑧工程量核定汇总表。

⑨竣工决算表。

⑩项目竣工总结。

⑪竣工验收表。

⑫附件。包括项目计划下达、实施方案批复文件；技术变更资料；试验、检测、检验资料；主要产品、材料、设备的技术说明书、质保书；质量分项检验记录；竣工图纸；工程款支付证书及结算表；项目维修部位实施过程中以及竣工后照片。

（3）堤防维修工程项目管理卡填写要求。

①为了规范和加强堤防专项维修项目管理，专项维修项目从实施准备起应按项目建立"专项维修项目管理卡"。专项维修项目管理卡一式4份，1份维修施工实施单位留存，1份归入技术档案，1份财务部门留存，作为经费支付和审计依据，1份交管理单位（审批单位）备案。

②项目实施方案审批表。按照审批权限确定审批单位，实施方案作为审批表的附件一并上报，项目验收时一并归档备查。审批单位业务部门意见由管理单位职能部门填写，单位意见由管理单位负责人填写并签字确认，加盖审批单位印章。审批可以采用表格或公文形式。重点审查项目实施内容与项目经费下达内容是否一致、技术方案是否合理、质量控制措施是否完善、设计标准及主要工程量是否调整、预算与实施内容是否对应以及资金来源情况等。

③项目预（结）算编制。可参照现行的水利定额、其他相关定额和市场造价信息等，按实编制。项目实施方案中预算表为参考格式，编制时可依据不同的项目内容及定额要求对本表的格式进行适当调整；除主要材料和设备费等可单列外，其他无须分列，单价指的是综合单价，即包括人工、材料、机械、利润、税金等。

④开工审批表。一般由项目维修养护单位提交，管理单位主要负责人审批。开工审批表应附有招投标或比价等材料（如没有可不附）；施工组织设计（投标文件如有可不报送）；施工图（如不需要可不附）；合同复印件。

⑤开工报告备案表。一般应在签订施工合同后7日内报备，由管理单位向上级进行报备。在报备时需提供的附件包括招投标等确定施工单位材料（本单位自行实施的可不附）、施工组织设计（投标文件如有可不另报送）、施工图（如不需要可不附）、合同原件。备案表一式2份，1份归入项目管理卡，1份留上一级主管单位。

⑥项目管理大事记。项目管理人员应记录项目实施过程中的主要事件，包括项目采

购（招投标）、项目开工、项目合同内容及价格变更、阶段验收、隐蔽工程验收、上级主管单位检查监督情况、存在问题的整改情况、试运转、技术方案变更以及施工技术难点的处理等，表述应简明扼要，抓住重点。

⑦质量检查及验收汇总表。按照上海市《水利工程施工质量验收标准》(DG/TJ08—90—2021)以及其他行业相关质量检测评定标准进行质量管理，重点加强关键工序、关键部位和隐蔽工程的质量检测管理，必要时可委托第三方检测，质量分项检验记录作为附件。

⑧工程量核定表。该表是双方最终结算支付的依据，结算工程量由管理单位负责人、项目负责人、技术负责人、施工单位的施工负责人、监理单位的监理工程师（如有）等共同见证核定。审核的依据参照双方确认的竣工图、现场测量数据等资料。工程竣工前，管理单位应组织施工单位、监理单位（如有）等先对送审的工程量进行核定，三方签字确认，并填写工程量核定表。

⑨项目竣工决算表。主要包括合同内工程量完工结算、双方补充协议结算以及勘察、设计、检测等与本项目相关的其他合理费用。工程量确认后，施工单位应及时报送结算表交管理单位审核。调增原有合同总价及单项结算价格的应附书面纪要。报送的结算表原件应一式2份，1份交财务部门支付使用，1份归入项目管理卡。结算书作为项目竣工决算表的附件存档。

⑩项目完工后，应及时对项目建设管理、质量控制、经费使用和维修效果等情况进行总结，撰写总结报告，主要包括以下内容。

a. 工程概况；

b. 完成的主要内容或工程量；

c. 项目建设管理情况（含项目施工进度情况）；

d. 施工队伍选择、设备选用以及采购招标情况等；

e. 采用的主要施工技术、施工工法（含技术方案变更调整，新技术新工艺新材料应用）；

f. 质量管理、安全管理、文明施工情况；

g. 项目合同完成情况（含遗留的问题、维修效果）；

h. 其他需要说明的情况。

⑪竣工验收表。该表填写主要包括三个方面内容，基本情况、验收意见和签名表。在完成质量自评并通过财务部门审计后（可另附财务审计报告），验收委员会再签署验收意见或形成验收纪要。

⑫竣工验收的组织。维修工程项目完成后，项目维修养护单位应及时编制项目管理卡，并及时向竣工验收组织单位申请报验，但在申请验收前应完成财务审计。通过审计后，验收组织单位应及时组织工程管理、财务、纪检监察、设计（如有）、监理（如有）、施工等有关部门和单位进行项目竣工验收，签署验收意见或纪要。验收通过后，应按有关科技档案要求将堤防维修工程项目管理卡及时归档。竣工验收组织单位一般由项目实施方案审批单位担任。

⑬招标投标资料、合同协议、材料设备质保书、质量检验资料、产品说明书、技术图纸、

验收报告等与工程实施有关的资料应作为管理卡附件全部整理归档。

⑭如维修项目的类型为采购设施设备或技术服务类，堤防维修工程项目管理卡的形式和内容可适当简化。

⑮填写堤防维修工程项目管理卡需认真规范，签名一律采用黑色墨水笔。

第 9 章

堤防工程应急抢险标准化

9.1 范围

堤防工程应急抢险标准化指导书适用于黄浦江上游堤防的防汛抢险技术管理和项目管理。其他同类型堤防的防汛抢险技术管理和项目管理可参照执行。

9.2 规范性引用文件

参见本书第 2 章第 2.2.11 节中"工程抢险"相关内容。

9.3 堤防险情类别及认定

9.3.1 堤防工程险工险段判别条件

《堤防工程险工险段判别条件》(办运管函〔2019〕657 号)明确指出:本判别条件所称堤防是指沿河、湖、海岸或分洪区、蓄洪区、围垦区边缘修建的挡水建筑物;堤防工程是指堤防及其堤岸防护工程、交叉连接建筑物和管理设施等的统称;险段是指堤身单薄、土质不好、施工质量差或隐患较多而易发生险情的薄弱堤段和堤距过窄、易于卡阻洪水或冰凌的堤段,或历史上多次发生险情的堤段;险工是指堤防险段所修的防护工程。符合以下条件之一的,即可判定为险工险段。

(1) 老口门堤段。历史上出现决口但未彻底治理,背水侧仍存在坑塘或高水位期间出现集中渗水的堤段。

(2) 管涌堤段。曾出现过管涌、流土等渗透破坏但未彻底治理,高水位期间背水侧仍有明显渗水现象的堤段。

(3) 崩岸堤段。水流淘刷易造成崩岸、坍塌而危及堤防安全的堤段,包括因河势变化引起的洪(潮)水顶冲堤段。

(4) 卡口堤段。堤距较小,过水断面严重不足,或河道弯曲狭窄,易造成卡阻洪水或冰凌的堤段。

(5) 病险穿堤建筑物堤段。穿堤建筑物自身存在严重安全隐患,或与堤防接合部出现过渗水问题且未彻底治理,危及堤防安全的堤段。

(6) 严重缺陷堤段。堤身堤基土质不好,施工质量差,存在较多隐患或堤身断面不满足设计规范要求,极易发生险情的薄弱堤段。

(7) 其他堤段。其他严重影响堤防安全运行的堤段。

9.3.2 堤防险情特点

堤防工程受自然因素的作用和人为活动的影响,其工作状态和抗洪能力都会发生变化,产生工程缺陷或出现其他问题,如不能及时发现和处理,一旦汛期出现高水位,往往会使工程结构或地基受到破坏,工程的防渗挡潮功能丧失,危害防汛安全。上海市堤防工程险情有下列特点。

(1) 造成的损失较大。上海是一个国际大都市,人口密集,经济发达,一旦出现险情,损失都较大。除经济损失外,灾害带来的社会影响更是难以估量。

(2) 低潮位时也可能出现险情。高潮位时,若堤防失守,江河横溢,会造成重大灾情。在上海地区,潮水位时涨时落,低潮位时,地下水位较高,若防汛墙墙后超载、墙前超挖,有可能出现地基整体滑动的险情。

(3) 险情事先迹象不明显。上海目前堤防工程基本上是钢筋混凝土结构,一般比较稳固和完整,部分地基被淘空时,整体结构不会立刻失事,但当工作状态发生显著变化,就可能突然发生险情,危及安全。而且,地基土体的流失一般都是被落潮时的反向渗流带入河道中,平时不容易被察觉。

(4) 抢险条件比较差。贯通的道路、宽敞的场地、充足的土源是防汛抢险顺利实施的有力保障。但是目前在黄浦江两岸部分地区这些条件都比较差。另外,路面和场地的硬质化也大大减少了沿江可以提供的土源。

9.3.3 堤防险情分类

(1) 管涌流土险情。指由于防汛墙基础或土堤堤身发生渗透破坏(如管涌、流土等)而导致的堤防工程险情。险情主要表现为防汛墙(土堤)地基渗漏水、裂缝漏水,伸缩缝止水破坏漏水、后方地坪塌陷和地基淘空等。

(2) 岸坡淘刷险情。指堤防前沿泥面被水流淘刷或违规疏浚而引发的墙前泥面线低于设计泥面线的堤防工程险情。险情主要表现为迎水面泥面或护坡淘刷冲坑等。

(3) 墙身损坏险情。指受外力冲击而引起的防汛墙墙身结构损坏险情。险情主要表现为防汛墙墙身局部裂缝、止水损坏以及墙身局部缺口等。

(4) 局部漫溢险情。指防汛墙(土堤)局部沉降等导致堤顶标高低于设计高水位而引起的洪水漫顶险情。险情主要表现为洪水漫顶倒灌。

(5) 堤防失稳险情。指由于堤防工程承受超过其设计承载能力荷载工况下而发生的结构失稳(包括滑坡和倾覆)破坏的险情。险情主要表现为防汛墙(土堤)滑坡、防汛墙结构倾覆等。

(6) 穿堤涵闸险情。险情主要表现为防汛闸门(含活动式闸门、潮闸门)严重漏水、失控等。

（7）水污染事故。指所在河道发生的水污染事件，可能影响到一些区域水生态和水环境安全，甚至危及生活和饮用水安全。险情表现为载有有毒有害物品的船舶发生泄漏事故、河道附近道路上载有有毒化学物品的汽车发生泄漏事故、管道违规排放等。

（8）其他险情。

9.3.4　堤防险情认定

堤防工程的险情认定应当参照《上海市市管水利设施应急抢险修复工程管理办法》（沪水务〔2016〕1473号）执行。市、区水务部门接到堤防险情报告后，负责组织相关部门及专家对堤防险情段进行现场察看和召开专题会议，对险情进行认定，并做出落实临时处置措施和列为应急防汛抢险工程的决定，由管理单位负责办理相关报批手续。

9.4　防汛抢险准备

防汛抢险准备包括防汛抢险组织落实、防汛物料准备、防汛抢险预案编制及演练等。其中：

（1）防汛抢险组织落实，参见本书第2章第2.2.8节中"防汛组织"相关内容。

（2）防汛物料准备，参见本书第2章第2.2.10节中"防汛物料"相关内容。

（3）防汛抢险预案的编制要点：抢险预案应包括总则（编制目的、编制依据、适用范围、工作原则）、组织体系及职责、预警预防机制（预警预防原则、预防预警行动、应急演练）、应急响应（响应基本要求、响应程序、预警及响应、应急终止）、突发事件应急预案（如管涌流土、岸坡淘刷、墙身损坏、局部漫溢、堤防失稳、穿堤防汛闸门险情等）、事故调查和应急救援工作总结、奖励与责任追究。

9.5　防汛墙管涌流土险情的判别与抢护

9.5.1　险情判别

由于防汛墙基础土质及墙后填土质量等原因，在潮位不断涨落渗流的作用下，部分地基土及填土细颗粒不断流失，由最初的墙后渗水现象逐渐形成通过防汛墙基础内外贯通的漏水通道险情，如不及时处理，时间一长将会发展成管涌、地基淘空等险情。

1. 险情产生原因

（1）墙后回填土质量较差，回填料为松散性弃料，如煤渣、建筑垃圾、废弃料等，起不到抗渗作用。

（2）墙后填土填筑时夯压不实，墙后覆土层的有效抗渗能力小于渗流的渗透压力。

（3）基础坐落在回填土上，或地基土为易冲刷的粉砂、粉质土，在涨落潮及渗流作用下，地基土中的黏土颗粒逐渐流失，随着流失的土粒增多，墙后土体抵抗渗流的阻力减小，导致管涌险情发生。

（4）浆砌块石墙身砌筑不密实；防汛墙不均匀沉降，造成基础底板及墙身止水带断裂。

(5) 板桩结构防汛墙因其板桩脱榫等原因,长年的涨落潮水对板缝产生的负压抽吸作用,使板桩后土体逐渐流失、淘空,形成进水通道,久而久之导致地面坍塌。

(6) 涨落潮流,风浪及船行波等对墙前滩地、护坡的长久淘刷,使得护岸结构层破坏,原状岸滩土冲刷淘深,另外,河道内船舶过往甚密,船舶紧贴岸边行驶,船只停靠或离开时,螺旋桨将墙前原有的覆盖土层淘空,墙后地坪出现坍塌险情。

(7) 下水道出水管与墙(堤)接口未封堵或封堵不实,穿墙(堤)下水接口脱节、断裂等亦是造成防汛墙(堤)内外贯通的漏水险情。

2. 险情判别

(1) 地面渗水。地面渗水是管涌流土的初始发展阶段,如不及时进行处理,时间一长,会发展成地基淘空、管涌、地面坍塌等险情。当地面出现渗水情况后,首先应开沟引流,排除积水,同时找出渗水集中点(区)位置,根据现场情况,采用排除法判断产生渗水的原因,详见本书第5章第5.11.1节相关内容。

渗水原因确定后,根据现场渗水险情的程度和影响范围,调配必要的抢险物资和人员进行应急抢险,消除险情。

(2) 管涌。

①高桩承台结构、空箱结构、拉锚板桩结构。墙后地面出现管涌险情是板桩脱榫、破损,墙后土体通过板桩缝隙被水流逐渐带走流失所致。由于结构由桩基支撑,只要墙前滩地冲刷不严重,并做到及时抢护,防汛墙主体结构一般不会产生失稳现象。

a. 当墙后孔口冒清水时,表明墙后土体质量尚好,孔口周围土体尚未被带走。此时险情不影响防汛墙结构的安全,抢护也较为方便。

b. 当墙后孔口冒浑水时,孔口周围土体随同水流流失,孔口迅速扩大。如不及时进行抢护,会引起墙后地面坍塌。

②重力式结构。对于有基础桩或无基础桩的重力式结构,如墙后地面出现管涌险情,则墙前滩地或护坡一般都已遭到不同程度的破坏,并且防汛墙基础下土体已形成内外贯穿的进水通道,如不及时进行抢护,对防汛墙结构的安全极为不利。

a. 当墙后孔口冒清水时,表明墙后土体质量尚好,孔口周围土体尚未流失,但墙前滩地淘刷,基础下土体有进水通道,应及时进行抢护。

b. 当墙后孔口冒浑水时,表明孔口周围土体在流失、孔口不断扩大,这表明墙前滩地淘刷严重,基础下土体进水通道在扩展。此种险情随水位上涨会进一步恶化,必须及时进行抢护,否则影响防汛安全。

(3) 墙后地坪坍塌。

①高桩承台、空箱结构、拉锚板桩。

a. 墙后地面发生坍塌,主要是板桩脱榫,墙后土体通过板桩缝隙被潮水逐渐带走流失而造成,但由于结构由桩基支撑,只要做到及时进行抢护,防汛墙主体结构一般不会产生失稳现象。但在高潮位作用下,墙后地面出现坍塌,如抢护不及时则会造成周边地区受淹。

b. 墙后地面出现渗水。如果渗水范围较小,则墙前局部板桩脱榫或破损引起渗水的可能性较大。如果渗水范围较大,则墙后回填土不密实引起渗水的可能性较大。

c. 如果渗水区土质踩上较松软,需防备墙后地面有塌陷的可能性,应及时进行抢护。

②重力式结构或低桩承台结构。对于无基础桩的重力式结构或低桩承台结构,如墙后地面出现渗水、冒水现象,则表明墙前滩地已受到冲刷破坏,护坡结构层已出现破损、脱落现象。如墙后地面出现坍塌,则表明防汛墙基础下土体淘空,如不及时进行抢护,将会造成防汛墙倾覆坍塌的后果。

9.5.2 险情抢护

1. 抢护原则

(1) 地面渗水。以堵为主,控制险情发展,缩小影响范围。

(2) 管涌。以堵为主,快速抢护,控制险情扩展。

(3) 地坪坍塌。墙前为护滩固基,控制险情发展;墙后为围堵塌陷处,稳定险情。

2. 抢护方法

(1) 地面渗水。墙后出现渗水险情后,应尽快查明险情发生原因和险情程度,如墙后只有轻微渗水或个别地段存在少量积水,且防汛墙(堤)结构稳定,险情无发展趋势,则可以采用开沟引流,将积水引入附近下水道的方法进行简单处理。

①墙后地面潮湿,有渗水迹象。防汛巡查时做好标记,事后再做处理。

②墙后地面出现轻微渗水,局部可能出现积水。开沟引流,将积水排入附近下水道;加强巡查,做好标记。

③墙后地面渗水严重,地面积水影响周边低洼地区,险情在逐步发展。开沟引流,将积水迅速排入附近下水道;袋装土袋围堵压渗如图 9.5.1 和图 9.5.2 所示。

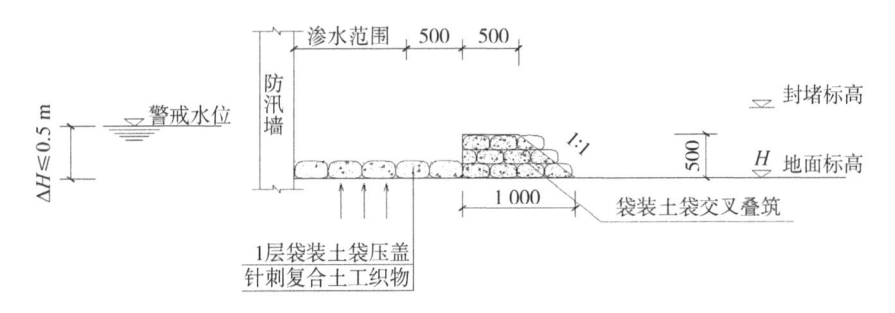

图 9.5.1 袋装土袋围堵压渗示意图一

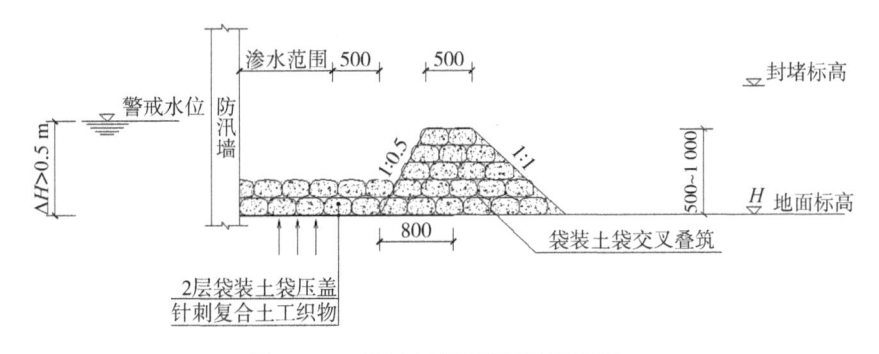

图 9.5.2 袋装土袋围堵压渗示意图二

情况紧急时,除了采用袋装土袋进行围堵压渗外,如土料供给不足,则可采用装配式围井进行快速封堵；如果墙后场地条件狭窄，袋装土袋围堵无法实施，则可采用土工布＋混凝土块＋袋装土袋共同围堵的抢险方法如图 9.5.3 所示。

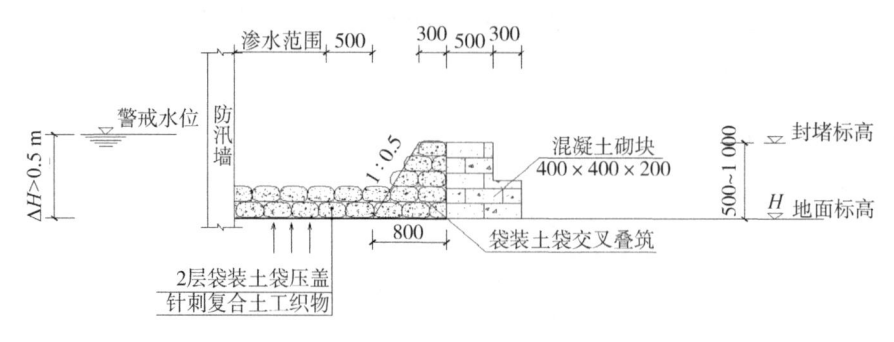

图 9.5.3 袋装土袋围堵压渗示意图三

（2）管涌。

1）高桩承台，空箱结构，拉锚板桩。

①墙后地面冒清水应采用袋装土袋对孔口进行围堵及砂石袋镇压，同时开沟引流如图 9.5.4 和图 9.5.5 所示。

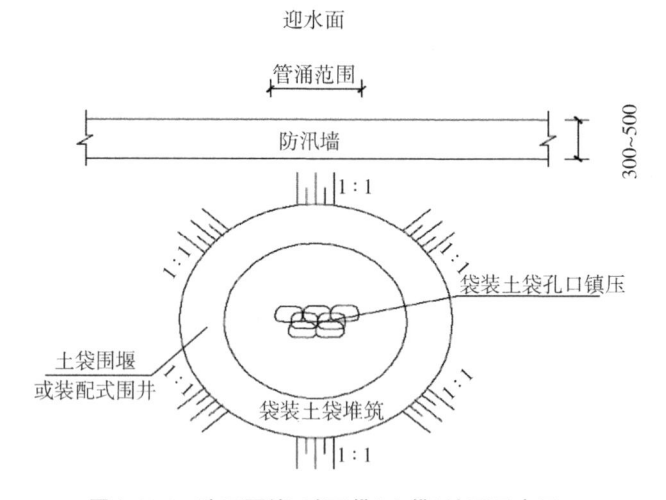

图 9.5.4 孔口围堵、砂石袋（土袋）镇压示意图一

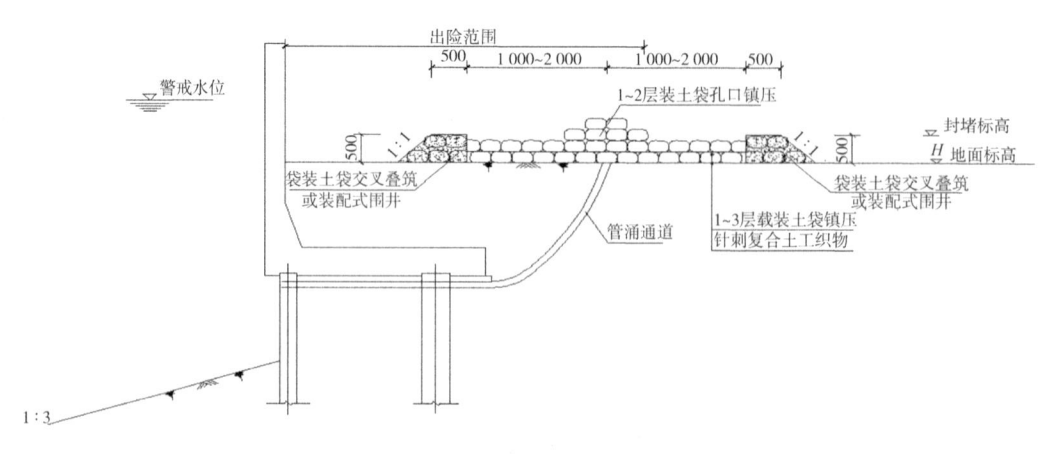

图 9.5.5 孔口围堵、砂石袋（土袋）镇压示意图二

②墙后地面冒水量增大,并出现黄水、泥水现象:采用袋装土袋对孔口进行围堵,砂石袋镇压,开沟引流,将积水排入附近下水道;如果墙后场地狭窄,袋装土袋围堵无法实施,可在迎水面紧贴防汛墙采用袋装土袋进行抛堵止水,但墙后孔口仍需进行围堵镇压。

③墙后地面冒水,孔口扩大,地面积水严重时应采取措施:

a. 袋装土袋孔口围堵、砂石袋镇压,开沟引流,将积水引入附近下水道;

b. 迎水侧紧贴防汛墙再采用袋装土袋抛堵加固,以确保防汛墙安全,如图9.5.6所示;

c. 墙后孔口围堵如遇险情紧急,土料来源供应不上,可采用装配式围井进行快速封堵;

d. 如果墙后场地狭窄,袋装土袋围堵无法实施,可在迎水面紧贴防汛墙采用袋装土袋进行抛堵止水,但墙后孔口仍需进行围堵镇压。

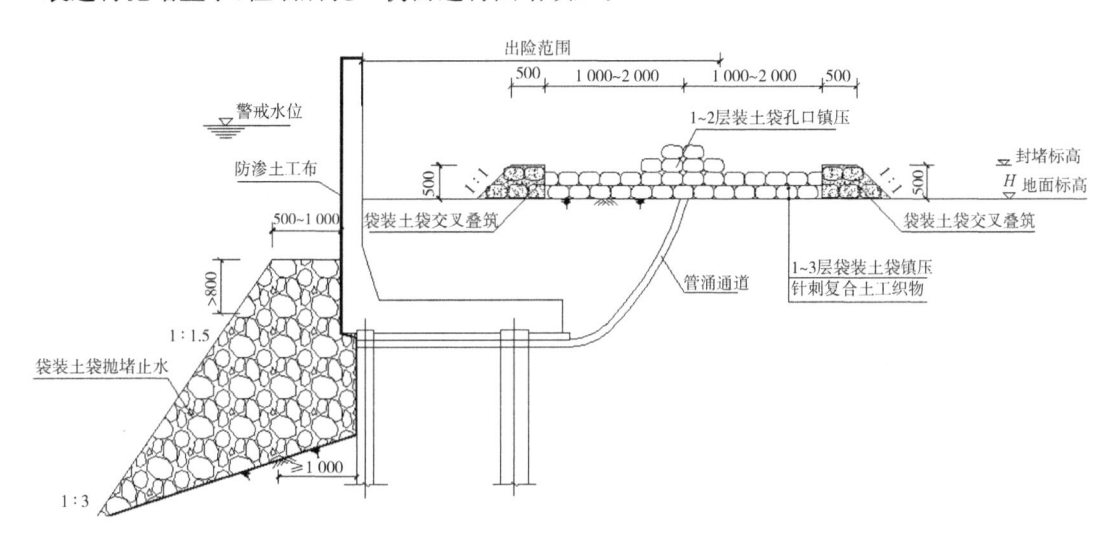

图 9.5.6 孔口围堵、砂石袋(土袋)镇压示意图三

2)重力式结构。

①墙后地面冒清水应袋装土袋孔口围堵、砂石袋镇压,积水排入附近下水道,并加强观测。若险情未控制住,则应采取墙前封堵措施。

②墙后地面冒水量增大,并出现黄水、泥水现象时应采取的措施:

a. 墙前采用土工布遮帘或铺垫后,再抛堵袋装土止水;墙后采用袋装土袋围堵、砂石袋镇压,并做好抢筑临时防汛墙准备,同时开沟引流,将积水排入附近下水道;

b. 如遇红色预警信号发布,墙前袋装土袋须抛堵至与地面标高基本齐平,如图9.5.7所示,必要时墙后抢筑临时防汛墙。

③墙后地面冒浑水,孔口不断扩大时应采取的措施:

a. 墙前用土工布遮帘式铺垫后,袋装土袋抛堵。墙后用袋装土袋围堵、砂石袋镇压,同时开沟引流,将积水排入附近下水道,如图9.5.8所示。

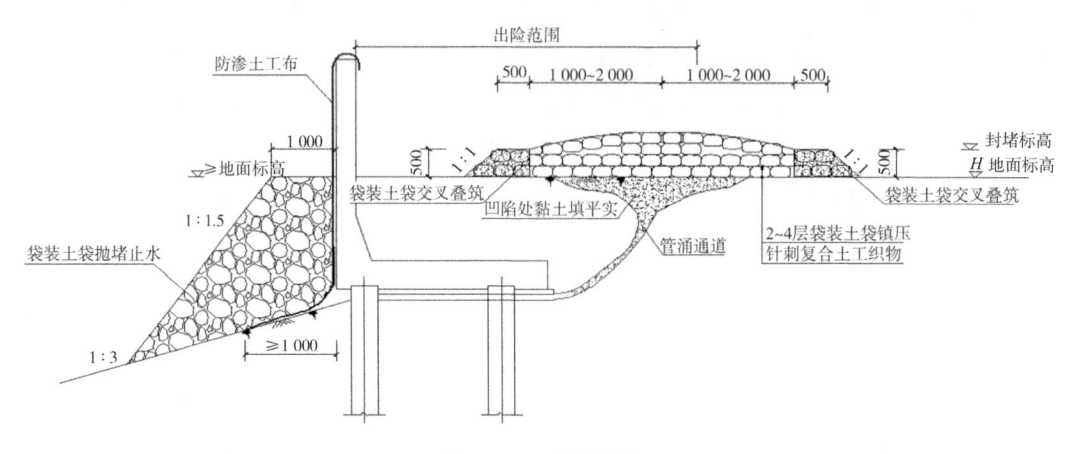

图 9.5.7 土袋抛堵

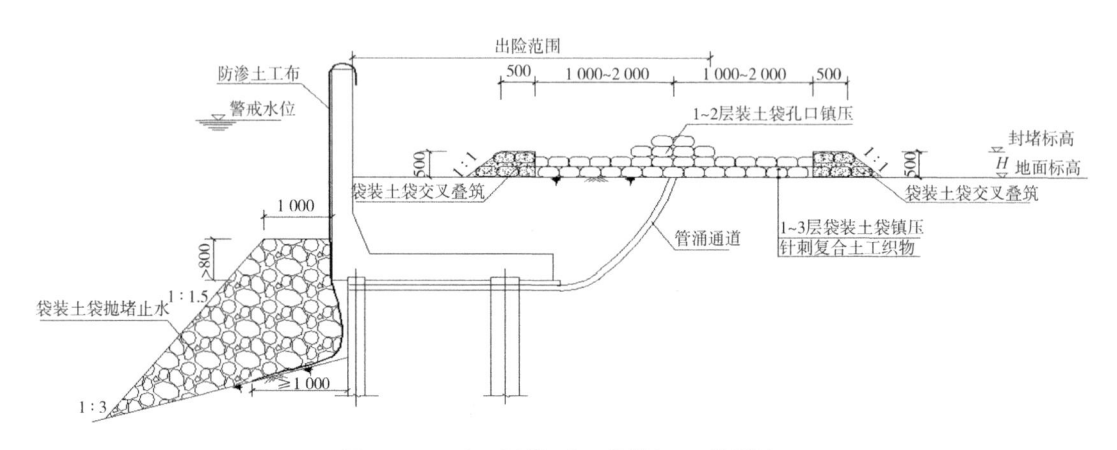

图 9.5.8 孔口围堵、砂石袋镇压、开沟引流

b. 险情严重时,墙前袋装土袋抛堵至与地面标高基本齐平,如图 9.5.7 所示。同时,墙后抢筑临时防汛墙进行封闭如图 9.5.9 所示。如防汛墙出现坍塌险情且墙后场地狭窄,待水退潮后,则在外侧采用钢板桩围护,袋装土袋抛堵封闭,如图 9.5.10 所示。

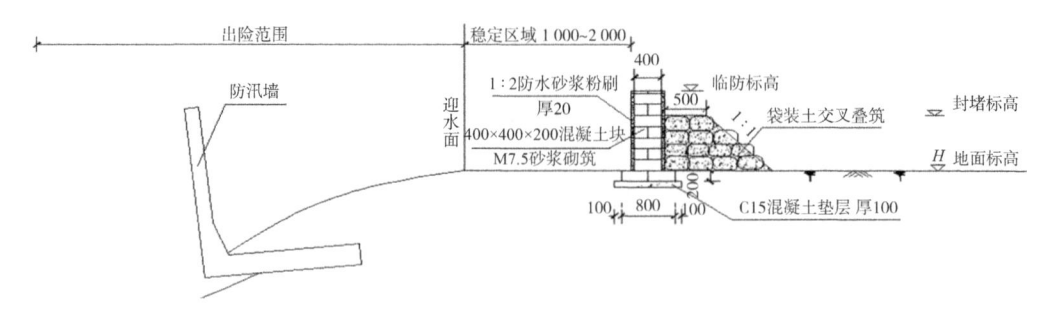

图 9.5.9 临时防汛墙

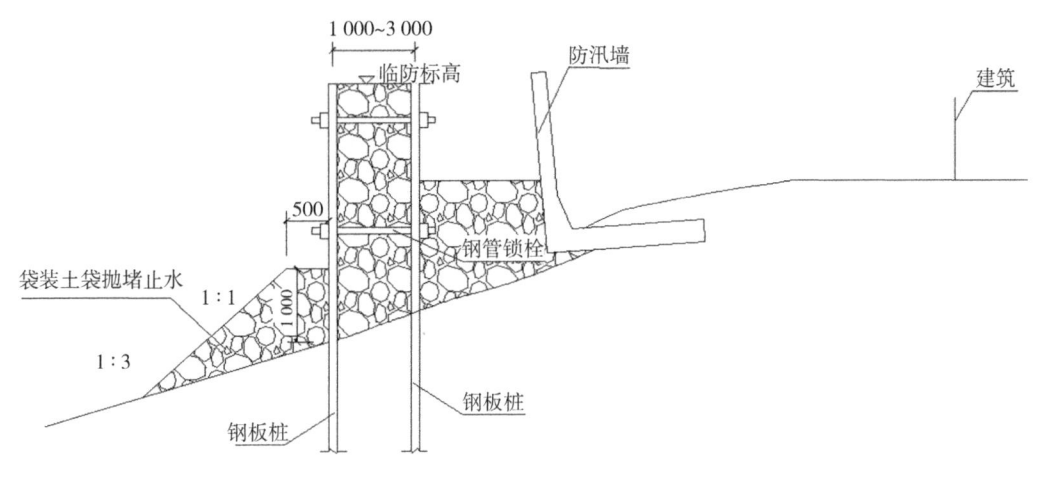

图 9.5.10 钢板桩围护、土袋抛堵封闭

(3) 地坪坍陷。

①高桩承台、空箱结构、拉锚板桩。地面渗水形成积水,地面出现下陷或坍塌迹象,积水已影响周边地区时应采取的措施:

a. 一般情况下,下陷(坍塌)处采用袋装土袋围堵、填平,同时开沟引流,如图9.5.11所示;

b. 当遇到紧急状态时,后侧土袋围堰封闭,下陷处采用土袋抛填,如图9.5.12所示;

c. 如墙后场地狭窄,无法进行土袋围堰封闭,可采取临水面袋装土袋抛堵止水,墙后下陷处土袋围堵抛填,如图9.5.13所示。

②重力式结构或低桩承台。墙后渗水形成积水,局部地面出现下陷时应采取的措施:

a. 一般情况在墙前滩地采用袋装砂、石、土袋压盖2~3层护滩,同时,墙后渗水处土袋围堵、开沟引流,如图9.5.14所示;

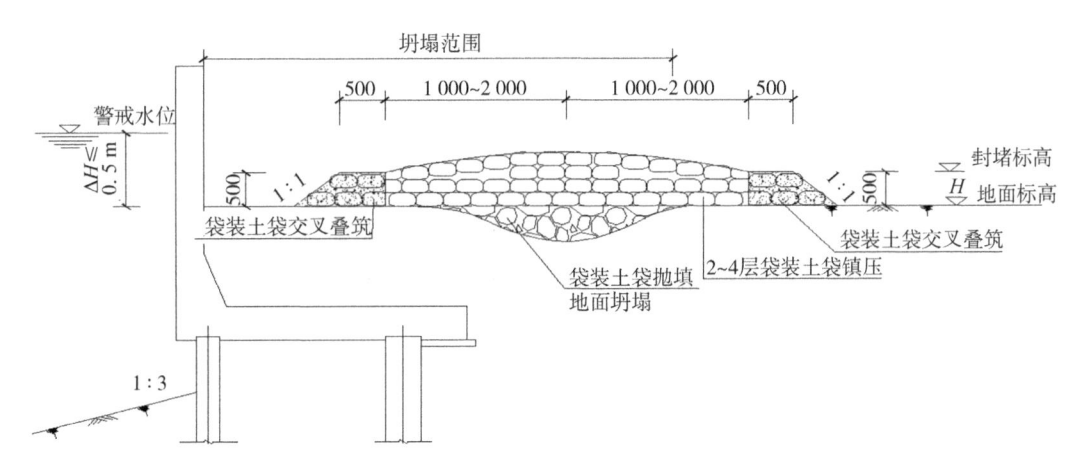

图 9.5.11 土袋围堵、开沟引流

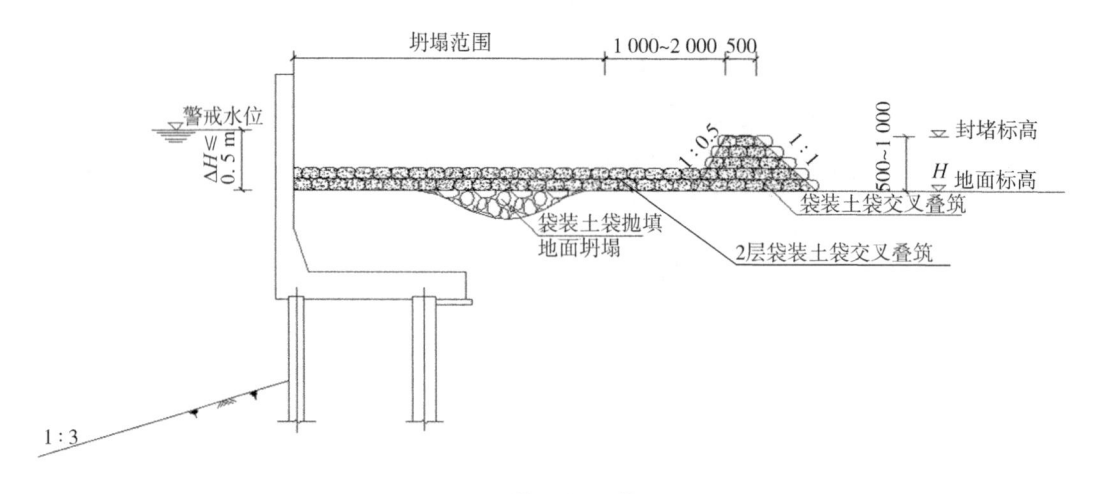

图 9.5.12　土袋围堵、土袋围堰封闭

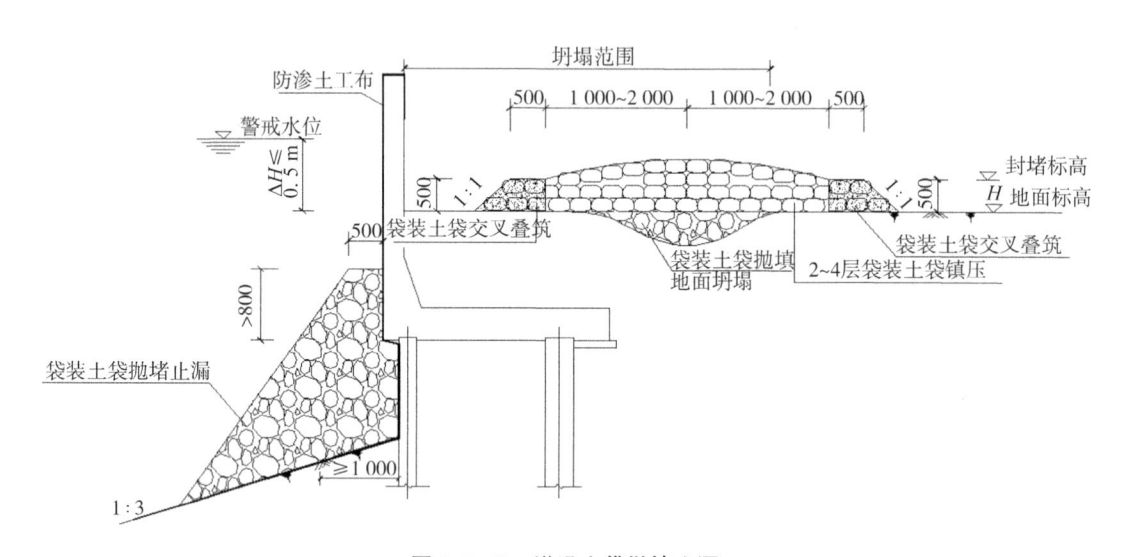

图 9.5.13　增设土袋抛填止漏

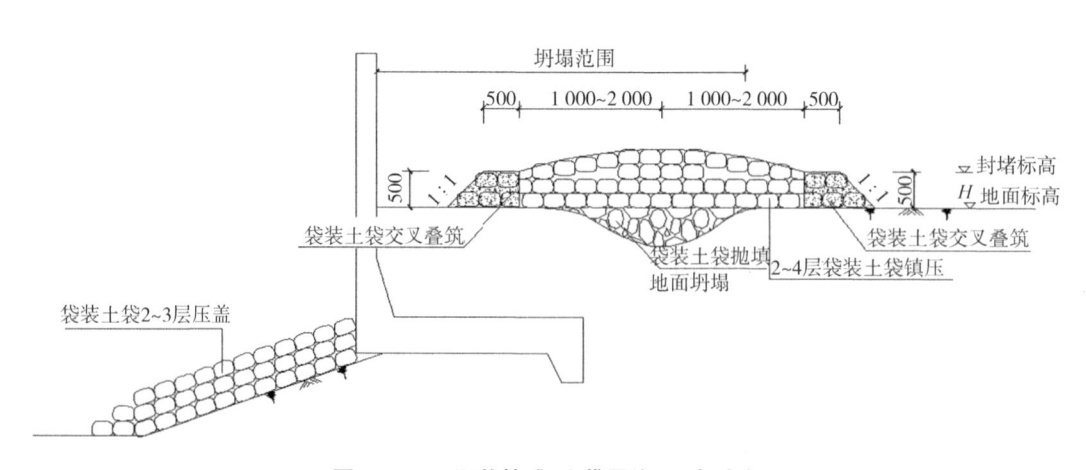

图 9.5.14　压盖护滩、土袋围堵、开沟引流

b. 如险情仍有扩展趋势，为防止防汛墙可能出现坍塌危险，需做好抢筑临时防汛墙的准备工作，如图 9.5.15 所示；

c. 在紧急状态情况下，可先采用墙前土工布遮帘后，后袋装土袋抛填至与墙后地坪标高齐平，以保护防汛墙不倒，如图 9.5.16 所示；

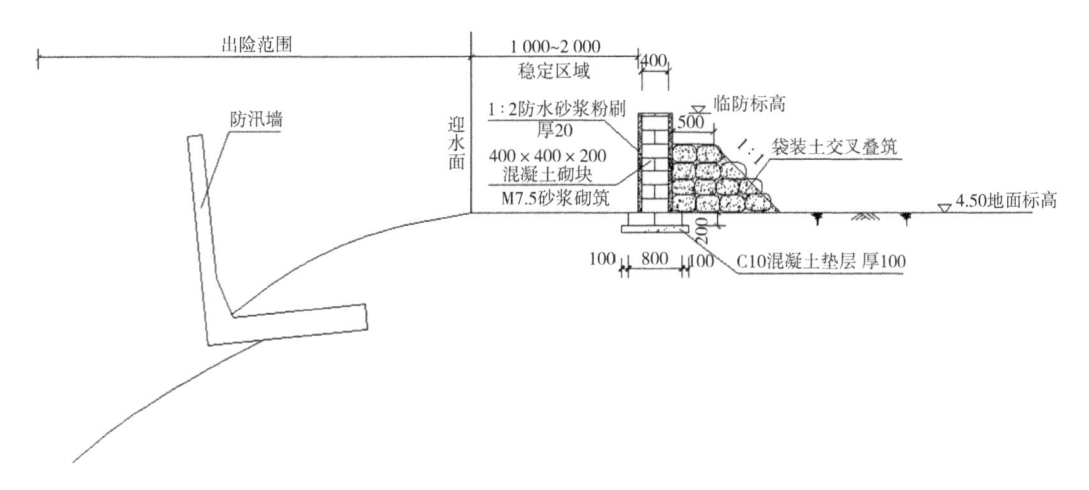

图 9.5.15　临时防汛墙

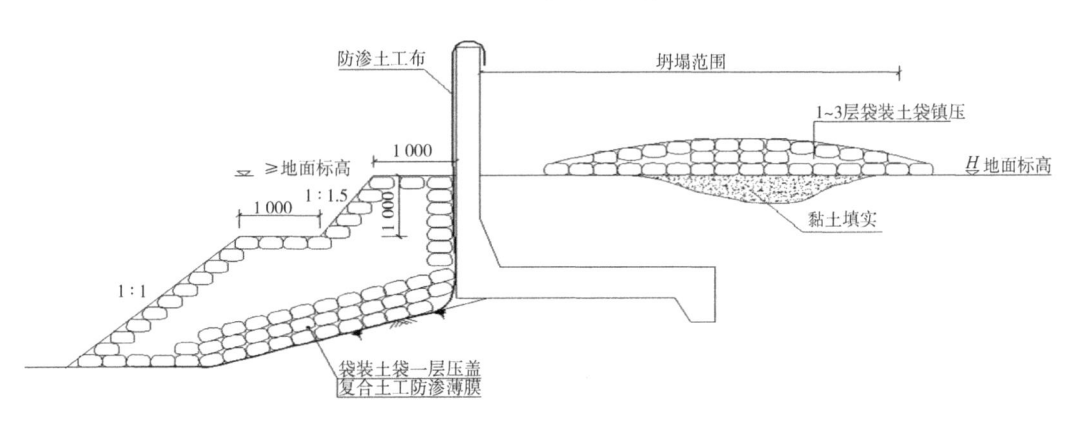

图 9.5.16　土袋抛堵、墙后黏土填实

d. 当墙后场地狭窄，如遇险情发生，可采取墙前抛堵止漏，墙后黏土填实措施，如图 9.5.17 所示。在紧急情况时，可先采用土工布遮帘，然后袋装土袋抛堵至与墙后地坪标高齐平，如图 9.5.16 所示。

防汛墙基础淘空，墙后地面坍塌，危及防汛墙安全应采取的措施：

a. 防汛墙迎水侧采用土工布遮帘，然后袋装土袋抛堵至与墙后地坪标高齐平，以保护防汛墙不倒，墙后地面采用黏土填实措施，如图 9.5.16 所示；

b. 在遇险情突发，墙后大量冒水，局部墙体出现坍塌险情迹象时，应先在墙后稳定区域抢筑临时防汛墙，如图 9.5.14 和图 9.5.15 所示，再在墙前滩地压盖 2～3 层砂、石、土袋护滩除险。如墙后场地狭窄，则在墙前采用钢板桩围护，并大量抛填土袋止漏固脚，或临时防汛墙后包围应急封闭，减少损失，如图 9.5.18 和图 9.5.19 所示，此险情在退潮后墙前应紧急抢护。

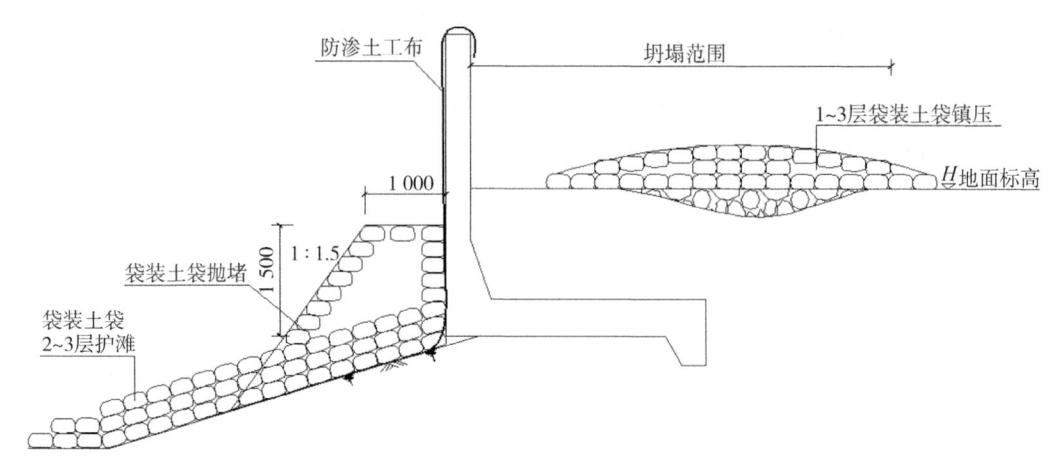

图 9.5.17 墙前抛堵止漏、墙后黏土填实

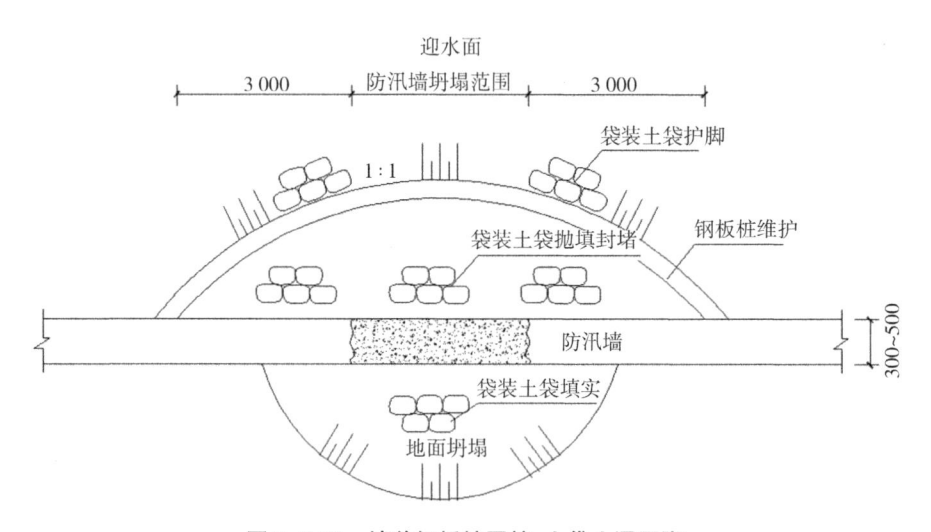

图 9.5.18 墙前钢板桩围护，土袋止漏固脚

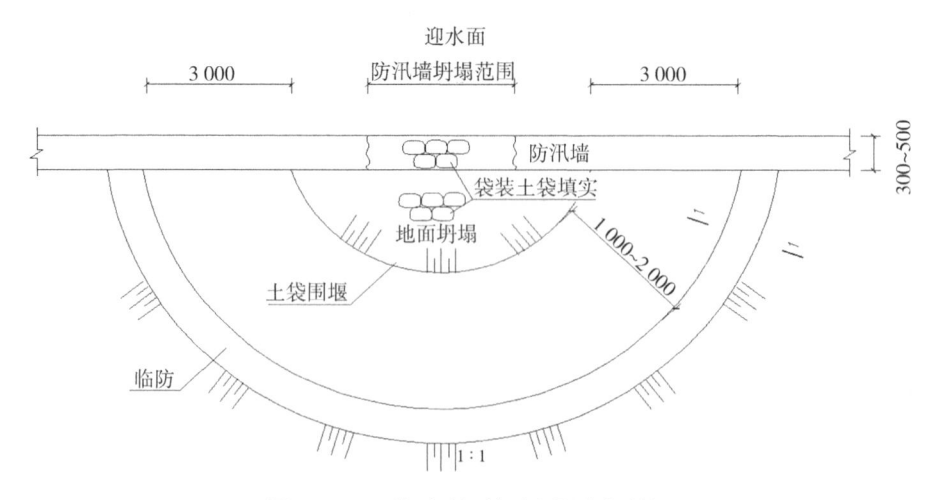

图 9.5.19 临时防汛墙后包围应急封闭

3. 抢护要点

(1) 当防汛墙墙后出现渗水、管涌、地面坍塌等险情时,首先应摸清防汛墙的结构形式以及滩地冲刷情况,然后根据现场险情,采取相应的抢护措施。

(2) 采用袋装土袋抢护施工抢护时,必须先围堵然后再压盖,反之会加速险情范围扩大。将险情区域封闭后,视墙前水位的高低在渗水面上压盖1~2层袋装土袋。

(3) 如果是下水道管壁与墙身接合部位水流淘刷所引起的渗水,且渗径长度较长,可同时在迎水面采用木板封堵下水道止水,以减轻墙后渗水压力。

(4) 如果是管道破损而引起突发渗水,则应立即进行抢护不能拖延,否则会因墙后土体被快速带走而影响结构的安全稳定。抢护方法是迅速将渗水区围堵封闭,控制险情发展;退潮后开膛排水,应急抢修;管道四周用水泥土分层回填夯实至管顶上部50 cm,然后回填黏土分层夯实,恢复原有地面标高。

(5) 墙前防渗土工布铺设范围要覆盖整个险情面,并留有一定余量。

(6) 墙后抢筑临时防汛墙时,临时防汛墙位置应设在险情范围以外的稳定区域,如果墙后场地狭窄,在情况紧急时,临时防汛墙可采取后包围形式进行封闭,以减少损失。

(7) 冲刷滩面采用砂、石、土袋压盖防冲,在受冲刷的坡面上,袋口应向内依次叠压,直至墙脚,坡脚处可采用抛砂、石袋固脚止滑,若坡脚过陡,必要时可打1~2排木桩以防止土袋下滑。

(8) 迎水面抛堵止漏,应根据现场水流涨落速度的缓急进行抛堵定位,使所抛砂、石、土袋随水流下移沉于抢护点上,一般情况下,涨潮时抢护,抛投点应设于下游侧;落潮时抢护,抛投点应设于上游侧,抢护时应先从墙脚处开始逐渐向外抛堵。

(9) 墙后坍塌处抢护时必须先围堵,后抛填。

(10) 如临时防汛墙基础出现渗漏险情属险情严重,应集中人力、物力进行围堵加固,及时消除险情,抢护方法为墙后开沟引流;墙前采用拉伸钢板桩封闭;如临时防汛墙基础坐落于硬质地坪上时,还应采用袋装土袋进行加宽培厚。

9.6 岸坡淘刷险情的判别与抢护

9.6.1 险情判别

堤前护坡结构破坏后,在高水位的反复作用下,渗流在土堤背水坡坡脚附近地面溢出,并随着流失土体的增多,逐渐形成贯穿土堤内外的进水通道,形成管涌。

1. 险情产生原因

(1) 涨落潮流、风浪、船行波等对堤前滩地、护坡的长久淘刷将迎水侧护坡结构层破坏,造成土堤抗渗能力降低,致使堤脚出现渗水,逐渐发展为管涌。

(2) 土堤填筑质量不高,加上上海地区堤防背水坡一般不设排水倒滤,当护坡结构层遭到破坏后,在涨落潮潮流的作用下,渗流将堤身薄弱处细颗粒土体带走,导致渗水,渗水逐渐扩展成管涌险情。

(3) 土堤因种种原因存有空穴隐患,当护坡结构层破坏后,较容易形成渗流集中,使土体大量流失,形成贯穿堤身的进水通道,即管涌险情。

(4) 防汛墙(或土堤)墙前进行疏浚作业,如操作不当,疏浚深度超过了设计疏浚泥面线,使得岸坡结构受损。

(5) 通航河道上,船只航行过于靠近岸坡或者掉头时,船只螺旋桨搅动导致岸坡受到水流淘刷。

2. 险情判别

(1) 土堤背水坡、坡脚湿度正常,脚踩有浅浅凹印,表明堤防属于基本正常运营状态。

(2) 土堤背水坡、坡脚潮湿,脚踩有明显凹印,表明堤后出现渗流险情迹象,须仔细查勘迎水面局部护坡面结构层是否出现破坏,是否有进水孔洞或坡脚滩面是否出现局部淘刷破坏等。

(3) 土堤背水坡或坡脚渗水,出现涓涓细流,速度较慢,表明堤身土体可能正在流失,此险情为堤防产生管涌的前兆,要仔细查勘迎水面护坡是否有破坏,是否有进水洞口,坡脚是否被淘刷等。必须尽快进行抢护,以免险情扩大。

(4) 土堤背水坡、坡脚渗流不断且在加剧,表明孔口周围土体随渗流在流失,进水通道在扩展,险情严重;若发现迎水坡面有涡漩,险情则更为严重时,必须立即进行抢护,否则将会引起堤防溃决,造成严重危害。

9.6.2 险情抢护

1. 抢护原则

(1) 迎水侧以堵为主,制止涌水夹带泥沙流失。

(2) 背水坡设反滤,给予渗水出路,降低渗透压力,稳定险情。

2. 抢护方法

当土堤(堤防)出现渗水、管涌险情,应尽快查明险情发生的原因,并根据险情出现的不同程度及时进行必要的抢护,以确保堤防安全。

(1) 土堤背水坡、堤脚潮湿,脚踩有凹脚印。

①在迎水侧岸坡或滩地冲刷面处,覆盖1层防渗土工布,土工布覆盖范围为破坏面外周1~2 m,然后在上面交错压盖1层土袋;

②背水侧坡脚处开沟引流,将渗水引向后侧,排入河内,如图9.6.1所示。

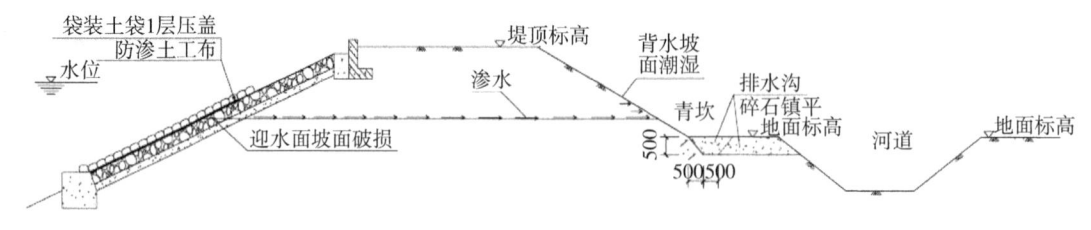

图 9.6.1 迎水坡土袋压盖、背水坡开沟引流

(2) 堤防背水坡或坡脚出现渗水,流速缓慢,堤身土体可能正在流失。险情为出现管涌的前兆,除了按上述(图9.6.1)方法进行抢护外,还应在土堤背水坡坡脚处进行反滤导渗,其具体做法为在背水坡渗水处覆盖1层土工反滤布(针刺复合土工织物),覆盖范围为渗水面外周1~2 m,然后在上面压盖碎石袋2层导渗。

如果堤顶出现下陷,则还须在堤顶下陷处用袋装土袋错缝搭茬堆筑填平,并且迎水侧袋装土袋采用2层压盖止漏。

(3) 渗流较大,渗流面扩大,堤防局部出现管涌。堤防一旦出现管涌险情,其孔口不论大小,应立即进行抢护,主要措施为:

①迎水面首先采用土袋,将其孔口临时封堵,然后在孔口上覆盖1层防渗土工布,土工布覆盖范围为孔口外周1~2 m,最后在上面压盖土袋2层;背水面坡脚采用反滤导渗(图9.6.2);

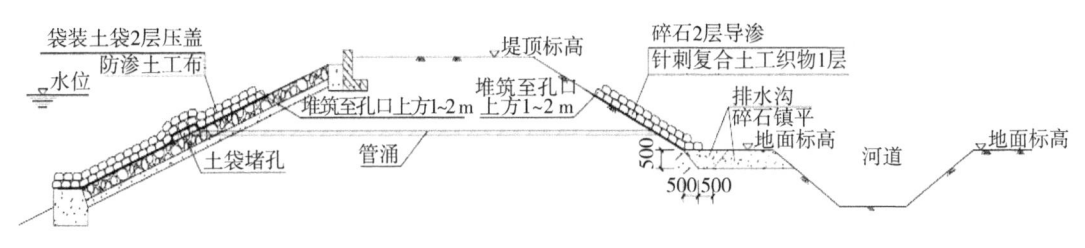

图9.6.2 迎水坡土袋压盖、背水坡反滤导渗

②如堤顶出现下陷,则还须在堤顶下陷处采用袋装土袋错缝搭茬堆筑填平;

③如堤顶下陷趋势严重,除了采用上述方法进行抢护外,应密切注视险情发展趋势,并随时做好在可能发生溃决处的内侧加筑临时防汛堤的准备工作;

④如局部堤段出现溃决险情,应立即进行抢护,并在堤内侧抢筑临时防汛堤进行封闭,如图9.6.3所示。

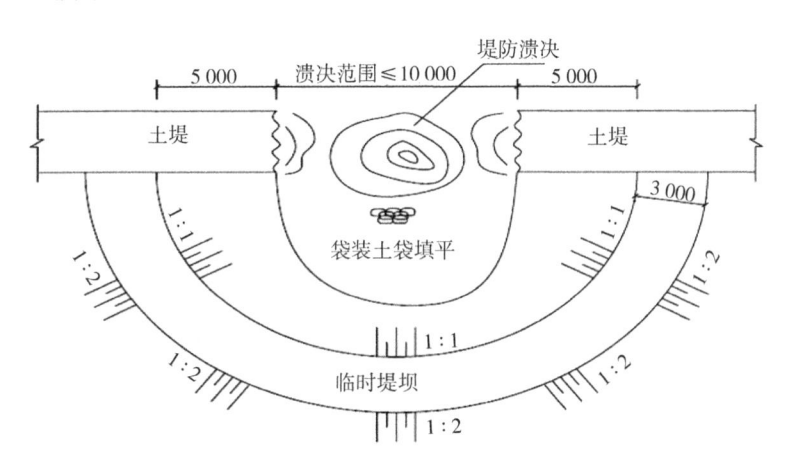

图9.6.3 抢筑临时防汛堤

(4) 太浦河堤防工程在外侧青坎内增设了钢筋混凝土低桩承台结构,堤防结构的整体稳定得到了较大提高,对于此类结构,险情主要是由外侧土坡冲刷造成,其抢护重点应放在迎水坡面上。如果墙后地面有沉陷现象发生,还应考虑到结构基础底部有淘空现象存在,此时如果硬结构未发生倒坍,可在迎水坡面上采用袋装土袋(图9.6.1)压盖进行抢护以防止土体进一步流失,并在内青坎上采用黄泥浆注浆密实。反之,如果硬结构发生倒坍,情况表明滩地破坏已很严重,需要及时组织专业抢险队伍,对外滩地采用木桩固脚,同时用袋装土袋抛填,防止堤防险情进一步发展,并根据现场情况,必要时在堤顶面采用袋装土袋加筑临时防汛子堤。

3. 抢护要点

(1) 土堤(堤防)出现渗水、管涌险情,抢护时应以先外堵后内导的顺序(或二者兼顾)进行。

(2) 背水面坡脚开沟引流,其主要目的是降低渗流压力,稳定险情,为此,沟内必须采用碎石填平,以防土体流失。

(3) 当堤防发生溃决,在内侧抢筑临时防汛堤的同时应在决口处护底,并大量抛填袋装土袋以控制缺口扩大、刷深,以减小险情的扩展速度。

9.7 墙身损坏险情的判别与抢护

9.7.1 险情判别

防汛墙墙面裂缝的内外贯通,防汛墙伸缩缝嵌缝料的老化、脱落及橡胶止水带断裂等为江水的入侵提供了可乘之机。当黄浦江水位高于墙后地面标高时,江水通过墙面裂缝及伸缩缝间隙渗入,随着江水长久的涨落冲刷,促使墙体裂缝延伸扩大,最终导致墙体产生断裂;而墙体伸缩缝则有可能内外贯通形成进水通道,引发附近土体流失。

另外,墙体在外力突然撞击下,局部墙体受到破坏,产生大小不一的缺口。部分有缺陷的墙体,在遇到风、暴、潮侵袭时会产生突然溃决。

1. 险情产生原因

(1) 墙体裂缝产生的原因。

①混凝土浇筑时不规范,养护不到位,造成墙面纵横向裂缝。

②墙体配筋不足,尤其是水平分布筋不足,往往会造成墙体垂直向裂缝出现。

③墙体伸缩缝间隔过长,两伸缩缝之间距离一般大于 15～20 m 以上时,墙体往往会出现一至数条垂直向裂缝。

④地基差异过大,不均匀沉降明显,致使墙体出现一至数条垂直向裂缝。

⑤墙体受外力撞击影响,致使墙体出现水平向裂缝甚至墙体水平开裂。

在温度、潮流及地面沉降等自然因素的不断影响下,墙体裂缝发展逐渐加大,在高潮位作用下,墙面裂缝由最初的潮湿逐渐发展为渗水,乃至冒水,甚至墙体断裂。

(2) 止水破坏产生的原因。黄浦江沿岸防汛墙(堤)一般每间隔 15 m 左右设有 1 条约 2 cm 宽的伸缩缝,沿线防汛墙伸缩缝的做法有以下 3 种情况:

①20 世纪 80 年代以来新建的钢筋混凝土结构防汛墙伸缩缝止水处理方法为中间设橡胶止水带,聚乙烯硬质泡沫板隔断,外周面密封胶 20 mm×20 mm 封缝止水。

②部分块石结构的伸缩缝,其墙中间未设置橡胶止水带,缝间仅采用沥青木丝板或泡沫板隔断,外周面密封胶封缝。

③部分建造于 20 世纪六七十年代的钢筋混凝土防汛墙(加高加固时仅简单接高),伸缩缝也未设橡胶止水带,缝间用三毡四油隔断,加高加固时外周面仅采用沥青胶

封缝。

造成伸缩缝止水破坏的原因一般有以下几个方面：

①防汛墙（堤）不均匀沉降较严重，造成伸缩缝错位，致使填缝料脱落，止水带断裂，倘若施工时橡胶止水带设置不规范，则由于不均匀沉降更易引起止水带的损坏。

②防汛墙（堤）受外力突袭作用，墙体失稳造成伸缩缝止水带拉断。

③防汛墙（堤）伸缩缝填缝料老化、脱落，使伸缩缝形成内外贯通。

（3）墙体缺口产生原因。墙体缺口险情产生的原因主要是墙体受外力撞击。

①当遇到灾害性天气时，因风力、潮流等外力作用使黄浦江及其支流中个别船只、浮筒、浮码头、木排等失控（断缆、断链等），撞击防汛墙造成缺口。

②河口狭窄，过往船只拥挤，特别是涨落潮时，船舶因避险、调头困难，造成失控，对防汛墙产生撞击，缺口由此而生。

③码头两侧防汛墙本无停靠船只设施，因违规停靠船只的撞击下形成缺口。

④墙后道路狭窄、弯曲，因重载车辆失控，撞击形成缺口。

⑤防汛墙墙体有缺陷，强度不足，在风暴潮侵袭时突然溃决。

2. 险情判别

（1）墙体裂缝险情判别。当墙面出现裂缝情况后，一般可在现场通过墙面外观来判别墙体的险情情况。

①墙面外观出现风化麻面、浆面剥落、露石、个别露筋，墙体表面纵横向裂缝较密，则主要是墙体混凝土浇筑、养护不规范引起的，一般不会造成墙体倒坍，但在高水位作用下，墙面会出现渗水，裂缝间甚至会出现冒水状况。

②墙面外观尚好，但有水平或垂直向裂缝，部分裂缝贯穿，缝隙宽度小于 1 mm，这有可能是墙体配筋不足引起，一般不会造成墙体倒坍的危险，但在高水位作用下，墙面裂缝会出现潮湿、渗水。

③伸缩缝范围内墙体有 1 条或数条垂直向裂缝，少数裂缝内外贯穿，缝隙较宽，高潮位时会冒水，这可能是由于墙体的不均匀沉降引起。

④墙面水平裂缝宽度大于 1～2 mm，缝口颜色较深，局部有锈迹，且内外贯通，这表明墙体裂缝的形成已有较长时间，须警惕在高水位作用下，因钢筋锈蚀，墙体有发生倒坍、形成缺口的危险。

⑤墙体及墙顶出现水平向开裂，缝宽大于 1 cm 以上，一般为墙体受外力撞击所致，墙后进水与否，取决于墙体裂缝所处位置。

⑥因墙前冲刷或超挖，或墙后地面严重超载，或严重不均匀沉降，均可造成墙体垂直开裂，形成的裂缝可能较宽，内外可通视。

⑦墙后超载或排水破坏，引起 L 形挡墙墙身外倾、胸墙外侧产生水平向裂缝，最终发生墙身断裂。

（2）止水破坏险情判别。伸缩缝止水破坏险情判别较为简单，地面以上部分可根据伸缩缝结构现状进行直观判断，地面以下部分可根据伸缩缝处相邻墙体不均匀沉降或错位、高潮位时地面有无渗水情况来判断底板止水带是否断裂。

(3) 墙体缺口险情判别。

①被撞缺口位置位于墙顶部 0.5 m 或 1 m 以内,缺口底高程高于该段防汛墙设防水位,险情一般是由于高潮位时船只撞击所致,易发于河口转弯角、码头两侧,以及船舶候潮区域。由于缺口较小,对防汛墙主体一般不会产生太大影响,及时修复即可。

②被撞缺口位置位于地面及地面以下,缺口底高程较低,险情使防汛墙两端伸缩缝会有错位现象,止水带尚未发生断裂,由于缺口较低,高潮位时形成进水。

③被撞墙体缺口较大,缺口底高程较低,防汛墙整体外滑。由于突发撞击力很大,险情使止水带断裂,墙体外滑,表明防汛墙已丧失挡水能力,将造成严重危害。

④有缺陷墙体在遇风、暴、潮侵袭时溃决,将造成严重危害。

⑤近年来沿江沿河结合景观试点建造的高强度钢化夹胶玻璃防汛墙墙体大都作为替代原有钢筋混凝土墙的安全超高部分使用,因此,高强度钢化夹胶玻璃墙体发生破坏时,由于其部位相对较高,及时修复即可。

9.7.2 险情抢护

1. 抢护原则

发现险情快速处理,控制险情进一步扩展,缩小影响范围;墙体仍有挡水能力,及时永久修复;墙体丧失挡水能力,应全力抢筑临时防汛墙,旧墙体拆除重建。

2. 抢护方法

(1) 墙面裂缝潮湿、伸缩缝有渗水迹象。防汛巡查时做好标记,事后处理。

(2) 墙面裂缝渗水、伸缩缝渗水。

①开沟引流,将积水排入附近下水道。

②加强巡查,做好标记。

③内外贯通出现冒水的伸缩缝采用聚氨酯堵漏剂进行应急抢险。

(3) 墙面裂缝冒水、伸缩缝贯通冒水、喷水、险情有扩大的可能。

①开沟引流,将积水迅速排入附近下水道。

②袋装土袋围堵,退潮后立即修复,如图 9.7.1 和图 9.7.2 所示。

如果墙后场地狭窄,袋装土袋围堵无法实施,对于墙面裂缝可在墙体背水面刷涂防水涂层应急抢险,待退潮后,再在迎水面刷涂二涂防水涂层;对于伸缩缝进水可采用橡胶板条或聚氨酯堵漏剂进行快速堵缝,如图 9.7.3 所示。

(4) 缺口不进水、墙体有挡水能力。按原样永久性修复,如图 9.7.4 所示。

(5) 缺口较大、高潮位缺口进水、但墙体仍有挡水能力。墙后抢筑临时防汛墙封闭,趁潮施工,按原样永久性修复,如图 9.7.5 所示。

(6) 缺口高程较低、墙体丧失挡水能力。墙后抢筑临时防汛墙封闭,按防汛标准拆除重建。

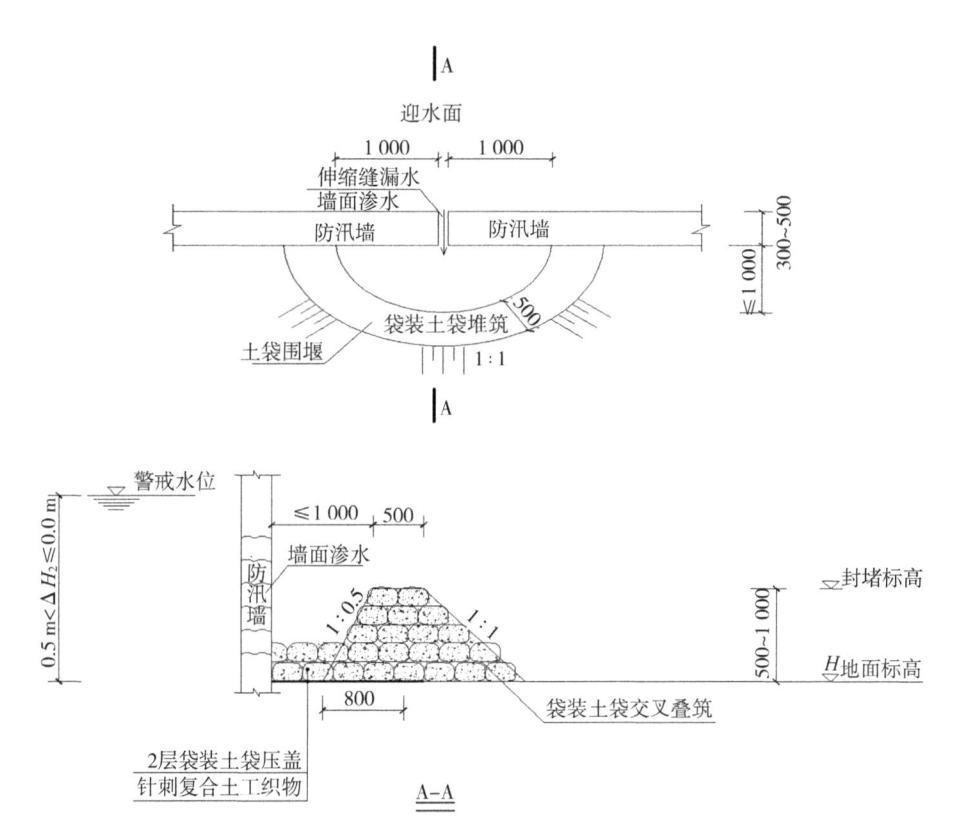

图 9.7.1 土袋围堵

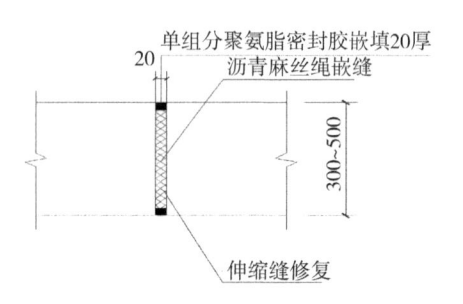

图 9.7.2 退潮后修复（空旷）

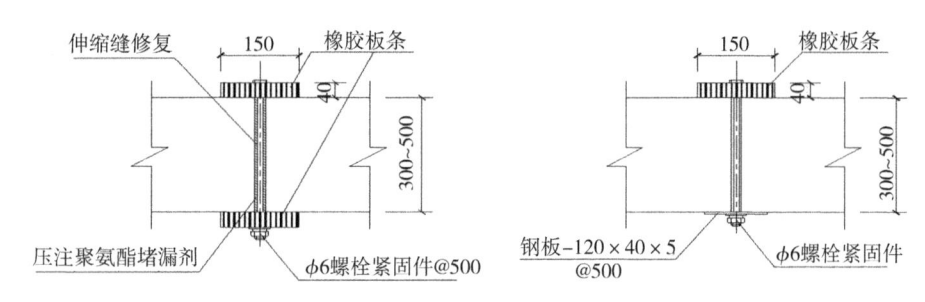

图 9.7.3 应急抢修

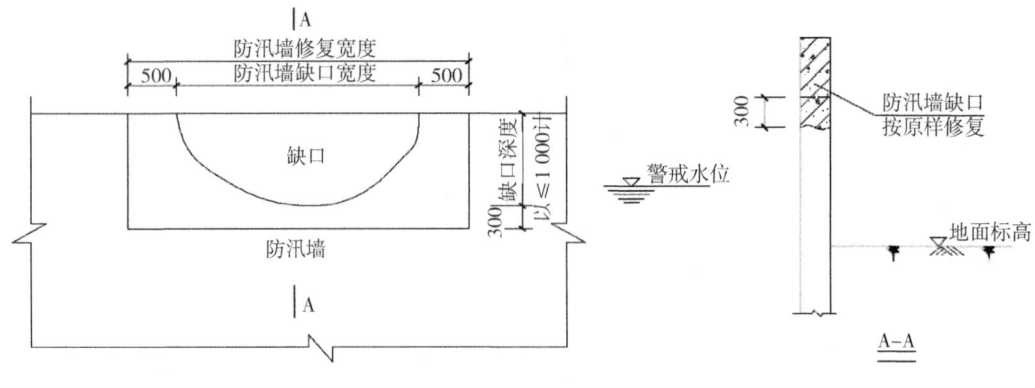

图 9.7.4 防汛墙修复

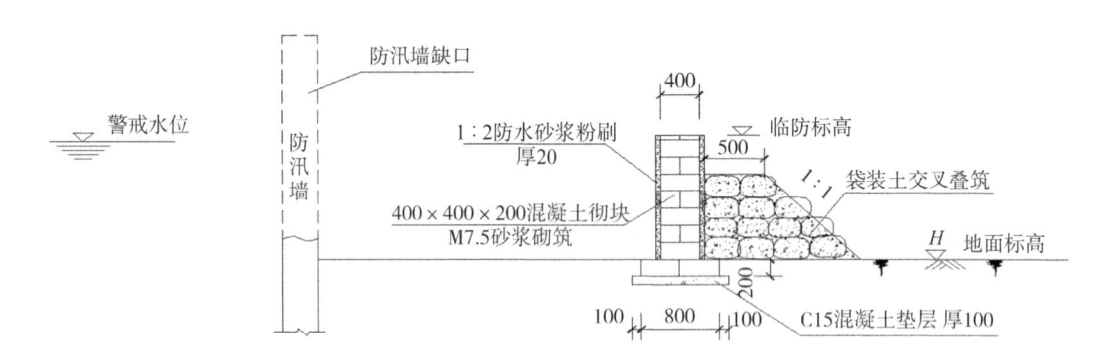

图 9.7.5 临时防汛墙

3. 抢护要点

(1) 袋装土袋围堵,必须将渗水区域全部封闭。

(2) 如防汛墙不均匀沉降引起底板止水带断裂,则不但会出现伸缩缝漏水,地面还会渗水、冒水,应采用袋装土袋进行围堵压渗处理,如图 9.5.1 和图 9.5.2 所示。

(3) 在应急抢修伸缩缝后,应在下一次高潮来临前,快速将其修复。

(4) 墙后抢筑临防时,必须将险情范围全部包入封闭圈,并留有一定余地,以便事后修复,避免二次砌筑临防。

(5) 缺口修复必须仔细检查墙体裂缝,受损部分必须全部凿除干净,直至显露完好的原状混凝土面层。

(6) 景观段高强度钢化夹胶玻璃墙体缺口修复应一次性永久修复。为此,平时须配备好足够的高强度钢化夹层玻璃配件以备用。如遇紧急汛情出现,配件不足的情况时,在墙后安全地带抢筑临时防汛墙封闭。

9.8 局部漫溢险情的判别与抢护

9.8.1 险情判别

在风、暴、潮的影响下,潮水或波浪漫过墙(堤)顶,造成墙后地面冲刷,防汛墙(堤)瞬间毁垮。

1. 险情产生原因

(1) 气象方面。风、暴、潮三碰头造成水位超过该段堤防的实际防御能力。

(2) 工程方面。由于地面下沉,墙体严重老化,堤防实际防御能力严重下降。

(3) 人为方面。因种种原因,桥面标高不足,潮水漫过桥面;墙体受到外力撞击形成缺口,致使江水从缺口处漫进等。

2. 险情判别

(1) 汛期在蓝色预警信号(黄浦公园站点水位4.55～4.90 m)至橙色预警信号(黄浦公园站点水位5.10～5.28 m)发布之间,由于现有黄浦江防汛墙基本已达标,顶高程高于水位1.62～2.35 m(黄浦公园站点水位),风浪一般不会越过墙顶面,故堤防一般不会产生漫溢(个别特殊情况除外)。

(2) 汛期当潮位红色预警信号(黄浦公园站点水位5.29～5.86 m)发布时,此时如恰遇风、暴、潮正面袭击,将造成水位增高,风浪越过墙顶导致墙后泥面冲刷,影响防汛墙(堤)安全。

(3) 当在紧急状态时,黄浦江潮位超过设计防御标准(黄浦公园站点水位大于5.86 m),此时,超高水位及越浪将会危及堤防安全。

9.8.2 险情抢护

1. 抢护原则

防汛墙如出现漫溢险情则为某地区全线性的险情,涉及面很广,抢护时必须统一指挥,重点是防汛墙(堤)相对高度较高、墙后为泥地面、结构为无桩基结构(有可能倒塌)和墙体有缺陷、墙后保护区为人口密集的要害地段及土堤地段。由于险情发生时,无时间突击加高全线防汛墙,只能采取消能保墙(堤),延缓险情发展的措施。

2. 抢护方法

(1) 防汛墙前水位低于堤顶顶面($-0.5 \leqslant H < 0$),部分越浪将使墙后泥面造成一定冲刷,并危及防汛墙安全。其抢护方法为:在墙后泥地坪上铺设1层防渗土工布(反滤),然后采用碎石袋交错叠压2层,防止地面冲刷破坏;开沟引流,如图9.8.1所示。

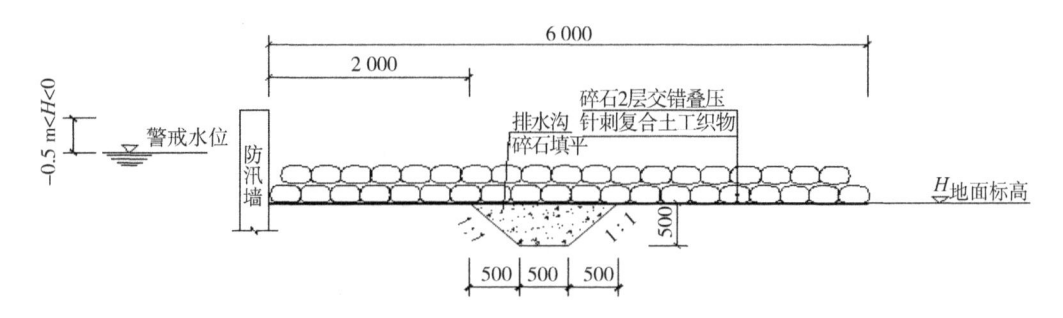

图 9.8.1 碎石袋叠压、开沟引流

(2) 防汛墙前水位与堤顶面齐平($H=0$),越浪将随时危及堤防安全。其抢护方法为:在墙后泥地坪上铺设1层无纺土工布,然后采用碎石袋交错叠压2～3层;墙后袋装土袋、碎石袋堆筑成扶壁式,将墙顶进行加宽加高;开沟引流,如图9.8.2所示。如堤防结构为土堤结构,则可在堤顶面抢筑土袋子埝进行加高加固。

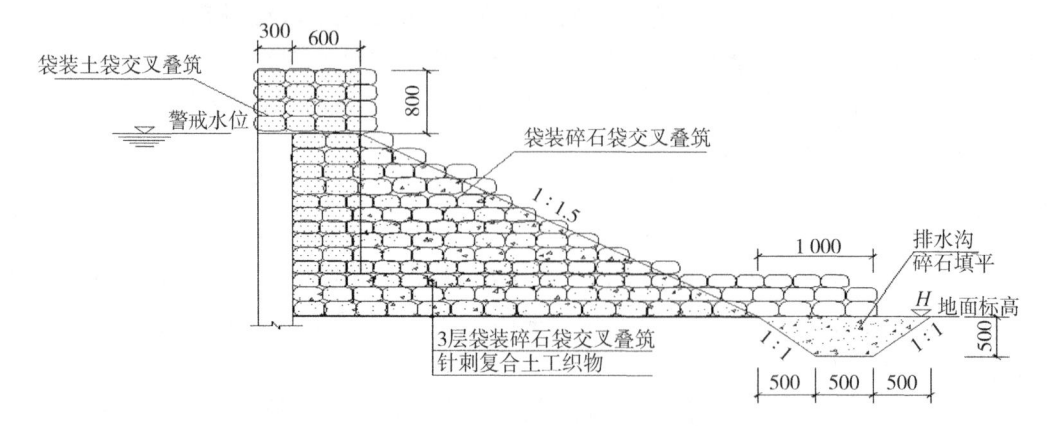

图9.8.2 开沟引流、墙顶加宽加高 断面图($H=0$)

(3) 防汛墙前水位高于堤防顶面($H>0$),潮水漫过堤顶,将造成自然灾害,其抢护方法为:墙后碎石袋抛填,抢筑透水后戗导流,延缓险情发展,如图9.8.3所示。

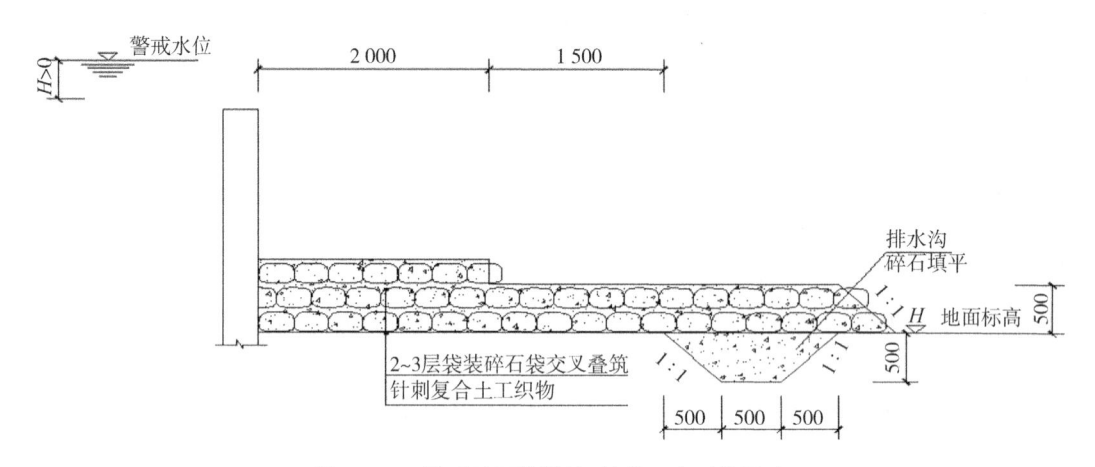

图9.8.3 墙后碎石袋抛填,抢筑透水后戗导流

3. 抢护要点

(1) 由于黄浦江防汛墙全线已基本达标,故如出现漫溢险情则为某地区全线性的险情,涉及面很广,抢护时必须统一指挥,重点是防汛墙(堤)相对高度较高、墙后为泥地面、结构为无桩基结构(有可能倒塌)和墙体有缺陷、墙后保护区为人口密集的要害地段及土堤地段。

(2) 若事先有水位预报,可在土堤临水坡肩抢筑土袋子埝。

(3) 若事先根据水位预报,某区段防汛墙将出现漫溢,经原设计认可后可临时用砖砌突击加高该区域防汛墙(一般加高不超过30 cm),以减小漫溢风险危害。

(4) 堤防顶面一旦进行临时加高,必须严格控制施工质量,并且还需配备专人进行巡查,严加防守。

(5) 因工程需要防汛墙破墙而砌筑临时防汛墙(堤)的岸段是重点防范险段,应根据气象预报,事先对临时防汛墙进行加固培厚,同时还应配备足够的人员及物资。

9.9 堤防失稳险情的判别与抢护

9.9.1 险情判别

堤防(土堤)失稳为岸前滩地严重冲刷,护坡结构层破坏,堤顶面开裂、错位,堤身出现失稳滑坡。

防汛墙失稳为伸缩缝错位,止水带断裂,结构整体向外侧或内侧倾斜、下沉,险情的形成过程由渐变到突发。

1. 险情产生原因

(1) 迎水坡面长期受水流、风浪或船行波的冲击、淘刷,导致边坡失稳破坏。

(2) 堤防位于凹岸段,潮水涨落时,受水流顶冲淘刷影响,坡脚刷深,导致堤防滑坡失稳。

(3) 墙后地面超载,严重超出设计标准,致使防汛墙失稳、倾斜、下沉。

(4) 墙前泥面标高因超挖,或船只停靠,或行驶超标船只等原因,使其严重低于设计标高,致使防汛墙失稳、外倾、下沉。

(5) 汛期堤防受台风,暴雨突袭发生破坏、滑动。

2. 险情判别

(1) 堤防(土堤)险情发生主要是由平时冲刷累积而形成隐患,在落潮或风暴潮或暴雨后突发,一般可从落潮时岸坡及堤顶面的状况来判断其险情及发展趋势。

①岸前滩地受一定冲刷,部分护坡结构层破损凌乱,部分坡脚冲刷,但堤坡、堤顶未发现水平向裂缝,堤防结构尚处于稳定状态,反之,需警惕坡面滑动失稳的可能性。

②滩面淘刷、坡脚冲刷,堤顶面或堤坡出现水平向裂缝,这是堤防发生滑坡的前兆,必须立即进行抢护,当外坡滩面冲刷严重,滑坡可能通过堤防底部,反之,则滑坡可能通过堤坡。

③外坡滩面淘刷严重,护坡脚冲蚀已尽,堤坡或堤顶出现开裂,甚至错位,则表明堤坡已开始滑动,险情严重,必须立即进行抢护。

(2) 防汛墙结构整体失稳险情一般从以下三方面来判别:

①墙体两侧伸缩缝错位,止水带尚未断裂。险情表明墙体已发生内、外倾趋势,一般来说,向内倾与墙后超载有关;向外倾与墙前滩地淘刷、挖泥超深有关,如及时抢护可使防汛墙不倒;另外,墙体受外力撞击也会发生险情现象。

②墙后地面开裂、下陷,伸缩缝严重错位,止水带断裂,结构整体向内、外倾斜。险情表明结构已开始失稳,但如果险情发生时,止水带尚未断裂,立即进行抢护可阻止险情进一步发展。反之,如止水带断裂,结构内外倾严重,则说明险情会加速发展。

③防汛墙失稳,结构出现严重内、外倾,墙后地面严重开裂、下陷。险情表明结构已开始出现倒坍,防汛墙已丧失挡水功能。

9.9.2 险情抢护

1. 抢护原则

(1) 堤防(土堤)。护滩固脚,稳定险情。

(2)防汛墙。阻止险情发展,减少墙体倒坍风险,确保形成有挡水功能的防汛墙封闭。

2. 抢护方法

(1)堤前滩地冲刷严重,护坡结构层破坏,护脚部分冲失,外坡呈下滑趋势。

①坡脚处抛石护脚固基。

②外坡面防渗土工布铺垫或遮帘,然后采用砂、石袋错缝叠压3层,直至筑至堤脚稳定处;若滩面已形成冲刷坑,则应先采用土袋将坑填平后再铺垫土工布。

(2)堤前滩地冲刷严重,护坡脚冲蚀已尽,堤顶开裂,甚至错位,外坡下滑。

①坡脚处施打钢板桩或木桩阻滑,同时抛石护脚固基。

②外坡面防渗土工布铺垫或遮帘,然后采用砂、石袋错缝叠压3层,直至筑至堤脚稳定处。

③如险情发生于高水位工况期间,则应即刻在堤后稳定区域抢筑临时防汛墙封闭,以防万一。

(3)堤防(土堤)向外滑动,丧失挡水能力。当堤防失稳出现向外滑动,应即刻在墙后稳定区域抢筑临时防汛墙进行封闭,以减少灾害损失,如墙后场地狭窄,临时防汛墙可采用后包围形式进行封闭。同时堤前滩地采用袋装土袋做必要抢护。

(4)防汛墙。

①墙体错位,有内、外倾趋势。抢护方法为墙后卸载、墙前袋装土袋抛填,控制险情进一步发展。

②墙后地面开裂、下陷,结构整体向内、外倾斜。抢护方法为墙后挖土减载,开沟排水降低地下水位;迎水侧抛填土袋抢筑前戗,坡脚处抛袋装土(砂、石)袋,加固阻滑,稳定险情,必要时,墙后稳定区域筑临时防汛墙(堤)封闭;事后按防汛标准进行维修或拆除重建。

③防汛墙失稳,出现严重内、外倾,丧失挡水能力。抢护方法为在墙后稳定地带加筑临时防汛墙;拆除并清理河中碍航部分墙体;事后按防汛标准拆除重建。

3. 抢护要点

(1)堤防(土堤)。

①保滩固基是此险情的抢护重点,抢护一般应在低潮位时进行,坡面砂石袋叠压时,袋口应向内放置,同时踩紧。

②防渗土工布铺设要覆盖整个险情面,并留有一定富余量。

③突击抢护后要进行现场监测,以确保抢护后堤防稳定。

(2)防汛墙。险情发生后,首先要查明险情产生原因,然后制定对策。若是墙后超载引起,应采取以墙后卸载为主,墙前抛填抢护为辅的抢护措施;若是墙前超挖或墙前冲刷引起,应采取以墙前抛填抢护为主,墙后卸载为辅的抢护措施;若原墙体已出现丧失挡水能力,则须在墙后稳定区域筑临时封闭防汛墙度汛。

9.10　防汛闸门等险情的判别与抢护

9.10.1　险情判别

防汛(通道)闸门无法关闭或关闭不严导致潮水从闸口或门缝涌入,造成周边地区严重积水;潮水从下水道倒灌造成周边地区积水危害。一般险情均发生于高潮位时段。

1. 险情发生原因

(1) 防汛(通道)闸门失效。

①工作人员操作不当,门体关闭不严引起闸口渗漏水。

②闸门日常养护管理不到位,闸口底槛门槽破坏,或底槛门槽内有大量黄沙、石子等障碍物堵塞,或零部件失落或闸门变形致使闸门无法关闭。

③高潮位来临时,工作人员未准时到岗关闭闸门,形成防汛缺口,致使潮水从闸口涌入。

④进出车辆将闸门及闸门墩撞坏后未及时修复。

(2) 潮水倒灌。

①防汛潮闸门缺失或失灵,造成高潮位时墙后下水道窨井、进水口倒灌、满溢及地面积水。

②闸门井设备失修,闸门无法正常启闭,导致下水道窨井、进水口倒灌、满溢及地面积水。

③闸门井井底有异物,闸门无法关闭,导致高潮位倒灌。

2. 险情判别

(1) 防汛(通道)闸门失效。

①闸门门缝及闸门与门墩接触面漏水。主要是闸门关闭不严引起,另外止水带老化、闸门的变形亦会加重接触面漏水程度。

②闸门门缝及闸门与门墩接触面漏(冒)水严重。主要是闸门零部件失落等原因造成。漏水量较大,积水将影响周边地区。

③闸门无法关闭、失控。主要是闸门门体变形、下垂、门体连接件锈蚀破坏,底槛门槽内障碍物无法一时清除干净等原因造成。高潮位时闸门无法关闭,形成进水缺口,给周边地区造成严重积水危害。

④螺栓等紧固件松动。采用螺栓固定的闸门、闸门墩,由于螺栓固定不紧,或个别螺栓无法紧固,在闸门挡水出现振动等情况时,螺栓松脱,致使闸门突然倒坍,造成严重积水危害。

(2) 潮水倒灌。

①防汛潮闸门缺失或失灵,或被异物卡住,可根据现场情况进行直接检查判别。

②闸门井闸门无法正常启闭,首先应从闸门门体是否变形,丝杆是否弯曲断裂,启闭机能否正常运行,电路是否短路等方面对闸门井设备进行检查,判断闸门设备是否正常运转,这是导致闸门无法开启和关闭的常见原因。

闸门井井底有障碍物,以致无法完全关闭或开启,常见的有木棍、垃圾、石块等。

9.10.2 险情抢护

1. 抢护原则

以堵为主,辅以外排,尽可能减小积水影响范围,事后立即修复。

2. 抢护方法

(1) 防汛(通道)闸门失效。

①闸门漏水(接触面渗漏水)。此时采用袋装土袋沿漏水缝封堵,如图9.10.1所示;开沟引流,将积水排入下水道。

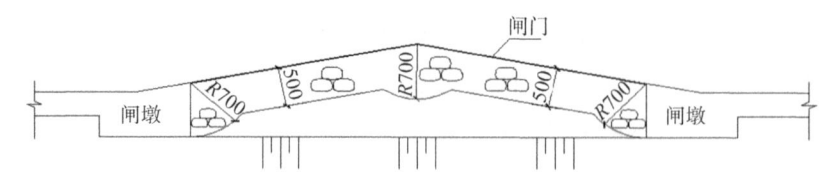

图 9.10.1 袋装土袋沿漏水缝封堵

②闸门严重漏水。此时采用袋装土袋封堵闸口,如图9.10.2所示,同时开沟引流,将积水排入附近下水道,退潮后临时或永久修复闸门;对用螺栓紧固的闸门、闸门墩,若发现个别螺栓无法紧固时,应及时采取其他措施进行加固、封堵,如发现闸门有振动迹象时,要及时查找原因,及时加固、封堵,防止闸门墩突然垮塌;闸门无法关闭、失控时,采用混凝土块＋袋装土袋抢堵闸口,如图9.10.3所示;水泵强排;加筑标准临时防汛墙封闭,如图9.10.4所示,事后按防汛标准拆除重建。

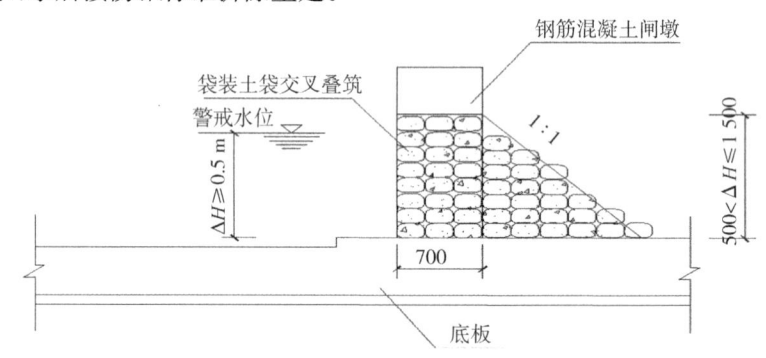

图 9.10.2 袋装土袋封堵闸口

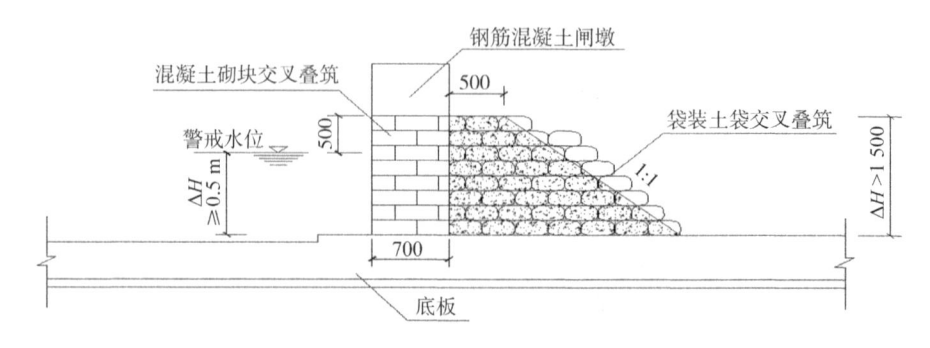

图 9.10.3 混凝土块＋袋装土袋抢堵闸口

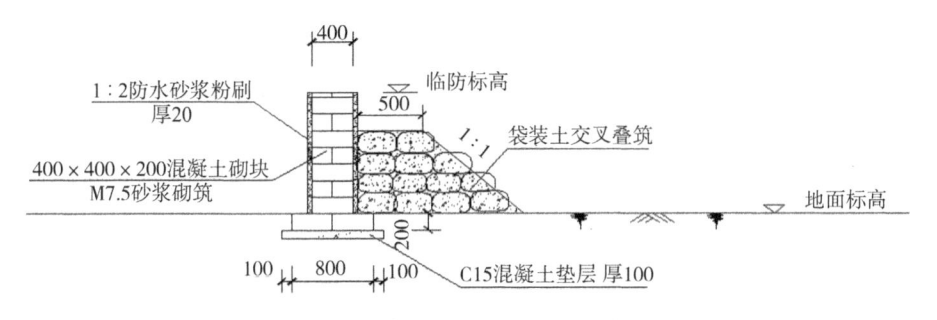

图 9.10.4　内侧筑临时防汛墙

(2) 潮水倒灌。

①潮闸门缺失或失灵,引起下水道倒灌。对于管径较小,埋深较浅的排放口,采用木塞、木板等材料进行突击堵口;对于埋深较浅(H 小于等于 1 500 mm)出水口,在距防汛墙最近的窨井内,可采用专用麻袋袋装土,或防汛截流膨胀袋,或专用橡皮袋装水进行封堵;对于埋深较深的出水口,须由专业人员在低潮位时进行修复;排水口临时封堵后,采用抽水机向外强排,减小积水影响。

②闸门无法开启,下水道满溢。使用抽水机向外强排,减小积水影响;退潮后由专业人员进行突击修复。

③闸门无法关闭,下水道倒灌。进水口采用木板临时封堵;连接井采用专用麻袋袋装土,或防汛截流膨胀袋,或专用橡皮袋装水进行堵口;闸门配件及时运到现场,由专业人员趁低潮位时进行突击抢修;通过水泵向外强排,减小积水影响范围。

3. 抢护要点

(1) 防汛(通道)闸门失效。

①闸口封堵应采用袋装土袋进行叠压封堵,如土料来源不及,可就近在公共绿地内取土抢护。

②闸口封堵最重要的是抢时间、抢速度,一旦发现闸门无法关闭,应立即进行闸口封堵,否则潮水上涨后不仅给抢护带来难度,同时积水还将影响周边地区;景观岸段上的地翻式、提拉式钢闸门,由于闸口前后都为透空式木地板结构地坪,如遇闸门无法启动关闭,应立即选择在安全地带砌筑临时防汛墙进行封闭,并及时查找原因除险。

③一旦闸口进水,情况较为危急时,图 9.10.3 所示中混凝土块砌筑可改为混凝土块堆筑,以减小水流压力,然后再采用土袋封堵止水。

④用螺栓紧固的闸门、闸门墩,在闸门关闭后,应另派专人逐一检查螺栓是否拧紧,发现问题及时加固、封堵,确保安全,闸门挡水后要加强巡视,有振动迹象时及时查找原因除险。

⑤如果临时防汛墙闸门出现渗漏水现象,属严重险情应采用袋装土袋在门体后侧突击堵漏加固,及时清除险情。

(2) 潮水倒灌。

①下水道出现倒灌和满溢险情,抢护时应前堵、后排同时进行,以尽可能减小积水影响范围。潮闸门抢险物资应及时抵运现场,以备专业人员趁低潮及时修复。

②潮闸门修复必须由专业人员进行，以免操作不当发生意外。

9.11 防汛潮门、潮闸门井险情的判别与抢护

9.11.1 险情判别

（1）防汛潮门缺失或失灵，或被异物卡住，可根据现场情况进行直接检查判别。
（2）潮闸门井闸门无法正常启闭。

应从闸门门体是否变形，丝杆是否弯曲断裂，启闭机能否正常运行，电路是否短路等方面对闸门井设备进行检查，判断闸门设备是否正常运转。这是导致闸门无法开启和关闭的常见原因。

闸门井井底有障碍物，以致无法完全关闭或开启，常见的有木棍、垃圾、石块等。

9.11.2 险情抢护

当墙前水位高于墙后地面标高时，如防汛潮门缺失、失灵，闸门井中闸门无法正常启闭等问题时，则会出现下水道倒灌，窨井、进水口满溢等险情，并造成周边低洼地区积水影响。

出现此情况时，应采用前堵后排方式进行应急抢险，即采用木板或袋装土袋将排水口封堵，同时开沟引流减小积水影响范围。

潮闸门井后侧若有连接井的还可采用在井沟放入塑料袋灌水的方式进行临时封堵。

第 10 章

堤防标志标牌设置标准化

10.1 范围

堤防标志标牌设置标准化指导书适用于黄浦江上游堤防标志标牌设置,其他同类型堤防工程的标志标牌设置可参照执行。

10.2 规范性引用文件

参见本书第 2 章第 2.1.8 节"标志标牌"相关内容。

10.3 标志标牌分类和功能配置

10.3.1 标志标牌分类

堤防工程标志标牌可按照功能、区域、专业、形态等进行分类。
（1）按功能分类：可分为导视及定置类、公告类、名称编号类、安全类等标志标牌。
（2）按区域分类：可分为堤防、附属设施、办公场所、库房、道路、管理区等标志标牌。
（3）按专业分类：可分为水工、机械、电气、信息化、土建、环境、消防等标志标牌。
（4）按物质形态分类：通常以牌匾、球体、柱体等形态以及多种媒介组合表现的标志标牌。
（5）按工作状态分类：可分为运行管理、检查观测、维修养护、安全管理、单位文化等标志标牌。
（6）按表现形式分类：可分为色彩、编号、指向、流向、分区、划线、图表、定置、看板、信息可视化等标志标牌。
（7）按服务人群分类：有基于听觉、视觉、触觉、嗅觉等标志标牌。
（8）按主材料分类：可分为木质、光滑、夜光材料（氖）、金属（铜、铁、铝、锡、钛金、不锈钢及合金）、电光板、纺织品和纸品等标志标牌。
（9）按安装方式分类：可分为地柱形、贴附式、吊挂式、悬挂式等标志标牌。

10.3.2 堤防工程标志标牌功能配置基本要求

(1) 堤防工程的生产活动所涉及的场所、设备(设施)、检修施工等特定区域以及其他有必要提醒人们注意危险有害因素的地点,应配置相应的标志标牌。

(2) 标志标牌应清晰醒目、规范统一、安装可靠、便于维护,适应使用环境要求。

(3) 标志标牌颜色、规格、材质、内容等应严格遵循国家相关法律法规、标准要求。标志所用的颜色应符合《安全色》(GB 2893—2008)的规定。

(4) 标志标牌设计应依据堤防工程的资源、特色、管理理念进行设计,并充分考虑标志所适用的对象和环境,为堤防工程制定标准的视觉符号。

(5) 注意色彩的纯度和色度,所应用色彩既要能直观反映堤防工程及管理区域的特色,又要有与众不同的识别性。

(6) 注重标志图形的视觉调整,使之和谐、完美。

(7) 标志标牌的设置应综合考虑、布局合理,防止出现信息不足、位置不当或数量过多等现象。现有标志标牌缺失、数量不足、设置不符合要求的,应及时补充、完善或替换。

(8) 标志标牌设置后不应构成人身伤害、影响设备安全等潜在风险或妨碍正常工作。

(9) 堤防工程管理单位和巡查、养护公司应建立标志标牌的管理台账,并纳入信息化系统进行管理,及时更新完善。

10.3.3 堤防工程及管理区标志标牌功能配置

堤防工程及管理区标志标牌功能配置如表 10.3.1 所示。

表 10.3.1 堤防工程及管理区域标志标牌功能配置

序号	项目名称	配置位置	基 本 要 求
一	导视类		
1	工程路网导视标牌	公路主干道、次干道路口	标牌内容包括名称、方向、距离和地址等。
2	工程区域总平面分布图	堤防合适位置或管理区主入口	由主图、图名称和图例组成。主图可为鸟瞰图、效果图等,图中应标注主要、附属建筑物名称、河道名称、相应的附属设施等,并醒目标注观察者位置。
3	管理界桩(牌)	按管理范围和工程确权范围布设	应包含勘测点、界桩点、重要基础设施、工程名称、编号、公告主体等内容。
4	工程区域总平面分布图	堤防合适位置或管理区主入口	由主图、图名称和图例组成。主图可为鸟瞰图、效果图等,图中应标注主要、附属建筑物名称、河道名称、相应的附属设施等,并醒目标注观察者位置。
5	工程区域内建筑物导视标牌	宜设置在道路交叉路口处	内容为建筑物、构筑物名称和方向指示等。同一单位的堤防工程设施设备区域内建筑物导视标牌的规格、材料、风格应力求协调一致,式样及色彩还应与本堤防工程设施设备标志标牌整体风格相协调。
6	交通标志	道路、公路桥、工作桥	交通标志、标线齐全,执行《道路交通标志和标线(系列)》(GB 5768—2009)道路交通标志和标线,包括限载、限宽、限高、限速、限行、禁停等标志。

续表

序号	项目名称	配置位置	基 本 要 求
7	河长制公示牌	堤防适当位置	按市河长制管理机构的相关规定内容制作,应包含人员姓名、单位名称、担任职务、联系电话等内容。
8	航行红绿灯	适当位置	设置红绿灯提示通行状态。设置应符合《内河助航标志》(GB 5863—2022)的要求。
9	通航限高设备及标志	适当位置	限制通行船只高度,设置应符合《内河助航标志》(GB 5863—2022)的要求。
二	公告类		
1	围墙或围网	封闭管理区外围	根据管理需要,对应实行封闭管理的管理区域,应设置围墙或围网,其设置的风格应与堤防工程设施设备管理单位整体建筑风格相协调。
2	管理线桩(牌)	按管理范围和确权范围布设	应包含勘测点、界桩点、重要基础设施、工程名称、编号、公告主体等内容。
3	管理保护范围告示牌	按相关法规布设	应包含工程管理区域、工程保护区域、勘测点、重要基础设施、公告主体等内容。
4	水法规相关标牌	堤防、岸墙、翼墙	内容可从国家及地方相关法律法规、规章中摘选,其中水法规告示标牌数量可根据实际需要确定。
5	管理保护范围告示牌	按相关法规布设	应包含工程管理区域、工程保护区域、勘测点、重要基础设施、公告主体等内容。
6	管理区和设施责任牌	设施上或附近	应包含管理区和设施的名称、特征值和管理责任人姓名等内容。
7	绿化标志	合理设置	有铭牌、警示关怀牌,有责任制标牌。
8	垃圾箱标志	合理定置	垃圾有分类,垃圾箱合理定置、编号。
9	堤防工程巡查养护项目部相关公示栏	合理设置	通过合理化建议、优秀事迹和先进人物的表彰公示,设置公开讨论栏、关怀温情专栏,对企业宗旨方向、远景规划等内容公示,增强职工凝聚力和向心力。
10	宣传栏、文化墙	利用走廊、墙面等	通过展示,体现企业文化内涵、企业形象、职工风采等内容,彰显单位文化,展示对外窗口形象。
三	名称编号类		
1	设施设备名称标牌	按规定要求进行	对设施设备名称标注,以便于建档立卡管理。同时,设置二维码标牌,推进设施设备信息的电子化管理。
2	里程桩、百米桩	堤防沿线	设置一定数量的里程桩、百米桩,准确定位工程所在河道堤防的位置。
3	水文观测标志	适当位置	布设水尺、水位计等水位观测设施及标志。
4	河床观测标志	按规范要求设置	按观测任务书要求和制作标准设置河床断面桩。
5	垂直和水平位移、测压管观测标志	按规范要求设置	对堤防工程设施设备及其管理区建筑物观测标点、测压管管口名称进行标示。
6	观测点分布图	适当位置	按实际观测点绘制平面分布图。
7	水位标志	在河坡或防汛墙相应的整数值刻度位置	对堤防工程设计水位进行标注,对照水位尺,在河坡或防汛墙相应的整数值刻度位置,最长白线位置高程对齐高程实际值。
8	单位名称标牌	门口	按相应标准制作安装。

续表

序号	项目名称	配置位置	基本要求
9	电缆走向标志桩	沿电缆走向布置	参照电力部门技术管理规程要求,对电缆走向和所在位置进行明示。
四	安全类		
1	摄像机及视频监控提示标志	堤防管理范围内	布置合理数量和形式摄像机,使管理范围内视频监控可全面覆盖,无死角。
2	安全警示标牌	醒目位置	禁止游泳、禁止捕鱼、禁止垂钓、禁止驶入、禁止停泊、当心落水、禁止抛锚等。
3	危险源告知牌	醒目位置	内容包含名称、地点、责任人员、控制措施和安全标志等。
4	临水栏杆组合式安全标志牌	醒目位置	设置组合式安全标志牌,教育和引导管理人员、外来人员遵纪守法,确保工程安全运用。
5	道路栏杆	合理设置	道路有必要的栏杆和警示标志。
6	防汛通道禁止占用标志	防汛通道两端及交叉口	按相应标准执行。
7	车辆停放	停车处	定位停放,停放区域明确,标志清楚。
8	消防设备编号、定置牌	灭火器箱、消火栓本体上方	按相应标准执行。
9	消防管理责任牌	消防器材放置点	应设置消防器材管理责任牌,并有定期检验记录。
10	人员疏散路线图及人员逃生标志	合理设置	人员疏散路线图绘图正确,紧急出口指示明确,逃生指示醒目,人员逃生标志符合《消防安全标志 第1部分：标志》(GB 13495.1—2015)要求。
11	"安全出口"标志	疏散通道处	按相应标准制作安装。
12	消防应急照明灯	在安全出口及紧急疏散路线处	在安全出口及紧急疏散路线周围应设置应急灯。
13	设备检查养护卡	设备本体或附近	按管理规范编制、检查、养护、记录。

10.4 部分堤防标志标牌配置参考标准

10.4.1 堤防工程区域平面分布图等导视标牌

1. 标准

（1）堤防工程导视类标牌是指通过指示方向来找到想要到达的目的地,并获得应有的信息。堤防工程应设置导视类标牌包括工程路网导视标牌、工程区域总平面分布图、工程区域内建筑物导视标牌、建筑物内楼层导视标牌、巡视检查路线标牌等。

（2）导视类目视项目应保证信息的连续性和内容的一致性。

（3）导视标志标牌有多个不同方向的目的地时,宜按照向前、向左和向右的顺序布置。同一方向有多个目的地时,宜按照由近及远的空间位置从上至下集中排列。

（4）以堤防平面布置导视标牌为例,主要由主图、图名称和图例组成,主图可为鸟瞰图、效果图等;主图中应标注主要、附属建筑物名称、河道名称、相应的附属设施等,并醒目标注观察者位置;标牌的规格、材料自定,其风格应与堤防工程标志标牌整体风格协调一致,设计应庄重大方,并有本单位特色。平面分布图中应有管理单位标志(LOGO),宜设置在管理单位入口处或堤防建筑物主要入口处。

2. 参考示意图

堤防导视标牌如图 10.4.1 所示。

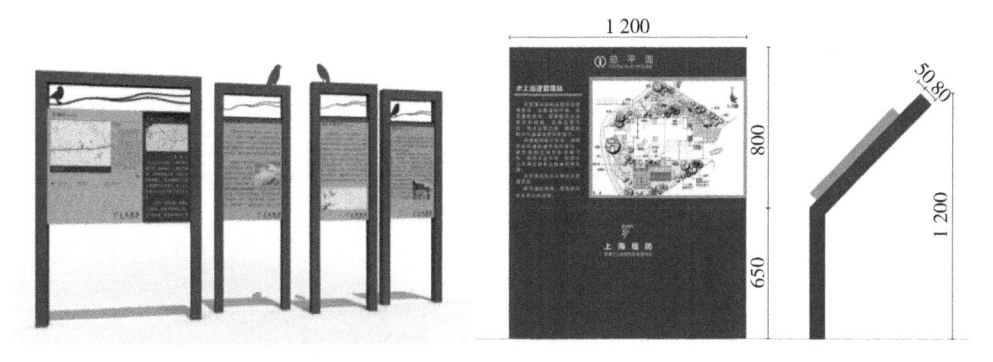

图 10.4.1　堤防导视标牌

10.4.2　水法规告示标牌

1. 标准

(1) 内容可从国家及地方相关法律法规、规章中摘选,标牌底色宜为蓝色或黄色。

(2) 参考规格。面板宽 3 000 mm,高 2 000 mm,立柱高 2 000 mm。

(3) 工艺。告示标牌为铝板＋公安部指定反光标志贴(双面)。

(4) 材质。告示标牌采用 4.0 mm 厚铝板,立杆采用直径为 114 mm 镀锌钢管,壁厚 3 mm。

(5) 有单位名称及标志(LOGO)。

2. 安装方式

混凝土地面(法兰盘＋拉筋);泥土地面(混凝土基座预埋)。

3. 安装位置

宜设置在堤防工程重要部位、防汛道路入口等处。

4. 参考示意图

水法规告示标牌如图 10.4.2 所示。

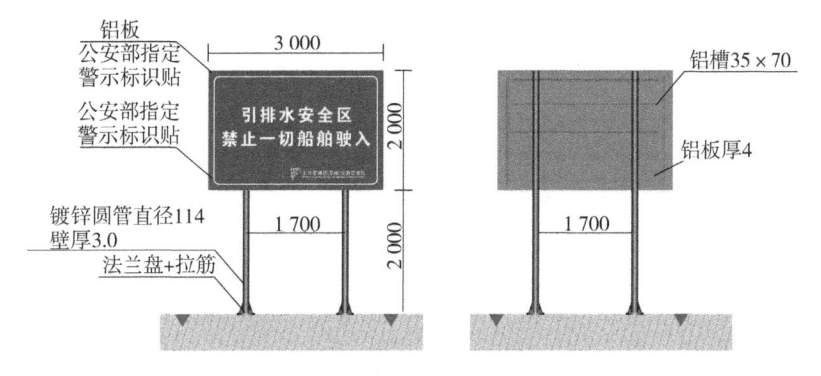

图 10.4.2　水法规告示标牌

10.4.3 生态保护温馨提示牌

1. 防腐木草地标志牌

(1) 规格。标志牌高 600 mm,宽 550 mm。

(2) 材料。标志牌防腐木表面做清漆处理。

(3) 标志牌预埋 500 mm,四周浇筑混凝土。

2. 其他生态保护温馨提示牌

规格、式样自定。

3. 参考示意图

生态保护温馨提示牌如图 10.4.3 所示。

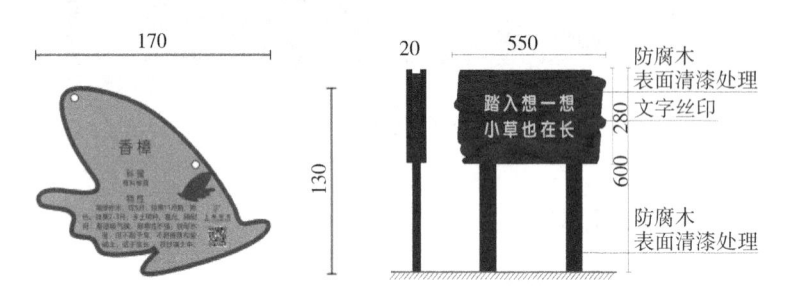

图 10.4.3 生态保护温馨提示牌

10.4.4 管理界桩(牌)

1. 标准

(1) 管理线桩(牌)分为管理线界桩和管理线界牌,内容应包括管理范围、工程名称、界桩编号、严禁破坏及严禁移动等警示语。界桩编号由堤防工程设施设备名称、区域名称各字拼音第一个字母缩写和界桩号组成,界桩号用阿拉伯数字 0001、0002、0003……流水编号。

(2) 界桩位置应与确权划界成果中的位置对应。设置堤防工程设施设备桩(牌)时,在其管理范围顺时针布设界桩。界桩在实地因故无法埋设的可适当调整。

(3) 界桩埋设时,"严禁移动"面应背向河道,并与河道岸线平行。

(4) 规格。界桩 550 mm×120 mm×120 mm;或 1 200 mm×150 mm×150 mm;采用有底座式或无底座式 2 种形式;界牌尺寸 150 mm×100 mm。

(5) 工艺。界桩采用玻璃钢丝网印刷,界牌采用不锈钢腐蚀。

(6) 材质。界桩采用玻璃钢,底座采用 C20 混凝土浇筑。

(7) 颜色。界桩白底红字;界牌白底黑字。

(8) 管理线桩(牌)应统一编号。

2. 安装位置

宜设置在管理区域分界线上的醒目位置。

3. 参考示意图

管理线桩(牌)示意图如图 10.4.4 所示。

10.4.5　工程观测设施名称标牌

1. 标准

(1) 参考规格。观测标点尺寸 80 mm×80 mm；观测桩尺寸 150 mm×150 mm×1 000 mm。

(2) 颜色。颜色自定但应与堤防工程整体标志标牌风格相协调。

图 10.4.4　管理线桩(牌)示意图

(3) 材料。观测点采用铝板 UV 印刷，观测桩可采用钢筋混凝土材料。

(4) 编码。依照观测规程、工程设计文件，对观测标点、观测桩及测压管管口标志进行命名。

(5) 必要时，可设置工程标点平面分布图。

2. 安装位置

标牌宜设置在相应工程观测设施本体上方或旁边。河道断面桩埋设时，"观测设施，严禁移动"面应背向河道，并与河道岸线平行。

3. 参考示意图

观测标点标牌示意图如图 10.4.5 所示。

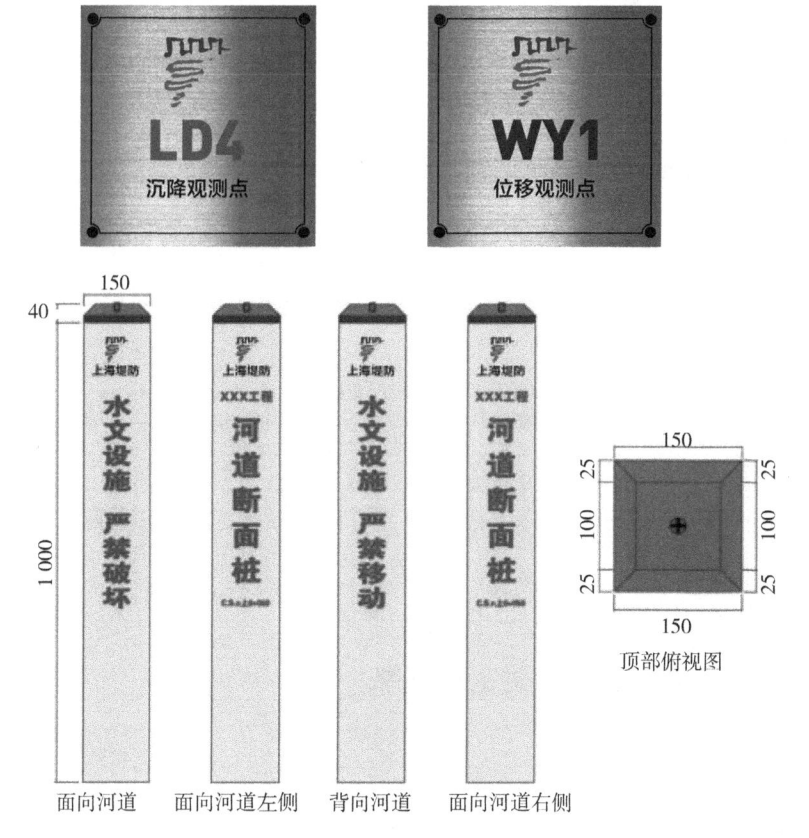

图 10.4.5　观测标点标牌示意图

10.4.6 里程桩或里程牌

1. 标准

（1）里程桩每 1 km 设置 1 个。牌体从上至下分别标注河道名称及千米数。

（2）河道里程桩设置在河道两侧，宜设置在河道堤防迎水坡堤肩线旁。当在准确位置不能安装里程桩时，可在 15 m 范围内移动，否则应取消。

（3）河道里程为河道中心线对应的河道长度。河道里程桩埋设时，没有文字和数字面应与河道岸线平行。

（4）规格：里程牌 280 mm×180 mm，里程桩 150 mm×400 mm×600 mm（地面以上部分）。

（5）材料：里程牌采用 4 mm 铝塑板，图文工程反光膜，或采用不锈钢材料。里程桩可采用钢筋混凝土材料。

2. 参考示意图

里程牌、里程桩示意图如图 10.4.6 和图 10.4.7 所示。

图 10.4.6　里程牌　　　　图 10.4.7　里程桩

10.4.7 百米桩

（1）百米桩每 100 m 设置 1 个，桩号为个位数。

（2）百米桩设置在河道两侧，宜设置在河道堤防迎水坡堤肩线旁。当在准确位置不能安装百米桩时，可在 5 m 范围内移动，否则宜取消。

（3）百米桩里程为河道中心线对应的河道长度。河道里程桩埋设时，没有文字和数字面应与河道岸线平行。

（4）里程桩和百米桩风格、材质应统一。

10.4.8 危险源风险告知及防范措施牌

1. 标准

（1）危险源现场应设置明显的安全警示标志和危险源告知牌，危险源告知牌内容包含名称、地点、责任人员、控制措施和安全标志等。

(2) 参考规格:1 100 mm×900 mm。

(3) 材料:KT 板、PVC 板、亚克力板等。室外设置时应采用防水性能好的材料,可采用铝板 UV 印刷。有触电危险的作业场所应使用绝缘材料。

2. 参考示意图

防汛物资仓库危险源风险公告牌如图 10.4.8 所示。

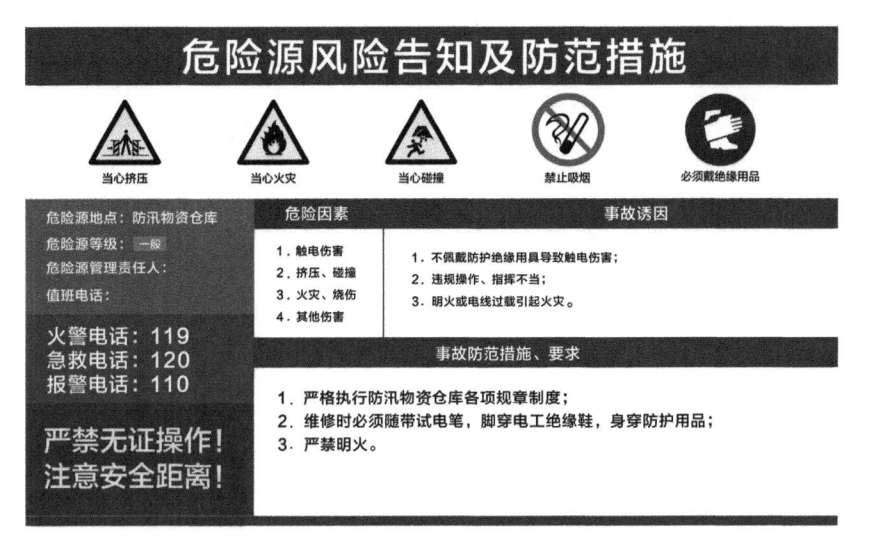

图 10.4.8　防汛物资仓库危险源风险公告牌

10.4.9　临水栏杆组合式安全标牌

1. 标准

(1) 规格:600 mm(宽)×440 mm(高)。

(2) 工艺:铝板＋公安部指定反光标识贴。

(3) 材质:2.0 mm 厚铝板。

2. 设置位置

在临水栏杆上适当位置,固定设置。

3. 参考示意图

临水栏杆组合式安全标牌如图 10.4.9 所示。

图 10.4.9　临水栏杆组合式安全标牌

10.4.10 宣传栏

1. 标准

(1) 宣传栏参考尺寸:4 000 mm×1 850 mm,也可自定。

(2) 材料:主体材料(镀锌板、不锈钢材、铝合金材质);视窗材料(钢化玻璃、耐力板);顶棚材质(镀锌板、阳光板);柱子材质(钢管、木材)。

(3) 产品工艺:烤漆喷塑。

(4) 内部配置:LED 光源、漏保、太阳能板、滚动系统等。

(5) 内容应包括单位名称、标志、管理文化特色。

2. 设置位置

可安装在堤防工程管理区显要位置。

3. 参考示意图

堤防工程宣传栏如图 10.4.10 所示。

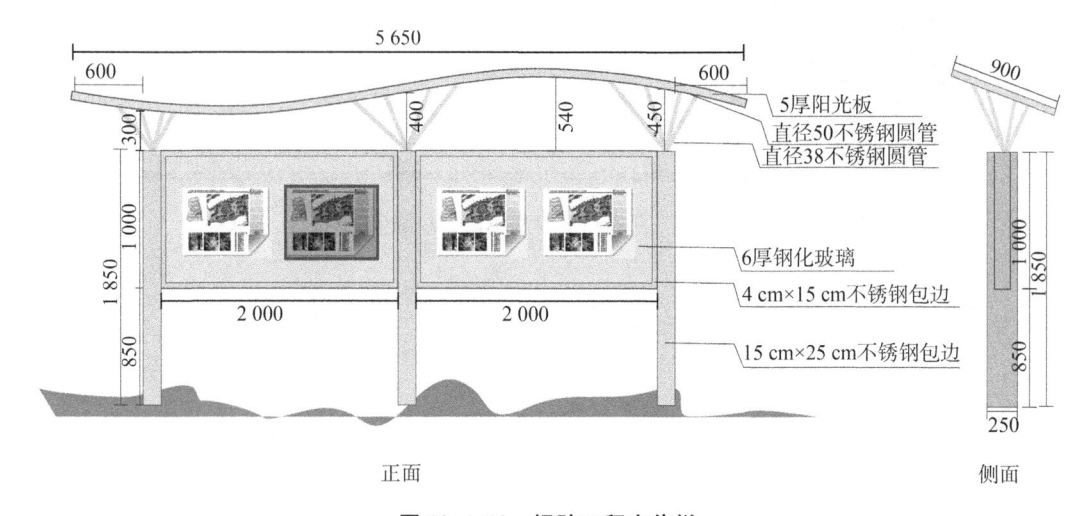

图 10.4.10 堤防工程宣传栏

10.5 标志标牌制作安装及维护

10.5.1 标志标牌制作安装及维护流程

黄浦江上游堤防工程标志标牌制作安装及维护流程如图 10.5.1 所示。

10.5.2 标志标牌构造

1. 标志标牌部件

标志标牌一般由底板、支撑件、基础等组成,各组成部分应连接可靠。

2. 标志标牌形状

(1) 常用的形状包括矩形、圆形、三角形和其他不规则形状。

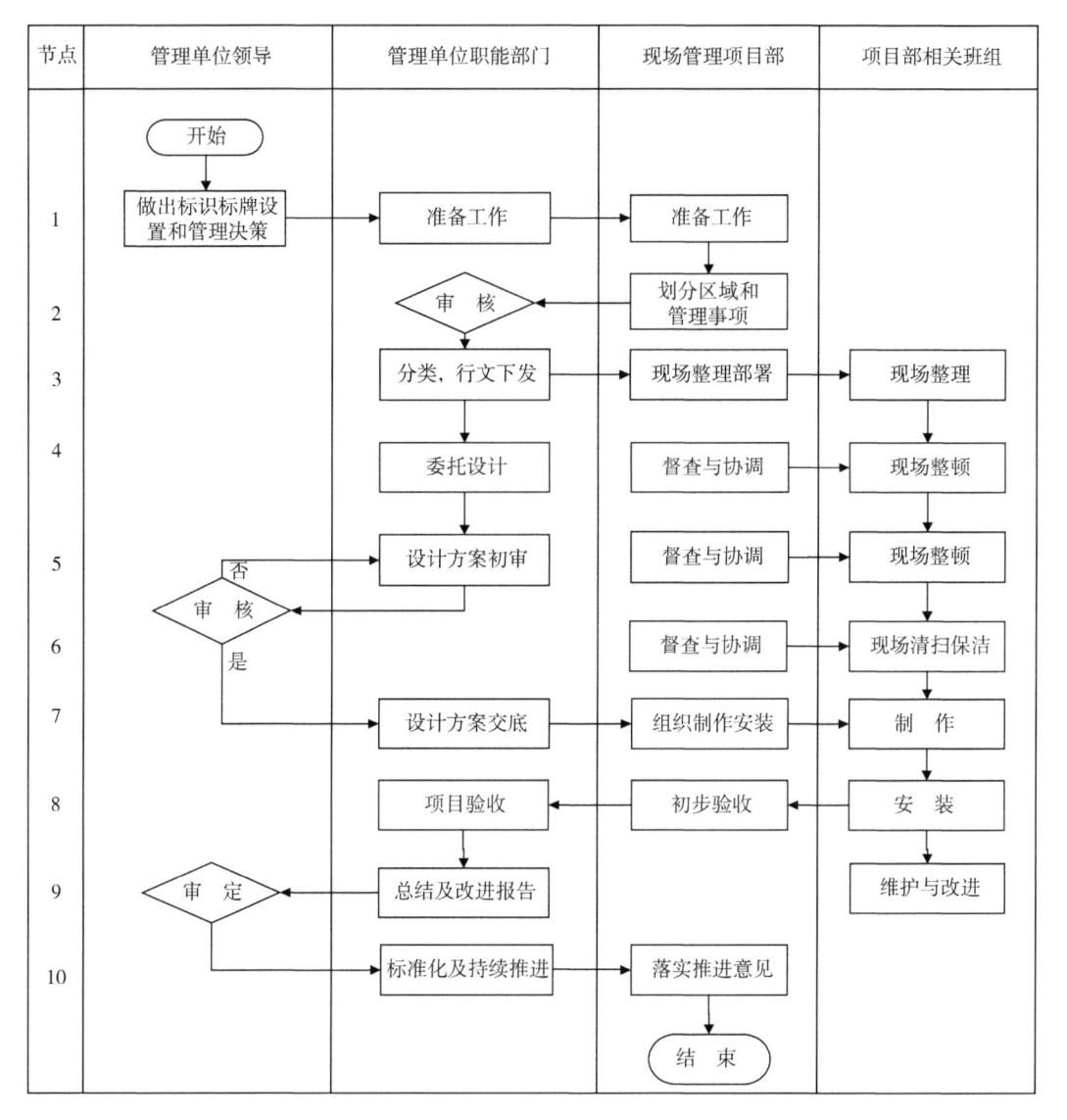

节点	管理单位领导	管理单位职能部门	现场管理项目部	项目部相关班组
1	开始 → 做出标识标牌设置和管理决策	准备工作	准备工作	
2		审核	划分区域和管理事项	
3		分类，行文下发	现场整理部署	现场整理
4		委托设计	督查与协调	现场整顿
5		设计方案初审	督查与协调	现场整顿
6	审核 否/是		督查与协调	现场清扫保洁
7		设计方案交底	组织制作安装	制作
8		项目验收	初步验收	安装
9	审定	总结及改进报告		维护与改进
10		标准化及持续推进	落实推进意见 → 结束	

图 10.5.1 黄浦江上游堤防工程标志标牌制作安装及维护流程图

（2）矩形标志标牌，竖款长宽比宜选用 2∶1、3∶2、5∶4 等，横款长宽比宜选用 4∶3、3∶2、5∶3、2∶1 等。矩形标志标牌（宽×高）一般为 400 mm×300 mm；900 mm×600 mm；1 500 mm×2 000 mm；2 500 mm×2 000 mm。圆形标志标牌直径一般为 300 mm 和 500 mm。

（3）标志标牌的规格、尺寸、安装位置可视所要传递信息的视距要求、设置的位置和环境进行调整，但对于同一堤防工程设施设备、同类设备（设施）、同一种标志的标志标牌规格、尺寸及安装位置应统一，且不得影响明示效果。

3. 颜色与字体

（1）安全色包括红、蓝、黄、绿 4 种颜色。红色传递禁止、停止、危险或提示消防设备设施的信息，蓝色传递必须遵守规定的指令性信息，黄色传递注意、警告的信息，绿色传递安全的提示性信息。

(2) 安全标志的颜色、图形、文字说明应当符合《安全色》(GB 2893—2008)、《安全标志及其使用导则》(GB 2894—2008)、《公共信息图形符号(系列)》(GB/T 10001—2023)的规定要求；临时性道路交通标志应当符合《公路临时性交通标志》(GB/T 28651—2012)、《道路交通标志和标线(系列)》(GB 5768—2009)的要求；消防安全标志应当符合《消防安全标志　第1部分:标志》(GB 13495.1—2015)要求。

(3) 字体。

①汉字应采用简体字,宜选用黑体、楷体、宋体、仿宋体等,如有特殊需求,可选用其他字体。英文应使用相当于汉字黑体的无衬线的等线字体。

②字体大小、间距、行距宜根据标志标牌的大小、内容多少确定。同一用途的标志标牌所用字体、间距、行距应统一。

4. 标志标牌内容

(1) 标志标牌内容宜包括标志、文字、表格、图案等。

(2) 对外展示、宣传工程形象的堤防工程设施设备标志标牌设计风格宜统一,可在标牌左上方设置管理单位标志(LOGO)和名称,右下方可设置运维单位标志(LOGO)和名称。

5. 标志标牌材料

标志标牌材料的选择应根据使用环境、安装方式等确定,宜选用环保、安全、耐用、阻燃、耐腐蚀、不变形、不褪色、易于维护的材料。

(1) 材料选择首先要考虑视觉效果及表现理念。例如要表现传统文化和自然淳朴的风格,就要考虑用木料、石材等一些容易表现风格的材料;要体现时代气息,个性新颖、独特,可以考虑用亚克力板、玻璃钢、铝塑板、PVC板、阳光板、氟龙板等。

(2) 材料选择注意施工结构的合理性。有些材料视觉效果很好,却很难加工实施,结构复杂,材料性能比较模糊,这类材料建议不要使用。在不能确定材料结构是否合理,是否能承受外界压力的情况下坚决不能施工,以免留下安全隐患和后续维修的麻烦。

(3) 使用期限的考虑。有些标志标牌只在某一较短时间段使用,有些却要长期使用,这时就需要考虑标志标牌的寿命问题。临时性标志标牌由于使用时间短,普通材料基本能满足,只要充分考虑视觉效果和使用成本就可以;长期性标志标牌选材时要注意使用寿命,选材不当不仅会造成经济损失,也对以后的维修带来麻烦。

①除特殊要求外,安全标志标牌、设备标志标牌宜采用工业级反光材料制作。

②涂刷类标志标牌材料应选用耐用、不褪色的涂料或油漆。各类标线应采用道路线漆涂刷。

③桩类标志标牌宜选用坚固耐久的材料,工程建设永久性责任牌宜选用大理石、花岗岩等青色石材,界桩、千米桩、百米桩可采用石材、钢筋混凝土等材料,贴面式公里牌、百米牌亦可采用不锈钢板、铝板、耐候钢板等材料。

(4) 使用场地的选择。标志的使用场地分为室内和户外两种。在户外使用时要经受太阳光照射和风吹雨淋,设计时要充分考虑选材和工艺;其次,不同的地理位置会有不同的气候特点,湿度、降水量、温差、气压等都是影响标志正常使用的因素,在设计时也要慎重考虑。

①室内标志标牌应选用牢固耐久、安装方便、不易变色、美观清晰的贴面材料,可选用铝塑板、亚克力、PVC板等,并满足安全要求。

②户外标志标牌底板应选用牢固、耐久性强的材质制作,可选用不锈钢板、铝板、耐候钢板等材料,标牌底板背面可采用原色;户外标志标牌单面版式,底板厚度应根据底板材料强度、刚度合理确定,底板厚度宜大于等于1.5 mm,底板折边可取20~40 mm;户外标志标牌双面版式,采用2块标牌正反固定一起或正反两面均有标志信息的标牌。

③户外警示标线、巡查(视)工作线路指引牌应牢固、耐久、易维护,同时结合标志环境条件、管理需要选用相关材料。室内可采用常温溶剂型、加热溶剂型和热熔型材料粘贴,户外可采用油漆喷涂、不锈钢等易维护的材料。

④在夜间有警示要求的宜采用反光材料制作标志标牌。

⑤低压配电屏(箱)等有触电危险或易造成短路的作业场所装设的标志标牌应使用绝缘材料制作。

(5)考虑到使用和服务维修的成本,标志标牌的设计制作不能一味追求视觉效果而忽视经济承受能力。

10.5.3 标志标牌制作

(1)标志标牌中有人员信息、联系方式等可能更换的信息宜做成活动牌,信息可采用不干胶直接粘贴等方式标注,以便于更换。

(2)支撑件可选用槽钢、角钢、工字钢、管钢等材料。标志应安装稳固,满足抗风、抗拔、抗撞击等要求。不需要使用支撑件的标志可直接悬挂、粘贴于附着物上。

(3)当标志标牌需要在自然光线不足的场所或夜间使用时,应确保标志标牌有足够的照明或使用内置光源,设置照明标志标牌。

(4)标志标牌应图形清楚,无毛刺、尖角、孔洞,边缘和尖角应适当倒棱,呈圆滑状,带毛边处应打磨光滑,避免存在安全隐患。

10.5.4 标志标牌安装

(1)标志标牌的安装应可靠,便于维护,易于观察,适应使用环境要求。

(2)标志标牌宜设置在明亮、醒目的位置,应能使观察者引起注意、迅速判读、有必要的反应时间或操作距离。应避免被树木、设备、建筑物遮挡,标志标牌前不得放置妨碍认读的障碍物。

(3)标志标牌的设置,不得妨碍行人通行和车辆交通,不应构成对人身伤害、设备安全的潜在风险或妨碍正常工作。

(4)消防安全标志应设置在与消防安全有关的地方,并使观察者看到后能注意它所表示的内容且符合《消防安全标志设置要求》(GB 15630—1995)的规定。环境标志宜设在有关场所的入口和醒目处。局部信息标志应设在所涉及的相应危险地点或设备附近的醒目处。

（5）标志标牌的平面与视线夹角接近 90°，观察者位于最大观察距离时，最小夹角不低于 75°，标志标牌应设置在明亮的环境中。

（6）多个标志标牌在一起设置时，应按警告、禁止、指令、提示类型的顺序，先左后右、先上后下排列。

（7）便桥便道的相关标志按《道路交通标志和标线（系列）》（GB 5768—2009）规定执行。

（8）堤防工程标志标牌常用的安装方式主要有单柱式、多柱式、悬臂式、落地式、地埋式、附着式、悬挂式、地面式。悬挂式和附着式的标志标牌固定应稳固不倾斜，柱式的标志标牌和支架应牢固地连接在一起。

①单柱式标志标牌安装在 1 根立柱上，适用于室外中、小型各种形状的标志标牌，如图 10.5.2 和图 10.5.3 所示。

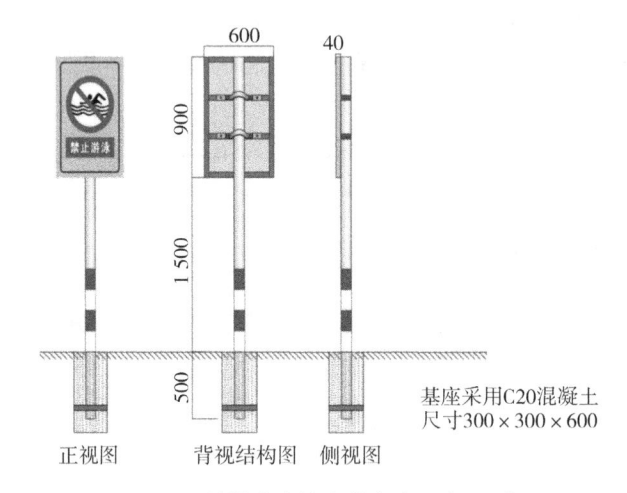

图 10.5.2 单柱式支持安装方式示意图（单面）

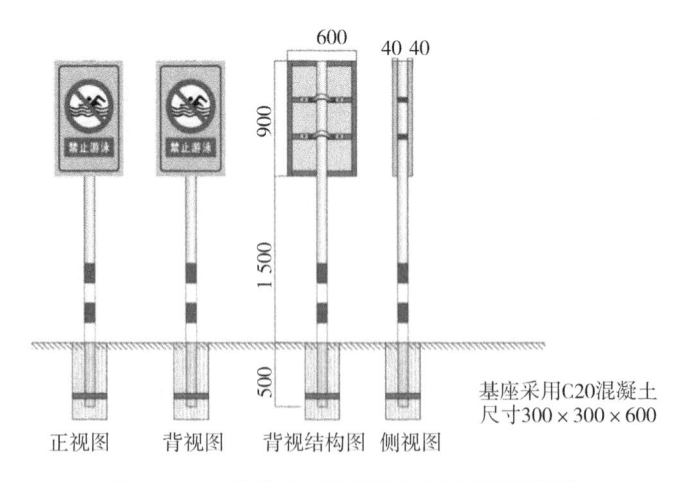

图 10.5.3 单柱式支持安装方式示意图（双面）

②多柱式标志板安装在 2 根及 2 根以上立柱上,适用于室外大、中型长方形的标志标牌,如图 10.5.4 所示。

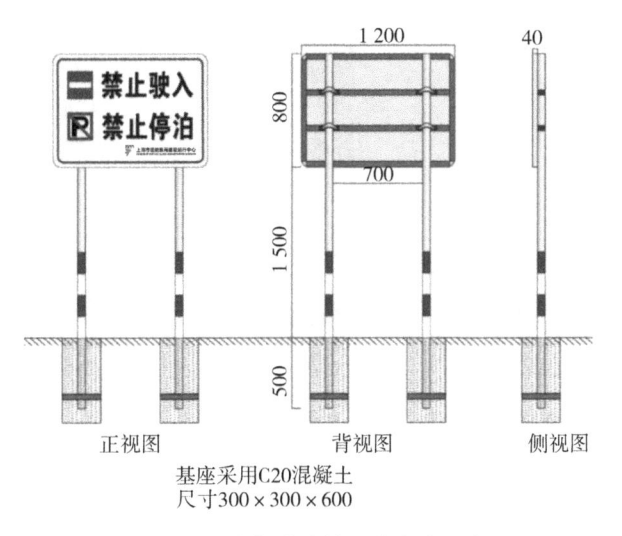

图 10.5.4　多柱式支持安装方式示意图

③悬臂式是标志标牌安装于悬臂上,适用于室外大、中型尺寸长方形的标志牌,如图 10.5.5 所示。当采用悬挂方式安装时,在防护栏上的悬挂高度宜为 800 mm;当采用粘贴方式时,应粘贴在表面平整的硬质底板或墙上,粘贴高度宜为 1 600 mm;当采用竖立方式安装时,支撑件要牢固可靠,标志距离地面高度宜为 800~1 200 mm。高度均指标志标牌下缘距离地面的垂直距离。当不能满足上述要求时,可视现场情况确定。

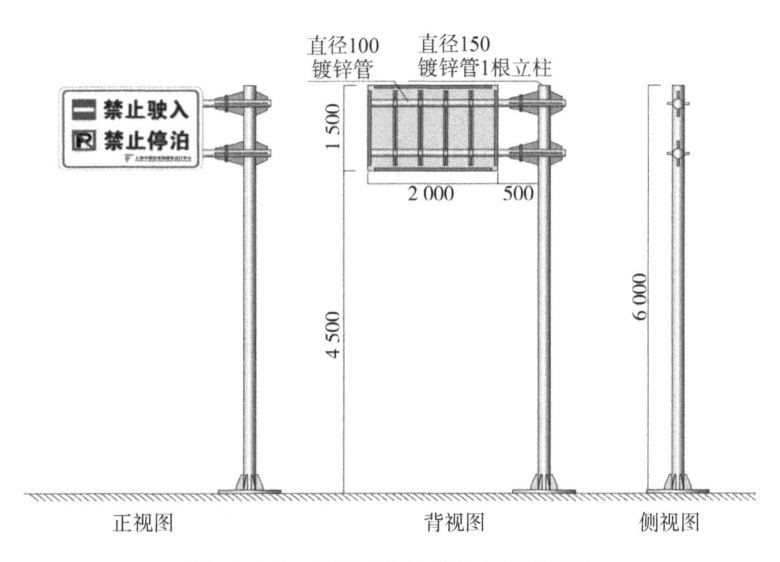

图 10.5.5　悬臂式支持安装方式示意图

④落地式标志标牌安装直接坐落于地面,适用于周边有较大空间、尺寸较大的标志标牌,如图 10.5.6 所示。

图 10.5.6　落地式支持安装方式示意图

⑤地面式标志标牌通过镶嵌、喷涂等方法将以平面方式固定在地面,适用于指示方向的标志牌。

⑥地埋式标志标牌的一部分直接填埋于地下,适用于室外不能移动的标志标牌,如图 10.5.7 所示。

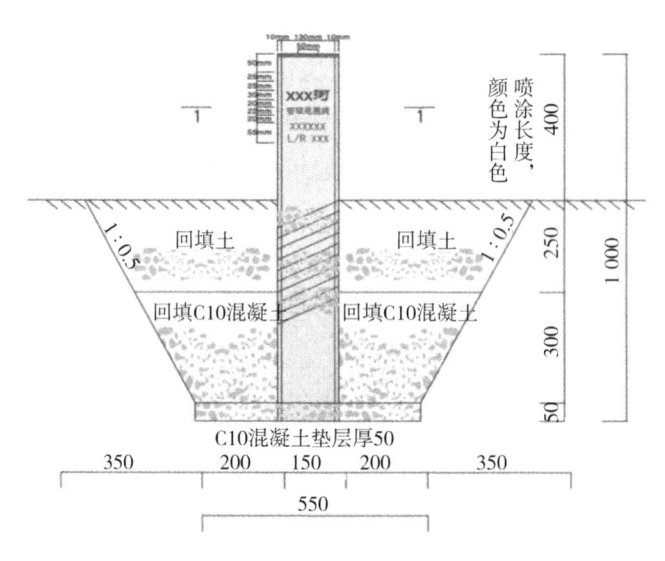

图 10.5.7　地埋式支持安装方式示意图

⑦附着式标志标牌背面固定在建筑物、设备上,适用于周边有墙面、设备可以附着的标志标牌。

⑧悬挂式标志标牌与建筑物、设备连接或固定,适用于周边有建筑物、设备可以悬挂的标志标牌。

⑨标志标牌的立柱、底座应牢固、耐久,具有一定的强度和刚度。立柱、底座的断面尺寸、连接方式、基础大小、埋设深度等,应根据设置地点的地基条件、风力、版面大小及支撑方式计算确定。安全标志标牌立杆下部色彩颜色应和主标志的颜色一致,如图 10.5.8 所示。

图 10.5.8　固定安全标志的标志杆色带

⑩标志标牌和立柱的连接应根据版面大小、连接方式选用。在设计连接部件时,应保证安装更换方便、连接牢固、版面平整。

⑪单柱式、多柱式标志标牌内边缘不应侵入道路建筑限界,距车行道或人行道的外侧边缘或路肩不小于 250 mm。下缘离地面的高度宜为 1 500~2 500 mm,下缘离地面的高度可根据实际情况减小,但不宜小于 1 200 mm。设置在有行人、非机动车的路侧时,下缘离地面的高度宜大于 1 800 mm。

⑫位于各种机动车车道上方的悬臂式标志标牌下缘离地面的高度应大于 4 500 mm,位于小客车车道上方的悬臂式标志标牌下缘离地面的高度应大于 3 500 mm,位于非机动车道、人行道上方的各类标志标牌下缘离地面的高度应大于 2 500 mm。

⑬附着式标志标牌设置的高度宜与眼睛视线高度基本一致,下缘离地面高度宜为 1 200~1 400 mm。地埋式标志标牌的埋深宜在 400~600 mm。

10.5.5　标志标牌维护

(1)堤防工程标志标牌的管理要按区域、分门类落实到谁主管谁负责,明确使用人、责任人。

(2)对堤防标志标牌按名称、功能、数量、位置统一登记建册,有案可查。

(3)对标志标牌进行日常检查和定期检查,重要标志标牌应建立每月巡视检查交接制度,一般性标志标牌至少每季度检查 1 次,特别是防汛防台期间一些警示标志应明确专人检查落实。

(4)维持标志标牌表层的美观大方、光洁、漆料颜色完好无损及其组成件的稳固性,提醒人们应该尽量减少坚硬物体或锐利物件与之产生撞击、刺划。

(5)标志标牌维护时,应确保外观保持精美,表面无螺钉、划痕、气泡及明显的颜色不均匀,烤漆须无明显色差。所有标志系统的图形应符合《公共信息图形符号(系列)》(GB/T 10001—2023)的规定要求,标志系统本体的各种金属型材、部件,连同内部型钢骨架,应满足国家有关设计要求(应符合抗风载荷的要求),保证强度,收口处应做防水处理。当发现倾斜、破损、变形、变色、字迹不清、立柱松动倾斜、油漆脱落等不符合要求的问题时,应做好记录,及时维修,并向管理单位报告。

(6)日常保养时,木材应落实防腐措施;亚克力需要注意清洁、打蜡、黏合和抛光;石材需要防止开裂;铝合金门卡需要擦拭和打蜡。

标志标牌的表层定期清洗时,可准备稀释酒精或肥皂水,用软布或毛刷擦拭即可,切忌用硬毛刷或者是粗布擦拭,擦拭时需顺着标志标牌表层纹路(如有纹路的话)擦拭。

(7)标志标牌维修养护应保证拆装方便,所有标志标牌系统安装挂件、螺栓均应镀锌防腐处理;采用型材的部分,其切口不应留有毛刺、金属屑及其他污染物;成品的表面不论是原有表面或有其他涂覆层,其表面均不得有划痕和碰损;所有标志标牌均应考虑安装及检修方便。

(8)在标志标牌设施的保护范围内,不得栽种影响其工作效能的树木,不得堆放物件或修建建筑物和其他标志。

(9)发现标志标牌位置设置不当应及时处理。包括标志标牌设置的位置、大小与方向没有充分考虑观赏者的舒适度和审美要求;文字图案的排版设计不符合人们的阅读习惯,可读性差。标志要位置适当,设置于堤防工程内的交通流线中,如出入口、交叉口、巡查点等显眼的位置设置;要有最大的能见度,使人们一眼就能捕捉到所需要的信息,做到简单易懂。

(10)标志标牌刷漆修复材料品种应符合设计和选定样品要求,严禁脱皮、漏刷、流坠、皱皮。表面应光亮、光滑、均匀,颜色一致,无明显刷纹。

(11)堤防工程管理区较大型户外标志标牌的维护方法如下:

①灌浆托换法。利用特用的灌浆液增加土层硬度,起到固化的目的,同时,灌浆托换后的户外大型标牌具有良好的防水能力,可以有效防止地下水对地基的侵蚀。

②坑式托换法。地基松动时采用坑式托换法对其进行维护,即在户外大型广告标牌底部1~1.5 m处加入2层地基,将底层地基受力处交由2层地基共同承担。

③围套加固法。受地形和环境的影响,户外大型标牌在1~2年后可能开始出现地基松动现象,为了避免地基出现松动,可定期进行围套加固。

第 11 章

堤防工程技术档案管理标准化

11.1 范围

堤防工程技术档案管理标准化指导书适用于黄浦江上游堤防巡查、养护等技术档案管理,其他同类型堤防工程的技术档案管理可参照执行。

11.2 规范性引用文件

参见本书第 2 章第 2.4.6 节"档案管理"相关内容。

11.3 资源配置

11.3.1 人员职责

(1) 管理单位及巡查、养护公司应设立专门的档案(资料)室,由专人负责管理档案,档案应按保存要求采取防霉、防虫、防小动物、防火、避光措施;按规定每年组织堤防运行维护技术档案验收和移交。

(2) 档案管理人员职责。

①熟悉所藏档案资料情况,了解本单位各项工作对档案资料需要,做好提供利用工作;钻研档案管理和科技专业知识,提高档案管理水平。

②承办鉴定技术档案和销毁已过保管期限的技术档案具体工作。

③编制档案检索工具和参考资料,注意收集、宣传利用技术档案、资料的效果。

④对设施、设备的设计、竣工资料、图纸等进行分类整理。

⑤负责收集、整理、保管和统计本单位的技术档案;推行部门立卷工作,整理需要归档的技术文件材料和确定保管期限。

⑥协助其他技术人员搞好日常巡查、定期检查、专项检查及观测资料整编、归档工作;对所有报告、报表及运行、巡查、养护、检修、水情等资料进行搜集整理,并登记入册。

⑦负责设施设备台账的录入、整理和管理工作。

⑧做好资料借阅的登记工作,借阅资料归还时做好详细的检查工作。

11.3.2 档案(资料)室设置

(1) 档案(资料)室应配备专用电脑,实行电子化、信息化管理。档案室应建立健全档案管理制度,档案管理制度、档案分类方案应上墙公示。

(2) 档案(资料)库房,应配备温湿度计,安装空调设备,以控制室内的温度(14℃～24℃为宜,日温度变化不超过±2℃)、湿度(相对湿度控制在45%～60%)。室内温湿度宜定时测记,一般每天2次,并根据温湿度变化进行控制调节。

(3) 档案柜架应与墙壁保持一定距离(一般柜背与墙不小于10 cm,柜侧间距不小于60 cm),成行地垂直于有窗的墙面摆设,便于通风降湿。

(4) 档案(资料)室有外窗时应有窗帘等遮阳措施。档案库房人工照明光源应选用白炽灯或白炽灯型节能灯,并罩以乳白色灯罩。

(5) 档案(资料)库房应配备适合档案用的消防器材,定期检查电器线路,严禁明火装置和使用电炉及存放易燃易爆物品。

11.4 档案收集与归档

11.4.1 堤防工程技术档案收集内容

堤防工程运行维护技术文件按要求与工程检查、运行、维修养护等同步收集,收集内容如表11.4.1所示。

表11.4.1 堤防工程技术档案收集内容清单

序号	分类	内容
1	政策、标准及相关文件	有关堤防管理的政策、标准、规定及管理办法、上级批示和有关的协议等。
2	工程基本情况登记资料	堤防工程平面、立面、剖面示意图,堤防基本情况登记表,垂直位移标点布置图,测压管布置图,伸缩缝测点位置结构图,引河断面位置图及标准断面图等。
3	安全生产资料	安全生产规范性文件、安全管理协议、安全生产组织机构、安全生产职责、责任制、规章制度、承诺书、预案、特种作业情况、安全设施(含安全标志)情况、安全生产年度和月度计划及总结、安全检查、安全教育等活动记录、安全监测、安全生产大事记、危险源及隐患排查治理资料等。
4	防汛防台资料	防汛防台组织机构、应急演练、应急预案、运行数据统计、工作总结等。
5	工程运用资料	穿堤涵闸调度指令、运行记录、操作记录、操作票、巡视检查记录、工程运行时间统计等。
6	检查观测资料	(1) 检查资料包括工程日常检查、定期检查、专项检查资料;观测资料包括垂直位移观测、水平位移观测、伸缩缝观测、裂缝观测等资料。 (2) 检查应有原始记录(内容包括检查项目、检测数据等),检查报告要求完整、详细、能明确反映工程状况;观测原始记录要求真实、完整,无不符合要求的涂改,观测报表及整编资料应正确,并对观测结果进行分析。

续表

序号	分类	内容
7	工程维修养护资料	(1) 堤防工程日常养护资料。 (2) 堤防工程维修资料,包括维修部位、维修内容、维修结论、存在问题等。
8	教育培训资料	教育培训计划、方案、总结,新技术、新材料、新工艺、新设备应用资料,单位技术革新建议、成果、科研成果资料等。

注:(1) 其他资料按相关要求进行编制。
 (2) 所有填写用黑色水笔,内容要求真实、清晰、规范、及时、闭合,不得涂改原始数据,不得漏填,签名栏内应有相应人员的本人签字。
 (3) 可将工程管理技术文件对应的影像资料一并整理存档。

11.4.2 整理归档

堤防工程技术档案整理应按项目进行,要求材料完整、准确、系统,字迹清楚,图面整洁,签字手续完备,图片、照片等应附相关情况说明。

1. 组卷要求

(1) 组卷应遵循项目文件的形成规律和成套性特点,保持卷内文件的有机联系;分类科学,组卷合理。

(2) 堤防工程技术资料按类别、年份、项目分别组卷,卷内文件按时间、重要性、工程部位、设施、设备排列。一般文字在前,图样在后;译文在前,原文在后;正件在前,附件在后;印件在前,定稿在后。

(3) 案卷及卷内文件不重份,同一卷内有不同保管期限的文件,该卷保管期限按最长的确定。

2. 案卷编目

(1) 案卷页号。有书写内容的页面均应编写页号;单面书写的文件页号编写在右上角;双面书写的文件,正面编写在右上角,背面编写在左上角;图纸的页号编写在右上角或标题栏左上方;成套图纸或印刷成册的文件不必重新编写页号;各卷之间不连续编页号。卷内目录、卷内备考表不编写目录。

(2) 卷内目录。主要由序号、文件编号、责任者、文件材料题名、日期、页号和备注等组成。

(3) 卷内备考表。主要是对案卷的备注说明,用于注明卷内文件和立卷状况,其中包括卷内文件的件数、页数,不同载体文件的数量。组卷情况,如立卷人、检查人、立卷时间等;反映同一内容而形式不同且另行保管的文件档号的互见号。卷内备考表排列在卷内文件之后。

(4) 案卷封面。主要内容有案卷题名、立卷单位、起止日期,保管期限、密级、档案号等;案卷脊背填写保管期限、档案号和案卷题名或关键词;保管期限可采用统一要求的色标,红色代表永久,黄色代表长期,绿色代表短期。

需要移送上级部门或管理单位的档案,案卷封面及脊背的档案号暂用铅笔填写;移交后由接收单位统一正式填写。

3. 案卷装订要求

（1）文字材料可采用整卷装订与单份文件装订2种形式，图纸可不装订，但同一项目所采用的装订形式应一致。文字材料卷幅面应采用A4型（297 mm×210 mm）纸，图纸的折叠应按《技术制图复制图的折叠方法》（GB/T 10609.3—2009）执行，应折叠成A4纸大小，折叠时标题栏露在右下角。原件不符合文件存档质量要求的可进行复印，装订时复印件在前，原件在后。

（2）案卷内不应有金属物。应采用棉线装订，不得使用铁质订书钉装订。装订前应去除原文件中的铁质订书钉。

（3）单份文件装订、图纸不装订时，应在卷内文件首页、每张图纸上方加盖、填写档号章。档号章内容包括档号、序号。

（4）卷皮、卷内表格规格及制成材料应符合规范规定。

4. 档案目录及检索

档案整理装订后，应按要求编制案卷目录、全引目录。案卷目录内容有案卷号、案卷题名、起止日期、卷内文件张数、保管期限等。全引目录内容有案卷号、目录号、保管期限、案卷题名及卷内目录的内容。

5. 归档要求

（1）堤防巡查、检查、观测结束后，应及时对资料进行整理。

（2）工程维修养护、除险加固、安全鉴定资料应及时整理归档。

（3）检查观测资料整编宜每年进行1次，应主要包括下列内容：

①收集观测原始记录与考证资料及平时整理的各种图表等。

②对观测成果进行审查复核。

③选择有代表性的测点数据或特征数据，绘制统计表和曲线图。

④分析观测成果的变化规律及趋势，与设计工况比较是否正常，并提出相应的安全措施和必要的操作要求。

⑤编写检查报告和观测资料分析报告。

（4）资料整编成果应符合下列要求：

①考证清楚、项目齐全、数据可靠、方法合理、图表完整、说明完备。

②图形比例尺满足精度要求，图面线条清晰，标注整洁。

③表格及文字说明端正整洁，数据上下整齐，无涂改现象。

（5）管理单位应对发现的异常现象做专项分析，必要时可会同科研、设计、施工及施工监理人员做专题研究。

11.5 档案保管

（1）技术资料应分类、装订成册，按规定编号，存放在专用的资料柜内；资料柜应置于通风干燥处，并做好防潮、防腐蚀、防霉、防虫和防污染措施，同时应有防火、防盗等设施。

（2）工程基本资料永久保存；规程规范可保存现行的，其他资料应长期保存。

（3）技术档案应专人管理，人员变动时应按目录移交资料，并在清单上签字，同时得到单位领导认可，不得随意带走或散失。

（4）档案保管要求防霉、防蛀，定期进行虫霉检查，发现虫霉及时处理。档案柜中应放置档案用除虫驱虫药剂（樟脑），并定期检查药剂（樟脑）消耗情况，发现药剂消耗殆尽应及时更换药剂，以保持驱虫效果。

（5）档案室应建立健全档案借阅制度。一般工程档案不对外借阅，工作人员借阅时应履行借阅手续。借阅时间一般不应超过 10 天，若需逾期借阅应办理续借手续。档案管理者有责任督促借阅者及时归还借阅的档案资料。

（6）档案室及库房不应放置其他与档案无关的杂物。档案室及库房钥匙应由档案管理员保管，其他人员未经许可不得进入档案库房。需要借阅档案资料时，应由档案管理者（或在档案管理员陪同下）查找档案资料，借阅者不得自行查找档案资料。

（7）已过保管期的资料档案，应经过单位业务部门领导、有关技术人员和项目部领导、档案管理员共同审查鉴定，确认可销毁的，造册签字，指定专人销毁。

（8）档案室应当鉴定已过保管期的档案是否需要继续保存。若需保存应当重新确定保管期限，若不需保存可列为待销毁档案。

（9）过期待销毁的工程技术档案应移交单位工程技术档案室进行档案鉴定，确认需销毁的档案应填写档案销毁清册，交由领导和相关专业的专家组成的档案销毁专家鉴定组进行鉴定后集中销毁。

11.6　电子文件归档与管理

（1）管理单位应有严格的电子文件管理制度和技术措施，以确保其真实性、完整性和有效性；对电子文件的形成、收集、积累、鉴定、归档等实行全过程管理与监控，保证管理工作的连续性。

（2）应明确规定电子文件归档的时间、范围、技术环境、相关软件、版本、数据类型、格式、被操作数据、检测数据等要求，保证归档电子文件的质量。

（3）归档电子文件同时存有相应的纸质或其他载体形式的文件时，应在内容、相关说明及描述上保持一致。

（4）具有永久保存价值的文本或图形形式的电子文件，如没有纸质等拷贝件，应制成纸质文件或缩微品等。归档时，应同时保存文件的电子版本、纸质版本或缩微品。

（5）应保证电子文件的凭证作用，对只有电子签章的电子文件，归档时应附加有法律效力的非电子签章。

11.7　堤防工程标准化管理技术档案整编目录

堤防工程标准化管理技术档案整编目录如表 11.7.1 所示。

表 11.7.1 堤防工程标准化管理技术档案整编目录

序号	名称	分类		编号	分项名称
1	工程状况	1-1	堤身	1-1-1	堤身检查记录。
				1-1-2	堤身养护维修资料。
		1-2	堤防道路	1-2-1	堤顶道路检查记录。
				1-2-2	堤顶道路维修养护资料。
		1-3	堤岸防护工程	1-3-1	备料堆放位置图及统计表。
				1-3-2	堤岸防护工程检查资料。
				1-3-3	堤岸防护工程维修养护资料。
		1-4	穿堤建筑物	1-4-1	穿堤建筑物统计表。
				1-4-2	穿堤建筑物运行资料。
				1-4-3	穿堤建筑物检查资料。
				1-4-4	穿堤建筑物维修养护资料。
				1-4-5	穿堤建筑物安全鉴定资料。
				1-4-6	非直管穿堤建筑物情况督查、责任落实及安全监管资料。
		1-5	生物防护工程	1-5-1	绿化养护责任网络分区。
				1-5-2	绿化区域面积率计算资料。
				1-5-3	生物防护工程检查记录。
				1-5-4	生物防护工程养护记录。
				1-5-5	林木间伐更新资料。
		1-6	工程排水系统	1-6-1	工程排水系统检查资料。
				1-6-2	观测排水系统维修养护资料。
		1-7	办公设施和环境	1-7-1	管理用房及配套设施情况及维护资料。
				1-7-2	管理区规划布局相关资料。
				1-7-3	工程环境基础设施资料。
				1-7-4	工程文体设施资料。
				1-7-5	工程环境及附属设施定期检查、维修资料。
		1-8	标志标牌	1-8-1	堤防标志标牌设置方案。
				1-8-2	标志标牌统计表。
				1-8-3	堤防标志标牌维护资料。
2	安全管理	2-1	信息登记	2-1-1	堤防注册登记表。
				2-1-2	堤防注册登记证(或网上截图)。
				2-1-3	堤防注册登记变更事项登记资料。
		2-2	工程标准	2-2-1	规划、设计、除险加固及竣工验收资料。
				2-2-2	堤防工程观测资料和成果分析报告。
				2-2-3	标准断面图、断面桩设置图、河道淤积冲刷位置图、堤防险工险段位置图及河床河势图、堤防工程概况展示牌。

续表

序号	名称	分类		编号	分项名称
2	安全管理	2-3	隐患排查治理及险工险段管理	2-3-1	堤防工程隐患探查探测计划。
				2-3-2	工程隐患探查探测记录。
				2-3-3	工程险工隐患情况统计表、分布位置图。
				2-3-4	隐患探查探测成果分析报告及上报文件。
				2-3-5	工程除险加固规划或工程度汛方案。
				2-3-6	堤防工程安全评价资料。
				2-3-7	堤防工程险工险段判别和安全运行专项检查资料。
		2-4	工程划界	2-4-1	相关批文和规定文件。
				2-4-2	管理范围和保护范围宣传牌、告示牌、安全网、围墙、禁停杆、禁行标志等。
				2-4-3	管理界限图、界桩(牌)相关图纸、统计表。
				2-4-4	土地使用证及土地使用领取率统计表。
		2-5	涉河建设项目和活动管理	2-5-1	《核发河道临时使用许可证》行政许可事项资料、堤防管理范围及安全保护区内从事有关活动行政许可事项登记表。
				2-5-2	涉河建设项目和活动批复文件。
				2-5-3	涉河建设项目和活动的审查、审批、监管和竣工验收资料。
				2-5-4	涉河建设项目和活动的开工报告、施工图纸、施工方案、度汛应急措施等备案资料。
		2-6	河道清障	2-6-1	河道内阻水林木和高秆作物资料。
				2-6-2	阻水建筑物构筑物资料。
				2-6-3	清障计划或方案。
				2-6-4	清障执法记录。
		2-7	管理保护	2-7-1	巡查公司和巡查人员的落实合同、责任、分工等资料。
				2-7-2	巡查装备工具、巡查制度、考核办法、巡查记录、巡查月报。
				2-7-3	水法规宣传教育资料、巡查人员学习培训资料。
				2-7-4	保护管理计划和总结。
				2-7-5	配合行政执法、行政处罚资料。
				2-7-6	制止违章行为并向上级报告的记录。
				2-7-7	相关保护管理的图片资料。
		2-8	防汛组织	2-8-1	管理单位及巡查和养护公司防汛组织机构和组织网络、防汛工作领导小组及工作组职责、防汛三个责任人明示资料。
				2-8-2	年度工程管理责任状、防汛责任制。
				2-8-3	防汛值班人员名单表、防汛值班记录、防汛值班图片。
				2-8-4	与地方政府、村镇、相关部门加强联防联动资料。
				2-8-5	防汛会议、检查工作图片。
				2-8-6	防汛工作总结。
		2-9	防汛准备	2-9-1	汛前检查记录、汛前检查报告。
				2-9-2	防汛专项预案及其批复或备案材料、预案演练资料。

续表

序号	名称	分类		编号	分项名称
2	安全管理	2-9	防汛准备	2-9-3	工程基础资料、防汛指挥图、调度运行计划图表、险工险段图表、物资调度图表。
				2-9-4	通信线路和设备检修记录,通信系统运行记录。
		2-10	防汛物料	2-10-1	防汛抢险物资储备测算表。
				2-10-2	防汛物资代储协议。
				2-10-3	自储防汛物资清单、防汛仓库分布图、仓库管理人员岗位职责、仓库日常管理制度。
				2-10-4	防汛物资检查记录。
				2-10-5	备用电源试车、维修保养记录。
				2-10-6	防汛物料储量分布图、调配方案及调运线路图。
				2-10-7	防汛物资及备品备件采购、验收、保管、检测、调用、报废及更新资料。
		2-11	工程抢险	2-11-1	工程巡视检查制度、工程险情报告制度及险工险段安全运行专项检查资料。
				2-11-2	防汛值班人员名单表、防汛值班记录等资料。
				2-11-3	抢险队伍资料。
				2-11-4	堤防险工薄弱岸段一段一预案及演练材料。
				2-11-5	编制的防汛抢险手册。
				2-11-6	汛期、防汛防台落实巡视人员、内容、频次、记录、信息上报等资料。
				2-11-7	工程基础资料和通信设备清单。
				2-11-8	堤防工程××险情抢险总结、年度抢险工作总结。
		2-12	安全生产	2-12-1	安全组织网络图、安全监督部门、安全员名单及培训证书。
				2-12-2	安全职责及上墙图片、安全生产责任书资料。
				2-12-3	安全生产规章制度和安全操作规程汇编。
				2-12-4	安全生产目标管理内容、安全生产年度计划和月度计划、月报小结、年度总结。
				2-12-5	安全生产投入(含安全设施、安全标志)资料。
				2-12-6	安全生产会议资料。
				2-12-7	安全生产应急预案及演练资料。
				2-12-8	安全生产培训计划及培训资料、安全文化相关资料。
				2-12-9	危险源辨识及评价、安全检查及隐患处理材料:包括定期检查总结报告,专项检查报告,汛期、节假日、消防等安全生产专项检查记录表,作业安全管理资料,危险源辨识、评级及风险控制资料,安全隐患处理资料。
				2-12-10	安全生产报表。
				2-12-11	其他开展安全生产标准化活动的资料。

续表

序号	名称	分类		编号	分项名称
3	运行管护	3-1	工程巡查	3-1-1	堤防工程日常巡查制度、路线图。
				3-1-2	日常巡查、潮期巡查和日常检查(经常性检查)记录。
				3-1-3	堤防工程检查月报。
				3-1-4	管理单位职能部门每月检查记录。
				3-1-5	堤防工程汛前检查通知、汛前检查报告、防汛预案报告。
				3-1-6	堤防工程汛后检查报告、问题处理意见及处理结果资料。
				3-1-7	专项检查情况报告、问题处理意见及处理结果资料。
		3-2	工程观测与监测	3-2-1	观测设施配置资料。
				3-2-2	堤防工程观测报告。
				3-2-3	观测设备清单及检定证书。
				3-2-4	相关观测点比对资料。
				3-2-5	堤防隐患探测资料。
				3-2-6	专项监测资料和成果。
				3-2-7	观测设施检查和维护记录。
		3-3	维修养护	3-3-1	堤防设施维修养护资料。
				3-3-2	绿化养护资料。
				3-3-3	管理单位对堤防工程维修养护现场监管资料。
				3-3-4	维修养护经费、方案的申报和批复、批复后巡查和养护公司制订的实施计划。
				3-3-5	维修养护项目验收资料。
		3-4	害堤动物防治	3-4-1	害堤动物检查、防治记录。
				3-4-2	害堤动物防治计划和总结。
		3-5	河道供排水	3-5-1	工程设施和河道供水、排水技术指标、河道供水方案或计划。
				3-5-2	工程调度运用记录。
				3-5-3	年度供水、排水调度分析与评价及相关证明。
4	管理保障	4-1	管理体制	4-1-1	堤防工程管理单位成立批复文件、事业单位法人证书。
				4-1-2	工程管理体制改革实施方案及批复文件、工程"管养分离"实施方案及批复文件。
				4-1-3	招投标择优选择委托管理单位材料(含堤防工程委托巡查或养护合同)。
				4-1-4	管理单位组织结构图、巡查和养护公司组织结构图、岗位设置证明材料。
				4-1-5	管理单位关于同意项目经理任职的批复。
				4-1-6	管理单位监管人员、现场项目部项目经理、技术人员、工勤人员基本情况表、持证上岗情况表。
				4-1-7	巡查和养护考核管理办法、其他考核管理办法。
				4-1-8	管理单位绩效考核及其绩效工资发放资料、管理单位对巡查和养护公司考核资料、巡查和养护公司对养护人员考核资料。
				4-1-9	专项工程招投标和合同管理材料。

续表

序号	名称	分类		编号	分项名称
4	管理保障	4-1	管理体制	4-1-10	管理单位年度培训计划、培训结果、汇总表和总结。
				4-1-11	堤防业务、法律法规、防汛防台、安全生产等教育培训资料(含学习培训通知、试卷、阅卷评分表)、组织参加职业技能竞赛资料。
		4-2	标准化工作手册	4-2-1	堤防工程标准化管理工作手册——管理分册。
				4-2-2	堤防工程标准化管理工作手册——制度分册。
				4-2-3	堤防工程标准化管理工作手册——操作分册。
				4-2-4	堤防工程作业指导书或作业图册。
		4-3	规章制度	4-3-1	规章制度汇编或修订及批复文件、安全操作规程汇编。
				4-3-2	法律法规和规范性文件清单。
				4-3-3	堤防工程技术管理细则。
				4-3-4	规章制度执行效果支撑资料。
				4-3-5	关键规章制度上墙明示资料。
		4-4	经费保障	4-4-1	财务管理和物资管理制度。
				4-4-2	财务制度执行情况证明资料。
				4-4-3	相关审计报告。
				4-4-4	物资采购、保管资料。
				4-4-5	职工工资、福利发放资料。
				4-4-6	职工参加社会保险资料。
		4-5	精神文明	4-5-1	党建活动、党组织生活会、党支部目标考核、责任制等党建和党风廉政建设台账资料。
				4-5-2	精神文明创建和水文化建设资料。
				4-5-3	工会台账、基层群众各类文体活动台账资料。
				4-5-4	管理单位领导班子年度考核资料、领导班子各类政治理论、业务学习资料。
				4-5-5	单位秩序良好资料,各类荣誉、证书。
				4-5-6	信访处理资料。
				4-5-7	工作简报。
		4-6	档案管理	4-6-1	堤防工程档案管理组织网络、档案分布图。
				4-6-2	堤防工程档案管理人员证书及培训情况。
				4-6-3	堤防工程档案收集整理归档资料、堤防工程档案目录清单。
				4-6-4	堤防工程档案日常管理资料。
				4-6-5	堤防工程档案利用效果登记表。
				4-6-6	堤防工程信息化档案材料。

续表

序号	名称	分类		编号	分项名称
5	信息化建设	5-1	信息化平台建设	5-1-1	堤防工程信息化监控系统材料。
				5-1-2	堤防工程智慧运维平台建设方案、信息融合共享和上下贯通资料。
				5-1-3	堤防工程信息化系统和智慧运维平台运行资料。
				5-1-4	堤防工程信息化系统维护资料。
		5-2	自动化监测预警	5-2-1	雨水情、安全监测、视频监控等关键信息接入信息化平台资料。
				5-2-2	信息管理材料。
				5-2-3	自动监测和预警材料。
		5-3	网络安全管理	5-3-1	网络安全管理组织。
				5-3-2	网络安全管理实施方案。
				5-3-3	网络安全管理制度和应急处置预案。
				5-3-4	网络等保测评资料。
				5-3-5	网络安全管理投入、检查、维护等措施资料。
6	其他	6-1	往来文件	6-1-1	会议纪要。
				6-1-2	上级来文。
				6-1-3	与监理往来文件。
		6-2	规划计划	6-2-1	堤防工程长效管理规划或管理现代化管护。
				6-2-2	堤防绿化规划。
				6-2-3	堤防工程更新改造规划。
				6-2-4	年度综合计划和工作总结、专项计划和总结。
		6-3	其他		

第 12 章

堤防工程安全管理标准化

12.1 范围

堤防工程安全管理标准化指导书适用于黄浦江上游堤防(泵闸)管理所、管理所管辖的堤防工程巡查、养护公司，专项维修工程建设的各相关单位，以及各项目部、各班组人员。

12.2 规范性引用文件

参见本书第 2 章第 2.2.12 节"安全生产"相关内容。

12.3 目标职责

12.3.1 安全生产目标

(1) 管理单位应建立安全生产目标管理制度，明确目标的制定、分解、实施、检查、考核等内容，该目标纳入管理单位总体和年度工作目标。

(2) 管理单位应制定安全生产总目标和年度工作目标。安全生产总目标内容包括：
①贯彻落实安全制度覆盖率 100%。
②职工安全教育培训率 100%。
③新职工入职三级安全教育培训率 100%。
④持证上岗率 100%。
⑤安全隐患排查率 100%。
⑥安全隐患整改率大于 95%。
⑦生产现场安全制度和标志达标合格率 100%。
⑧无重大伤亡事故。
⑨无重大堤防工程管理事故、机械设备事故。
⑩无维修养护和专项建设工程重大安全事故。
⑪无火灾、电气火灾事故。

⑫无主责交通事故。

⑬各类事故"四不放过"处理率100%。

（3）管理单位下属部门、堤防各管理项目部，以及参与管理单位管辖的工程维修专项工程施工的各项目部应根据其职能，分解安全生产总目标和年度目标。

（4）逐级签订安全生产责任书。管理单位每年应与部门（组室）、堤防巡查和养护项目部签订安全生产责任书，与专项维修工程施工的各项目部在工程开工时签订安全生产责任书，各项目部与本项目部人员应签订安全生产责任书。

（5）定期对安全生产目标完成情况进行检查、评估，必要时，及时调整安全生产目标实施计划；定期对安全生产目标完成情况进行考核奖惩。

12.3.2 机构和职责

（1）管理单位应成立由主要负责人、分管领导、部门（组室）成员以及巡查和养护公司成员等组成的安全生产领导小组，人员变化时及时调整公布。管理单位应设置安全监督组，各项目部应建立安全工作小组，按规定配备专（兼）职安全生产管理人员。

（2）管理单位及各巡查养护项目部应建立安全生产责任制度，明确各部门（组室）、项目部及各类人员的安全生产职责、权限和考核奖惩等内容。单位主要负责人全面负责安全生产工作，并履行相应责任和义务；分管领导应对各自职责范围内的安全生产工作负责；各项目部项目经理全面负责本项目部安全生产工作；各级管理人员应按照安全生产责任制的相关要求，履行其安全生产职责。

（3）管理单位安全生产领导小组主要职责。

①统一组织领导协调本单位安全生产工作，贯彻执行国家、上海市有关安全工作的法律法规和方针政策，拟定本单位安全生产工作目标。

②编制、审议本单位各种安全生产规章制度和办法，并监督执行。

③根据安全生产工作实际情况，定期召开安全生产会议，学习、传达上级安全生产文件精神，检查安全生产工作落实情况，研究部署安全生产工作的开展。

④定期组织安全生产法律法规和安全业务知识的学习培训及宣传教育，增强全体职工的安全意识。

⑤定期组织安全生产大检查，对检查出的重大事故隐患采取措施限期整改。

⑥组织协调、指导安全生产事故的应急救援和调查处理。

⑦做好安全生产计划、总结、考核奖惩和事故调查、处理及上报工作。

⑧负责推进本单位安全生产标准化建设。

（4）各类人员安全生产职责如表12.3.1所示。

（5）安全生产领导小组每季度召开1次会议，跟踪落实前次会议要求，总结分析本单位的安全生产情况，研究解决安全生产工作中的重大问题，并形成会议纪要。

表 12.3.1　堤防各类人员安全生产职责

序号	岗　位	主　要　职　责
1	管理单位安全生产领导小组组长	(1) 贯彻执行国家有关法律法规、方针政策及上级部门的决定、指令。 (2) 负责完善安全生产组织机构。 (3) 层层落实安全生产责任制，监督各类人员履行安全生产承诺书。 (4) 组织制定本单位安全生产规章制度和操作规程，并督促本单位加以执行。 (5) 保证本单位安全生产投入的有效实施。 (6) 督促、检查本单位的安全生产工作，及时消除生产安全事故隐患。 (7) 组织拟定并实施本单位的生产安全事故应急救援预案。 (8) 及时、如实报告生产安全事故。
2	管理单位安全生产领导小组副组长	(1) 分管安全生产日常工作，研究制定计划措施，解决安全生产中的问题。 (2) 组织、协调各部门的安全生产管理，具体负责制定安全生产规章制度、操作规程等，并认真组织实施。 (3) 组织开展安全生产宣传和培训，增强职工的安全生产意识和技能。 (4) 组织开展安全检查，对发现的事故隐患及问题及时组织治理和落实整改。 (5) 具体组织安全生产投入的有效实施。 (6) 发生生产安全事故时，及时赶赴现场组织救援，配合事故调查处理，组织做好善后工作。
3	管理单位安全监督组组长	(1) 负责本单位安全生产日常管理工作，拟定安全生产年度目标管理计划，负责安全生产领导小组重要文稿起草和会议组织，负责安全生产统计和上报工作；负责拟定或完善安全生产规章制度、应急预案，督促各现场项目部拟定并执行安全操作规程。 (2) 贯彻落实上级机构关于安全生产的政策规定，检查督促安全生产领导小组决定事项的落实；定期召开安全生产工作会议，向安全生产领导小组汇报安全生产情况，研究部署安全生产工作。 (3) 负责安全教育培训管理工作，组织开展安全文化和安全生产月活动。 (4) 组织开展本单位安全生产专项检查、综合性检查。 (5) 组织开展安全事故的调查、处理、上报等。 (6) 负责本单位突发事件应急处置，实施相应预案。 (7) 按上级部署，做好本单位安全生产标准化的推进工作。
4	管理单位安全监督员	(1) 积极参加各种培训学习，熟悉并掌握技术管理、安全管理等相关规程，熟悉安全生产标准化相关业务，不断提高业务水平和能力。 (2) 参与拟订安全生产规章制度、操作规程和生产安全事故应急救援预案。 (3) 组织或者参与安全教育和培训，如实记录安全生产教育和培训情况。督查各项目部抓好有关安全培训、演练和安全技术交底活动。 (4) 督促落实重大危险源的安全管理措施。督促各项目部落实工程运行、养护、维修及其他作业活动中的各项安全措施。 (5) 组织或参与本单位应急救援演练；参与防汛抢险工作。 (6) 检查安全生产状况，及时排查事故隐患，提出改进建议。 (7) 制止和纠正违章指挥、强令冒险作业、违反操作规程的行为。 (8) 负责对安全标志的设置和维护、消防器材的配备和维护的专项检查，负责对安全监测和安全用具检查工作进行监督。 (9) 参与安全事故的调查处理及监督整改工作。 (10) 督促做好安全生产台账管理和安全生产统计上报工作。 (11) 配合做好职业健康工作。

续表

序号	岗 位	主 要 职 责
5	巡查、养护项目部经理	(1) 全面负责本项目部安全生产工作,严格执行安全生产各项规定。 (2) 建立健全本项目部安全管理网络,配备合格的安全管理人员,落实全员安全生产责任。 (3) 组织制定和实施本项目部安全管理制度、操作规程和安全措施。 (4) 组织安全教育和培训等工作,及时处理职工提出的安全工作意见。 (5) 定期组织安全检查,落实隐患整改,保证生产设备设施、消防设施、防护器材和急救器材等处于完好状态,教育职工加强维护,正确使用。 (6) 组织各项安全生产活动,总结安全生产经验,表彰先进班组和个人。 (7) 执行劳动保护用品发放标准,落实职工对劳动保护用品的正确使用要求。
6	项目部班(组)长	(1) 带领本班组职工学习管理单位、巡查和养护公司及项目部安全生产规章制度,督促职工严守劳动纪律、按章作业。 (2) 定期组织本班组成员检查堤防工程建筑物、机电设备、安全用具和安全设施,使其经常处于良好状态。及时整理工作场所,保持整洁卫生。 (3) 经常组织本班组人员进行安全生产技术学习,推广安全生产经验,分析事故原因,提出改进措施。 (4) 负责对养护、维修、施工项目现场安全管理工作的组织、指导、检查,协助做好编制外用工的管理及安全监督。
7	项目部安全员	(1) 协助领导组织项目部人员学习安全生产知识、安全技术、规章制度。 (2) 经常检查堤防、穿堤涵闸水工建筑物、机电设备、管理设施、施工现场等方面的安全状况。 (3) 协助领导分析安全生产情况,并对事故隐患提出预防性措施和建议。 (4) 检查职工遵守安全规章制度和劳动纪律情况,有权制止职工在生产活动中的"三违"现象,教育职工正确使用个人防护用品。 (5) 及时准确地上报安全生产信息,做到不漏报、不瞒报。安全生产信息主要包括安全生产隐患月报、安全生产事故月报及其他需要上报的信息。
8	一般职工	(1) 自觉遵守安全生产规章制度和劳动纪律,不违章作业,并随时制止他人违章作业。 (2) 正确使用和爱护机电设施、安全用具和个人防护用品。 (3) 积极参加安全生产各项活动,主动提出改进安全生产工作的意见,真正做到"三不伤害"(不伤害别人、不伤害自己、不被别人伤害)。

12.3.3 全员参与

(1) 管理单位及堤防工程巡查、养护项目部应定期对安全监督管理人员的安全生产职责的适宜性、履职情况进行评估和监督考核。

(2) 建立激励约束机制,鼓励从业人员积极建言献策,对建言献策应有回复。

12.3.4 安全管理事项

(1) 按照堤防工程管理标准化和安全生产标准化的要求,管理单位及巡查、养护公司应制定、分解年度安全管理事项,编制年度安全管理事项清单,明确各阶段的安全生产重点工作任务。

(2) 安全管理事项清单应详细说明每个管理任务的名称、具体内容、实施的时间或频率、工作要求及形成的成果、责任人等。每个管理事项将明确责任对象,逐条逐项落实到岗位、人员,及时进行跟踪检查,发现问题偏差及时纠正、处理,确保各项任务按计划落实到位。管理单位安全管理事项清单参见本书第 3 章第 3.2.3 节相关内容。

(3) 管理单位及巡查、养护、施工项目部应建立安全管理事项落实情况台账资料,定期进行检查和考核。

12.3.5 安全生产投入

(1) 管理单位及巡查、养护公司应建立安全生产费用保障制度,明确安全生产费用的提取、使用、管理的范围、程序、职责及权限,按有关规定保证具备安全生产条件所必需的资金投入。

(2) 根据安全生产需要编制安全生产费用使用计划,并严格审批程序,建立安全生产费用使用台账。落实安全生产费用使用计划,并保证专款专用。

(3) 管理单位及各巡查和养护项目部应建立安全费用台账,记录安全费用的数额、支付计划、经费使用情况、安全经费提取和结余等资料。

(4) 安全费用使用范围:
①完善、改造和维护安全防护设施设备支出。
②配备、维护、保养应急救援器材支出和应急救援队伍建设与应急演练支出。
③开展重大危险源和事故隐患评估、监测监控和整改支出。
④安全生产检查、评价、咨询和标准化建设支出。
⑤配备和更新现场作业人员安全防护用品支出。
⑥安全生产宣传、教育、培训支出。
⑦安全生产使用的新技术、新标准、新工艺、新装备的推广应用支出。
⑧安全设施和特种设备检测检验支出。
⑨安全生产责任保险支出。
⑩其他与安全生产直接相关的支出。

(5) 管理单位安全生产领导小组每年1次对安全生产费用的落实情况进行检查、总结和考核,并以适当方式公开安全生产费用提取和使用情况。

(6) 按照有关规定,管理单位及巡查、养护公司应为从业人员及时办理相关保险。

12.3.6 安全生产信息化建设

管理单位及堤防工程巡查、养护项目部应加强安全生产信息化管理,及时将安全工作计划、安全教育培训、安全投入、安全风险管控和隐患自查自报、安全生产预测预警、应急管理等信息上报安全生产信息化系统,利用信息化手段加强安全生产管理工作。

12.4 制度化管理

12.4.1 法规标准识别

(1) 建立安全生产法律法规、标准规范管理制度,明确识别、获取、评审、更新等内容。安全监督部门(组室)应及时识别、获取适用的安全生产法律法规和其他要求,每年发布1次适用的清单,建立文本数据库。

（2）管理单位和堤防工程巡查、养护项目部应及时向班组成员传达并配备适用的安全生产法律法规和其他要求。

12.4.2 规章制度及操作规程

（1）及时将识别、获取的安全生产法律法规和其他要求转化为本单位规章制度，建立健全安全生产规章制度体系。安全生产规章制度清单见本书第2章第2.4.3节相关内容。

（2）引用或编制安全操作规程；新技术、新材料、新工艺、新设备设施投入使用前，组织编制或修订相应的安全操作规程，并确保其适宜性和有效性。

（3）各项目部应及时将安全生产规章制度和操作规程发放到相关作业人员；对相关人员进行培训、考核，严格贯彻执行安全生产规章制度和操作规程。

12.4.3 文档管理

（1）建立文件管理制度，明确文件的编制、审批、标志、收发、使用、评审、修订、保管、废止等内容，并严格执行。

（2）建立记录管理制度，明确记录管理职责及记录的填写、收集、标志、保管和处置等内容，并严格执行。管理单位安全生产台账目录如表12.4.1所示。

表12.4.1 堤防工程安全生产台账目录参考表

序号	名称	序号	名称
1	安全管理实施细则	16	重要项目安全管理专项方案
2	安全管理协议示范文本	17	安全技术交底记录表
3	安全管理事项一览表	18	安全生产活动记录
4	安全生产全年工作安排一览表	19	安全生产专项检查、监测、检测记录
5	安全生产组织机构图	20	安全鉴定、安全评价、设施设备评价、设施设备缺陷记录
6	安全生产职责、责任制、承诺书	21	险工险段及安全隐患排查治理资料
7	安全生产规章制度汇编	22	确权划界资料
8	网络安全管理制度汇编	23	工程保护资料（含涉河管理）
9	法律法规、规程标准及规范性文件清单	24	防汛管理资料
10	生产安全事故应急预案及预案演练资料	25	安全保卫消防管理等资料
11	特种作业人员持证上岗情况一览表	26	主要安全标志一览表
12	工程主要安全设施汇总表	27	危险源辨识、评级及风险控制资料
13	安全工器具汇总表	28	安全事故登记、上报、调查、处理资料
14	安全生产月度工作计划、总结、月报资料	29	安全工作年度总结及考核奖惩资料
15	安全培训、教育、宣传资料	30	年度安全生产大事记、有关资料图片

（3）建立安全生产档案管理制度，明确档案管理职责及档案的收集、整理、保管、使用和处置等内容，并严格执行。

（4）每年至少评估1次安全生产法律法规、标准规范、规范性文件、规章制度、操作规程的适用性、有效性和执行情况。根据评估、检查、自评、评审、事故调查等发现的相关问题，及时修订安全生产规章制度、操作规程。

（5）在完善安全管理台账的同时，按时向主管部门上报安全生产报表。

12.5　教育培训

12.5.1　教育培训管理

（1）建立安全教育培训制度，明确培训的对象与内容、组织与管理、检查和考核等要求。管理单位安全教育培训内容包括安全思想教育、安全规程教育和安全技术知识教育。

（2）定期识别安全教育培训需求，编制培训计划，按计划进行培训，对培训效果进行评价，并根据评价结论进行改进，建立教育培训记录、档案。

（3）人员安全教育培训详见本书第3章第3.3.1节中的"安全教育培训管理制度"相关内容。

12.5.2　安全文化建设

（1）确立管理单位及各项目部安全生产和职业病危害防治理念及行为准则，并教育、引导全体人员贯彻执行。

（2）制定安全文化建设规划和计划，开展安全文化建设活动，其安全文化活动应符合《企业安全文化建设导则》（AQ/T 9004—2008）的规定。

12.6　现场管理

12.6.1　信息登记

参见本书第2章第2.2.1节相关内容。

12.6.2　工程划界、保护管理、涉河建设项目和活动管理、河道清障

参见本书第2章第2.2.4节、第2.2.7节、第2.2.5节和第2.2.6节相关内容。

12.6.3　设施设备管理

1. 基本要求

（1）明确堤防、穿堤涵闸重点部位的安全管理应符合以下规定：设计、建设和验收档案齐全；按规定定期开展工程观测；维修、养护、巡查和观测资料准确、完整；安全防护设施和警示标志充分、完好。

黄浦江上游堤防岸线较长，管理范围较广，涉及的设施设备档案资料众多，因历史原因导致基础资料存在缺失、底账不清的现象。应摸清基础资料底账，厘清防汛墙结构形

式;加快各岸段基础资料、河床泥面资料的收集、整理、归档,办理产证、移交手续。

(2) 按规定进行安全鉴定,评价安全状况,评定安全等级,并建立安全技术档案;堤防安全评价按《堤防工程安全评价导则》(SL/Z 679—2015)执行;穿堤涵闸安全评价按《水闸安全评价导则》(SL 214—2015)执行。

(3) 堤防、穿堤涵闸检查、养护达到设计防洪(或竣工验收)标准。

(4) 其他工程设施工作状态应正常,在一定控制运用条件下能实现安全运行。

2. 土工建筑物、石工建筑物、混凝土建筑物、防汛道路、水务桥梁、穿堤建筑物

详见本书第 5 章第 6.5 节、第 6.6 节、第 6.7 节相关内容。

3. 信息化系统

详见本书第 2 章第 2.5 节相关内容。

4. 安全设施管理

(1) 堤防专项维修在建项目安全设施必须执行"三同时"制度。

(2) 临边、孔洞、沟槽等危险部位的栏杆、盖板等设施齐全、牢固可靠。

(3) 高处作业等危险作业部位按规定设置安全网等设施。

(4) 垂直交叉作业等危险作业场所设置安全隔离棚。

(5) 机械、传送装置等的转动部位安装防护栏等安全防护设施。

(6) 临水和水上作业有可靠的救生设施。

(7) 暴雨、台风等极端天气前后组织有关人员对安全设施进行检查或重新验收。

5. 特种设备管理

(1) 按规定进行登记、建档、使用、维护保养、自检、定期检验以及报废。

(2) 定期检验、检查、使用、保养以及运行故障和事故等记录应齐全、规范。

(3) 制定特种设备事故应急措施和救援预案。

(4) 建立特种设备技术档案,其档案应包括设计文件、制造单位产品质量合格证明、使用维护说明以及安装技术文件和资料。

(5) 对新设施设备按规定进行验收,达到报废条件的及时向有关部门申请办理注销;设备安装、拆除及报废应办理审批手续,拆除前应制定方案。

12.6.4 防汛管理

1. 完善防汛组织

每年汛前,调整完善防汛组织,落实防汛责任制,签订防汛责任书;根据抢险需求和工程实际情况,确定抢险队伍的组成、人员数量和联系方式,明确抢险任务并明确职责,落实抢险设备要求,开展防汛抢险队伍培训等;建立防汛沟通联络机制;完善各项汛期工作制度,认真制定汛期工作计划。

2. 加强汛前检查

按相关规程和上级要求,进行汛前堤防设施检查、观测、养护,并形成汛前检查报告上报主管部门。

3. 完善和落实方案

(1) 修订防汛预案和险工险段抢险方案并上报;开展防汛演练,制定演练计划、方案,

并组织实施和总结。

（2）根据防汛预案落实各项度汛措施，准备各种防汛基础资料，图表准确规范；落实防汛通信措施，及时维护通信线路、运输设备，保障通信畅通、防汛运输设备完好；按期完成度汛应急养护项目，对跨汛期的维修养护、除险加固、涉河建设项目等，应制定安全度汛方案报主管部门审核备案。

（3）建立健全防汛物料储备制度，根据《上海市防汛物资储备定额（2014）》储备一定数量的防汛物料和抢险工具；加强防汛仓库和物料管理，落实专人管理，防汛物料存储规范，台账建立清晰，抢险设备和器具完好；编制防汛物资调配方案和防汛物资储备分布图或防汛物资抢险调运图，确保调运及时、方便。同时，按规定程序做好防汛物资调用、报废及更新工作。

4. 加强汛期管理

（1）执行上级调度指令，按时准确进行堤防、穿堤涵闸的调度运用，保证发挥工程效益；穿堤涵闸运行应严格执行《水闸技术管理规程》（SL 75—2014）、《水闸和水利泵站维修养护技术标准》（DG/TJ08—2428—2024）规定。

（2）严格执行汛期防汛值班制度、领导带班制度、请示制度和请假制度。加强汛期防汛值班，密切注意水情，及时了解水文、气象预报，准确及时执行上级指令。

（3）加强汛期巡视检查和观测，落实巡视人员、内容、频次、记录、信息上报等，掌握堤防工程状况，发现问题及时处理。

（4）做好防汛信息报送和突发险情处置报告工作。当上海市、区发布汛情警报或紧急警报时，全体工作人员到岗到位，加强值班，关注汛情，随时准备参与防汛抢险工作；一旦发现险情，及时准确报告，落实抢险预案，险情抢护措施得当。

（5）做好汛后相关工作。开展汛后工程检查、观测、维修养护工作，并做好记录、资料整理；做好防汛工作总结并上报主管部门；根据汛期专项检查、汛后检查等情况，编报下年度维修养护计划。

12.6.5　作业行为管理

详见本书第 3 章第 3.3.1 节"作业活动安全管理制度"相关内容。

12.6.6　危险化学品管理

（1）管理单位及各项目部应建立危险化学品的管理制度。

（2）购买、运输、验收、储存、使用、处置等符合规定，并按规定登记造册。

（3）危险化学品的警示性标签和警示性说明及其预防措施符合规定。

12.6.7　交通安全管理

（1）建立交通安全管理制度，遵守和执行国家、各级政府相关规范和制度中有关驾驶安全的要求和规定。

（2）定期对车船进行维护保养、检测，保证其状况良好。

（3）明确机动车驾驶员职责，严格安全驾驶行为管理。

12.6.8 安全保卫

（1）管理单位及各项目部应建立或明确安全保卫机构，制定安全保卫制度。

（2）重要设施和生产场所的保卫方式按规定设置。

（3）定期对防盗报警、监控等设备设施进行维护，确保运行正常。

（4）出入登记、巡逻检查、治安隐患排查处理等内部治安保卫措施完善。

（5）制定相关突发事件处置预案并定期演练。

12.6.9 消防安全管理

（1）建立消防管理制度，健全消防安全组织机构，落实消防安全责任制。

（2）防火重点部位和场所配备足够并完好有效的消防设施、器材。

（3）建立消防设施、器材台账；严格执行动火审批制度。

（4）定期开展消防培训和演练。

（5）建立防火重点部位或场所档案管理台账。

12.6.10 岗位达标

（1）建立班组安全活动管理制度，明确岗位达标的内容和要求。

（2）开展安全生产和职业卫生教育培训、安全操作技能训练、岗位作业危险预知、作业现场隐患排查、事故分析等岗位达标活动并做好记录。

（3）从业人员应熟练掌握本岗位安全职责、安全生产和职业卫生操作规程、安全风险及管控措施、防护用品使用、自救互救及应急处置措施。

12.6.11 相关方管理

（1）严格审查施工单位资质和安全生产许可证，并在发包合同中明确安全要求。

（2）与进入本单位管辖的堤防工程管理范围内从事检修、施工作业的单位签订安全生产协议，明确双方安全生产责任和义务。

（3）对进入堤防管理范围内从事检修、施工作业的过程实施有效监督。

12.6.12 职业健康

（1）管理单位及各巡查、养护项目部应建立职业健康管理制度，明确职业危害的监测、评价和控制的职责和要求。

（2）按照法律法规、规程规范的要求，为从业人员提供符合职业健康要求的工作环境和条件，配备相适应的职业病防护设施、防护用品。

（3）对从事接触职业病危害的作业人员应按规定组织职业健康检查，建立健全职业卫生档案和职工健康监护档案；按规定给予职业病患者及时治疗、疗养；患有职业禁忌证的职工应及时调整到合适岗位。

（4）与堤防工程从业人员订立劳动合同时，应如实告知工作过程中可能产生的职业危害及其后果和防护措施。

（5）按照有关规定，在醒目位置设置公告栏，公布有关职业病防治的规章制度、操作规程、职业病危害事故应急救援措施和工作场所职业病危害因素监测结果。

（6）加强对防护器具管理，指定专人负责保管、定期校验和维护各种防护用具，确保其处于正常状态。

12.6.13　警示标志

（1）按照规定和现场的安全风险特点，在有重大危险源、较大危险因素和职业危害因素的工作场所，设置明显的安全警示标志和职业病危害警示标志，告知危险的种类、后果及应急措施等。

（2）在危险作业场所设置警戒区、安全隔离设施。定期对警示标志进行检查维护，确保其完好有效并做好记录。

（3）警示标志的采购质量严格执行相关规定，验收合格后方可使用；安装应符合规范要求；定期检查维护，确保完好。

12.7　安全风险管控与隐患排查治理

12.7.1　安全风险管理

（1）建立堤防工程安全风险管理制度，明确风险辨识与评估的职责、范围、方法、准则和工作程序等内容。

（2）管理单位及各项目部应依据《水利水电工程施工危险源辨识与风险评价导则（试行）》（办监督函〔2018〕1693号）、《水利水电工程（水库、水闸）运行危险源辨识与风险评价导则（试行）》（办监督函〔2019〕1486号）、《水利水电工程（堤防、淤地坝）运行危险源辨识与风险评价导则（试行）》（办监督函〔2021〕1126号）等规定要求，定期对堤防工程安全风险进行全面、系统的辨识，对辨识资料进行统计、分析、整理和归档；对所辨识存在安全风险的作业活动、设备设施、物料等进行评估。

（3）管理单位堤防工程危险源辨识与风险评价参考范围如表12.7.1所示。

表12.7.1　堤防工程危险源辨识与风险评价参考范围

序号	分　项	序号	分　项
1	堤防、穿堤涵闸建（构）筑物	9	备用电源
2	物资仓库及危险化学品	10	特种设备
3	档案室	11	工程（含穿堤涵闸）调度及超标准运行
4	办公生活区管理设施	12	防汛防台
5	电气设备	13	防汛闸门启闭机运行
6	金属结构和机械设备	14	运行前检查
7	辅助设备	15	运行巡视
8	信息化系统	16	运行及作业职业危害

续表

序号	分 项	序号	分 项
17	机械设备维修养护	35	消防巡查及动火作业
18	电气设备维修养护	36	管理组织不到位
19	水工建筑物维修养护	37	技术性策划不到位
20	房屋工程维修养护	38	项目分包
21	高处作业	39	安全管理制度和责任制落实不到位
22	水上水下作业	40	安全设施及安全标志不完善
23	高温作业	41	工程范围保护不力
24	电焊作业	42	水环境污染
25	有限空间作业	43	安全保卫不到位
26	脚手架工程	44	安全教育缺失
27	施工临时用电	45	变更管理不规范
28	汛前、汛后检查保养	46	项目物资采购不当
29	工程观测和监测	47	相关方管理危险源因素
30	交叉作业	48	应急准备不充分、不合理或恢复不及时
31	破土作业	49	自然灾害、现场条件危险源因素
32	绿化养护	50	勘察设计及施工缺陷
33	工程保洁	51	专项工程验收失职
34	水上及陆域交通		

（4）根据评估结果，确定安全风险等级，实施分级分类差异化动态管理。安全风险等级从高到低划分为重大风险、较大风险、一般风险和低风险，分别用红、橙、黄、蓝4种颜色标示；制定并落实相应的安全风险控制"四色清单"或措施（包括工程技术措施、管理控制措施、个体防护措施等）。

（5）在堤防工程重点区域设置安全风险公告栏，针对存在安全风险的岗位制作风险告知卡，明确主要安全风险、隐患类别、事故后果、管控措施、应急措施及报告方式等内容。

（6）将评估结果及所采取的控制措施告知从业人员，使其熟悉工作岗位和作业环境中存在的安全风险。

12.7.2 堤防工程安全评价

（1）根据《堤防工程安全评价导则》（SL/Z 679—2015）编制堤防安全评价计划，报主管部门审定。

①开展基础资料收集、运行管理评价、工程质量评价。
②进行防洪标准复核、渗流安全性复核、结构安全性复核。
③进行堤防工程安全综合评价。
④组织召开审查会议，形成安全评价报告书。
⑤根据安全评价结论，开展除险加固或工程维修。

（2）堤防工程安全评价根据其级别、类型、历史等情况定期组织进行；出现较大洪水、发现严重隐患时及时进行。

12.7.3 重大危险源辨识和管理

（1）管理单位及堤防工程各项目部应建立重大危险源管理制度，明确重大危险源辨识、评价和控制的职责、方法、范围、流程、措施等要求。

（2）对管理单位管辖的堤防、穿堤涵闸、专项工程施工的装置、设施或场所，以及自然环境进行重大危险源辨识，对确认的重大危险源应进行安全评估，确定等级，登记建档，按规定进行备案，并制定管理措施和应急预案。

（3）对重大危险源进行监控，包括采取技术措施（设计、建设、运行、维护、检查、检验等）和组织措施（职责明确、人员培训、防护器具配置、作业要求等）。

（4）在重大危险源现场设置明显的安全警示牌和危险源告知牌，安全警示牌设置符合规范要求，危险源告知牌应明确主要安全风险、隐患类别、事故后果、管控措施、应急措施及报告方式等内容。

12.7.4 隐患排查治理

（1）管理单位及堤防工程各项目部应建立隐患排查治理制度，明确排查的责任部门和人员、范围、方法和要求等，逐级建立并落实从主要负责人到相关从业人员的事故隐患排查治理和防控责任制度。

（2）管理单位及堤防工程各项目部应组织制定各类活动、场所、设备设施的隐患排查治理标准或排查清单，明确排查的时限、范围、内容、频次和要求，并组织开展相应的培训。隐患排查的范围应包括与堤防工程运行维护相关的各类活动、场所、设备设施，以及相关方服务范围。

（3）按照有关规定，结合堤防工程安全生产的需要和特点，采用定期综合检查、专项检查、季节性检查、节假日检查和日常检查等方式进行隐患排查，对排查出的事故隐患及时书面通知有关部门，定人、定时、定措施进行整改。

（4）隐患排查实行事故隐患排查与安全生产检查相结合，与环境因素识别、危险源识别相结合，与日常检查、定期检查、节假日检查、专项检查相结合的方式。

（5）堤防工程日常安全检查、定期检查、节假日检查、专项检查的具体检查内容、检查要求、检查周期详见本书第3章第3.3.1节中的"生产安全事故隐患排查治理制度"相关内容。

（6）对堤防工程生产安全事故隐患进行分析评价，确定隐患等级，并登记建档，包括将相关方排查出的隐患纳入管理单位隐患管理。

（7）对于一般事故隐患应按照责任分工立即或限期组织整改。对于重大事故隐患，由主要负责人组织制定并实施事故隐患治理方案，治理方案应包括目标和任务、方法和措施、经费和物资、机构和人员、时限和要求，并制定应急预案。在事故隐患治理过程中，应当采取相应的监控防范措施。重大事故隐患排除前或排除过程中无法保证安全的，应从危险区域内撤出作业人员，疏散可能危及的人员并设置警示标志。

（8）对于排查出的堤防工程生产安全重大事故隐患及险工险段应根据有关要求立即

上报,并做好应急处置工作;对险工险段应落实度汛措施和应急处置方案,落实防汛责任单位、责任人、防汛抢险队伍、抢险物资、后续整改计划等。

(9)隐患治理完成后,按规定对治理情况进行评估、验收。重大事故隐患治理工作结束后,应组织安全管理人员和有关技术人员进行验收或委托专业机构进行评估。

(10)管理单位及堤防工程巡查、养护项目部应落实专人负责隐患排查与治理的统计分析和资料整理。每月至少进行1次统计分析,及时将隐患排查治理情况向从业人员通报。资料应包含隐患整改前、整改中、整改后全过程。所有资料应真实、准确、完整。

12.7.5 预测预警

(1)管理单位应根据堤防工程隐患排查治理及风险管理、事故等情况,运用定量或定性的安全生产预测预警技术,建立堤防工程管理单位安全生产预测预警体系。预测预警体系包括生产安全事故综合应急预案、专项应急预案、现场处置方案。管理单位及堤防工程各巡查、养护项目部应按有关法律法规和《生产经营单位生产安全事故应急预案编制导则》(GB/T 29639—2020)要求,结合堤防工程危险源状况、危险源分析情况和可能发生的事故特点,制定相应的应急预案。

(2)管理单位生产安全事故综合应急预案包括总则、事故风险描述、应急组织与职责、预警预防、应急响应、信息发布、后期处理、保障措施、应急预案管理、附则、应急救援联络方式及应急救援物资清单等。

(3)黄浦江上游堤防工程专项应急预案和现场应急处置方案清单如表12.7.2所示。

表12.7.2 黄浦江上游堤防工程专项应急预案和现场应急处置方案清单

序号	分 项	序号	分 项
1	防汛防台专项应急预案	10	堤防险工薄弱岸段专项应急预案
2	火灾事故专项应急预案	11	水污染专项应急预案
3	触电事故专项应急预案	12	交通事故现场处置方案
4	物体打击专项应急预案	13	高温中暑现场处置方案
5	高处坠落专项应急预案	14	溺水事件现场处置方案
6	机械伤害专项应急预案	15	社会治安突发事件现场处置方案
7	有限空间作业专项应急预案	16	水上安全突发事件现场处置方案
8	高温中暑专项应急预案	17	外来人员强行进入生产现场处置方案
9	穿堤涵闸工程运行突发事件专项应急预案		

(4)管理单位及堤防工程巡查、养护项目部每年应组织1次安全生产风险分析,通报安全生产状况及发展趋势,及时采取预防措施。

(5)管理单位应加强与气象、水文和所在地区防汛等部门的沟通,密切关注相关信息,接到自然灾害报告时,及时发出预警并采取应急措施。

(6)管理单位应积极引进应用定量或定性的安全生产预警预测技术,建立安全生产状况及发展趋势的预警预测体系。

12.8 应急管理和事故管理

12.8.1 应急准备

(1) 管理单位及堤防巡查养护公司、专项工程施工单位应按规定建立应急管理组织机构,指定专人负责应急管理工作;建立健全应急工作体系,明确应急工作职责。

(2) 在开展安全风险评估和应急资源调查的基础上,建立健全生产安全事故应急预案体系,制定生产安全事故应急预案,针对安全风险较大的重点场所(设施)编制重点岗位、人员应急处置卡;按有关规定报备,并通报有关应急协作单位。

(3) 建立与管理单位安全生产特点相适应的专(兼)职应急救援队伍或指定专(兼)职应急救援人员。必要时可与邻近专业应急救援队伍签订应急救援服务协议。

(4) 根据本单位(项目部)可能发生的事故种类特点,设置应急设施,配备应急装备,储备应急物资,建立管理台账,安排专人管理,并定期检查、维护、保养,确保其完好、可靠。

(5) 根据本单位(项目部)的事故风险特点,每年组织1次综合应急预案演练或者专项应急预案演练,每半年组织1次现场处置方案演练,做到一线从业人员参与应急演练全覆盖,掌握相关的应急知识。对演练进行总结和评估,根据评估结论和演练发现的问题,修订、完善应急预案,改进应急准备工作。

12.8.2 应急处置和评估

(1) 事故发生后,管理单位及相关项目部应立即启动相关应急预案,采取应急处置措施,开展事故救援,必要时寻求社会支援。

(2) 应急救援结束后,应尽快完成善后处理、环境清理等工作。

(3) 管理单位每年应进行1次应急准备工作的总结评估。完成险情或事故应急处置结束后,应对应急处置工作进行总结评估。

12.8.3 事故报告

(1) 管理单位应建立事故报告、调查和处理制度,明确事故报告(包括程序、责任人、时限、内容等)、调查和处理内容(包括事故调查、原因分析、纠正和预防措施、责任追究、统计与分析等),应将造成人员伤亡(轻伤、重伤、死亡等人身伤害和急性中毒)、财产损失(含未遂事故)和较大涉险事故纳入事故调查和处理范畴。

(2) 事故发生后,管理单位及相关项目部应按照有关规定及时、准确、完整地向有关部门报告,事故报告后出现新情况应当及时补报。

12.8.4 事故调查和处理

(1) 事故发生后,管理单位及相关项目部应采取有效措施,防止事故扩大,并保护事故现场及有关证据。

(2) 事故发生后,管理单位应按照有关规定,组织事故调查组对事故进行调查,查明事故发生的时间、经过、原因、波及范围、人员伤亡情况及直接经济损失等。事故调查组应根据有关证据、资料，分析事故的直接、间接原因和事故责任，提出应吸取的教训、整改措施和处理建议，编制事故调查报告。

（3）事故发生后，由有关人民政府组织事故调查的，管理单位和相关责任单位应积极配合开展事故调查。

（4）管理单位和相关责任单位应按照事故"四不放过"的原则进行事故处理。

（5）管理单位和相关责任单位应妥善处理伤亡人员的善后工作，并按规定办理工伤认定，并保存档案。

（6）管理单位应建立事故档案和事故管理台账，定期对事故进行统计分析。

12.9 绩效评定及持续改进

12.9.1 绩效评定

（1）管理单位应建立安全生产绩效评定制度和安全生产专项考核制度，明确评定和考核的组织、时间、人员、内容与范围、方法与技术、报告与分析等要求。

（2）管理单位主要负责人每年应组织1次安全生产实施情况的检查评定和安全生产专项考核，验证各项目部对各项安全生产制度措施的适宜性、充分性和有效性，检查安全生产管理工作目标、指标的完成情况，提出改进意见，形成评定和考核报告。

（3）管理单位应将安全生产检查评定和考核结果纳入年度合同考评。

（4）管理单位应落实安全生产报告制度，定期向上级及有关部门报告安全生产情况。

12.9.2 持续改进

根据安全生产标准化绩效评定结果和安全生产预测预警系统所反映的趋势，管理单位应客观分析本单位安全生产管理体系的运行质量，及时完善相关规章制度和操作规程，调整安全管理事项、年度安全生产目标、工作计划和措施，不断提高安全生产绩效。

第13章

绿色堤防样板段建设标准化

13.1 范围

绿色堤防样板段建设标准化指导书适用于黄浦江上游绿色堤防样板段建设和管理，上海其他绿色堤防样板段建设和管理可参考执行。

13.2 规范性引用文件

下列规范性引用文件适用于绿色堤防样板段建设标准化指导书。
《堤防工程设计规范》（GB 50286—2013）；
《企业安全生产标准化基本规范》（GB/T 33000—2016）；
《风景名胜区总体规划标准》（GB/T 50298—2018）；
《水土保持综合治理验收规范》（GB/T 15773—2008）；
《安全标志及其使用导则》（GB 2894—2008）；
《堤防隐患探测规程》（SL/T 436—2023）；
《堤防工程管理设计规范》（SL/T 171—2020）；
《堤防工程安全评价导则》（SL/Z 679—2015）；
《堤防工程安全监测技术规程》（SL/T 794—2020）；
《水利风景区规划编制导则》（SL 471—2010）；
《水利风景区评价规范》（SL/T 300—2023）；
《水利旅游项目综合影响评价标准》（SL 422—2008）；
《黄浦江两岸滨江公共空间建设标准》（DG/TJ08—2373—2023）；
《上海市黄浦江和苏州河堤防维修养护技术规程》（SSH/Z 10007—2017）；
《上海市城市总体规划（2017—2035）》；
《上海市生态廊道体系规划（2017—2035）》；
《黄浦江沿岸地区建设规划（2018—2035）》；
《上海市防洪除涝规划（2020—2035）》；
《长三角生态绿色一体化发展示范区水利规划（2020—2035）》；
《上海市黄浦江防汛墙保护办法》（上海市人民政府令52号，2010年12月20日修正）；

《上海市河道绿化建设导则》(2009年1月1日起实施);
《国家水情教育基地管理办法》(办宣〔2018〕235号);
《水利风景区管理办法》(水综合〔2022〕138号);
《上海市河道绿化彩化珍贵化效益化工作实施方案》(2019年12月9日发布);
黄浦江上游堤防长效管理、更新改造、绿色长廊建设、水文化建设等规划。

13.3 绿色堤防样板段概念和分类

13.3.1 绿色堤防样板段概念

绿色堤防样板段是指在堤防工程管理中树立的具有规划的前瞻性、管理的规范性、资源的特色性、推广的示范性的标准化样板岸段,是通过规划、设计、建设、管理,达到具有"安全堤防、生态堤防、景观堤防、文化堤防、智慧堤防"特色的样板岸段。绿色堤防样板段建设和管理是上海市堤防工程标准化管理的"升级版",是构建科学高效的堤防工程管理体系的新要求,是在制度化、规范化管理的基础上,进一步把握发展方向、明确管理事项、完善管理制度、落实工作标准、规范操作流程,提高执行力、管理成效和社会形象的具体行动,是通过树立样板、以点带面、对标达标,确保堤防工程管理提档升级、发挥引领示范作用、筑牢城市安全防线、助力滨江品质提升的重要手段。

绿色堤防样板段基本特征是:具有安全可靠的防汛防台及引调水能力,规范高效的堤防工程运行管理模式,先进科学的信息化管理手段,保障有力的良性运行机制,素质较高的管理人才和运行养护队伍,生态文明及景色宜人的人文氛围。

13.3.2 绿色堤防样板段分类

绿色堤防样板段可分为综合型堤防样板段、特色型堤防样板段。其中特色型堤防样板段包括生态堤防样板段、景观堤防样板段、文化堤防样板段、安全堤防样板段4类。

13.4 绿色堤防样板段建设总体思路

13.4.1 指导思想

黄浦江上游绿色堤防样板段建设的指导思想是:以习近平新时代中国特色社会主义思想为指导,立足新发展阶段,贯彻新发展理念,构建新发展格局,深入践行"人民城市人民建,人民城市为人民"重要理念,贯彻"节水优先、空间均衡、系统治理、两手发力"的治水方针,秉承上海市"生态为先、安全为重、人民为本、文化为魂"的河道规划建设基本思路,明确样板段建设的理念、目标和基本要求,统筹协调相关要素;以严守城市安全为底线,以建立标准化管理体系为核心,坚持建设与管理并重,工程措施和非工程措施结合,重塑河道堤防在城市格局中的生态、社会、人文效应,助力上海创新之城、人文之城、生态之城建设,促进上海滨江沿河陆域水岸联动,协调发展。

13.4.2 基本策略

1. 坚持高位谋划,拓展提升公共空间

遵循建设目标、总体框架和建设布局,抓好黄浦江上游绿色堤防样板段统一规划,树立由"主要重视安全保障"向"全面构建复合功能"转变、由"单一生产功能"向"生产、生活、生态"综合功能转变、由"水利工程设计"向"整体空间设计"转变的样板段规划设计理念。

2. 坚持监管并重,聚焦重点板块建设

聚焦样板段各功能板块,重点推进区域开发建设与功能提升,凸显重点功能板块的引领辐射带动作用。实行防洪排涝调水并举、建设管理改革并进,重视加固改造和管理设施建设,提高堤防综合保障能力,促进经济效益、社会效益和生态效益有机统一。

3. 集聚核心功能,增加社会服务能力

围绕核心功能承载,增强科技创新功能集聚,挖掘黄浦江上游文化内涵,激发文旅融合新动能。坚持依法行政,协同水利综合执法。强化数字孪生、大数据、人工智能、区块链等技术的应用研究,瞄准智慧水利建设核心问题,增强科技创新对样板段建设的推动作用。

4. 坚持共促共进,加强整体统筹协调

根据黄浦江上游所在区域发展基础及发展特色,联合地方政府,整体统筹产业布局,把握区域功能发展导向,加强主导功能的能级提升,实现错位互补,统筹规划、建设、管理三大环节,统筹滨水和腹地一体发展,统筹功能、空间、风貌、生态、交通等专项规划编制及实施,与高校、科研院所互联互动、互学互鉴,探索共赢模式。

13.4.3 体系建设

构建黄浦江上游绿色堤防样板段建设标准化体系,主要包括以下方面:
(1) 以防汛防台和活水畅流为基础,构建安全可靠的堤防工程设施体系。
(2) 以标准化和信息化为推进器,构建规范科学的堤防工程巡查养护体系。
(3) 以生态文明建设为契机,构建良性循环的生态资源保护体系。
(4) 以水利风景区建设为抓手,构建独具特色的都市风景环境体系。
(5) 以水文化建设为主线,构建亮点纷呈的黄浦江上游地域文化体系。
(6) 以可持续发展为目标,构建保障有力的堤防发展支撑体系。

13.4.4 建设目标和发展方向

力争到 2030 年,通过绿色堤防样板段建设和以点带面,黄浦江上游堤防建成体现现代化国际大都市发展能级和核心竞争力,文化内涵丰富,具有区域辐射效应和全面实现标准化管理的滨水生态走廊。

(1) 打造以全面达标为主、特色型为辅的综合型绿色堤防样板。积极创造条件,创建上海市级以上堤防工程标准化管理评价典型工程。
(2) 打造以生态风光带为主,景观和文化建设为辅的生态堤防样板。积极创造条件,创建上海市生态示范区达标单位或长三角生态绿色一体化示范区。

（3）打造以自然景观（或工程景观）为主，工程景观（或自然景观）和人文景观为辅的堤防景区。积极创造条件，创建上海市级以上水利风景区。

（4）打造以宣传展示水文化和精神文明建设等成果的文化堤防样板。积极创造条件，创建上海市级以上水情教育基地、爱国主义教育基地、精神文明建设示范点。

（5）积极创造条件，创建上海市级以上安全生产标准化管理单位。

13.5 绿色堤防样板段建设中的设施安全

安全堤防样板段是指设防达标、结构可靠、通道贯通、行洪安全、措施到位、管理精细的堤防样板岸段。

13.5.1 建设目标

1. 设防达标，结构可靠

堤防工程达到区域设防标高，结构满足使用要求。

2. 行洪安全，通道畅达

设施建设不影响行洪排涝，防汛通道畅通无断点。

3. 空间开放，功能健全

水岸联动空间开放，腹地多元功能复合。

4. 设施完善，管理精细

堤防工程配置完善，安全警示标志明显，配套设施利于标准化管理。

13.5.2 创建条件

安全堤防是创建绿色堤防的基础。应在确保结构及附属设施安全的同时，综合考虑河道防洪、排涝和引调水安全，确保黄浦江上游滨水公共空间的设施安全、公共活动安全。

13.5.3 总体要求

黄浦江上游样板段堤防工程均达到设防标准，堤防工程无重大事故隐患，防汛通道畅通，基本做到结构形式最优化、监测预警智能化、应急保障规范化、隐患排查治理常态化。样板岸段应配备并逐步完善安全警示标志、监测预警设施、应急救援装备、疏散避难场所以及安全信息网络等。

13.5.4 分类指导

（1）滨水贯通段。在确保堤防安全的前提下，通过规划建设实现滨水贯通段的景观功能、生态功能、文化功能以及智慧功能等。包括开展堤防、亲水栈道、景观平台等自身安全，施工临时设施安全以及后续管理的安全设计。

（2）河道缩窄弯道段。着重应对撞击等紧急事件的安全设计，加强堤防的防撞设施建设；增设防撞设施，增设警示标志和救生设备。

（3）管线穿越段。着重进行日常监管的安全设计和建设，加强堤防（防汛墙）的日常巡查和观测，制定专项应急预案。

（4）特殊结构段。对于综合利用岸段等特殊结构段的堤防安全，应根据岸段提升要求制定专项提升方案。

（5）堤防（防汛墙）设计结构断面应满足现行国家、行业和上海市地方标准所规定的安全性要求，应满足设防标高达标、结构安全性达标和渗流安全性达标。

针对黄浦江上游堤防堤身断面、护堤地（面积）未能保持设计或竣工验收的尺度状况，应进行系统梳理和专业测量，对比原设计断面整理汇总不足之处，制定相对应堤身覆土方案，并组织实施。对岸后排水问题应进行专题研究，辅以土体渗透压力和渗漏量监测、防汛墙墙体位移或应力监测、河道水位和地下水位监测等技术手段。

（6）防汛墙衔接设计应处理好上下游、近远期的关系，做到防汛封闭防线的闭合。对于有防汛闸门、闸门井以及潮拍门的岸段，应做好日常维修养护，确保正常使用功能。对出现破损、漏水、闸门缺失、闸门废弃等情况的穿堤建筑物应进行修缮改造。

（7）防汛通道的设计应结合陆域腹地实际情况处理近远期的关系，做到连续畅达。针对部分企业岸段属性变更段、支河口跨度较小处的防汛通道现状，应加快实施防汛通道贯通工程。

（8）改造加固堤防（防汛墙）宜考虑河道规划要素确定实施方案。应分析阻水壅水构筑物（亲水栈道、跨河桥梁等）对过流能力的影响，确保河道防洪排涝功能的正常发挥。

（9）堤防（防汛墙）生态安全设计应充分考虑植物生长的空间，明确安全种植距离，避免深根性植物影响堤防安全；需依托现有结构的，可采取墙前平台、墙后地势造坡、墙上挂置花篮、墙后设种植槽等方法，不得破坏现状结构。对现状防汛墙边界条件有改动的，应对结构稳定进行复核，确保安全后方可实施。

（10）亲水设施不能影响河道正常功能的发挥。

（11）滨水公共空间内相关建设内容应满足《上海市河道管理条例》要求，新建建筑工程应设置在河道陆域控制线以外；在堤防管理范围外从事的滨水公共空间建设等相关活动不得危害堤防设施安全；滨水公共空间的开放，应为市民、游客在滨江开展各种活动提供安全防护、安全预警、应急救援和疏散避难等安全保障，严控公共安全风险，保证公共活动安全；灯光、栏杆、标志牌、警示牌、视频监控、信息管线、小品及座凳等公共配套设施的设计与安装，不得影响防汛墙结构安全及日常巡查维护。

（12）推广应用新技术、新材料，包括组合式金属防洪挡板、组合式装配式挡墙等。

（13）堤防（防汛墙）工程施工应严格按照设计要求和质量检验验收规范的要求进行，确保工程施工质量，避免工程安全事故发生。

（14）堤防设施的维修养护责任单位对安全工作应进行动态监管，制定一事一档制度，实行持续跟踪，保持安全隐患在可控范围内；落实堤防设施的巡查制度，按照规定要求进行巡查，及时处理存在安全隐患的岸段；加大行政执法力度，完善执法监督办法，杜绝人为安全隐患发生。

（15）做好堤防安全鉴定工作。编制堤防工程安全鉴定、安全评价计划；开展堤防工程安全现状调查;落实安全检测单位;组织现场检测,提供相关资料。对可能发生隐患的堤段按照《堤防隐患探测规程》(SL/T 436—2023)进行堤身、堤基探测检查;按照《堤防工程安全评价导则》(SL/Z 679—2015)、《上海市黄浦江防汛墙安全鉴定暂行办法》(沪水务〔2003〕829号)组织安全复核和评价;做好安全评价(鉴定)报告审查、上报及归档工作;落实安全评价(鉴定)意见。

(16) 重视堤防除险加固。做好除险加固或大修规划、设计及实施计划编制工作。除险加固和专项工程设计方案应符合《堤防工程设计规范》(GB 50286—2013)、《堤防工程管理设计规范》(SL/T 171—2020)等要求。设防标高不足的应进行防汛墙接高处理;结构稳定性不足的,分别针对整体稳定不达标、抗滑移稳定性不达标和基地应力比不满足要求三类情况,采取有效措施;防汛墙防渗安全性不达标或者存在渗漏的,要根据渗漏发生的原因、部位和危害程度以及修复条件等,按照"以堵为主,辅以疏导"的原则,进行封堵和延长渗径;同时,按水利工程建设程序和相关规定抓好除险加固和专项工程实施中的安全、质量、进度、经费控制和环境管理,做好工程验收工作。

13.6 绿色堤防样板段建设中的生态文明

生态堤防样板段是指以现代水利工程学、生态学、环境科学和生物学等跨学科领域的综合原理为引导,树立"生态与水环境"协调的新理念,依照自然规律,在保持平衡的河道生态系统的基础上,使堤防空间生态恢复与水环境明显改善的样板岸段。

13.6.1 建设目标

1. 修复优先,辅以新建
加强生态保护与修复,在现有生态系统修复的基础上提升效益生态。
2. 绿化提质,层次交错
挖潜滨河公共空间,丰富滨河景观,水域至陆域错落有致,提升视觉层次感。
3. 示范引领,推广复制
低影响开发,种类可用范围长,利于效果达标后的可持续、可复制推广。
4. 水源保护,环境提升
遵循水源地保护原则,保证水质稳定达标,改善水生物生境条件。

13.6.2 创建条件

生态堤防样板段的创建条件应秉持"有景可观、有地可用、有意可立"的原则,重点集中在如下条件和环境岸段。

1. 周边环境条件
选择靠近公园、桥梁、重要建筑物、重要地标等地段,在符合流域水利规划、区域水利规划和城市总体规划要求的前提下,做到有景可观;充分考虑黄浦江上游堤防的地域背景和重要性,结合滨水绿地风貌的需要构建生态系统和实现生态可持续发展。

2. 堤防结构条件

具备腹地较为开阔、结构较新、满足生态措施的叠加效应的条件,以 2 级防汛墙或大堤式结构为优;尽量保持岸线的天然形态,保留或恢复湿地、河湾、浅滩,适当扩大水域面积和绿地面积,保护岸后的天然植被;保证堤形多样化。

3. 墙前滩地创建条件

堤线布置应尽可能保留江河湖泊的自然形态,保留或恢复其蜿蜒性或分叉散乱状态;防汛墙墙前滩面在确保不影响通航的情况下,保持一定的浅滩宽度和植被空间,在保护墙前泥面的同时,为生物的生长发育提供栖息地,发挥河流自我净化功能;堤形的选择除满足工程渗透稳定和滑动稳定等安全条件外,还应结合生态保护或恢复技术要求,尽量采用当地材料和缓坡,为植被生长创造条件,保持河流的侧向连通性。

13.6.3　总体要求

针对黄浦江上游堤防工程现状,通过重建江、河堤防与周边地区的复合生态系统的连通性,恢复堤防的生态廊道功能,保持生物多样性以促进河流生态系统整体结构、功能和动态过程的可持续性,维护水生态系统健康。

(1) 根据生态堤防建设特点,开展堤防(防汛墙)、水文、水质、污染源等情况的调查与分析,收集河道相关规划、工程建设、调度运行及地形地质资料。

(2) 按照堤防管理长效化要求,编制生态文明建设(或水土资源保护和利用)规划。规划应当符合流域水利规划、区域水利规划和城市总体规划要求,符合国家和上海市规定的防洪、除涝标准以及其他有关规定;建立生态保护制度,配合划定生态红线。

(3) 把握堤防生态文明总体设计的基本原则。从安全性、技术性和观赏性等角度优化设计,满足河道承载的主要功能,兼顾其他功能;遵循生态系统动态平衡的要求,注重保护生物多样性;保留天然状态下的河流形态,坚持人水和谐,留有必要的安全裕度;体现生态工程项目细节文化与尺度、现代的功能与技术;保持岸坡天然形态和植被,保留或恢复湿地、河湾、浅滩,适当扩大水域和绿地面积;借鉴海绵城市采用天然材料和具有一定渗透性的多孔性铺装,防汛墙构造设置生物的生长区域,力求堤形多样化。

(4) 水土保持综合治理有计划有措施,做好综合治理项目的立项、实施、验收工作,其各类验收的条件、组织、内容、程序、成果要求以及成果评价依据《水土保持综合治理验收规范》(GB/T 15773—2008)要求进行,确保提高水土流失综合治理率。

(5) 会同相关部门按照《土地整治生态工程规划设计标准》(DG/TJ08—2344—2020)做好堤防管理和保护范围内的土地利用调整工作,增加林草面积。

(6) 以"绿化、彩化、珍贵化、效益化"为建设理念,因地制宜设置多样化绿化,增设绿化廊道工程,增加绿化体量,堤岸裸露面沿岸坡种植生态植被,丰富岸堤植物群落,增强岸堤防洪防塌能力;提升绿化品质,确保绿化面积占宜林宜草面积覆盖率高;利用生态水利理念和现代公共艺术、环境艺术设计思路与手段,实现水利与园林、治水与生态、亲水与安全的有机结合。生态绿化品种应分别根据陆生植物带(墙后植物带)、水生植物带、防汛墙绿化不同类别进行选择。

13.6.4 分类指导

1. 中心城区总体设计

（1）河道断面生态设计需依托现有结构的，可采取墙前平台、墙后地势造坡、墙上挂置花篮、墙后设种植槽等方法，不得破坏现有结构。

（2）防汛墙墙前水生植物种植方式可利用现有底板伸出范围进行绿化种植。

（3）色彩调和与视觉通透，应满足生态系统构建与景观同步提高的目标。

（4）防汛墙墙后通道两侧绿化自水域侧至陆域侧配置植物高度逐步递增，防汛通道水侧植物配置不宜超过视线高度，重要节点位置宜点缀显花植物。

（5）植物配置尽量不采用落叶植物，公园游憩绿地宜设计为疏林或疏林草地，树木配置以与水生植物相得益彰的观赏树丛为主，减小河道保洁压力。

2. 功能复合区总体设计

（1）结合不同功能区域在陆域绿化区域打造不同特色。

（2）田园风光区域以麦田、油菜花田等农村风貌特色为主。

（3）城镇产业区域可设置几何花形，结合产业区内绿化，种植水生植物与工业区连通。

（4）郊野公园区域可结合人行绿道种植观叶植物，水中辅以湿生植物，种植混播草花、矮蒲苇、狼尾草等，力求与郊野公园景观设计相结合。

（5）生态保育段结合已有生态特色打造清新、野趣的滨河绿化，形成滨河景观带。

3. 乡村郊野区总体设计

（1）一级防汛墙可采用多孔砌块等增强水陆联动、提供微生物栖息地的结构。

（2）在防汛墙墙前有港池或码头的岸段，构造水生植物、生态湿地、陆域绿化、小量微生物、陆域绿化的全循环小型生物链，构建小型生态系统。

（3）结合乡村郊野地势空旷、绿化率相对较高的优势，根据区域特色、生存环境和条件，选择相同的颜色或品种进行规模化种植，形成规模效应。

（4）在结构改造及绿化种植的过程中，需重视已有生物多样性的保护，包括品种保护、环境保护、生境保护等。

（5）生态堤防的绿化布局应尽可能保持沿河绿化带的连续性，以发挥其生物廊道的功能。

（6）从水域到陆域应构建完整的植物群落梯度，发挥河道绿化在水生态修复和吸收过滤陆源污染等功能作用；保护自然边滩湿地，并注意与其他公共绿地的衔接。

4. 做好生态堤防专项设计工作

生态堤防专项设计包括城市河流生态岛处理、生态空间营造、水域植物群落设计、生物群落设计等。

5. 推广应用新技术、新材料和新工艺

推广应用新技术、新材料和新工艺，应包括植物工程复合技术、三维植被网护岸技术、植被型生态混凝土技术的应用。

6. 根据结构分类把握植物种植原则和表现手法

（1）把握植物种植原则。

①融入中国元素。"中国元素"是塑造整体的中国式风貌、彰显本土空间秩序，由中国式空间、中国式审美和中国式秩序所构成的宏观风貌体系。梅兰竹菊在中国传统植物的世界里是最具代表意义的存在，其象征的意义正是人们对于美好品格的一种向往与追求，体现着中华民族的文化精神。例如，黄浦江上游堤防植物种植风貌控制如下：红旗塘——红——梅；太浦河——绿——竹；拦路港——蓝——兰；黄浦江、大泖港——黄——菊。

②贯穿生态理念。绿色堤防样板段种植设计应自始至终贯穿生态设计思想，包括适地适树、乡土树种为主的植物品种选择，互惠互利的植物种间搭配，选择合适的种植间距，发挥物种多样性和空间多样性功能等。

③体现地域特性。黄浦江上游是水利生态文明、地域文脉的重要展示窗口，应通过植物种植与地形、水系、建筑、园林艺术小品等的有机结合，充分展现地域性自然景观和人文景观特征。

④营造艺术景观。园林植物选择和配置要符合景观艺术要求。完美的植物景观应具备科学性与艺术性两方面的高度统一，既满足植物与环境在生态适应上的统一，又要通过艺术构图原理体现植物个体及群体的形式美、人们欣赏时所产生的意境美。

（2）凸显植物表现手法。对直立式钢筋混凝土结构、斜坡式堤岸结构，应根据结构分类应用绿化表现手法。推广土工格栅-灌木层插法、石龙-灌丛层插法和生态种植槽法。

堤防生态建设中应注重运用色彩调和法、地势造坡法、视觉通透法、梯度融合法、硬化覆盖法、规模效应法、水陆联动法，发挥生态功能，增加生态文明艺术效果。

7. 加强水生态环境建设

（1）加强水质管理。配合相关部门健全水环境监控制度和制定水质达标实施方案；定期发布水质监测信息，所在河道堤防岸段水质应达到规定标准。

（2）参与河道综合治理。配合垃圾清理、河道堤防整砌、河道截污、底泥疏浚、人工增氧及景观设计，力求做到水量充沛，水循环良好。

（3）在合理规划的基础上，采取有效措施，促使生物种群生活在一起，构成生物群落，与环境相互作用、协调，保护水环境。

（4）做好水污染防治工作。编制污染源及应对措施清单；会同相关部门按照集中处理与分散处理相结合的思路，完善排水体制，最大程度将点源、面源污染截流入污水处理厂处理，减少对区域内水域污染；会同相关部门加大面源污染防治，共同控制水上旅游观光项目，禁止采用汽油、柴油游艇，以防污染水面等；加强通航船只和船员管理，防止船舶和船员造成水污染；落实水污染应急预案，建立水污染来源预警、水质安全应急保障体系。

8. 提升区域空气质量

（1）依据《环境空气质量标准》(GB 3095—2012)要求，加强环境空气质量管理，配合相关部门采取有效措施，确保所在堤防岸段区域负氧离子含量高，舒适度高。

（2）堤防施工养护单位应遵守国家有关环境保护的法律法规，有效地控制粉尘、噪声、固定废弃物、泥浆等对环境污染和危害；施工养护现场应落实防尘措施。

（3）落实人为噪声的控制措施，增强施工人员防噪声扰民的意识；做好强噪声作业时间的控制工作;加强施工养护现场的噪声监测。

13.7 绿色堤防样板段建设中的景观布设

景观堤防样板段是指堤防工程充分考虑视觉景观形象、环境生态绿化、大众行为心理的景观设计三元素,方便游人观景赏景、亲水近水的场地,通过与之相关的岸地、林草、岛屿、建筑等对人或动植物产生吸引力,与城市风貌堤防周边环境相融合且满足未来发展需要的堤防样板岸段。

13.7.1 建设目标

依托周边自然景观和生态资源,对黄浦江上游每条河道主题和功能进行分类定位,打造一河一风光,一河一特色的全域美景。探寻人、城、自然的关系,追求"生活、生产和生境"融合的最高境界,实现"人、城、境、业"高度和谐统一。

1. 可游可赏,绿色协调

加强生态保护与修复,提升生态效益,营造优美的自然景观,通过高品质的绿化以及景观休闲设施满足游人的亲水、近水需求。

2. 通透畅达,低碳安全

打通岸线通道,与城市绿道等有效衔接,注重出入口布局,便于游人抵达。

3. 配套齐全,统筹开放

预留各类配套设施的建设空间,并配备相应的配套设施,满足不同人群的使用需求。

4. 着眼未来,兼顾发展

积极采用新兴技术,如装配式、3D打印技术等,配合城市规划远期目标,预留未来升级发展空间,快速配套城市发展需求。

13.7.2 创建条件

1. 契合发展规划

依据总体规划、专项规划等上位规划的要求,结合腹地功能,综合空间特征、特色资源和活动特点,对景观堤防进行分类规划设计,在注重特色建设的同时严格遵守相关规划条件。重点关注陆域建设范围、绿地率、场地外部交通接口、场地排水等控制要素,营造安全、和谐、舒适、美丽以及多样化的景观堤防岸段。

2. 利用自然资源

从水文景观、地文景观、天象景观、生物景观、工程景观等方面进行筛选评价,具体指标可参考《水利风景区评价标准》(DB35/T 1692—2017),结合规划要素,确保景观堤防岸段符合各方要求。

3. 挖掘文化底蕴

充分利用并挖掘周边文化资源,彰显人文底蕴,同时注重挖掘水利工程的文化内涵,创造有水利工程特点的景观堤防岸段。

4. 满足公众诉求

从公众的角度出发,依据相关规划标准结合"15 min"生活圈打造要求,设置景观岸段,加强公共绿地建设,满足群众需求。同时结合人民城市的理念,在前期设计过程中征询群众意见,在后期管理过程中鼓励周边群众、志愿团体等群策群力,共同建设管理景观堤防,真正做到"人民景观人民建"。

5. 景观人文条件

应在重要景观带、人文历史故事发源地等选址,使当地景观人文与生态措施能进行有效结合;充分发挥河流生态廊道功能,分重点打造水岸生态景观主题;努力做到城水相依、人水相融,提升城市滨水景观品质和绿化标准。

13.7.3 总体要求

1. 空间要求

加强空间布局风貌和设施标准的统筹、水岸联动统筹、滨河与腹地发展统筹,在彰显区段风貌特色的同时注重滨河的整体统一,保持两岸公共空间的统一性和整体性。要依据不同的腹地功能,布置休闲活动场地,建设连续、贯通、安全、人性化的滨河慢行系统,满足居民多种慢行活动的体验需求和亲水需求。

2. 装饰要求

充分利用现代技术与方法,实现传统与现代的有机融合,保证水体、道路、桥梁、建筑等整体景观宜人;对桥梁、建筑立面、绿化景观、公共服务设施、路面铺装等滨水空间要素精细设计,充分体现人文关怀与城市景观需求。同时,要充分考虑后期日常养护和再提升能力。

3. 绿化要求

景观堤防样板段建设应确保重要生态资源保护性质不改变,生态功能不降低,空间面积不减少;挖掘、利用各区段的独特环境与资源优势,因地制宜打造绿化景观。植物配置应按照上海绿化"四化"(绿化、彩化、珍贵化、效益化)要求搭配,达成"春看枝头蕊、夏赏水中(堤防)花、秋(冬)赏林间叶"的效果,种植适宜本地气候和土壤条件、对居民和环境无害的植物,采用乔、灌、草相结合的复层绿化方式,考虑场地的冬季日照与夏季遮阴需求,适宜绿化的用地均应进行绿化,并可采用立体绿化的方式装饰防汛墙,丰富景观层次、增加环境绿量,有条件的绿地应结合场地雨水排放进行设计,可采用雨水花园、下凹绿地等具备调蓄雨水功能的绿化方式。

4. 夜景照明管控要求

景观堤防岸段内的活动场地、道路、出入口等公共区域宜设置夜间照明。照明设计不应对居民产生光污染,照明灯具应选取美观大方、有地域文化特色的节能智能灯具。

13.7.4 分类指导

1. 编制景观规划

委托专业部门编制堤防样板段景观规划。规划应满足河道基本功能,服从流域防洪规划,满足防洪建设标准。景观规划应与国土规划、区域规划、土地利用总体规划相互衔接和协调,处理好局部利益与整体利益、近期建设与远期发展、需要与可能、经济发展与社会发展、现代化建设与水工程、水文化保护等关系。规划应明确美学导向,建立与环境协调、有地域特色的景观系统。

拟打造上海市级以上水利风景区的项目,其规划应符合《水利风景区规划编制导则》(SL 471—2010)要求。水利风景区规划应明确建设目标、愿景和主要任务,以开发促保护,以保护促发展,发展理念先进。规划和建设应把握"保护开发、因地制宜、突出特色、适度超前、统筹发展"原则。空间布局与功能分区合理,有机组合。

堤防景观规划应根据《上海市城市总体规划》《黄浦江沿岸地区建设规划》中的布局及黄浦江上游堤防岸段的自然条件,以东太湖为源,以黄浦江为脉,以堤防设施为骨架,以水文化为魂,以生态绿化为经络,形成点(景观节点)、线(景观带)、面(景观分区)相结合的多层次景观系统。

对应点、线、面空间布局,基于"尊重地形、因地制宜、显山露水"的原则,结合整个岸段(景区)立体轮廓控制、外部空间设计、视觉景观走廊保护、微地形营造等,做好功能分区和竖向规划,形成立体景观系统。

旅游岸段应进行综合影响评价,符合《水利风景区管理办法》(水综合〔2022〕138号)和《水利旅游项目综合影响评价标准》(SL 422—2008)要求。

2. 开展资源分析

样板段所在的河道堤防及其周边应开展水文资源、地文资源、天象资源、生物资源、工程资源、人文资源、周边旅游等资源调查。依据《水利风景区规划编制导则》(SL 471—2010),分析各类景观资源的利用价值,包括资源空间分布和景观资源组合效果。

(1)分析水文资源,结合水环境功能区划,在建立系统、立体、多层次的"河道－河滩地－堤岸－护坡－缓冲带"生态修复体系的同时,进行适配性景观设计。

(2)分析地文资源,保证滨水视线的通透性。在不影响防洪排涝前提下,通过抬高地形、防汛墙改造、绿化改造等实现堤顶景观与水体景观的视线通透。结合现有地形地貌,局部营造微地形。

(3)分析各种天象,归纳特色,突出主题,形成规模,扩大种类,增加观赏性。

(4)分析自然生态,利用生态水利理念和现代公共艺术、环境艺术设计思路与手段,实现水利与园林、治水与生态、亲水与安全的有机结合。通过绿地草花造景,形成装饰效果强、成本较低、适应性强,符合对比、协调、均衡和韵律的构图;利用现有林木,通过错落布置自然、人文景观节点来建构对空间的认知,丰富立体界面,形成连续景观岸线中的视觉焦点。

(5)分析堤防工程和穿堤建筑物,使主体工程有一定的规模,建筑艺术效果整体协调(含亮化工程),体现先进设计理念,展示建筑美学,注重工程建设与文化传承的结合,将地域人文风情、河流历史、水利文化等元素融合其中,在保证工程安全不受影响的同时,打造独具风格的水利精品工程。

①在腹地允许的条件下设置二级防汛墙或者亲水平台,并结合地形布置亲水步道,满足居民的亲水近水需求。

②防汛墙可通过砌石造型、波浪造型、云片石造型、碎片石造型打造景观。

③对具有一定历史意义的工程,在进行工程改造设计和展示时,应通过"修旧如旧"、仿古复原、模型演示等手法,展示其工程规模、作用、效益及其规划、设计、施工、管理的历史演变进程和特色,并通过管理维护体现其时代特征。

④现代工程在工程景观设计及展示中应增加标准化和信息化建设内容,体现以标准化管理理论为基础,在技术、标准、流程、制度、岗位管理和考核管理等方面的实践;体现堤防设施实行微机监控、资源共享、智慧运维的工作成效。

(6) 分析人文景观资源,规划设计可体现历史遗迹、纪念物价值高,重要历史人物、事件重要影响大,民族风情、建筑风貌特色鲜明,文化科普品位、科学价值高的景观。

(7) 分析利用相邻区域景观资源,形成烘托效果。协调新建景点与周边滨水地区和腹地之间的空间关系,衔接不同区段之间慢行系统,统筹两岸之间风貌。

(8) 开展风景资源组合分析,发挥区段功能特色,合理进行功能布局,结合不同的腹地功能设置互为补充、互为促进的社交休闲、运动健身、文化艺术、观光旅游等活动功能,力求各类景观在水、陆、空立体层次广泛分布,不同类型的资源交相辉映。

3. 进行市场定位分析

结合城市总体规划,了解上海城市居民和所在堤防岸段区域居民出游行为特征,进行近期和远期目标客源市场定位分析。

4. 河道堤防景观合理分类

按照《上海市河道规划设计导则(2018年)》要求,河道堤防样板段景观应合理分类,可分为公共活动型、生活服务型、生态保育型、历史风貌型及生产功能型景观和特殊岸段景观。

(1) 公共活动型。主要分布在城市核心区和中心区,以及具有特殊意义的区域,周边功能丰富、复合,亲水设施较多,堤岸空间与城市道路衔接较为紧密,兼具办公、商业、居住、艺术、文化等多重功能。其样板段滨水公共空间应强调开放性和可达性。

(2) 生活服务型。主要分布在人群居住社区。河道水环境良好,形成连续的慢行系统和宜人的空间尺度及滨水界面。亲水休闲设施较多,岸后多为慢行系统、景观绿化。景观空间格局上可灵活布局,利用开敞空间设置居民活动区域,丰富日常生活。

(3) 生态保育型。主要分布在城市边缘、郊野地区。周边功能较少,样板段景观应以生态功能为主,兼具休闲旅游、科普教育示范等功能。

(4) 历史风貌型。主要分布于历史风貌地区河道两侧主要布局有特色的保留保护建筑,样板段景观设计应保持河道现有的走向和宽度,保持或恢复原有的风貌特色及空间尺度。

(5) 生产功能型。主要分布于工业园、产业园、物流园等生产功能为主的区域,在保证正常生产活动基础上,样板段景观布设应注重安全、环保、生态、市政等要求。

(6) 特殊岸段。一些岸段功能复合,无法简单将其定义为上述包含多重功能主体,应在分析现有资源和利用效果的基础上,有针对性地规划设计。

围绕长三角一体化示范区发展,结合黄浦江上游实际,景观堤防样板段可打造形成"一线、两带、五园、十景"的总体格局,做到春有花香、夏有绿荫、秋有硕果、冬有飞雁,树木葱郁、飞鸟幽鸣,使得人们可以驻足停留,有景可赏,有景可观。

一线指形成以连接元荡、淀山湖两湖的拦路港右岸、太浦河左岸约 25km 的景观主线。在全线唯一断点李红套闸处增设 1 座贯通太浦左岸的桥梁。

两带指黄浦江干流段景观带（样板段）、红旗塘堤防景观带（样板段）。

五园指白鱼荡湿地（湿地科普展示基地）、新旺绿地（绿色堤防样板宣传基地）、钱盛荡育苗基地、太浦河水文化纪念园及拦路港左 6+100 位置水利实践新知展示基地。

十景是因地制宜，在黄浦江上游沿线设置古泖云烟、北横闻莺、新港田园、南横锁波、清水如许、三江汇流、朱枫杉影、林荫隧道、吴根越角等 10 多处景点。

5. 开展专项设计

（1）结构选定。包括绿地草坡型、分级护岸型、硬质阶梯型、直立挡墙型、港口码头型 5 种类型。

（2）堤防装饰设计。包括自然形态、建筑小品、空间组合、立面布置、色彩搭配、材质选定、亮化工程、周边衔接等。

亮化工程设计应遵循"安全照明、节能照明、人性化照明、艺术照明"的原则，突出"意"（意境的塑造和体验）、"景"（景观符号的表达和营造环境）、"绿"（自然生态、绿色节能）、"明"（满足使用功能和安全要求），统筹完善照明设施系统（包括道路照明、水体照明、植物照明和灯具选择）。

（3）亲水设施布设。

（4）防汛通道桥梁景观设计。

（5）慢行通道布设。

（6）驿站、环卫、安全与应急保障、栏杆、引道标志、文化休闲等配套设施设计。

（7）结合生态景观建设，进行绿化单体设计。

（8）给水排水设计。

6. 注重设计效果

（1）把握景观定位。应在资源调查的基础上，突出重点和亮点，突出水文景观、工程景观、生态景观、人文景观，注重自身特色和人水和谐。

（2）找准景观视点。通过凹岸湾景界面、锐角凸岸叠景、河湾展开面、对岸视廊景观，桥上看两岸景观、桥下框景，水上看两岸景观、沿岸天际线，高视点鸟瞰等视点，提升美誉度。

（3）配置景观斑块。通过对大区块的切割及小区块环境的创造，来增加自然生态、城市记忆、文化体验等重要景观片区空间的层次感。

（4）体现景观视线。所有景观视线的末端敞开形成敞开型自然景观，把周边更多的天际线和更远区域的景色都纳入视域，强化整个岸段的景观效果。

7. 提升景观工程的运营服务能力

（1）建立管理体系。管理机构健全，管理制度完善，运行管理人员落实，并明确其岗位职责。

（2）加强服务管理。堤防岸段景观服务项目配套；服务水平优良；投诉处理机制健全，建立信访制度，完善信访流程，落实信访措施。

（3）加强运营管理。堤防岸段景观运营管理机制健全，选定适应自身发展和地域发展的运营管理项目,不断提升堤防岸段景观运营管理的经济、社会、生态及综合效益。

(4) 抓好宣传工作。堤防岸段景观宣传有固定投入;有交通网络导引解说系统、堤防景观解说系统、接待设施解说系统、出版物解说系统;堤防岸段景观形象推介有专人负责;设置岸段景观标志、手绘导游图、灯光宣传及导引设施,增添游客休憩场所;注重媒体对堤防岸段景观宣传;堤防岸段景观的社会影响力较高。

(5) 加强安全管理。堤防岸段景观工程及设备安全达到规定标准;游乐设施安全达标;堤防岸段景观的导向指示性标牌、服务设施标牌、提示警示性标牌等设置合理、醒目;堤防岸段景观治安保卫和消防机构健全,措施到位;堤防岸段景观运营的应急处理机构健全,措施到位;堤防岸段景区度汛措施机构健全,措施到位。

(6) 抓好卫生管理。按景点规模合理配置卫生设施,堤防岸段景区公共场所干净、整洁。实行垃圾分类,清扫的垃圾集中堆放并及时清理,严禁就地焚烧。

13.8　绿色堤防样板段建设中的文化传承

文化堤防样板段是指在堤防所属范围内,通过以堤防相关的工程、设施、场地、构筑物等为载体,延续并宣传各类特色文化,彰显堤防的历史沉淀、文化特色和城市魅力。

13.8.1　建设目标

1. 持续活化历史文脉

挖掘黄浦江上游历史文化,弘扬水利精神;加强黄浦江上游及其沿岸水文化遗产、工业遗产及历史风貌的保护与活化,传承历史文化基因,培育具有自身特色的水文化,处理好城市改造开发和历史文化遗产保护利用关系,做到在保护中发展、在发展中保护。

2. 完善制度文化宣传

重视管理制度宣传,增强社会意识;大力宣传相关法律法规与政策制度,注重对制度文化的宣传,赢得全社会的共鸣与支持,从精神上与行为上增强社会对治水、用水、管水、护水、节水的正确意识与积极响应。

3. 融入地域特色韵味

结合区域发展需求,彰显水都特色。黄浦江上游堤防文化应结合海派文化的鲜明性、城市发展的超前性、水都环境的独特性以及长三角融合发展的联动性,因地制宜地融入对应特色文化,使堤防文化不仅具有水利特征,还具有地域特征与时代特征。

13.8.2　创建条件

1. 保证建设安全

在科学合理、安全有序的前提下,继承和发展黄浦江堤防文化,带动区域发展,建立人水和谐的生产生活方式,为建设资源节约型和环境友好型社会贡献力量。

2. 符合上位规划

结合《黄浦江沿岸地区建设规划(2018—2035)》等规划,因地制宜、科学选择堤防文化的表现手段与实现方法,从而满足规划策略及功能布局的相关要求。

3. 具有场地潜力

所选岸段和宣传位置应拥有便捷的交通,以确保文化堤防场地的可达性;应拥有广泛的使用人群,以确保文化宣传受众的全面性;应拥有深厚的历史底蕴和文化内涵,以确保宣传内容的深刻性。

13.8.3 总体要求

在确保堤防安全的前提下,以上位规划为引领,满足功能、合理布局、因地制宜,将所选岸段的堤防工程及临近可利用腹地作为文化载体,从赋予文化内涵、凸显地方特色入手,发展文化堤防建设事业。让社会大众充分汲取水利精神,品味堤防文化内涵,增强水危机、水忧患、水资源节约、水环境保护意识,并逐步建立"政府主导、社会支持、群众参与"的文化堤防建设与管理体系。根据《黄浦江沿岸地区建设规划(2018—2035)》要求,选择符合不同区段特点的文化类别,将文化展示融入周围环境。

1. 完善可持续发展思路、丰富文化堤防内涵

加强文化堤防内涵的研究,把握可持续发展思路的核心理念、本质特征和实践要求,明确文化堤防建设目标、时代特点和重点任务。

2. 加强上海本土文化与堤防工程的融合

黄浦江上游文化应是在中国江南传统文化(吴越文化)的基础上,融合开埠后传入的源于西方的近现代工业文明而逐步形成的海派文化。其文化类别和基因应包括红色、工业、工程、建筑、农耕、码头、艺术、名人、风俗、制度等。堤防文化岸段规划设计时,应将黄浦江上游各类文化合理地融入,增强上海堤防文化的独特性。

3. 提升堤防工程文化展示功能和建设品位

增强各类文化元素在堤防工程设计中的融合性,重视对黄浦江上游现有堤防各阶段建设背景、人文历史以及地方民俗等方面的挖掘与整理,采用现代公共空间、环境艺术的设计思路与手段,建设和改造堤防工程,实现水利与园林、治水与生态、亲水与安全的有机结合。同时,要丰富文化容量和提升艺术美感。

4. 加强对堤防遗产的保护和既有工程的利用

挖掘黄浦江上游及其沿岸地区文化遗产,摸清文化遗产内容、种类和分布情况,建立保护措施。通过原址展示、陈列展览、实物复原、虚拟现实技术复原、科普著作和数字影视作品发行等手段,充分利用既有资源,发挥文化展示作用。

5. 开展堤防文化的教育、传播工作

在全社会范围内做好堤防文化的传播工作,宣传堤防工程建设和管护的方针政策;普及上海基本水情和水利发展现状;宣传人民大众治水兴水的实践创造;展示水利改革发展的成效和经验;推动优秀堤防文化发挥引导作用。

13.8.4 分类指导

1. 编制黄浦江上游堤防岸段水文化发展规划

编制或修订的黄浦江上游堤防岸段水文化发展规划中,应明确发展的指导思想、工作目标、基本原则、重点任务和保障措施。水文化空间布局应符合上海堤防文化建设"面、

线、区、岸、点"有机结合、"水、绿、城、人、文"融合发展的总体思路。

2. 挖掘文化资源

(1) 历史水工程遗存或基因挖掘。包括对历史水工程遗存的名称、性质、位置、范围、内容、年代、功能、影响、相关人物、工程修建、工程演变等进行挖掘。

(2) 古代、近代历史水文化碎片收集。从广度、深度、准度着手,涵盖哲学、艺术、科技、景观、历史、民俗、人物、传说等。

(3) 地域文化挖掘。包括红色文化、河流历史风貌及工业遗产保护与活化、江南文化、吴越文化、海派文化与上海堤防的关系研究和挖掘。

(4) 现当代水文化挖掘。进行当代物质水文化、精神水文化、行为水文化、制度水文化的挖掘。

3. 文化工程定位

(1) 合理布局和定位。围绕治水、调水、管水主题,构筑总体文化体系框架,做到布局合理、定位准确、逻辑完整。

(2) 注重资源特色。力求教育资源丰富,具有一定的区域代表性和示范作用。

(3) 把握项目重点。以突出本区域为主,兼顾上海市其他区域堤防工程;以弘扬正气明确主题为前提,以历史水文化为亮点,以彰显个性为形象,以注重社会、艺术和历史的融合与协调为意境;以反映"水"的特色为主,兼顾其他地域文化。

4. 文化工程表现手法

(1) 注重传统文化载体运用。可通过绘画、音乐、雕塑、碑刻、楹联、曲廊、雕塑、文化墙、亭阁、诗廊等形式展示。

(2) 注重新型表现手法运用。可通过喷泉、花园、建筑小品、标志、仿真、复原、沙盘、多媒体形式展示。

(3) 注重个性特色。抓住水工程地域、水域、人文等特殊文化符号,结合自身文化价值体系内涵,因地制宜,因势利导,打造具有上海堤防个性特色的诗情、画意、园趣、美感、文韵、哲理的水文化工程。

(4) 完善配备场所场馆及设施。有面向公众开展文化展示和水情教育的基本场所、场馆及设施设备。

(5) 要有一定的公众参与性与互动性。充分利用现代信息技术和手段,突出公众参与性与互动性。

5. 主题类文化项目特色

主体类文化项目可分为古代近代水文化项目、现当代水文化项目、地域文化项目。可有选择地宣传和展示。

(1) 古代、近代水文化项目。

①宣传展示上海水工遗迹(或基因)的历史作用、地位及意义。

②宣传治水名贤与历史故事。

③宣传工程设施建设与管理的历史演变,以及从中体现的治水方略与治水智慧。

④进行上海堤防、海塘历代管理体制演变史研究与展示。

(2) 现当代水文化项目。

①宣传重要河道和堤防工程的规划、建设和管理的历程,宣传工程设施的作用、地位和意义,以及对社会经济发展的贡献和影响。

②进行中华人民共和国成立后上海堤防治水思想和实践的研究与展示。

③兴建水利法治文化、水运文化展示基地,节水型社会建设技术展示区等。

④展示生态理念、生态行为、生态制度等生态文化。

(3) 地域文化项目。

①"红色文化"展示。整合优化现有红色资源,以《新时代爱国主义教育实施纲要》为指导,通过各种生动活泼的形式,广泛、深入、持久地加强爱国主义教育和宣传。

②黄浦江两岸风情展示。围绕民间文化瑰宝,借用品牌形式,打造"一岸一品"文化项目,使大众认知、感知、体验本土水文化。

③本地人文掌故、地域风情展示。

④进行江南文化、吴越文化、海派文化中的部分水利遗产、工业遗产、文化遗产、名胜古迹、历史特色场所、特色建筑的宣传和展示。

6. 辅助类文化项目特色

辅助类文化项目可分为诗画景区项目、水利科普教育展示区项目、建设与行为水文化项目、文体项目等,也可在其中有选择地宣传和展示。例如:

(1) 诗画景区。用诗歌、碑刻、文墨艺术展等形式宣传水利文化,激励人们爱水、亲水、乐水。

(2) 水利科普教育展示区。利用图片、影像、模型等展示,部分内容也可采用互动形式,进行水利科普教育,让参观者亲身体会水利建设飞速发展的感受。

(3) 精神和行为水文化项目。加强中国特色社会主义、社会主义核心价值观宣传教育;宣传新时期治水方针;弘扬新时代水利精神;兴建廉政文化展示基地;宣传文化水利意识、形象水利意识、民生水利意识、丰碑水利意识;宣传职工文明守则、水利职业道德、水利行业岗位规范等;培育和展示志愿服务文化,弘扬时代新风。

(4) 文体休闲项目。包括兴建教育类、观赏类、体育类、娱乐类、休闲类项目。

7. 堤防导视标志系统

(1) 凡是国家和行业有规定的,应按国家和行业标准进行堤防导视标志系统设计。设置位置应合理醒目,应能使观察者引起注意、迅速判读、有必要的反应时间或操作距离。同时,注重部分标志系统的唯一性,彰显本单位的形象、特色和主题文化;注重标志设计的美观性和周边的环境和谐搭配;注重区域指示和提醒标志的关怀性。

(2) 堤防导视标志系统可分为三级导视:一级导视主要引导外围交通,二级导视主要引导河道堤防与村庄交界交通,三级导视引导景点、站点内部交通。

(3) 绿色堤防样板段堤防导视系统包括各类引导标志,含里程桩、百米桩等,工程基本情况和平面总图明示,水行政管理相关标志(含界桩、界牌),关键岗位管理制度、职责和操作规程明示,堤防巡视内容及标准明示,堤防设施设备相关编号与指向,堤防工程各类安全标志、观测标志、交通标志、绿化与环境标志、施工现场作业标志标牌等。相关内容参见本书第10章"堤防标志标牌设置标准化"相关内容。

8. 抓好文化项目实施

（1）对"文化专项工程"进行立项，做好前期工作。

（2）执行专项工程建设程序。

（3）抓好项目实施中的安全、质量、进度、经费、环境管理。

（4）项目验收按规范和上级规定执行。

9. 加强文化堤防样板段日常管理

（1）组织结构健全，运行主体明确；管理制度完善。

（2）有稳定的运行管理经费，确保文化堤防样板段正常运行。

（3）有相关专业素质的运行管理人员，有专兼职讲解员或志愿者为公众服务。

（4）有配套的安全警示标志、紧急通道、消防设备、应急电源等安全保障设施和应急预案，有专职安保人员。

（5）有模型、展板、实物、多媒体演示系统、知识讲座及互动体验展览展示设施。

（6）有符合水情教育需要，具有自身特点的宣传册、读本读物及音视频等资料。

（7）提升综合管理能力。有切实可行的水情教育计划；具有一定的组织策划能力和宣传推广能力，每年定期或不定期地面向公众开展主题鲜明、形式新颖的水情教育活动；运用报刊、电视、广播及新媒体等传播平台，扩大文化教育活动的辐射面。

10. 加强水文化传播

堤防样板段文化项目受众广泛，年参观人数达一定规模，有较大的公众覆盖面及社会影响力。除了兴建文化工程，还应注重其他水文化传播的内容和方式。

（1）丰富传播内容。宣传普及水文化知识，编印系列文化宣传画册和读本；制作系列文创产品；拍摄系列宣传片；开展水文化创作。

（2）改进传播方式。开展创新型文化传播活动，依托新闻媒体、网络平台、APP 应用以及堤防景观、水文化场馆等载体进行传播，发挥水文化的引导功能。

13.9 绿色堤防样板段建设中的智慧管理

贯彻落实绿色发展理念，将堤防工程管理纳入一个即时的可管理、可监控、可调度的智能平台，为传统的堤防工程监管加入智慧因子，加快业务流程数字化再造，构建具备"智能化感知、智慧化管理、数字化发布"于一体的智慧堤防管理体系，全面提升堤防工程管理信息化和智能化水平。

13.9.1 建设目标

深化推进城市数字化转型的战略认识，发挥智慧堤防样板段作用。建立堤防数字基础底座，作为智慧堤防应用核心支撑；加强堤防监测和智能感知等新基础设施的建设，构建覆盖黄浦江上游各类河道、堤防、泵闸、取用水等对象全要素的立体感知体系，建成高精度、全领域的流域孪生体系平台，进一步完善"四预"功能，推进智能化业务应用，各项水利治理管理活动全面实现数字化、网络化、智能化；创新行业管理手段；利用信息化技术提升智慧应用与数字发布，加强市区两级行业部门业务联动，为市级"一网统管"做好支撑，同时提升面向公众信息的宣传与交互体验。

13.9.2 创建条件

1. 政策条件

近年来,水利部印发了《关于大力推进智慧水利建设的指导意见》《"十四五"期间推进智慧水利建设实施方案》《智慧水利建设顶层设计》《"十四五"智慧水利建设规划》等系列文件,要充分利用堤防智慧管理的各种政策条件。

2. 技术条件

随着通信、计算机、视频监控、测量技术、物联网等科学技术的高速发展,堤防安全监测体系建设已经具备了建设的技术条件。

3. 设施条件

通过基础设施建设,为智慧堤防管理奠定基础,为智慧堤防服务提供保障。黄浦江上游智慧堤防基础设施一览表如表13.9.1所示。

表13.9.1 智慧堤防基础设施一览表

序号	基础设施名称	建设内容	主要用途分类
1	测站部署	水位测量、位移测量、视频监控、现场节点站	智能感知
2	数字资产	信息模型、数字地图	数字发布
3	通信管线	沿线光缆敷设	智能感知
4	供电配套	电缆敷设、太阳能	智能感知
5	RTK	堤防位移巡查	智能感知
6	CORS基站	土建基础、基准站设施、通信系统、控制系统	智能感知
7	接口标准	编程统一接口标准程序	数字发布
8	自动化采集箱	数字信号采集	智能感知
9	边缘计算盒	视频监控AI分析等	智慧管理
10	物联网卡	采集箱等信息传输	智能感知
11	信息化设备	交换机、视频一体机、硬盘录像机、存储器、服务器、防火墙、指挥大屏等	智慧管理

13.9.3 总体要求

黄浦江上游智慧堤防是水利信息化发展和样板段建设的高级阶段目标之一,贯穿于防洪减灾、水资源配置、水环境保护与水管理服务等体系,具体体现为"物联感知、互联互通、科学决策、智能管理"。其总体要求是:依托计算机、无线通信、虚拟仿真、物联网、集群控制等现代化技术手段,实现整个区域堤防信息资源的汇集、整合、管理、更新、共享和发布,建设统一的支撑、应用、决策和执行平台,形成较为完善的信息化管理体系,有效提升区域水利综合管理能力,实现一网调度,各分中心联动。

13.9.4 分类指导

1. 编制智慧堤防规划

在满足上海堤防智慧管理规划总体框架要求下,委托专业机构编制黄浦江上游堤防信息化规划或单元智慧堤防规划。通过底层数据汇集(历史积累、当期录入、信息采集、分析汇总)、软件平台搭建(一个平台、多个板块、多个应用)、配置硬件设施(平台所需、通讯所需、采集所需、监控所需)以及场景构建形成主要框架;拓展系统应用,包括建设管理平台应用、项目法人应用、审批部门应用;加强运维期管理,包括设施设备管理、管理单位自身管理、巡查养护单位管理和档案资料管理。其智能感知设备布置可考虑以下几点:

(1)黄浦江上游段堤防。该段主要结构为直立式挡墙和斜坡式土堤形式。智能感知设备应布置视频监控(人员分析、船只靠近、违规堆放)、水位计(堤防漫溢)、渗压计(堤防渗水)、自动化监测、堤防位移传感器,还可设置无人机、无人船。

(2)黄浦江上游防汛墙。该段主要结构有斜坡式结构、直墙式结构、复合式结构等。结合生态化或景观建设等要求,智能感知设备应布置视频监控(人员分析、船只靠近、闸门状态分析)、水位计(堤防漫溢)、堤防位移传感器,也可设置无人船。

2. 加快智慧平台建设和应用

完善堤防信息化管理平台,在充分发挥现有堤防巡查养护信息管理系统功能作用的基础上,系统开展河道堤防空间监测、水质水情监测、险工险段监测、水生态监测等,开展一图(河道堤防底图)、一表(年度管理事项清单)、一册(标准化管理手册)及一库(档案资料知识库)建设,并在平台上开发堤防管理类和综合类系统。所有监测结果在智慧平台实时查阅,满足防汛安全、水环境保护、应对水污染突发事件等需要。

(1)完善基础信息采集网络。基础信息是堤防信息化工程建设的最底层,主要是综合运用视频监控、水情监测网站、险工险段监测站、GIS、RS、倾斜摄影及多媒体技术将堤防相关岸段的水文、地质、工程运行安全状况、地形地貌等信息进行数字化采集和存储,按照水利部、太湖局以及市水务局对数据底板的 L2 级、L3 级要求,构建一个可视化基础信息平台。加快基础信息入库,将堤防管理设施全部定位并统计进入智慧平台,分图层显示,并可通过 APP 统一管理及查询。

按照"整合已建、统筹在建、规范新建"原则统筹规划,充分利用已建信息化基础设施,逐步扩大感知覆盖范围。信息管理应做到信息采集及时、准确;建立实时与历史数据库,完成系统相关数据记录存储,信息存储安全并每年进行 1 次备份,本机数据保存至少 3 年,及时转存重要数据;信息处理应定期进行;信息应用于堤防使之安全、经济运行,提高堤防管理效率;信息储存环境应避开电磁场、电力噪声、腐蚀性气体或易燃物、湿气等有害环境。

(2)建立多目标应用层。应用层是堤防工程信息化系统的技术核心,秉承共建共享的建设原则,要充分利用网格化管理系统及拦路港数字孪生子系统等已有的建设成果,依托基础信息平台,以国内外近年在水情预测、险工险段安全模拟预测、洪水风险分析预测等方面的科研成果为基础,结合新一代 ICT 高新技术进行综合开发,形成技术先进、功能完善、实用性强,便于扩展和更新的具有决策支持能力的智能化综合分析系统。

①堤防日常管理与维护。通过建立全面的、可更新的数据库及方便的信息查询界面为管理人员的管理维护工作提供信息支持;充分利用现代网络通信技术实现办公自动化,包括年度计划上报、月度计划上报及完成情况对比分析、资金使用管理、巡查上报信息及养护闭合流程管理、养护人员出勤考核、安全管理、水行政管理等;堤防管理、工程维护信息公开化,为管理单位有效开展工作提供条件。

②自动化预测预警。按照堤防标准化管理要求,做好自动化预测预警工作。应掌握堤防工程数据异常自动识别流程和堤防出现险情时的预报预警流程。数据异常自动识别流程中的数据包括计算机监控数据、建筑物安全监测数据(水位、垂直位移、水平位移、绕渗、裂缝、伸缩缝、河道变形等)、堤防重点部位和险工险段的视频信息、穿堤涵闸工程调度数据、水雨情监测数据、设备和水工建筑物信息数据。

③险工险段安全评价。建立针对堤防具体条件和运行环境的安全评价模型。

④制定抢险及救灾方案。通过建立抢险模型,采集出险信息,判断险情类别,并制定应急抢险方案;建立救灾方案模型,根据所采集的险情和数据库存储的信息,制定最优救灾方案,保证灾民安全,使灾害损失最小化。

⑤洪水风险分析与灾害评估。包括洪水险情预测,受灾范围、影响程度、经济损失的评估和统计,洪水对生态环境、对社会的影响评价等。

(3) 建立友好的人机交互界面。人机交互界面是以直观的形象及不同的现场对话方式,建立用户和计算机系统之间的联系,实现操作导航及交互结果的信息反馈。人机交互界面应满足多样性、兼容性、有效性、便利性要求以及提供较好的帮助和错误信息提示。人机交互界面的查询功能一般可包括:

①地图显示和空间查询。用于河道和堤防等地理数据的显示以及属性数据的查询。当用户在流域图上点击时显示相应的河系图,河系图包括河系的干流和各支流、堤防线,分别以不同颜色和符号表示,便于识别,可以缩放图、漫游图、全景显示,并在河系图上反映相关的防洪工程信息、社会经济综合信息、防汛救灾物资分布信息。

②堤防纵断面和横断面图查询。当用户点击河系图上的某段堤防时,可以按任意比例显示该堤防纵横断面图和相应的堤防数据。图中包含设计水位、堤防高程、历史最高水位、实时水位、堤顶宽度、临河边坡比、背河边坡比等信息;通过在堤防线上设置控制点,可实时查询控制点所在险工险段或典型岸段的安全分析信息及其他工程资料。

③文本信息查询。通过点击查询或搜索可以查询系统中存储的各类信息,包括水情信息、气象信息、洪水预报信息、洪水风险分析与灾害评估信息、历次洪水信息及历年抢险信息等。

④在以上功能的基础上,实现对管理范围内堤防、河流、流域的三维动态模拟。系统能非常直观地显示出流域内堤防的各类相关信息,模拟堤防出险后可能发生的洪水险情,为防汛抢险提供信息支持。

黄浦江上游管理平台应用功能模块如表 13.9.2 所示。

表 13.9.2　黄浦江上游管理平台应用功能模块

序号	模块分类	功能名称	描述
1	基础信息模块	单位库管理	对接现有管理系统数据,对各类堤防参建企业的基本信息管理,包括企业名称、所在地、注册日期、法人、联系人等信息的管理。
2	基础信息模块	人员库管理	对接现有管理系统数据,包括对堤防人员的所在单位、名称、联系方式等信息的维护管理。
3	基础信息模块	合同库管理	对接现有管理系统数据,包括养护设施与其对应养护单位的合同关系建立和维护等。
4	基础信息模块	设施库管理	对接现有管理系统数据,包括对设施的名称、类别、所属河流、岸别、桩号、负责单位、养护单位等信息的维护,用一个库表支撑多种信息的管理。
5	业务管理模块	管理事项	可进行单位内部的挂图作战式工作推进,登录发布目标任务,设定责任人与团队成员,记录任务进行动态情况,比对目标和实际。
6	业务管理模块	视频监控	采集和展示监控视频的图像识别等智能分析结果。
7	业务管理模块	河道液位管理	采集现场河道液位数据,解析并存入数据库,可通过平台展示现场各个点位的实时数据,并生成相应曲线图。对实时上传的液位数据进行分析,设定报警值,并能联锁告警相关管理人员或养护单位前往处理。
8	业务管理模块	堤防位移管理	采集现场堤防位移数据,解析并存入数据库,展示现场各点位的实时数据,并生成相应曲线图;对实时上传的堤防数据进行分析,设定报警值,并能联锁告警相关管理人员或养护单位前往处理。
9	业务管理模块	防汛通道限高门状态管理	采集现场防汛通道限高门状态数据,解析并存入数据库,可通过平台展示各个限高门实时开关数据,对实时上传的限高门进行分析,设定报警值,联锁告警相关管理人员或养护单位前往处理。
10	业务管理模块	绿化搬迁	发起绿化搬迁计划申请,待业主同意后,可在现场进行绿化搬迁操作,全程记录起点、终点、品类、数量等信息,照片留档,搬迁留痕,同时记录工作绩效,完成绿化底账初始化。
11	业务管理模块	河道断面	以列表、动态图形的形式,将多次河道断面的测量结果在页面中进行展现,纵览时间变化,分析断面趋势。
12	业务管理模块	岗前教育	从电脑端用富文本编辑、以图文并茂的形式发起安全交底、岗前教育、三级教育,被交底人在手机端进行交底,阅读交底内容,拍摄现场照片,现场签字完成交底,实时生成交底单。
13	业务管理模块	巡查养护	对接现有管理系统数据,通过手机现场拍摄照片,标注照片信息,扫码绑定堤防设施,动态更新维护设施情况。
14	应急指挥模块	堤防堆载报警	对现场监控采集和展示堤防垃圾堆垒视频的图像识别等智能分析的结果并能联锁告警相关管理人员或养护单位前往处理。
15	应急指挥模块	船舶碰撞报警	对现场监控采集和展示船舶碰撞的图像识别等智能分析的结果,并能联锁告警相关管理人员或养护单位前往处理。
16	应急指挥模块	沿堤人员安全报警	对实时上传的液位数据进行分析,设定报警值,并能联锁告警相关管理人员或养护单位前往处理。

3. 加强关键技术的应用研究

(1) 传感器技术是水利信息自动化采集的基础。堤防具有堤线长、环境恶劣、监测断面不可能太多等特点,堤防监测应尽量选择技术先进(如光纤传感器等)、使用方便、精确可靠、稳定耐久的观测仪器和设备。传感器的布置应做到"少而精",尽可能做到一种设施多种用途,使有限的仪器、设备获取尽可能多的监测信息。

（2）堤防管理信息系统要实现多目标的应用功能，需要开发一系列科学合理的分析模型，包括堤防安全分析模型、抢险分析模型、救灾调度模型、洪水风险分析与灾害评估模型等。其中安全分析模型是堤防管理信息系统重要的组成部分，开发过程应集中开展如渗流评价及预测、滑坡预测等方面的研究。

（3）地理信息系统通过计算机技术，对各种与地理位置有关的信息进行采集、存储、检索、显示和分析，建立空间数据库，并通过数据库管理输入属性数据，将水利专业属性数据与空间位置直观地联系起来，为水利信息可视化表达提供了强有力的技术手段。在堤防管理信息化建设中，需加强 GIS 在工情信息查询、显示等方面的应用研究，为堤防的日常管理与维护、防汛抢险调度、洪水风险管理等功能提供强有力的技术支撑。

4. 积极创造条件，建设数字化景点

（1）以人为本，以信息科技为辅助，对景区的"保护、科研、开发"建立"管理标准化、功能模块化、信息网络化"的综合应用与基础平台。

（2）建立光纤网络集成数据及通信网络承载平台，承载数字化景点语音、视频及数据业务，可承载办公自动化、数字化景区门户、旅游管理、游人导航、门禁系统、GPS 车辆调度系统、地理信息系统 GIS、景区电子商务、互联网访问等数据业务。

5. 加强信息化系统维护

（1）逐级上报信息化工程年度维修养护计划。按上级审批文件，制订年度维修实施计划，开展经常检查，隐患、缺陷每月专题上报 1 次，重大隐患、缺陷及时书面上报；物理环境、通信系统、计算机网络、主机、存储、备份、安全设施例行保养每月 1 次；终端运行维护服务全面检查每年 1 次；实时或定期进行基础软件保养、数据资源保养；加强信息化管理系统日常养护。

（2）堤防设施设备登记、工程状况、标志标牌、检查观测、维修养护、运行管理记录、安全生产、水行政管理、应急管理等信息应及时上传更新。

6. 加强网络信息安全管理

以提高信息系统整体安全防护水平，实现信息安全的可控、能控、在控为目的，依据国家有关法律法规要求，制定并执行堤防样板段网络信息安全管理办法，内容包括总则、管理方针、目标和原则、安全管理机构、总体安全策略、附则等。

7. 加强堤防数字孪生平台建设

典型示例参见本书第 2 章第 2.5.1 节"信息化平台建设"相关内容。

13.10　深化绿色堤防样板段建设的探索

绿色堤防样板段建设和管理的最终成效，很大程度上取决于规划的科学、设计的优化和管理的精致。堤防样板段项目规划设计中，除了与其他工程规划设计有着一定的共性外，还有着十分具体的个性，包括项目的功能性、设计的规范性、材质及色彩的实用性、总体规划和单体设计的协调性、体现地域特征的个性。应在建设和管理中把握原则和要点，注重顶层设计、设计优化和相关协调，以期达到最佳效果。同时，应坚持专业设计与堤防样板段现场情况相结合，基本要点的把握与现场建设和运维的动态更新相结合。

13.10.1 把握绿色堤防样板段建设中的功能性要求

黄浦江上游堤防样板段规划设计,应理顺此堤防样板段应实现的功能,同时应处理好各功能之间的关系。

充分了解上位规划对堤防样板段所在区域确定的功能要求,包括黄浦江沿岸地区建设规划、长三角生态绿色一体化发展示范区水利规划所赋予的功能。分析新建样板段基本功能,明确此堤防样板段是否应发挥综合性功能,是否重点展示单项功能。

处理好各功能之间的关系,包括宏观功能与此堤防样板段功能之间的关系、此堤防样板段各功能间的关系。对黄浦江上游堤防来说,通过资源组合和各功能间分析,其拦路港堤防样板段可定位为旅游观光之廊和乡野休闲之廊,太浦河堤防样板段可定位为水利文化之廊和康体休闲之廊,红旗塘堤防样板段可定位为乡野休闲之廊和历史文化之廊,黄浦江上游干流段堤防样板段可定位为郊野清水之廊。在处理各功能之间关系时应把握以下几点:

(1) 注重蓝绿融合。基于黄浦江上游江南水乡空间要素特色,营造"河湖田镇村"融合共生的水乡单元,塑造外依湖荡圩田,内沿河道生长,枕河而居,沿河而市的生态聚落结构。

蓝——建设健康的水生态系统。通过水下地形重塑、水生植被修复、水生动物及微生物调控等生态修复措施,提高水生态系统的稳定性,提升河道水质及水体透明度。

绿——打造滨河景观岸线。挖掘湖荡资源,打造黄浦江上游河道特色功能和形态,彰显生态堤防、慢行绿道、滨水湿地、亲水栈桥、生态驿站等要素,营造生态型景观。

(2) 注重水陆相依。以水陆融合为发展导向,打造特色鲜明的滨河游赏路线。适应建立"区域绿道－城市绿道－社区绿道"的三级蓝绿空间体系要求,打通断点,实现滨河公共空间全线贯通;打造休闲文化旅游路线,整合沿线文化资源,串联两岸景点,融入文旅休闲功能;打造陆上骑行健身游线、亲水步道、自行车道、康体步道带来不同的空间体验;在建设生态廊道的基础上完善生态网络;打造水上游线,营造"船在河中行,人在画中游"的美妙景致;塑造"泛舟湖荡,摇橹赏景"的水上体验。

(3) 注重文化自觉。保护传承乡村文化和历史文脉,用好用活独特的文化资源,通过文化功能植入,激活特色堤防,展现江南水乡风情;通过地域文化、农耕文化为河道堤防增添独特的人文景观。

13.10.2 把握绿色堤防样板段建设中的安全性要求

堤防样板段项目设置后,不应构成对人身伤害、设施设备安全的潜在风险或妨碍正常工作。专项设计应按相应的设计规范要求进行,应确保使用者在安全距离内容易赏阅;能及时提醒使用者注意潜在危害并采取相应措施。

应注重单体设计作品的结构安全性。对重要设计项目应进行结构计算。

应满足保护性要求。特别是改造项目,应对原有工程设施进行结构性保护,对周边建(构)筑物加以保护。

应注重材质的要求。样板段生态、景观、文化项目的材质种类很多,其中哪种材质用于哪些环境,具备哪些特点,在设计时必须进行科学分析,否则,不但反映出设计者对材料安全和适用性能方面的认识不足,同时也会浪费社会资源。

13.10.3　把握绿色堤防样板段建设中的视觉性、准确性和易辨性要求

注重视觉性。堤防样板段的景观、生态、文化项目的设置位置应合理醒目,观察者能够引起注意、迅速判读。同时,样板段的设计应与城市规划中的色彩规划相协调。

注重准确性。就标志标牌作用而言,品名、型号、规格、技术条件、刻度指示、文字说明等,必须清楚、准确。

注重易辨性。堤防样板段生态、文化、景观项目设计中,有许多建筑小品和标志标牌,这些建筑小品和标志标牌必须易于辨认。为了照顾不同文化差异人群的理解能力,可以使用通用的符号和图案作为艺术景观、建筑小品和文字标志的补充。

13.10.4　把握绿色堤防样板段建设中的协调性要求

加强堤防样板段项目建设协调,妥善处理好各方关系。一是正确处理样板段建设与整个堤防发展之间的关系;二是正确处理样板段建设与堤防标准化管理评价之间的关系;三是正确处理安全、景观、生态、文化堤防之间的关系;四是正确处理当前与长远、总体布局与单体规划之间的关系;五是正确处理堤防样板段标准化建设与个性化特色之间的关系;六是正确处理堤防管理单位与地方部门(单位)协调发展之间的关系;七是正确处理堤防样板段建设与管理中的工程措施和非工程措施之间的关系。

加强堤防样板段项目建设协调,实现信息共享。在长三角一体化的政策指引下,加强信息障碍的破解,建立起区域信息共享机制。在堤防管理过程中,可以共享水情监测预警、风险因素、应急资源储备状况等信息,实现区域联动。

加强堤防样板段项目建设协调,实现资源共享。黄浦江上游管理区域与江苏省、浙江省直接接壤,应探索应急资源区域联动的跨区域合作模式,建立应急资源联动的补偿方案。

加强堤防样板段项目建设协调,推动跨区域交流。有计划地组织跨区域调研、学习、参观、会议等,不仅可以学习吸收别家的先进管理经验化为己用,也可以展示内部先进的管理手段与管理理念,树立自身的品牌形象。

13.10.5　把握绿色样板段建设中的经济性要求

堤防样板段设计中,应在满足安全、生态、景观、文化等功能与整体效果的基础上,考虑项目的经济性。易耗展示项目的面饰,如采用过于复杂的加工工艺或选用较为贵重的材质,势必增加项目成本;对高档名贵的景观面饰,如采用粗糙的材质和加工工艺,会使质量低劣,牢固性差,势必有损形象,甚至使展示项目不能发挥应有作用。因此,单纯地强调经济性或强调展示面饰工艺,都不能设计出合理的产品。

项目设计的经济性与工艺、材料的选择密切相关。设计项目应充分考虑现有的物质条件和工艺条件,离开现有的物质基础及工艺条件,设计要求过高的项目,其结果不仅达不到预期效果,实现不了设计要求,而且将浪费大量的人力和物力。

13.10.6 把握绿色堤防样板段建设中的艺术性要求

堤防样板段艺术性要求包括造型设计、色彩设计、标志设计和地域特色等。

应将美学观点和艺术处理的手段融合在样板段设计中。利用工艺、材料等条件,充分体现出产品的造型美及色彩美,使产品具有艺术特色。造型设计的比例应当协调、美观,色彩设计应协调合理、重点突出。

在景观和文化项目设计中,图案应具有特色,文字应清晰美观,符合人们的使用习惯。设计者应了解加工的工艺过程,了解各种工艺手段所能产生的艺术效果。

堤防样板段规划设计除了功能上的要求,还应和周边的环境和谐搭配,相互辉映,例如外围环境标志要特色突出,有艺术感和文化气息。应坚持各类景观、文化、生态风格的协调,将艺术性与生态、文化、景观有机结合。应充分挖掘地域文化资源,展示地域文化。同时,景观和文化项目要突出个性化。

13.10.7 把握绿色堤防工程样板段建设中的时代性要求

堤防样板段项目设计的科学性、艺术性及先进的工艺构成了设计项目的时代性。好的景观文化项目能反映出时代科学技术的面貌,也能体现上海现代化大都市的审美观。各个时期的展示项目都会留下时代的烙印,记载着时代进步的历程。随着上海城市品牌定位要求的提升和形势发展,设计思想应逐步开放、注重与国际接轨,项目的设计风格应注意其装饰作用,体现个性化的设计和展示;注重新材料、新技术、新结构的运用。

堤防样板段作品设计应注重设计的唯一性,彰显此堤防样板段的形象、特色、主题文化;应注重堤防样板段区域指示和提醒标志的关怀性,"以人为本"的理念是贯穿其中的精髓。同时,突出信息化,要充分利用二维码技术、视频监控系统、LED展示屏、多点触摸展示屏、三维展示、360°全景活动等,将堤防样板段的管理要素充分展示。

13.11 绿色堤防样板段运行维护

13.11.1 厘清管理事项

绿色堤防样板段管理事项包括前期规划设计、项目建设、工程管理状况、安全管理、运行管护、管理保障、信息化建设等,可参照本书第3章第3.2节"管理手册编写指南"相关内容,编制和落实黄浦江上游绿色堤防样板段管理事项。

13.11.2 建立管理制度

绿色堤防样板段管理制度包括规范性文件清单、堤防样板段建设程序、堤防样板段建设项目管理制度、堤防样板段运行维护管理制度等,可参照本书第3章第3.3节"制度手册编写指南"相关内容,编制或修订黄浦江上游堤防样板段管理制度,并督促各项制度的执行。

13.11.3 执行管理标准和流程

绿色堤防样板段管理标准和流程包括堤防样板段单体设计标准和流程、堤防样板段建设质量评定标准、堤防样板段运行维护管理标准和流程等,可参照本书第 3 章第 3.4 节"操作手册编写指南"相关内容,编制黄浦江上游堤防样板段管理标准和流程,并督促相关人员加以执行。

13.11.4 突出管理安全

绿色堤防样板段管理安全包括项目建设中的安全管理、项目运行维护中的安全管理。其中项目运行维护中的安全管理应符合堤防标准化管理中的安全管理内容和要求,参见本书第 12 章"堤防工程安全管理标准化"相关内容。

13.11.5 完善管理台账

绿色堤防样板段台账管理包括项目建设台账和项目管理台账。黄浦江上游堤防样板段管理台账内容和要求,可参见本书第 11 章"堤防工程档案管理标准化"相关内容。

13.12 开展绿色堤防样板段建设与管理考核评价

13.12.1 明确考核评价范围

制定和完善黄浦江上游绿色堤防样板段考核评价办法,包括堤防样板段选定基本条件、堤防样板段分类及考核评价权重、职责分工、考核评价程序、考核评价计分及标准等。

13.12.2 满足堤防样板段申报基本条件

(1) 黄浦江上游堤防(泵闸)管理所应根据创建要求和堤防实际,择优选取综合型和特色型堤防样板段,并根据堤防发展动态调整数量和规模,报上级主管部门审批。

(2) 堤防样板段的选取应同时具备以下基本条件:

①所选堤防岸段长度:综合型堤防样板段和特色型堤防样板段长度不宜少于上级相关规定。

②所选堤防岸段的管理和保护范围明确,管理权属清晰。

③所选堤防岸段应达到《上海市黄浦江防汛墙安全鉴定暂行办法》(沪水务〔2003〕829 号)和《堤防工程安全评价导则》(SL/Z 679—2015)确定的基本要求,安全鉴定为一、二类工程,或已除险加固。

④所选堤防岸段中的新建、改建、扩建、专项维修以及提升性养护项目应通过竣工(完工)验收。

⑤所选堤防岸段应具有上海堤防典型特征,基础条件好,区域优势突出,达标推广时具有示范性作用。同时,有利于与地方联合开展滨江生态文化建设,便于群众观赏。

13.12.3　明确堤防样板段考核评价权重

黄浦江上游绿色堤防样板段考核评价权重参考指标如表13.12.1所示。

表 13.12.1　黄浦江上游绿色堤防样板段评价指标(参考)

序号	指　标	权　重　(%)				
		综合型堤防样板段	生态堤防样板段	景观堤防样板段	文化堤防样板段	安全堤防样板段
1	安全管理	20	20	20	20	65
2	运行管护	20	15	15	15	20
3	生态文明建设	15	45	0	5	0
4	景观建设	15	0	45	0	0
5	文化建设	15	5	5	45	0
6	信息化建设	8	8	8	8	8
7	管理保障	7	7	7	7	7

13.12.4　明确职责分工

（1）管理单位应明确专人负责绿色堤防样板段建设和管理推进工作，并负责堤防样板段的考核评价材料上报工作。

（2）在上级主管部门指导下，管理单位负责抓好所管堤防样板段的选定、堤防样板段创建实施方案的审批、堤防样板段创建业务工作指导、年度堤防样板段专项考核工作。

（3）联合或委托相关规划、设计、施工、监理等堤防样板段专项工程参建单位，按照相关指导性文件要求，认真开展绿色堤防样板段专项工程规划、设计、建设工作。

（4）各堤防工程养护和绿化养护公司应当积极参与堤防样板段建设和管理，配合管理单位做好堤防样板段创建及申报工作。

13.12.5　执行考核评价程序，持续改进

（1）根据自主评定结果，向上级提出外部考核评价申请。

（2）对照考核评价标准，做好自检。

对照绿色堤防样板段考核评价标准，管理单位分别对绿色堤防样板段安全管理、运行管护、管理保障、信息化建设考核评价标准进行自评。

（3）按上级考核评价要求，查找不足，持续改进。

参考文献

[1] 胡欣,田爱平,张月运,等.上海市黄浦江和苏州河堤防设施日常维修养护技术指导工作手册[M].上海:同济大学出版社,2014.

[2] 杨冰.堤防标准化管理[M].郑州:黄河水利出版社,2022.

[3] 南水北调东线江苏水源有限责任公司.江苏南水北调河道工程标准化管理[M].南京:河海大学出版社,2022.

[4] 江苏省水利厅.水利工程管理考核指导手册[M].镇江:江苏大学出版社,2019.

[5] 刘晓涛,胡泽浦,章震宇.上海市防汛工作手册[M].上海:上海科学普及出版社,2008.

[6] 余文公,于桓飞.水闸标准化管理[M].北京:中国水利水电出版社,2018.

[7] 田爱平,汪晓蕾,徐飞飞.上海堤防精细化巡查养护指导书[M].上海:同济大学出版社,2022.

[8] 董哲仁.生态水利工程学[M].北京:中国水利水电出版社,2019.

[9] 朱祺,张君,王云江.城市河道养护与维修[M].北京:中国建材工业出版社,2021.

[10] 李娜,许建中,李端明.大中型灌排泵站标准化规范化管理工作指南[M].北京:中国水利水电出版社,2022.

[11] 江苏省水利厅.堤防精细化管理[M].南京:河海大学出版社,2020.

[12] 张肖.河道堤防管理与维护[M].南京:河海大学出版社,2006.

[13] 崔建中.河道修防工[M].郑州:黄河水利出版社,2021.

[14] 方正杰.泵闸工程流程管理与实务[M].南京:河海大学出版社,2023.

[15] 中华人民共和国水利部.堤防工程险工险段安全运行监督检查规范化指导手册(2022年版)[Z].北京:2022.

[16] 水利部宣传教育中心.国家水情教育基地建设指南[M].北京:中国水利水电出版社,2018.

[17] 苗泽青,韩永刚,陈引社,等.高速公路收费站管理标准化[M].北京:人民交通出版社,2011.

[18] 江苏省水利厅.水利工程观测规程:DB32/T 1713—2011[S].南京:江苏省质量技术监督局,2011.